DIANA
VERLAG

Michael Cordy

# Das Nazareth-Gen

ROMAN

*Aus dem Englischen*
*von Sepp Leeb*

Diana Verlag
München Zürich

Titel der Originalausgabe: The miracle strain
Originalverlag: Transworld Publishers Ltd., London


Umschlaggestaltung: Zero Werbeagentur, München
Umschlagfoto: Image Bank, München
Satz: Filmsatz Schröter GmbH, München
Druck und Bindung: Franz Spiegel Buch GmbH, Ulm
Printed in Germany



ISBN 3-8284-0007-8

*»Sie sind in dir und in mir, sie schufen uns, Körper und Geist, und ihr Fortbestehen ist der letzte Grund unserer Existenz …*
*… Heute tragen sie den Namen Gene.«*

Richard Dawkins, *Das egoistische Gen*

*»Doch schauen sollt' ich weiter als ich greife,*
*Wozu ein Himmel sonst?«*

Robert Browning, *Andrea del Sarto*

*Für Jenny*

# Vorspiel

**1968. Südjordanien.**

War es wirklich wahr? Hatte sich die Prophezeiung nach zweitausend Jahren des Wartens zu seinen Lebzeiten endlich erfüllt, unter seiner Führerschaft?

Der Sikorski-Hubschrauber überflog Petra; wie ein Insekt huschte sein Schatten über die alte, in die Felsen getriebene Stadt. Rot glühten die herrlichen Säulen und Statuen im Licht des Spätnachmittags, aber Ezekiel De La Croix sah nicht nach unten; ausnahmsweise hatte er einmal kein Auge für die atemberaubende Schönheit der Stadt unter ihm. Er hielt den Blick auf den Horizont gerichtet und suchte die endlose Weite aus Sand nach der Stelle ab, wo der Hubschrauber landen würde.

Neben ihm regte sich einer der zwei anderen Passagiere, deren dunkle Anzüge genauso verknittert waren wie seiner. Beide Männer schliefen, müde von der Reise. Sie waren nicht dazu gekommen, sich auszuruhen, seit sie sich auf den Weg nach Genf gemacht hatten, wo sie in eine Vorstandssitzung der Bank der Bruderschaft geplatzt waren, um ihm die Nachricht zu überbringen.

Die Nachricht, die alles ändern sollte. Wenn sie richtig war.

Ezekiel sah auf die Rolex an seinem Handgelenk und fuhr sich durch das dünne weiße Haar. Nachdem er erfahren hatte, was passiert war, hatte es ihn, bis er das Flugzeug nach Amman gechartert und dort den wartenden Hubschrauber der Bruderschaft bestiegen hatte, fast einen ganzen Arbeitstag gekostet, um hierherzukommen, nicht zu reden von den Tausenden von

Schweizer Franken, die es ihn teurer gekommen war als ein Linienflug. Allerdings hatte Geld für die Bruderschaft noch nie eine Rolle gespielt, nur die Zeit; zweitausend Jahre Zeit.

Jetzt konnten sie nur noch wenige Minuten von ihrem Ziel entfernt sein. Während er sich immer wieder einzureden versuchte, daß er keine Sekunde früher hätte hierherkommen können, drehte er aufgeregt an seinem Ring – einem blutroten, in einem Weißgoldkreuz gefaßten Rubin, dem Zeichen seiner Führerschaft.

Das rhythmische Floppen der Rotorenblätter verstärkte seine innere Anspannung nur noch, als der Hubschrauber über den Sand dahinschoß und die Felsen von Petra hinter sich ließ. Weitere zehn Minuten vergingen, bevor er endlich sah, wonach er Ausschau hielt: fünf einsame Felsen, gegen die Wüste ringsum zu einer trotzigen Faust zusammengedrängt. Er beugte sich vor und sah auf die größte, über zehn Meter hohe Felsnadel hinab. Wegen ihrer gekrümmten Form schien es, als winkte sie ihm zu. Ein Schauder lief ihm über den Nacken. Die ungeheure Ausstrahlung dieses Orts hatte noch nie ihre Wirkung auf ihn verfehlt, aber heute überwältigte sie ihn förmlich.

Die fünf Felsen waren in nur wenigen Landkarten eingetragen, und auch dann nur in Form einiger Höhenlinien, nie namentlich. Außerhalb der Bruderschaft wußten nur wenige von ihrer Existenz, abgesehen von den Nabatäern, die vor Tausenden von Jahren diese sandige Wildnis durchstreift hatten. Und den nomadischen Beduinenstämmen der jüngeren Vergangenheit. Doch selbst die Herren der Wüste machten einen weiten Bogen um die Felsengruppe und zogen, ihren spärlichen Schatten verschmähend, lieber nach Petra im Norden. Aus Gründen, die nur sie selbst kannten, mieden sie diesen Ort, den sie *Asbaa El-Lah*, die Finger Gottes, nannten.

»Wir gehen runter!« schrie der Pilot gegen den Lärm der Rotoren an.

Ezekiel sagte nichts. Er war immer noch ganz gefangengenommen vom Anblick der Felsen, die unter ihm aufragten. Neben einem von ihnen konnte er drei staubige Landrover erkennen. Um ihre Spuren im Sand zu verwischen, hatten sie an den hinteren Stoßstangen fächerförmige Matten hängen. Offensichtlich waren schon andere Mitglieder hier.

Ezekiel warf einen Blick auf die Männer, die neben ihm schliefen. Im normalen Leben, außerhalb der Bruderschaft, war einer von ihnen ein führender amerikanischer Industriemagnat, der andere ein bekannter italienischer Politiker. Beide gehörten dem sechs Mitglieder zählenden Inneren Kreis an, und Ezekiel vermutete, daß die anderen bereits vor der Heiligen Höhle versammelt waren. Er fragte sich, wie viele Mitglieder der Bruderschaft sonst noch von den Gerüchten angelockt worden waren. Nicht einmal die strikte Pflicht zur Geheimhaltung innerhalb der Organisation hatte das Bekanntwerden des großen Ereignisses verhindern können.

Je näher sie dem Fuß des höchsten Felsens kamen, desto lauter schien der Rotorenlärm zu werden. Als der Hubschrauber schließlich landete, riß Ezekiel De La Croix die Tür auf und sprang mit einer Eleganz, die seine sechzig Jahre Lügen strafte, auf den glühendheißen Boden. Die Augen gegen die Sandkörner fest zusammenkneifend, rannte er unter den Rotorblättern hindurch. Vor sich konnte er eine Öffnung in dem hohen Felsen sehen. Im Eingang der Höhle stand ein Mann in einem leichten Anzug, in dem Ezekiel sofort Bruder Michael Urquart erkannte, ein anderes Mitglied des Inneren Kreises. Urquart war ein äußerst erfolgreicher Anwalt gewesen, doch als ihn Ezekiel jetzt aufgedunsen und altersgebeugt da stehen sah, kamen ihm Bedenken, ob der Bruder, wie so viele andere aus dem Inneren Kreis, mittlerweile nicht zu alt und gebrechlich war, um sich den bevorstehenden Herausforderungen zu stellen.

Ezekiel streckte seine Rechte aus, ergriff Bruder Michaels Hand und sagte: »Möge er erlöst werden.«

Darauf ergriff der Bruder mit der linken Hand Ezekiels Linke, so daß die vier Hände ein Kreuz bildeten, und sprach den alten Gruß zu Ende: »Auf daß er die Gerechten erlöse.«

Sie ließen ihre Hände wieder los, und Ezekiel fragte: »Hat sie sich wieder verändert?« Sein Blick schien zu sagen: Jetzt bloß kein Wort, daß die anstrengende Reise umsonst war.

Über Bruder Michaels müde Züge legte sich ein Lächeln. »Nein, Vater Ezekiel, sie ist immer noch so, wie man Ihnen gesagt hat.«

Die Anspannung, die Ezekiel in jedem Muskel spürte, ließ nur den leisesten Anflug eines Lächelns über seine Lippen huschen. Ohne sich um die zwei anderen Brüder zu kümmern, die gerade steif aus dem Hubschrauber kletterten, klopfte er Urquart auf die Schulter und betrat die Höhle.

Der erodierte Raum unterschied sich in nichts von den anderen natürlichen Höhlen, die es in dieser Region gab. Etwa drei Meter hoch sowie gut fünf Meter breit und tief, zeigte die Höhle mit Ausnahme der an den Wänden lehnenden Fackeln keine auf den ersten Blick erkennbaren Spuren menschlicher Einwirkung. Doch in dem Dunkel vor sich sah Ezekiel zu seiner Erleichterung, daß das verborgene Portal in der hinteren Wand geöffnet worden war; den schweren Stein zur Seite zu wuchten konnte eine Ewigkeit dauern. Als er durch die Öffnung schritt, wurde Ezekiel von zwei großen Gaslaternen in Empfang genommen, die einen Mosaikfußboden und die Wände erhellten, in die die Namen all jener eingemeißelt waren, die bereits von ihnen gegangen waren, die Namen Tausender von Brüdern, die vergeblich auf diesen Augenblick gewartet hatten. In der Mitte der Kammer befand sich die Große Treppe, eine grob in den Stein gehauene Wendeltreppe, die fünfzig Meter tief in den Fels und unter den Sand der jordanischen Wüste hinabführte.

Ohne auf die anderen zu warten, stieg Ezekiel die ausgetretenen Stufen hinunter. Er hielt sich nicht an dem als Handlauf dienenden Seil fest, sondern stützte sich bei seinem Abstieg an der kühlen Oberfläche der Steinwände ab. Am Ende der Treppe wurde das pechschwarze Dunkel von Fackeln zurückgedrängt, die in dem Luftzug aus dem unterirdischen Labyrinth von Luftschächten flackerten. Die Reliefs und die Fresken an der niedrigen Decke schienen in ihrem zitternden Licht zu tanzen.

Von hier betrat er den gewundenen Gang, der in die Heilige Höhle führte. Es kostete ihn einige Beherrschung, nicht loszulaufen, als er mit leise klickenden Sohlen über den glatten, von zahllosen Füßen polierten Felsboden eilte.

Als er um die letzte Ecke bog, hörte er Stimmen und stellte überrascht fest, daß sich vor dem drei Meter hohen, mit heraldischen Winkeln und Kreuzen verzierten Ebenholztor, das den Zugang zur Höhle versperrte, etwa zehn Männer versammelt hatten. Offensichtlich hatte sich die Neuigkeit über den Inneren Kreis hinaus verbreitet, und es waren auch andere Mitglieder der Bruderschaft hergekommen, um sich zu überzeugen, daß die Gerüchte stimmten. Er sah die letzten beiden Mitglieder des Inneren Kreises am Tor stehen: den korpulenten Bruder Bernhard Trier, der sich nervös seinen Spitzbart strich, und den hochgewachsenen, hageren Bruder Darius. Darius bemerkte Ezekiel als erster und hob die Hand, worauf sich die anderen unverzüglich zu ihrem Führer herumdrehten und verstummten.

Ezekiel drängte sich an den versammelten Brüdern vorbei und tauschte mit Bruder Darius den rituellen Gruß aus.

»Möge er erlöst werden.«

»Auf daß er die Gerechten erlöse.«

Sie lösten ihre Hände, und bevor Ezekiel ihm noch eine Frage stellen konnte, wandte sich Darius schon an den Jüngeren und sagte:

»Bruder Bernhard, warten Sie hier. Ich bringe den Vater nach drinnen. Sobald er zu einer Entscheidung gekommen ist und das Zeichen für echt erklärt hat, können Sie den anderen das Tor öffnen.«

Die uralten Angeln quietschten laut, als Bernhard den linken Torflügel ein Stück öffnete. Ezekiel und Darius drückten sich durch den Spalt hindurch, dann wurde die Tür wieder geschlossen; das Geräusch, das dabei entstand, hallte durch den Raum, der sich vor ihnen auftat.

Wie immer, wenn Ezekiel die Heilige Höhle betrat, blieb er, tief beeindruckt von ihrer schlichten Größe, stehen; die massiven, viereckigen Säulen, die die Tonnen von Felsgestein über ihnen stützten; die Bildteppiche an den gemeißelten Wänden; die Vielzahl von Fackeln und Kerzen, in deren warmem Schein die aus dem Fels gehauene Decke aussah, als wäre sie aus getriebenem Gold. Doch heute wanderte sein Blick nur zu einer Stelle, zu dem Altar im hinteren Teil der Höhle.

Um besser sehen zu können, schritt er an den Säulen vorbei in die Mitte des Raums. Jetzt war der Altar mit dem vertrauten weißen Leinentuch, das mit einem roten Kreuz verziert war, deutlich zu erkennen. Doch sein Augenmerk war auf eine Stelle davor gerichtet, auf eine runde Öffnung im Steinboden. Das Loch, nicht größer als ein menschlicher Kopf, hatte eine Bleifassung in Form eines Sterns. Aus seinem Innern züngelte eine fünfzig Zentimeter hohe Flamme empor.

Mit zögernden Schritten näherte sich Ezekiel De La Croix dem heiligen Feuer, das hier seit über zweitausend Jahren brannte. Nachdem er viermal um die Flamme herumgegangen war, war er endlich sicher, daß stimmte, was er sah. Es gab keinen Zweifel mehr. Die Flamme, die fast zwei Jahrtausende lang orangefarben gebrannt hatte, war nun weiß; ein bläuliches, blendend helles Weiß, wie es nicht mehr gesehen worden war, seit der erste Messias auf der Erde geweilt hatte.

Das war der Punkt, an dem ihm die Tränen kamen. Er konnte sie nicht zurückhalten. Die Größe dieses schicksalhaften Augenblicks war zu überwältigend. Er hatte schon immer die Vermutung gehegt, daß die Veränderung der Flamme, die die Parousia, die Wiederkunft Christi, ankündigte, am Ende des zweiten Jahrtausends eintreten könnte. Dennoch hatte er nie zu hoffen gewagt, die Prophezeiung könnte sich zu seinen Lebzeiten oder gar unter seiner Führerschaft erfüllen. Doch nun war der große Augenblick gekommen. Er hatte nur den einen Wunsch, sein Vater und mit ihm jeder Vorfahre und jedes verstorbene Mitglied der Bruderschaft, das an den Wänden der Höhle über ihm verewigt war, könnte mit ihm an diesem Moment teilhaben, an dem Moment, dem jeder von ihnen sein Leben gewidmet hatte.

»Vater Ezekiel, soll ich jetzt die anderen hereinlassen?« fragte Bruder Darius mit belegter Stimme.

Ezekiel drehte sich zu ihm um und sah, daß auch seine Augen feucht schimmerten. Er lächelte. »Ja, mein Freund. Lassen Sie auch sie sehen, was wir gesehen haben.«

Von seinem Platz vor dem Altar beobachtete er, wie die Mitglieder des Inneren Kreises in die Große Höhle strömten, gefolgt von jenen Brüdern, die nur von Gerüchten angelockt worden waren. Eine Weile sagte er nichts und ließ sie ihre ausgehungerten Augen am Anblick der Flamme weiden. Als sie sich satt gesehen hatten, hob er die Arme, um ihre Aufmerksamkeit auf sich zu lenken.

»Meine Brüder, das Zeichen ist echt. Die Prophezeiung hat sich erfüllt.« Er ließ den Blick über die Gesichter der Anwesenden wandern und sah jedem tief in die Augen. »Der Messias weilt wieder unter uns. Das lange Warten ist zu Ende, und die Suche kann beginnen.«

Beim Anblick seiner freudestrahlenden Anhänger hatte Ezekiel nur ein Gebet auf den Lippen: daß er lange genug leben möge, um das Erste Ziel der Bruderschaft von der Wiederkunft Christi zu verwirklichen. Zum erstenmal lächelnd, hob er die Arme hoch in die Luft, als streckte er sie nach dem Himmel selbst aus.

»Möge er erlöst werden«, rief er, daß der Klang seiner Stimme durch die Höhle schallte.

Kein Gesicht, das nicht vor Freude strahlte, als die Versammelten die Arme in die Luft warfen und wie aus einem Mund erwiderten: »Auf daß er die Gerechten erlöse.«

# 1. Teil

# Die Propheten im Innern

# 1 Mitternacht. 10. Dezember 2002. Stockholm, Schweden.

*Es schneit weiter. Wie es das die ganze Verleihungsfeier und das anschließende Festbankett hindurch getan hat. Riesige Flocken aus Weiß fallen aus dem dunklen Himmel und erscheinen ganz plötzlich in den starken Scheinwerfern, die die rote Backsteinfassade des Stadshuset, des Stockholmer Rathauses, beleuchten. Trotz Frost und Schnee hat sich eine kleine, kältegestählte Menge um die Eingangstreppe versammelt, um das Königspaar und die Preisträger beim Verlassen des Gebäudes zu sehen.*

*Mit tief in den Manteltaschen vergrabenen Händen tritt eine breitschultrige Gestalt nach vorn, vielleicht in der Hoffnung, besser sehen zu können. Doch als Olivia Dr. Tom Carter aus dem Rathaus hinaus in die schwedische Nacht folgt, bemerkt sie die ungewöhnlichen Augen nicht, mit denen der Schaulustige ihren Mann anstarrt.*

*Sie ist zu sehr damit beschäftigt, dafür zu sorgen, daß ihre achtjährige Tochter ihren roten Mantel zuknöpft. »Setz auch deine Mütze auf, Holly. Es ist eiskalt.«*

*Holly verdreht ihre hellbraunen Augen, als sie den Kragen zuknöpft. »Da sehe ich doch richtig prall drin aus.«*

*»Prall? Das ist ja ganz neu.« Olivia lacht und drückt Holly die Russenfellmütze auf das borstige blonde Haar. »Außerdem, lieber prall aussehen als frieren.«*

*»Du siehst nicht prall aus, Holly«, sagt Tom Carter und wendet sich seiner Tochter zu. Er geht vor ihr in die Hocke und sieht sie mit seinen blauen Augen prüfend an, als wäre sie etwas aus seinem Labor. Dann hebt er die Schultern und lächelt. »Na ja, ein bißchen vielleicht doch.«*

*Holly beginnt zu kichern, und er nimmt sie an der Hand und führt sie die Treppe hinunter.*

*Sie sehen gut zusammen aus, denkt Olivia, die ihnen folgt. Ihre Tochter ist schön, obwohl ihr Olivia das nie sagen würde. Schon Holly dazu zu bringen, auf ihre Jeans und Nikes zu verzichten und für die Feier ein Kleid anzuziehen, war eine größere Aktion gewesen.*

*Tom dreht sich zur Seite und lacht über etwas, das Holly sagt, und Olivia sieht, wie sich ein weicher Zug über seine stahlblauen Augen legt. Beim Anblick seiner langen, schlaksigen Gestalt und der Schneeflocken auf seinem widerspenstigen schwarzen Haar wird ihr wieder bewußt, wie gut er aussieht, vor allem in dem Frack mit der weißen Fliege, den er unter seinem Kaschmirmantel trägt. Sowohl er als auch Jasmine haben den Preis verdient, und Olivia ist so stolz auf sie, daß sie die beißende Kälte kaum spürt.*

*In diesem Moment erscheint Dr. Jasmine Washington an ihrer Seite. Die kurzgeschnittene Afrokrause der jungen Computerwissenschaftlerin ist unter der Kapuze eines leuchtendblauen Capes verborgen, das im Scheinwerferlicht fast metallisch glänzt. Die dunkle Haut ihres Elfengesichts steht in auffallendem Kontrast zum Schnee, und zum Weiß ihrer Augen.*

*Neben ihr steht Jack Nichols, Toms Teilhaber bei GENIUS Biotech Diagnostics. Er geht auf ihren Mann zu und klopft ihm auf die Schulter, um ihm noch einmal zu gratulieren. Obwohl ein gutes Stück kleiner als Tom, ist Jack dennoch über eins achtzig groß, und dazu ziemlich kräftig gebaut. Sein kantiges Gesicht mit der sichelförmigen Narbe vom linken Nasenflügel zum linken Mundwinkel läßt ihn eher wie einen Boxer aussehen als wie einen der beiden Teilhaber des größten biotechnischen Unternehmens der Welt.*

*Ihre kleine Gruppe ist fast vollständig, als sie auf die wartenden Limousinen zugehen, die wie Kutschen aus früheren Zeiten innen beleuchtet sind. Olivia ist beeindruckt von der riesigen Menschenmenge, die sich am Fuß der Treppe versammelt hat. Allerdings wird sie den Verdacht nicht los, daß die meisten Schaulustigen sowie die vielen Polizisten vor allem wegen Carl XVI. Gustaf und Königin Silvia gekommen sind, deren Wagen gerade losfährt. Aber dennoch richten sich auch auf ihre kleine Gruppe noch genügend Kameras.*

*»Wo sind die anderen, Jazz?« fragt Olivia. Toms Vater und Jasmines Verlobter gehören ebenfalls ihrer Gruppe an.*

*Jasmine deutet hinter sich. »Sie unterhalten sich mit dem Typen, der den Nobelpreis für Literatur gewonnen hat.«*

*»Und wie fühlt man sich als frischgebackene Nobelpreisträgerin?« fragt Olivia und lächelt ihre alte Zimmergenossin aus Stanford an. »Dabei hast du dir vor zwölf Jahren noch Sorgen gemacht, ob du mal einen Job bekommst, in dem du überhaupt was bewirken kannst. Weißt du noch?«*

*Als Jasmine lacht, heben sich ihre Zähne weiß gegen ihre Haut ab. »Klar.« Trotz ihres beiläufigen Achselzuckens entgeht Olivia nicht, wie aufgewühlt sie innerlich ist. Ein Stipendium für Stanford zu bekommen und dann am MIT den Doktor zu machen waren Leistungen, auf die jeder stolz sein konnte, ganz besonders eine Ghettogöre aus den Projects von South Central L. A. Aber das hier, das war eine Klasse für sich.*

*»Und jetzt hast du zusammen mit Tom die Welt verändert.« Das hatte ihnen auch der Vorsitzende des Karolinska Medikokirurgiska Institutet bestätigt, des Gremiums, das den Nobelpreis für Medizin und Physiologie verleiht. Der kleine silberhaarige Mann hatte Toms Entdeckung, die auf seinen bahnbrechenden Arbeiten auf dem Gebiet der Genetik und Jasmines genialem Umgang mit Computern auf Proteinbasis gründete, als die bedeutendste wissenschaftliche Errungenschaft seit Watsons und Cricks Entdeckung der DNS-Doppelhelix bezeichnet. Eine Entdeckung, die unzählige Menschenleben retten würde. Olivia erinnert sich, wie Tom und Jasmine im Januar 1999 zum erstenmal das Genescope vorgestellt hatten, mit dem sich anhand einer einzigen Körperzelle jedes menschliche Gen aufschlüsseln ließ. Ihre Erfindung hatte das interna-*

tionale Human Genome Project mit einem Schlag überflüssig gemacht.

Jasmine streckt die Hand aus und klopft Holly auf den Rücken. »Mein Patenkind war jedenfalls nicht sonderlich beeindruckt. Ich habe sie zweimal gähnen gesehen.«

»Du hast bei der Preisverleihung gegähnt, Holly?« fragt Tom lachend.

Holly zuckt verlegen mit den Achseln und pustet sich eine Schneeflocke von der Nasenspitze. »Nein. Na ja, ein bißchen vielleicht. Das Ganze hat ja auch ganz schön gedauert, oder etwa nicht?«

Tom wendet den Kopf nach hinten und sieht Olivia an. Sie lächeln sich an, und er streckt seine freie Hand nach hinten, ihr entgegen. Sie sind jetzt noch etwa drei Meter von der Limousine entfernt. Sie fassen sich an den Händen, und Tom dreht sich um und neigt sich ihr zu, wie er es immer macht, wenn er im Begriff ist, sie zu küssen.

In diesem Moment löst sich die breitschultrige Gestalt aus der Menge.

Olivia, die sich auf Tom zubewegt, bemerkt die Person zuerst nicht. Dann sieht sie aus dem Augenwinkel, wie sich die sichelförmige Narbe in Jack Nichols' Gesicht verzieht. Warum schaut er plötzlich so wütend drein? So erschrocken?

Dann scheint die Zeit plötzlich langsamer zu vergehen.

Ein lautes Krachen ertönt, und Jack stößt Tom von ihr fort. Reißt seine Hand aus der ihren, so daß sie gegen Holly fällt.

In diesem Sekundenbruchteil sieht sie den Mann in dem breitschultrigen Mantel ganz deutlich. Er steht vor ihr und deutet auf die Stelle, wo Tom war.

Wo *jetzt* sie *ist*.

Ein Blitz kommt aus der Hand des Mannes, und ein neuerliches Krachen zerreißt die kalte Nacht. Etwas schlägt mit ungeheurer Kraft gegen ihre Brust, preßt ihr die Luft aus den Lungen, schleudert sie zu Boden. Dann noch so ein Schlag und *noch einer und noch einer, und sie purzelt wie eine Stoffpuppe die Stufen hinunter. Was sie spürt, als sie vergeblich aufzustehen versucht, sind nicht so sehr Schmerzen als ein seltsam taubes Gefühl.*

*Sie muß Tom und Holly zu Hilfe kommen.*

*Sie kann Jasmine wie erstarrt über sich stehen sehen. Ihr metallisch glänzendes blaues Cape ist dunkel von Blut. Olivia hört einen Schrei und sieht, wie Holly sie aus weit aufgerissenen braunen Augen, die den ihren so ähnlich sind, entsetzt anstarrt. Sie hat ihre Mütze nicht mehr auf, und Olivias erster Gedanke ist, daß sich Holly erkälten wird. Olivia versucht zu lächeln. Sie möchte Holly Mut machen, aber sie kann sich nicht bewegen, und ihr Hinterkopf fühlt sich feucht und klebrig an. Plötzlich merkt sie, daß das alles ist, was sie spürt.*

*Als ihr Kopf auf die Seite rollt, fällt ihr Blick auf die Augen des flüchtenden Mörders, der bereits in der vor Schreck erstarrten Menge verschwindet, und sie ist überrascht über das, was sie sieht.*

*Wo ist Tom? fragt sie sich. Er wird alles wieder in Ordnung bringen.*

*Sie hört ihn ihren Namen rufen. Er hört sich sehr, sehr weit weg an.*

*Dann ist seine Stimme weg, wie ein vergessener Gedanke, und sie sieht und hört nichts mehr.*

❖ ❖ ❖

»Olivia! Olivia! Olivia!«

Je öfter Dr. Tom Carter den Namen seiner Frau rief, desto weniger traute er seinen Augen. Ohne Rücksicht auf die Schußwunde in seinem Bein kroch er die vereisten Stufen hinunter. In all den Jahren als Chirurg hatte er nie so viel Blut von einer einzigen Person gesehen; der Schnee rings um Olivias Körper war rot davon. Das konnte nicht wahr sein. Nicht ausgerechnet an diesem Abend.

Es war alles viel zu schnell gegangen – *ging* viel zu schnell. Noch vor wenigen Sekunden hatte er alles gehabt. Und jetzt ...

Er konnte den Gedanken kaum zu Ende denken. Die Welt war verrückt geworden. Die Menge schrie und kreischte. Die Polizei bildete einen Kreis um ihn und versuchte sie zurückzuhalten. Sirenen heulten, Blitzlichter zuckten. Jack kam mit aschfahlem Gesicht auf ihn zu.

Tom war über Olivia gebeugt. Behutsam strich er ihr die blonden Strähnen aus dem Gesicht und wartete, daß ihre offenen Augen blinzelten, in plötzlichem Wiedererkennen lächelten. Aber sie starrten ihn nur an. Irgend etwas an ihrem Kopf war komisch. Mit schrecklicher Distanz stellte er fest, daß die Rückseite ihres Schädels fehlte.

Er bückte sich und drückte sie an sich. »Warum?« schrie er, ohne zu merken, daß er seine Gedanken laut hinausbrüllte.

Dann ließ ihm eine plötzliche Erkenntnis, noch kälter als die Nacht, das Herz gefrieren. Jack hatte ihn aus der Schußbahn gestoßen. Der Mörder hatte auf *ihn* gezielt, nicht auf Olivia.

*Er* hätte tot sein sollen, nicht sie.

Wie Dolchstiche drangen die Schuldgefühle trotz seines Schocks zu ihm durch und ließen ihn heftig würgen. Dann hörte er in dem Chaos ein leises Wimmern.

*Holly?* Gerade als ihm Jack die Hand auf die Schulter legte, ergriff ihn heftige Panik.

»Holly?« schrie er, stieß seinen Freund von sich und wirbelte herum. Und sah, wie seine blutbespritzte Tochter von ihrer Patentante getröstet wurde. Jasmines Gesicht war blaß unter der dunklen Haut. Tom streckte die Hand nach Holly aus und untersuchte sie nach Verletzungen. Dabei blickte er unablässig in ihre Augen, die ihn anflehten, er möge ihr erklären, was kein vernünftiger Mensch erklären konnte. Mit einer Erleichterung, so heftig, daß er nach Luft schnappte, stellte Tom fest, daß sie physisch unverletzt war, und drückte sie an seine Brust.

»Es wird alles wieder gut.« Er streichelte Hollys Gesicht und schob sich zwischen sie und Olivia. »Es wird alles wieder gut.

Das verspreche ich dir.« Er sprach die Worte genauso für sich wie für sie, und als sich die Sanitäter durch den Polizeikordon zwängten, war alles, woran er sich noch klammern konnte, der Gedanke, daß wenigstens Holly unverletzt war.

Wenigstens ihr war nichts passiert.

## 2

**Samstag, 21. Dezember 2002.**
**Boston, Massachusetts.**

Was Dr. Jasmine Washington nicht verstehen konnten, war, warum Tom Carter es getan hatte; vor allem so kurz nach dem Anschlag. Möglicherweise hing es mit dem Tumor zusammen, den der schwedische Chirurg bei der Behandlung von Olivias Kopfverletzung in ihrem Gehirn entdeckt hatte. Egal, was der Grund dafür war, es machte sie wütend.

Der Rasen des Mount-Ashburn-Friedhofs war weißgrau von Rauhreif, hatte die gleiche Farbe wie der Winterhimmel. Der wäßrigen Nachmittagssonne gelang es nicht, die etwa hundert Menschen zu wärmen, die sich in dieser monochromen Landschaft versammelt hatten, um Olivias Leben zu würdigen und für ihren Tod ein Zeichen zu setzen.

Jasmine Washington stand zwischen ihrem Patenkind und ihrem Verlobten, Larry Strummer. Sie war froh, daß sich die Medien, zusammen mit der diskreten Polizei, wenigstens einmal pietätvoll im Hintergrund hielten, in etwa fünfzig Meter Abstand. Außer Olivias Verwandten, den GENIUS-Mitarbeitern und Toms Kollegen aus Medizin und Wissenschaft kannte Jasmine auch viele der anderen Trauergäste. Der State Governor stand neben dem schwedischen Botschafter, der gekommen war, um die Trauer und Betroffenheit seiner Landsleute zum Ausdruck zu bringen. Neben ihnen standen Lehrer der South Boston Junior School, an der Olivia Englisch und Musik unterrichtet hatte. Auch Kinder aus ihrer Klasse waren da; es war dieselbe Klasse, in die auch Holly ging. Einige weinten, aber alle standen still an ihrem Platz. Olivia wäre stolz auf sie gewesen.

Jasmine war zu wütend, um über den Verlust ihrer besten Freundin zu weinen. Sie hatte in den letzten elf Tagen mehr Tränen vergossen als in ihren bisherigen dreiunddreißig Jahren. Als sie Olivia in Stanford kennenlernte, war Jasmine noch eine rotzfreche Ghettogöre gewesen. Die Tatsache, daß sie an einer Eliteuniversität ein Stipendium für Computerwissenschaften erhalten hatte, war ihr damals keineswegs als die große Auszeichnung erschienen, die es war. Als Tochter strenggläubiger Baptisten war sie von ihren Eltern strikt von den Straßen von South Central L. A. ferngehalten worden, weshalb sie sich schon mit elf ihren ersten Computer gebaut und den größten Teil ihrer Jugend damit verbracht hatte, sich auf den Straßen des Cyberspace herumzutreiben. Trotzdem, welch eine Ironie des Schicksals, daß sie wegen eines Computerfehlers im selben Zimmer mit einer blonden, kunstsinnigen höheren Tochter aus Maine gelandet war, die englische Literatur studierte. Auch jetzt noch konnte sich Jasmine ein Grinsen nicht verkneifen, wenn sie daran dachte, wie Olivia und sie sich trotz der Gegensätze zueinander hingezogen gefühlt hatten.

Jasmine zog ihren kanariengelben Kaschmirmantel fester um ihre Schultern. Es war das Kleidungsstück mit der grellsten Farbe, das sie für das Begräbnis hatte finden können. Ihre Freundin hätte es bestimmt gutgeheißen. Sie beobachtete, wie Tom, Jack und die anderen Träger Olivias Sarg zum Grab trugen. Sie zuckte mit Tom zusammen, als sie sah, wie er sein verwundetes Bein zu schonen versuchte; zweifellos war er froh, daß die Schmerzen ihn ablenkten. Waren die letzten elf Tage schon für sie kaum zu ertragen gewesen, mußten sie für ihn die Hölle gewesen sein. Trotzdem machte es sie wütend, was er nach dem Mord getan hatte. Oder genauer: was sie *glaubte*, daß er getan hatte. Die Beweise, die sie diesen Morgen im Labor gesehen hatte, waren nicht eindeutig.

Sie sah auf ihr Patenkind hinab, das stumm neben Alex Carter, seinem schlanken weißhaarigen Großvater, stand. Sie hätte gern gewußt, wie der Harvardprofessor für Theologie erklärte, warum Olivia erschossen worden war. Bestimmt hatte ihr Tod seinen Glauben auf eine harte Probe gestellt. Die schwedische Polizei und mittlerweile auch das FBI vertraten die Ansicht, daß es radikale Genforschungsgegner gewesen waren, die Tom umzubringen versucht hatten. Aber ungeachtet der Tatsache, daß sie den Mörder auf Film hatten, gab es noch keine konkreten Anhaltspunkte, wer der Mann war und warum er es getan hatte.

Wenigstens die Psychiater zeigten sich zuversichtlich, weil Holly das schreckliche Erlebnis gut verarbeitete. Weit davon entfernt, den Tod ihrer Mutter zu verdrängen, konnte sie sich fast lückenlos an den Ablauf des Zwischenfalls erinnern. In vieler Hinsicht schien sie dem, was passiert war, eher gewachsen zu sein als alle anderen. Jasmine hatte sogar mehr als einmal mitbekommen, wie das kleine Mädchen seinen Vater fragte, wie *er* damit zurechtkäme. Und vor allem dieser Umstand, die Tatsache, daß Holly ihr Schicksal so tapfer trug, machte Jasmine so wütend auf ihren Vater.

Als Tom und die anderen Olivias Sarg neben dem Grab absetzten, versuchte sie in seinem langgezogenen Gesicht irgendwelche Hinweise zu finden, was in ihm vorging. Und je länger sie seine blauen Augen beobachtete, desto mehr entdeckte sie etwas anderes als Trauer in ihnen: Angst oder etwas, was dem sehr nahe kam. Mit jedem Mal, das Tom seine Tochter ansah, wuchs Jasmines Überzeugung, daß er tatsächlich getan hatte, was sie diesen Morgen im Labor entdeckt hatte.

Es mußte etwas mit dem Tumor zu tun haben, den der schwedische Chirurg bei dem Versuch, Olivia zu retten, in ihrem Gehirn entdeckt hatte. Ein Tumor, an dem sie mit absoluter Sicherheit gestorben wäre, wenn ihm die Kugeln des Mörders nicht zuvorgekommen wären. Jasmine wußte, daß Toms Mutter vor etwa dreißig Jahren an einem ähnlichen Tumor gestorben war. Man brauchte kein großer Psychologe zu sein, um sich denken zu können, daß dies einer der Hauptgründe gewesen war, warum Tom seine enormen geistigen Fähigkeiten für die Heilung dieser Krankheit eingesetzt hatte; nicht nur, daß er sich am Johns Hopkins zwei Jahre vor seinen Studienkollegen die Zulassung als Chirurg erwarb, er hatte in Harvard seinen Doktor in Genetik mit größerer Mühelosigkeit gemacht als die meisten ihren High-School-Abschluß. Trotzdem, bloß weil seine Frau und seine Mutter an ähnlichen Gehirntumoren erkrankt waren, war das noch lange kein Grund, an Holly eine vollständige Genanalyse vorzunehmen.

Als Tom vom Sarg zurücktrat, mußte Jasmine an ihr drittes Studienjahr in Stanford denken. Das war jetzt über elf Jahre her. Sie war sich damals furchtbar schlau vorgekommen, bis sie diesen Vortrag eines gewissen Tom Carter, Doktor der Medizin und der Geisteswissenschaften, besucht hatte. Obwohl erst Anfang Dreißig, war Tom bereits damals eine Koryphäe auf dem Gebiet der Genforschung gewesen, und er hatte die Gentherapie als den Königsweg zur Bekämpfung von Krebs und Erbkrankheiten angesehen. Zum damaligen Zeitpunkt hatte sich seine Firma GENIUS gerade auf gentherapeutische Vorläuferstudien und die Entwicklung genmanipulierter Proteine, zum Beispiel rekombiniertes Interleukin 2 und verschiedene Wachstumshormone, spezialisiert. Die Firma war noch relativ klein, vergrößerte sich aber ständig, sowohl was Umfang wie Renommee anging.

Toms Vortrag in Stanford hatte den Titel gehabt: *Der Einsatz von Computern bei der Aufschlüsselung des menschlichen Genoms.* Jasmine konnte sich noch gut erinnern, wie sie um ein Haar lauthals losgelacht hätte, als dieser große, schlaksige Typ mit dem wirren Haar aufgestanden und ans Rednerpult getreten war. Das Lachen war ihr aber vergangen, sobald er von seiner Vision zu sprechen begonnen hatte: eine Mischung aus Computer und Mikroskop, mit der sich anhand des in der DNS einer einzigen Körperzelle gespeicherten genetischen Codes das ganze Genom eines Menschen ablesen ließ. Das Instrument, von dem er sprach, wäre in der Lage, anhand eines Haarfollikels die etwa hunderttausend Gene eines Menschen eines nach dem anderen aufzuschlüsseln. Tom Carter hatte sich nichts Geringeres vorgenommen, als die Software der Spezies Mensch zu entschlüsseln. In diesem Moment war Jasmine klargeworden, daß sie mit ihm zusammenarbeiten und Teil seiner Vision werden mußte.

Vor drei Jahren hatten sie diese Vision verwirklicht und das Genescope entwickelt. Doch jetzt versetzte sie bereits der bloße Gedanke, Tom könnte es an seiner kerngesunden achtjährigen Tochter zum Einsatz gebracht haben, in blinde Wut. Ganz gleich, was seine Gründe dafür waren und wie genial er sonst sein mochte, hin und wieder konnte Tom Carter auch ziemlich dumm sein.

Tom hinkte vom Sarg auf sie zu und stellte sich zwischen Alex und Holly. Als der Priester seine Gebete zu sprechen begann, ergriff Tom Hollys Hand.

Jasmine versuchte Toms Blick auf sich zu lenken, aber er blickte geradeaus nach vorn auf das Grab. Es war noch nicht zu spät, sagte sie sich. Selbst wenn er die Analyse bereits durchgeführt hatte, konnte sie ihn immer noch davon abhalten, die Ergebnisse zu lesen.

❖ ❖ ❖

Tom bekam weder etwas von Jasmines bohrenden Blicken mit noch von den Worten des Geistlichen am Grab. Alles, woran er denken konnte, waren Olivia und seine Schuld.

Daß er Olivia kennengelernt und später geheiratet hatte, war der Punkt in seinem Leben, in dem er am meisten, und besonders unverdient, Glück gehabt hatte. Er war, was Frauen anging, immer ziemlich unbedarft gewesen und hatte sie als nette, aber störende Ablenkung von seiner Arbeit betrachtet. Selbst jetzt noch war ihm unbegreiflich, wie er an die wenigen

Freundinnen, die er gehabt hatte, gekommen war. Alle waren intelligent und ausgesprochen schön gewesen, aber er hatte keiner von ihnen groß den Hof gemacht. Statt dessen hatten sie ihn wie ein Problemkind adoptiert, wohl in der festen Überzeugung, ihn mit genügend Liebe und Zuneigung zu ihrem Traumprinzen machen zu können. Irgendwann hatten alle aufgegeben.

Doch mit der goldblonden Olivia Jane Mallory war es anders gewesen. Als ihm Jasmine Washington ihre Mitbewohnerin vorgestellt hatte, war ihm plötzlich klargeworden, was die Dichter mit Liebe auf den ersten Blick meinten. Seine Reaktionen waren klinisch eindeutig gewesen: nasse Handflächen, Herzklopfen, Appetitlosigkeit, leichte Ablenkbarkeit. Er hatte keine Schwierigkeiten, die Symptome zu erkennen, aber die Krankheit und ihre Ursache waren weniger wissenschaftlicher als metaphysischer Natur. In einem einzigen Moment war Olivia so wichtig für ihn geworden wie ein Teil seines Körpers. Von diesem Punkt an war er mit einer Leidenschaft hinter ihr hergewesen, die er außerhalb seiner Arbeit nie gekannt hatte. Acht Monate später, in Paris, nahm sie zu seinem nicht geringen Erstaunen seinen Heiratsantrag an. Er konnte zwar nicht tanzen, aber an diesem Abend in Montmartre vergaß er es, und sie tanzten bis zum Morgen.

Jetzt war sie tot. Er konnte es immer noch nicht fassen. Erst gestern nachmittag war er im Wintergarten ihres Hauses in Beacon Hill gewesen, dem Raum, in dem sie sich am liebsten aufgehalten hatte. Halb hatte er beim Eintreten erwartet, sie dort beim Lesen oder mit ihren Pflanzen beschäftigt anzutreffen. Ein Teil von ihm dachte immer noch, sie würde immer im Haus sein; immer im Zimmer neben dem, in dem er sich aufhielt.

Er spürte, wie Holly mit ihrer kleinen Hand die seine drückte, und als er zu ihr hinunterschaute, sah er, wie sie zu ihm hochblickte. Sie gab sich so verzweifelt Mühe, nicht zu weinen, daß er für sie geweint hätte, wenn er sich nicht so betäubt gefühlt hätte.

Als er sich bückte und sie umarmte, war es, als versuchte er den Kummer aus ihr herauszupressen.

»Mommy fehlt mir so sehr, Dad«, stieß sie schluchzend hervor. »Ich finde es ganz schlimm, daß sie der böse Mann umgebracht hat.«

»Ich auch, Holly, ich auch«, flüsterte er ihr ins Ohr. »Aber jetzt kann ihr nichts mehr passieren, und es wird alles wieder gut.« Bloß wußte er nicht, wie je wieder alles gut werden sollte. Er wünschte sich, er könnte Hollys Schmerz nehmen und ihn selbst spüren. Sein eigener Kummer schien zu tief zu sitzen, um an ihn heranzukommen. Er fühlte sich so benommen und abgestumpft, daß er nicht einmal Wut auf den Mann empfinden konnte, der es getan hatte.

Nur die Schuldgefühle durchbrachen seine Abwehrmechanismen. Als er Jack gedankt hatte, daß er ihm das Leben gerettet hatte, war jeder von beiden dem Blick des anderen ausgewichen, da beide wußten, daß Jacks blitzschnelle Reaktion nicht nur ihm das Leben gerettet, sondern auch Olivia das Leben gekostet hatte. Tom war richtig froh über die Schmerzen, als er das Gewicht auf sein verletztes Bein verlagerte. Eine Kugel hatte seinen Oberschenkel durchschlagen, während die anderen in Olivias Körper gedrungen waren.

Die Schuldgefühle machten jedoch nicht an diesem Punkt halt. Sie riefen Erinnerungen an den Tod seiner Mutter wach und an sein Unvermögen, ihr zu helfen. Dann, nachdem er von Olivias Tumor erfahren hatte, war er wiederum von Schuldgefühlen befallen worden. Aus einem spontanen Impuls heraus umarmte er Holly noch einmal. Waren bereits andere, langsamere und weniger geräuschvolle Geschosse abgefeuert worden? Geschosse, die ihn wieder verfehlen und sich diesmal ein noch verletzlicheres Ziel suchen würden?

Er mußte Gewißheit haben.

Der Geistliche sprach weiter seine Gebete, als der Sarg in die Erde hinabgesenkt wurde. Und erst in diesem Moment, als er sah, wie sich die letzten schwachen Sonnenstrahlen in den Messinggriffen des Sargs brachen, kam Tom zu Bewußtsein, daß ihn seine Frau tatsächlich verließ; daß die Sonne nie mehr auf Olivia herabscheinen würde. Zusammen mit den anderen schaufelten er und Holly Erde in das Grab und warteten geduldig, daß der Priester seine Gebete zu Ende spräche.

Als sich die Trauergäste schließlich vom Grab abwandten und zu den Autos gingen, spürte er, wie jemand ihn am Ärmel zupfte. Er drehte sich um und sah Jasmine, die ihn finster anstarrte. Sie war allein; ihr Verlobter Larry ging bereits zu seinem Wagen. »Tom, ich muß mit dir reden. Sofort!«

»Hat das nicht Zeit bis zur Totenwache?«

»Nein!«

Neben Tom war sein Vater, Alex Carter. Das Gesicht unter dem weißen Haarschopf war streng, die durchdringenden blauen Augen blickten durch eine elegante Brille. Wie immer sah er aus, als spräche er mit einem seiner Theologiestudenten. »Was gibt's?«

»Da ist etwas, worüber ich dringend mit Tom sprechen muß«, sagte Jasmine und warf Tom einen vielsagenden Blick zu. »Allein!«

Plötzlich begriff Tom. Er war heute morgen so in Eile gewesen, daß er seinen Arbeitsplatz im Labor nicht aufgeräumt hatte; er hatte ihn erst in Ordnung bringen wollen, wenn er nach der Totenwache zurückkäme, um sich die Ergebnisse anzusehen. Jasmine mußte in der Firma gewesen sein und gemerkt haben, was er vorhatte. »Dad, könntest du bitte Holly zur Totenwache mitnehmen. Wir kommen gleich nach.«

Sein Vater sah ihn erstaunt an. »Du solltest aber mit deiner Familie zur Totenwache gehen. Du mußt bei Holly bleiben.«

Tom hob die Hand. »Dad, bitte, ich kann dir das jetzt nicht erklären.« Als er vor Holly niederkauerte, sah er, wie sich ihr Gesicht vor Enttäuschung verzog. Ihre Augen waren stark gerötet. »Hol, ich muß kurz mit Jazz reden. Fahr du schon mal mit Opa nach Hause. Dort hole ich dich dann zur Totenwache ab. Okay?« Er ließ Holly jetzt zwar nur sehr ungern allein, aber er konnte unmöglich in ihrer Anwesenheit mit Jasmine darüber sprechen. Er drückte seine Tochter an sich und küßte sie auf die Wange. »Wir kommen sofort nach, ja?« Sie versuchte zu verstehen und nickte zaghaft.

»Aber Tom –« protestierte sein Vater.

»Dad, ich erkläre es dir *später*.« Damit nahm er Jasmine am Ellbogen und zog sie rasch fort von den Trauergästen, die darauf warteten, ihm zu kondolieren.

»Wann willst du dir die Ergebnisse von Hollys Genanalyse ansehen?« fragte Jasmine, sobald sie in einen der wartenden Wagen gestiegen waren.

Zuerst sagte Tom nichts. Seltsamerweise war er erleichtert, daß sie es herausgefunden hatte. Er hatte nicht gern Geheimnisse. »Nach der Totenwache«, antwortete er schließlich.

»Und warum hast du das getan, Tom?«

»Ich konnte nicht anders. Ich muß es wissen.«

»Blödsinn!« zischte Jasmine. »Kompletter Blödsinn. Das Genescope wird dir Dinge verraten, die du gar nicht wissen willst. Und auch nicht wissen mußt. Und schon gar nicht jetzt, Tom.«

❖ ❖ ❖

Zwei Meilen weiter nordöstlich, hinter dem weitläufigen Campus von Harvard, lag das Gelände von GENIUS Biotech Diagnostics still da. Die meisten Angestellten im Hauptquartier von GENIUS arbeiteten samstags nicht, und schon gar nicht abends. Mit Ausnahme der Halogenscheinwerfer, die es den CCTV-Kameras ermöglichten, die Proteinproduktionsstätten im Ostteil des Geländes zu überwachen, brannte nirgendwo auf dem Campus Licht.

Nur in der riesigen Pyramide aus lichtempfindlichem Glas, die die Anlage dominierte und die Zentrale des größten Genforschungsunternehmens der Welt beherbergte, waren vereinzelt Lichter zu sehen. Allerdings nicht in den zwei obersten

Etagen, in denen die Verkaufsabteilungen, der Konferenzsaal und die meisten Direktionsbüros untergebracht waren, darunter auch das von Jack Nichols. Ein Licht brannte in einem der Labors in den zwei mittleren Etagen, und im Erdgeschoß kam jeweils ein Licht aus dem Empfangsbereich und aus Jasmine Washingtons Abteilung für Informationstechnologie, in der unablässig Daten verarbeitet wurden, die von den GENIUS-Tochtergesellschaften in aller Welt eingingen. In der kleinen Krebsstation im Kliniktrakt war es, wie vor Weihnachten häufig, dunkel und still.

Zu dem Zeitpunkt, zu dem Tom Carter und Jasmine Washington auf Olivias Totenwache waren, hielt sich außer den zwei Wachmännern im Pförtnerhäuschen am Haupttor und den zwei Sicherheitsbeamten, die im Atrium der Pyramide die CCTV-Monitore überwachten, niemand auf dem GENIUS-Gelände auf.

Dennoch war im zweiten Stock der Glaspyramide, in einer Abteilung der Mendel-Laboratorien, ein Verstand am Arbeiten. Dieser Verstand gehörte einem Wesen namens DAN, dessen Name ein Anagramm aus den Anfangsbuchstaben dreier Wörter war: *deoxyribose nucleic acid*, DNA oder: Desoxyribonukleinsäure, DNS.

Mitte der achtziger Jahre des letzten Jahrhunderts war das bedeutendste Forschungsprojekt seit dem Apollo Space Programme ins Leben gerufen worden: das Human Genome Project. Seine Zielsetzung war ganz einfach gewesen: den dreitausend Milliarden Buchstaben umfassenden genetischen Code in der menschlichen DNS zu entschlüsseln und auf diese Weise jedes einzelne der etwa hunderttausend Gene, die den Bauplan eines menschlichen Wesens bilden, zu identifizieren. Unter der anfänglichen Leitung von James Watson, dem Mitentdecker des Aufbaus der DNS, entwickelte sich das Human Genome Project zu einem weltumspannenden Forschungsvorhaben. Zeigten die daran beteiligten Wissenschaftler aus aller Herren Länder anfangs noch ein bisher nie dagewesenen Maß an Kooperationsbereitschaft, begannen Mitte der neunziger Jahre trotz bedeutender Fortschritte rivalisierende Gruppen, die von ihnen entdeckten Gene patentieren zu lassen, so daß von dem für ein erfolgreiches Arbeiten unerläßlichen Gemeinschaftsgeist bald nichts mehr zu spüren war.

Anfang 1989 hatte Dr. Tom Carter unabhängig vom Human Genome Project ein Konzept entwickelt, bei dem die DNS mit Hilfe eines Geräts, das halb Mikroskop, halb Computer war, direkt von den Chromosomen einer Körperzelle abgelesen werden konnte: etwa so, wie ein Scanner eine Strichkodierung liest. Anfang 1990 hatte er die theoretischen Vorarbeiten abgeschlossen, aber für die praktische Umsetzung seines Konzepts waren größere Computerkapazitäten nötig, als zum damaligen Zeitpunkt im Bereich des technisch Möglichen lagen. Im selben Jahr hatte er jedoch anläßlich eines Vortrags in Stanford eine junge Studentin der Computerwissenschaften kennengelernt, die ganz besessen von der Idee gewesen war, Prozessoren auf Proteinbasis zu entwickeln. Diese Studentin war Jasmine Washington gewesen. Neun Jahre später hatten sie gemeinsam das Genescope entwickelt und erreicht, woran bisher alle Wissenschaftler gescheitert waren: den Ort und die Funktion eines jeden der 99 766 Gene zu bestimmen, die das Wesen eines Individuums ausmachen.

Eines dieser Genescopes gab gerade ein tiefes Brummen von sich, während sein »Auge« die dreitausend Millionen Buchstaben der DNS-Sequenz las, die es dann aufschlüsseln würde.

»ATG-AAC-GAT-ACG-CTA-TCA ...«, las das »Auge«.

Wie bei allen Genescopes im GENIUS-Hauptquartier und in den technisch fortschrittlicheren GENIUS-Labors auf der ganzen Welt handelte es sich bei DAN um eine Version der vierten Generation, die bis zu fünfzig Genproben gleichzeitig analysieren konnte. An diesem Abend konzentrierte es sich jedoch nur auf eine ganz bestimmte Körperzelle.

Auf dem schwarzen Schwenkarm mit dem lasergesteuerten Elektronenmikroskop, oder »intelligenten Auge«, leuchteten unablässig kleine bunte Lichter, so groß wie Katzenaugen, auf. Sie zeigten an, daß das Hochauflösungsobjektiv seinen »Blick« von einem magnetisierten DNS-Abschnitt zum nächsten wandern ließ und die kodierten Gene wie eine mehrfarbige Strichkodierung las.

Das Brummen kam aus der eiförmigen schwarzen Box, die den Körper des schwanenförmigen Geräts bildete. Sie enthielt das »Gehirn« des Genescopes: einen Biocomputer der siebten Generation, so leistungsfähig, daß er ein »virtueller Verstand« war, der das neurale Netzwerk des menschlichen Gehirns nachahmte. Er war im wahrsten Sinn des Wortes lebendig und basierte auf einem primitiven photoresponsiven Protein, das die logischen Verknüpfungen unendlich viel schneller und robuster machte als die gängigen Mikrochips. Diese Prozessoren arbeiteten tausendmal schneller als ihre höchstentwickelten elektronischen Pendants. Während DAN weiter vor sich hinbrummte, verarbeitete sein »virtueller Verstand« die Daten, die das »intelligente Auge« an ihn weiterleitete, und entschlüsselte den genetischen Code eines der Organismen, die ihn geschaffen hatten. Eines Menschen.

DAN war eins von sechs Systemen in der Genescope-Abteilung im hinteren Teil der Mendel-Labors. Entlang einer Wand der Abteilung befanden sich acht Arbeitsplätze. Jede leuchtendweiße Oberfläche war makellos sauber.

Bis auf eine.

Hier lag neben einem tragbaren Mikroskop eine benutzte Plastikpatrone, und in einem Bad aus magnetisierter fluoreszierender Farbe und Agar-Agar stand eine ausgemusterte Pipette. Nicht weit davon, neben einer Batterie kleiner Eppendorf-Röhren, befanden sich ein Becherglas mit Wasser und ein gläserner Objektträger mit einem Speichelabstrich, die Abfälle einer hastig vorbereiteten Genanalyseprobe.

Die vorbereitenden Maßnahmen waren ganz einfach. Zuerst brauchte man eine Gewebeprobe von genetischem Material; ein Haarfollikel oder ein Speichelabstrich waren völlig ausreichend. Dann wurde unter dem Mikroskop eine Körperzelle isoliert und in eine Eppendorfröhre mit fluoreszierendem, magnetisiertem Gel getaucht. Dadurch wurden die dreiundzwanzig Chromosomenpaare der Zelle besser sichtbar, und jede der vier Nukleotidbasen der DNS nahm eine andere Farbe an. Zum Schluß wurde die gefärbte Zelle in einer bio-sterilen Patrone verschlossen und zum »Ausbrüten« in die Brust des zwei Meter großen schwarzen Schwans gelegt: in das Genescope, das selbst jetzt wach, bereit, voll bei der Sache war.

»*CAT-ACG-TAG-GAC...*« DANs »intelligentes Auge« las den spiralförmigen DNS-Strang ab, der in den dreiundzwanzig Chromosomenpaaren der Zelle aufgespult war, tastete die verschiedenen Farben der Nukleotidbasen ab, die die Sprossen des leiterförmigen DNS-Strangs bildeten, und leitete die Informationen durch seinen langen Hals an sein Gehirn weiter. Darauf überprüfte DANs Gehirn die Reihenfolge der Buchstaben, von denen jeder für eine Stickstoffbase stand – **C**ytosin, **A**denin, **G**uanin, **T**hymin – und las die von ihnen gebildeten Gene. Gleichzeitig tauschte sich DAN ständig mit seiner sich kontinuierlich erweiternden Datenbank und seinem neuralen Netzwerk aus, um die Kette der Aminosäuren zu bestimmen, die von den einzelnen Genen kodiert wurden; des weiteren stellte es fest, welche Sorte Aminosäuren und wie viele in der Kette waren und in welcher Reihenfolge sie sich befanden. Aufgrund dessen konnte dann der ständig dazulernende »virtuelle Verstand« bestimmen, welches Protein entstehen würde.

Proteine sind die Bausteine des Lebens. Durch sie geben die Gene den Anstoß für sämtliche physiologische Veränderungen in einem Organismus; sie bestimmen, welche Zellen welche Organe bilden; entscheiden, wie Zellen sich teilen und sterben sollen. Durch sie lassen unsere Gene Haare wachsen, Nahrung verdauen, Tränen und Speichel bilden, und nicht zuletzt legen sie unseren natürlichen »Todestag« genauso unverrückbar fest wie unseren Geburtstag.

DAN, der im hinteren Teil der Abteilung gerade so ominös

vor sich hin brummte, entschlüsselte das Erbgut der menschlichen Zellprobe; bestimmte jedes körperliche Merkmal von der Augenfarbe bis zur Form der Nase; kennzeichnete jede Begabung von Intelligenz bis Sportlichkeit; sagte jede Krankheit von zystischer Fibrose bis Krebs voraus. Das Genescope hielt nach jeglichen Defekten Ausschau, die die normale Toleranzgrenze überschritten; sorgte dafür, daß es in der »Lebensanleitung« des betreffenden Menschen keine Rechtschreibfehler gab.

Plötzlich veränderte sich die Tonhöhe von DANs Brummen, und die Katzenaugenlichter an seinem Hals gingen eins nach dem anderen aus, bis nur noch das rote Stand-by-Lämpchen brannte. Das Genescope hatte seine Aufgabe beendet. Es hatte alle drei Milliarden Buchstaben dieses speziellen menschlichen Genoms übersetzt und jede einzelne seiner fast hunderttausend Gene analysiert.

Innerhalb weniger Stunden hatte das Genescope die genetische Lebensanleitung für den unter dem Namen Holly Carter bekannten menschlichen Organismus entschlüsselt und damit gleichzeitig ihr Todesurteil gesprochen.

❖ ❖ ❖

Zwei Stunden und sechsunddreißig Minuten später war die Totenwache zu Ende. Tom Carter hatte Holly zu Bett gebracht und fuhr nun mit Jasmine Washington zum GENIUS-Gelände. Die Wachmänner am Eingang winkten ihn in dem Augenblick durch, in dem die Scheinwerfer seines alten Mercedes SEL die Chromlettern auf dem schwarzen Firmenschild erfaßten:

GENIUS Biotech Diagnostics.
*Ihre Gene. Ihre Zukunft. Ihre Wahl.*

Als er die bereifte Zufahrt entlangfuhr, waren rechts die Umrisse der Halle für die Proteinproduktion und links der kleine Brunnen in der Mitte der Rasenfläche zu sehen. Vor ihm erhob sich die imposante Pyramide. Statt in die Tiefgarage zu fahren, hielt er vor dem Haupteingang.

»Du willst also immer noch weitermachen?« fragte Jasmine neben ihm. »Mein Gott, Tom, für einen intelligenten Menschen kannst du manchmal wirklich ganz schön blöd sein.«

Er schaltete die Zündung aus. »Du hast immer noch nicht kapiert. Das ist nichts, was ich tun *möchte*. Herrgott noch mal, es ist das allerletzte, was ich tun *möchte*, aber ich *muß* es tun. Wenn du nicht willst, brauchst du ja nicht mitzukommen, Jazz.«

»Aber sicher, klar.« Mit einem entnervten Seufzen stieg Jasmine aus und warf die schwere Autotür zu. »Trotzdem sehe ich nicht ein – «

»Ich habe dir doch gesagt, Jazz: Das Glioblastoma multiforme, das sie in Olivias Hirn entdeckt haben, war nicht soviel anders als das Astrozytom meiner Mutter.«

»Na schön, Olivia hatte einen Gehirntumor, aber sie ist inzwischen tot, und nichts, was du tust, kann sie zurückholen.«

Tom schüttelte den Kopf. Er war zu müde und zu abgestumpft, um sich mit ihr zu streiten. Jasmine war hochintelligent, aber alles nicht Eindeutige war ihr ein Graus. Für sie war alles entweder schwarz oder weiß, falsch oder richtig; wie das Binärsystem, auf dem ihre Computersprache größtenteils basierte. Selbst ihr unlogischer Glaube an Gott war, was sie anging, eine unwiderlegbare Tatsache. Als sie die gläserne Eingangstür erreichten, steckte Tom seine Hand in den DNS-Sensor und wartete auf das Zischen, das anzeigte, daß ihn die Tür identifiziert hatte und sich öffnete.

»Zumindest ein Gutes hatte das, was passiert ist: Olivia mußte nicht lange leiden.« Jasmines Stimme klang inzwischen versöhnlicher.

Tom nickte den zwei Wachmännern zu und ging an der IT-Abteilung vorbei auf die verglasten Lifte zu. »Aber genau darum geht es doch, Jazz. Ich möchte nicht miterleben, daß Holly genauso leiden muß, wie meine Mutter gelitten hat und Olivia zu leiden gehabt hätte. Verstehst du denn nicht? Wir wissen inzwischen, diese Gehirntumore haben eine komplexe genetische Komponente. Ich bin den Kugeln ausgewichen, die Olivia getötet haben. Und ich bin den Genen ausgewichen, die den Krebs meiner Mutter ausgelöst haben, weil ich von meinem Vater einen gesunden Satz geerbt habe. Aber Holly könnte einen schadhaften Satz Gene von Olivia geerbt haben *und* einen schlechten Satz von meiner Mutter – *über mich*. Wenn dem so ist, dann muß ich es unbedingt wissen.«

Jasmine schwieg, als Tom den Lift betrat und auf den Knopf mit der 2 drückte. Die Lifttüren gingen zu, und als die Kabine lautlos am Zwischengeschoß vorbei zur nächsten Etage emporschwebte, beobachtete er, wie die Eingangshalle und die Wachmänner unter ihm kleiner wurden. In der Stille konnte er Jasmines Atem hören.

Sie schien etwas sagen zu wollen, überlegte es sich dann aber anscheinend anders.

»Tu dir keinen Zwang an«, sagte Tom. »Frag ruhig!«

»Also gut. Was ist, wenn Holly tatsächlich die defekten Gene geerbt hat? Was willst du dagegen tun?«

Die Lifttür ging auf. Tom trat auf den Flur hinaus und ging zu einer Sicherheitstür aus Chrom und Glas, auf der stand: *Mendel-Suite. Zutritt nur für Berechtigte.* Tom steckte die Hand in den DNS-Sensor und wartete, daß ihn die Tür erkannte.

»Ich schätze, in fünf Jahren läßt sich so etwas auf gentherapeutischem Weg heilen«, sagte er. »Und ich werde schon dafür sorgen, daß es nicht länger dauert. Wenn Holly also eine gewisse Anfälligkeit zeigt und diese sich wie bei ihrer Mutter und ihrer Großmutter ab dreißig bemerkbar macht, dürfte sie nichts zu befürchten haben.«

Die Tür ging zischend auf, und beide traten hindurch. Sobald die Sensoren ihre Anwesenheit registrierten, ging automatisch das Licht an. Die Tungsten-Glühbirnen erweckten den Eindruck von natürlichem Tageslicht, als Tom und Jasmine an den riesigen Kältespeichern vorbeigingen, in denen bei Temperaturen von minus hundertachtzig Grad lebende Tumorproben gelagert waren. Das leere Labor mit seinen verlassenen Arbeitsplätzen hatte etwas Gespenstisches; eine unberührte Öde aus Weiß, Chrom und Glas. Die einzigen Geräusche kamen von einigen der Apparate zwischen den Arbeitsplätzen und von der Klimaanlage. Angespannt horchte Tom auf das tiefe Brummen DANs, obwohl er selbstverständlich wußte, daß das Gerät nach Beendigung seiner Aufgabe längst verstummt sein mußte. Als er den Durchgang zu der Genescope-Abteilung im rückwärtigen Teil des Labors sah, spürte er, wie sich sein Magen zusammenkrampfte. Er hatte den Test unzählige Male zuvor durchgeführt, aber nie bei einem Menschen, der ihm so nahestand und bei dem zugleich Verdacht auf einen tödlichen Defekt bestand.

»Aber was willst du tun, wenn der Ausbruch der Krankheit früher prognostiziert wird, Tom? Vor Ablauf der fünf Jahre?«

Darauf wußte Tom keine Antwort. Er öffnete die Tür zur Genescope-Abteilung, aus der ihm die sechs hoch aufragenden schwarzen Schwäne mit boshaftem Mitleid entgegenzublicken schienen. »Komm!« sagte er. »Mal sehen, was uns DAN zu sagen hat.«

❖ ❖ ❖

Jasmine liebte die Genescopes. Sie waren ihre Kinder. Es war diese Erfindung gewesen, mit der GENIUS den Sprung von einer fortschrittlichen, aber nicht sehr großen Biotech-Firma zu einem führenden Weltunternehmen geschafft hatte.

Als das Genescope vor etwas mehr als drei Jahren auf den Markt gekommen war, war es seiner Zeit so weit voraus gewesen, daß die Konkurrenzunternehmen lieber dafür bezahlt hatten, es benutzen zu dürfen, anstatt wertvolle Jahre damit zu vergeuden, ein eigenes Modell zu entwickeln. Und Jack Nichols hatte mit seinem Know-how in den Bereichen Marketing und

Kapitalpolitik dafür zu sorgen verstanden, daß die Geräte schon nach kurzem auf der ganzen Welt in GENIUS-Lizenzlabors zum Einsatz kamen. Eine Gewebeprobe für eine Genanalyse einzusenden war inzwischen, wie es Jack gern ausdrückte, so einfach, wie »einen Film zum Entwickeln zu bringen«. Was das Einlesen menschlicher Software anging, waren die Genescopes inzwischen weltweit führend, und erst letztes Jahr war Tom Carter vom »TIME Magazine« als der Bill Gates der Gentechnik bezeichnet worden.

Das technische Potential der Genescopes war so erstaunlich, daß sie nicht einmal Jack ganz geheuer waren. Bei mehr als einer Gelegenheit hatte ihn Jasmine mit einem nervösen Lachen sagen gehört: »Ich werde mir nicht von so einem Scheißroboter auf den Tag genau meinen Abgang voraussagen lassen.« Natürlich immer nur dann, wenn kein Kunde in Hörweite war.

Jasmine war eine der ersten gewesen, die den Test an sich selbst vorgenommen hatte. Obwohl sie dem Ergebnis relativ gelassen entgegengesehen hatte, war sie dennoch erleichtert gewesen, daß ihr in naher Zukunft keine ererbten Killer auflauerten. Als sie jedoch jetzt mit Tom an der Batterie von Genescopes vorbeiging, konnte sie Jacks Ängste gut nachvollziehen; daß eine Maschine mehr über einen wußte als man selbst, hatte etwas zutiefst Verunsicherndes. Deshalb war sie heute abend voll banger Erwartung, was ihr eins ihrer Kinder über Holly erzählen würde.

Als sie im hinteren Teil der Anlage neben DAN Platz nahm, konnte sie ein leises Summen aus seinem runden Korpus kommen hören. Der Bildschirm auf dem Schreibtisch daneben war dunkel.

Sie sah zu Tom hinüber. »Willst du es wirklich tun?«

Er lächelte angespannt und nickte.

»DAN«, sagte sie darauf in das Mikrophon an dem schwarzen Hals. Der Name, den sie der Maschine gegeben hatte, war nicht bei allen auf Begeisterung gestoßen, aber irgendwie hatte er sich trotzdem durchgesetzt, und deshalb nannten sie die Genescopes jetzt alle DAN.

Die Lichter am Hals und die drei weißen Lämpchen am eiförmigen Korpus gingen an wie sich öffnende Augen. Das Summen wurde zu einem tiefen Grummeln.

»Bildschirm an«, befahl sie.

»DAN, ich bin auch hier«, sagte Tom.

Plötzlich ging der Monitor an, und es erschien das GENIUS-Logo: eine Glühbirne, umgeben von DNS-Spiralen. Darunter stand das Firmenmotto: »Ihre Gene. Ihre Zukunft. Ihre Wahl.«

*»Bitte Menü auswählen«*, sagte DAN monoton, sobald er die Stimmen seiner Schöpfer erkannt hatte. Technisch wäre es überhaupt kein Problem gewesen, DAN jede beliebige Stimme zu geben, und deshalb hatte ihn Jasmine mit einer schön modulierten Stimme ausstatten wollen. Aber Tom und Jack hatten es für besser gehalten, die Maschine mit roboterhafter Monotonie sprechen zu lassen. Vielleicht hofften sie, dadurch nicht so schnell aus den Augen zu verlieren, daß das leistungsfähige Genescope trotz der organischen Bauweise seines Biocomputers immer noch genau das war: ein Computer.

»Das Ergebnismenü bitte«, sagte Tom, und sofort erschienen seine Worte zur Bestätigung, daß sie richtig verstanden worden waren, am oberen Bildschirmrand.

*»Wie lautet der Name der Testperson?«* fragte die höfliche Leierstimme.

»Holly Carter.« Tom sprach den Namen seiner Tochter ganz deutlich aus.

*»Testperson gefunden. Wählen Sie bitte unter den auf dem Bildschirm aufgeführten Optionen: Kurzzusammenfassung der Untersuchungsergebnisse. Chromosomenanalyse. Detaillierte Genanalyse.«*

»Kurzzusammenfassung der Untersuchungsergebnisse, bitte.«

*»Gerne, Tom.«* Begleitet von DANs mündlichen Ausführungen, erschien das Menü P.A.M.B. auf dem Bildschirm. *»Sie be-*

*finden sich jetzt im Menü P.A.M.B. Unter* **Profil** *erhalten Sie eine generelle auf der DNS basierende Beschreibung der Testperson: Haarfarbe, Hautfarbe, Augen, Größe usw. Unter* **Ausnahmen** *finden Sie überdurchschnittliche Vorzüge gegenüber dem Standardgenom aufgeführt. Zum Beispiel Intelligenz oder Immunität gegen Krankheiten. Unter* **Mängel** *finden Sie überdurchschnittliche Anfälligkeiten für nicht lebensbedrohliche Krankheiten.* **Bedrohungen** *zeigt lebensbedrohliche Defekte an und ist gegen unberechtigten Zugriff geschützt. Bitte treffen Sie Ihre Wahl.«*

Die ersten drei Kategorien interessierten Tom nicht. »Bedrohungen bitte, DAN.«

*»Das persönliche Paßwort bitte?«*

»Entdeckung.«

*»Danke, Tom. Um die Datei Bedrohungen freizugeben, brauche ich das zweite autorisierte Paßwort, bitte.«*

Mit einem widerstrebenden Seufzen sagte Jasmine: »Baum der Erkenntnis.«

*»Danke, Jasmine. Sind Sie sicher, daß Sie in Bedrohungen gehen wollen? Ja oder Nein?«*

Eine Pause.

Jasmine sah ihren Freund aufmerksam an. Er wirkte unschlüssig, und sie konnte spüren, daß er am liebsten aus dem Raum gestürmt wäre und Holly so weit weg vom Genescope und seinen Geheimnissen gebracht hätte wie nur irgend möglich.

»Nein!« hörte sie ihre Stimme durch den stillen Raum gellen.

»Was?« entfuhr es Tom.

Die Lichter des Genescopes begannen zu blinken, und einen Moment veränderte sich die Tonhöhe des Brummens.

Tom wandte sich ihr zu; halb wirkte er wütend, halb erleichtert. »Was soll der Quatsch?«

»Tu's nicht, Tom, ich flehe dich an. Es ist noch nicht zu spät.«

*»Eingabe bitte bestätigen«*, sagte DAN in unverändert neutralem Ton.

Wieder eine Pause. Nur eine einzige Silbe trennte ihn noch von den Untersuchungsergebnissen. Jasmine sah, wie Tom sie unsicher anschaute und sich dann wieder DAN zuwandte.

»Ja«, sagte Tom schließlich, und seine Stimme war kaum mehr als ein Flüstern. »Zeig mir Bedrohungen.«

Janine schüttelte den Kopf und sah auf den Bildschirm. DANs Grummeln wurde schneller, und dann erschienen drei Zahlen auf dem Monitor: 9, 10 und 17.

Irgend etwas stimmte nicht. Die bloße Tatsache, daß Zahlen auf dem Bildschirm waren, sagte ihr, daß es in Hollys Genom gefährliche genetische Defekte gab. Die einzelnen Zahlen standen für die Chromosomen, in denen die Störung auftrat.«

*»In den Chromosomen 9, 10 und 17 bestehen schwerwiegende Kodierungsfehler«*, sagte DAN.

Tom sah blaß aus, als er verlangte: »Zeig mir zuerst 17.«

*»Gern, Tom.«* Auf dem Bildschirm erschien etwas, das aussah wie eine mehrfarbige spiralförmige Leiter. Dabei handelte es sich um eine graphische Darstellung der gefärbten DNS-Doppelhelix. Am oberen Rand des Bildschirms stand als Überschrift »Chromosom 17«. Neben dem spiralförmigen Doppelstrang waren zwei Spalten mit Gruppen von jeweils drei Buchstaben; in einer Spalte war ein Abschnitt von Hollys Gencode dargestellt, in der anderen der entsprechende Abschnitt aus dem fiktiven Genom einer gesunden Durchschnittsperson. Daneben erschien, ähnlich einem Spotlight, ein Cursor. Er bewegte sich über den Bildschirm und blieb in einem bestimmten Bereich des spiralförmigen Doppelstrangs stehen.

*»Deutlicher Defekt in Gen p53 zur Tumorunterdrückung auf Chromosom 17. Kopie mütterlicherseits fehlerhaft, Kopie väterlicherseits mutationsanfällig.«* Zur Verdeutlichung von DANs Ausführungen huschte der Cursor über den Bildschirm und deutete auf die nicht übereinstimmenden unteren Sprossenpaare der Leiter, um anschließend die fehlerhaften Code-

buchstaben in der mütterlichen Kopie von Hollys Genom hervorzuheben.

CAT-ACG-TAG-GAC, stand auf dem Bildschirm zu lesen, und die Defekte waren hervorgehoben.

»Wofür ist das p53-Gen gleich wieder zuständig?« fragte Jasmine besorgt. Sie kannte sich besser mit der Funktionsweise von DAN aus als mit seinen Ergebnissen.

»Es hilft, beschädigte DNS zu reparieren. Ein mutiertes p53-Gen ist die wichtigste Vorstufe der klonalen Entwicklung. Das ist der Prozeß, der zu Krebs führt. Aber dieses Gen allein bedeutet noch nicht unbedingt, daß Holly an Krebs erkranken wird. An der Entstehung von Krebs sind alle möglichen Gene beteiligt; deshalb ist er auch so schwer zu heilen. Um ganz sicher Krebs zu bekommen, müßte sie sowohl auf den Chromosomen väterlicherseits wie auf denen mütterlicherseits eine ganz bestimmte Kombination fehlerhafter Gene geerbt haben.«

»Das Ganze hat also nicht wirklich etwas zu bedeuten, oder?«

Bevor Tom antworten konnte, erschien ein anderer Abschnitt des spiralförmigen Doppelstrangs auf dem Bildschirm. Diesmal lautete die Überschrift »Chromosom 9«.

*»Gensequenz auf Chromosom 9 anfällig. Väterliches Set fehlerhaft. Mütterliches Set fehlend. cer6 und cer14 gefährdet. inf19 und inf27 weisen umgekehrten Codedefekt auf.«*

Jasmine brauchte nicht Toms aschfahles Gesicht zu sehen, um zu wissen, daß das schlecht war. Doch bevor sie dazu kam, sich über die möglichen Konsequenzen Gedanken zu machen, änderte sich das Bild auf dem Monitor erneut. »Chromosom 10« lautete die neue Überschrift. Das Genescope war unerbittlich in seiner Diagnose; seine sachlichen Enthüllungen kannten kein Taktgefühl.

*»Vier ras-Gene auf Chromosom 10 haben Lücken. Mutation unausweichlich.«* Das verkündete DAN mit derselben Teilnahmslosigkeit, als sagte er das Wetter an.

»Herrje«, entfuhr es Jasmine kaum hörbar.

Tom blickte stumm vor sich hin. Erst nach einer Weile sagte er: »Es ist schlimmer, als ich dachte. Ein Gesamtdefekt ist in der Regel harmlos. Selbst mit Abweichungen in allen drei Chromosomen läßt sich fertig werden, wenn die betreffende Person vom anderen Elternteil ein gesundes Set geerbt hat. Aber Holly hat die schlimmste nur denkbare Kombination. Jeder genetische Störfall, der überhaupt eintreten kann, ist eingetreten.«

Toms blaue Augen wirkten eher wütend als traurig, als er sich Jasmine zuwandte.

Sie schüttelte bloß den Kopf und legte ihm die Hand auf die Schulter. Es gab nichts, was sie hätte sagen können.

Tom sah wieder den teilnahmslosen schwarzen Schwan an. »Also los, DAN, du verdammter Dreckskerl, wie lautet deine Prognose? Was wird mit ihr passieren?« Jasmine entging nicht, daß Tom seine Wut schürte; zweifellos zog er sie der anderen Alternative vor. Verzweiflung war so nutzlos.

*»Mit neunundneunzigprozentiger Wahrscheinlichkeit wird die Kombination genetischer Defekte im Genom der Testperson Holly Carter zu* Glioblastoma multiforme *führen.«*

Die zwei Wörter hörten sich soviel weniger beängstigend an als »Krebs« oder »Tumor«, eher wie der lateinische Name einer ausgefallenen Rosensorte. Aber Jasmine ließ sich nicht täuschen. Wie sie von Tom wußte, war *Glioblastoma multiforme* die schlimmste Form von Astrozytom. Die virulenteste Form von Gehirntumor.

Sie mußte an Holly denken, die in ihrem roten Mantel und der schwarzen Fellmütze so tapfer am Grab ihrer Mutter gestanden hatte, und auf einmal stieg irrationaler Haß auf DAN in ihr hoch. Als wäre er schuld an der schrecklichen Nachricht.

Sie wandte sich Tom zu, der nur dasaß. In seinen blauen Augen leuchtete ein arktisches Feuer.

»Mein Gott, Tom, das ist ja furchtbar.«

»Wir sind noch nicht fertig«, sagte er mit gewohnter Sturheit. »Wir müssen noch eine letzte Frage stellen.«

Natürlich, dachte sie, der Zeithorizont.

Trotz ihrer Wut entging ihr nicht, daß Tom fast gelähmt war vor Angst. Er brauchte mehrere Sekunden, um seine Fassung wiederzuerlangen. Doch dann hörte sie ihn mit fester Stimme sagen: »DAN, du eiskalter Scheißkerl, die optimalsten Umweltfaktoren sowie die bestmögliche ärztliche Behandlung vorausgesetzt: wann wird die klonale Entwicklung einsetzen? Und wann wird Hollys Krebs in das vierte und tödliche Stadium eintreten?«

Darauf trat eine kurze Pause ein, und das Brummen des Genescopes wurde ein paar Sekunden lang tiefer.

Als DAN schließlich sein Urteil sprach, lauschte Jasmine kopfschüttelnd seinen blechernen Worten. Sie war stolz auf ihre Leistungen. Aber in diesem Moment, als sie den Wahrsager den Tod ihres Patenkinds vorhersagen hörte, schämte sie sich fast für das, was sie zu erschaffen geholfen hatte.

# 3

## Am selben Tag. London.

»Ich bin Nemesis. Möge mein Schwert der Gerechtigkeit scharf sein ...«

Ratsch, fuhr die Klinge über die Kopfhaut.

»Möge meine Rüstung der Rechtschaffenheit makellos sein ...«

Ratsch.

»Und möge mein Schild des Glaubens stark sein.«

Die Rasierklinge fuhr durch das stopplige Gestrüpp, teilte den weißen Schaum und hinterließ einen Streifen glatter, haarloser Kopfhaut. Zu jedem Strich ihres Messers stimmte Maria Benariac eine Zeile ihres dreizeiligen Mantras an.

»Ich bin Nemesis. Möge mein Schwert der Gerechtigkeit scharf sein«, wiederholte sie, als sie mit dem Ritual fortfuhr.

Als sich ihre Kopfhaut wieder glatt anfühlte, wischte sie den Dampf vom Badezimmerspiegel, um ihr Werk zu begutachten. Ihre auffallenden Augen – eines blau, eines braun – starrten zurück. Sie waren die einzigen besonderen Kennzeichen, die der Chirurg nicht hatte ändern können. Als sie den Kopf zur Seite drehte, sah sie die winzigen, zehn Jahre alten Narben hinter den Ohren; die letzten Relikte aus der Zeit, als sie ihr ehemals schönes, zu schönes Gesicht weniger bemerkenswert hatte machen lassen.

Maria legte das Rasiermesser neben das Waschbecken, zu den Tuben mit Theaterschminke. Einen Moment verharrten ihre Finger an der Klinge; versucht. Aber als sie auf die frischen Narben hinabsah, die sich kreuz und quer über ihren rechten Oberschenkel zogen, beschloß sie, zu warten, bis sich ihr Zustand wieder legte.

Sie drehte sich um und ging nackt aus dem kleinen Bad in den Wohnraum des großen Einzimmerapartments, in dem sich alles befand, was sie besaß. Sie mochte, wie sich das kühle Parkett unter ihren bloßen Füßen anfühlte, als sie aus dem zwei Meter breiten Fenster sah. Grau und kalt zog dreißig Meter unter ihr die Themse vorbei. Sie ging in die hinterste Ecke des Lagerhausapartments und stellte sich unter die Turnringe, die von den hohen, freiliegenden Deckenbalken hingen.

Sie sprang hoch und packte die Ringe mit sehnigen Fingern. Ihre muskulösen Unterarme spannten sich unter dem Gewicht ihres Körpers, als sie ihn so weit vom Boden hoben, daß sich ihre Taille auf gleicher Höhe mit ihren Händen befand. Die Arme wurden in den Ellbogen starr und unnachgiebig. Dann führte sie die gestreckten Beine vor ihrem Körper nach oben, bis sie mit ihrem straffen nackten Bauch exakt einen rechten Winkel bildeten.

»Eins ... zwei ... drei ...« zählte sie leise, den Blick auf die Wand geheftet. Sie hielt nicht eine Sekunde bei ihren Übungen inne.

»... fünfzehn ... sechzehn ... siebzehn ...«

Die einzigen sichtbaren Zeichen von körperlicher Anstrengung waren die dünnen Schweißrinnsale, die ihren modellierten Rücken hinunterströmten, und ein kaum wahrnehmbares Zittern der Hände.

»... achtundvierzig ... neunundvierzig ... fünfzig.«

Erst jetzt gestattete sie sich, die Ringe mit einem triumphierenden Lächeln loszulassen. Sie spannte die Beinmuskeln an und landete mit katzenartiger Geschmeidigkeit auf dem Parkettboden. Dann ging sie fast unverzüglich auf den großen Spiegel zu, um ihre nackte, hochgewachsene Gestalt darin zu begutachten: den kahlrasierten Kopf, die ungewöhnlich breiten Schultern, die kräftigen Arme, die schmale Taille, die knabenhaften Hüften und die langen Beine. In ihrem Blick war keine Eitelkeit, nur objektive Beurteilung; so, als überprüfte sie den Zustand eines Instruments oder einer Waffe. Diese Musterung lief jeden Morgen gleich ab, und wie an den meisten Tagen war sie auch heute zufrieden. Mit ihren fünfunddreißig Jahren hatte sie kein Gramm Fett am ganzen Körper, und ihre Muskeln waren gleichermaßen geschmeidig wie stark. Ihr einziger Makel waren die Narben: die winzigen hinter den Ohren, die erhabene kreuzförmige Narbe an der Unterseite ihres linken Unterarms, das Zickzackmuster selbst beigebrachter Schnitte auf ihrem rechten Oberschenkel und die zwei ankerförmigen Narben unter ihren Brustwarzen. Letztere zeigten an, wo ihre einst vollen Brüste entfernt worden waren, um zwei androgyne Erhebungen zurückzulassen, die sie nicht mehr bei ihren Bewegungen behinderten oder unerwünschte Blicke anzogen.

Nachdem sie ihren Körper begutachtet hatte, drehte sich Maria Benariac um und sah sich in ihrem Adlerhorst um. Der große Raum im obersten Stock des alten Lagerhauses war eine Hinterlassenschaft der späten achtziger Jahre, als Yuppies aus der City im ehemals unattraktiven East End umgewandelte Häuser aufkauften, weil sie billig und in der Nähe ihrer Arbeitsstätten waren. Der Raum war jedoch alles andere als ein Yuppiedomizil. Ein Innenarchitekt hätte den luftigen Raum wahrscheinlich als minimalistisch bezeichnet, obwohl spartanisch den Sachverhalt besser getroffen hätte.

Sie ging zu den vier Lichtschaltern neben dem Fenster.

Klick – klick. Die erste nackte 100-Watt-Birne, die von der Decke hing, ging aus und wieder an.

Klick – klick. Das gleiche mit der zweiten Glühbirne.

Dann die dritte und die vierte.

Sobald sie sich vergewissert hatte, daß sie funktionierten, ging sie zur nächsten Phase ihres täglichen Rituals über. Sie schritt an den Wänden des Raums entlang und schaltete jedes der sechs strategisch plazierten Spotlights an. Als alle an waren, trat sie in die Mitte des Raums, studierte den Einfallswinkel der Scheinwerferstrahlen und überprüfte, ob keine Ecke des Raums im Dunkeln lag. Sie verstellte zwei Lampen, und als sie sich schließlich sicher war, daß alles Dunkel verbannt war, inspizierte sie den Rest des Apartments, um sich zu überzeugen, daß sich alles an seinem Platz befand.

Als sie zu dem Einzelbett in der Ecke gegenüber den Turngeräten ging, rückte sie das Kruzifix an der Wand gerade und machte dann eine Kniebeuge davor. Das hölzerne Kruzifix, das ihr der Vater gegeben hatte, als er sie aus dem korsischen Waisenheim geholt hatte, war der einzige Schmuck an den kahlen weißen Wänden.

Als nächstes ließ sie den Blick über das Bücherregal gleiten. Auf dem obersten Bord war nur ein Buch: die Bibel. Auf dem Bord darunter waren sechs Tonbandkassetten und ein Sony Walkman. Fünf der Kassetten waren mit dem Namen einer Sprache gekennzeichnet, auf der sechsten stand »Sprechübungen«. Das unterste Bord enthielt eine umfangreiche Auswahl an Nachschlagewerken auf CD-ROM. Alles war an seinem Platz.

Ihr Blick wanderte nach rechts, zum Fenster und zu einem schlichten Holzschreibtisch mit einem Stuhl davor. Auf dem Schreibtisch standen ein Laptop und ein Telefon, beide an zwei separate Buchsen in der weißen Wand dahinter angeschlossen.

Außerdem waren eine Uhr und ein dünner brauner Ordner auf dem Schreibtisch. Daneben lag auf dem Fußboden ein sauber aufgeschichteter Stapel mit mindestens sechzig ähnlichen, aber stärker verblichenen Ordnern. Bei allen waren wie bei ungültigen Pässen die Ecken abgeknipst. Bei allen außer dem obersten. Dieser und der Ordner auf dem Schreibtisch waren nicht markiert und unversehrt. Aber es war der Ordner ganz oben auf dem Stapel, der ihre Blicke anzog und ihr ein Seufzen entlockte.

Dann drehte sie sich um hundertachtzig Grad und inspizierte kurz die bescheidene Kochnische. Von dort streifte ihr Blick achtlos über die Badezimmertür und blieb schließlich auf der Eingangstür des Apartments haften. Nachdem sie die vier Schlösser in der Stahltür einer visuellen Überprüfung unterzogen hatte, ging sie auf den riesigen Eichenschrank daneben zu.

Als sie ihn öffnete, wurden seine zwei Funktionen deutlich. Die linke Seite diente als Garderobe. Hier waren neben Frauenkleidern ordentlich aufgehängte Herrenanzüge aufgereiht. Darüber eine ansehnliche Reihe exquisiter Menschenhaarperücken, einige kurz, einige lang. Auf dem Boden standen, ordentlich ausgerichtet, sechs Paar Herren- und Damenschuhe, alle dieselbe Größe.

Es war jedoch die rechte Seite des Schranks, dem ihre Aufmerksamkeit galt. Im Grunde genommen handelte es sich dabei um eine Werkzeugwand, ähnlich denen, wie man sie aus zahllosen Vorstadtreparaturwerkstätten kennt. Die hier aufgehängten Werkzeuge dienten jedoch nicht irgendwelchen Heimwerkeraktivitäten oder der Gartenarbeit.

In der obersten Reihe hingen an speziell geformten Stiften drei Messer. Wie Ausstellungsstücke in einem Museum waren sie der Größe nach von links nach rechts angeordnet. Obwohl sie sauber waren und in gutem Zustand, deuteten die abgenutzten Griffe auf häufigen Gebrauch hin. Rechts von dem Trio war ein Kukri, ein Krummdolch, wie er traditionell von den nepalesischen Gurkha-Soldaten getragen wird. Als sie die Messer der Reihe nach streichelte, ließen ihr die rasiermesserscharfen Klingen jedesmal von neuem einen kalten Schauder den Rücken hinunterlaufen.

Unter dem Kukri war ein Nun-Tchaka, eine tödliche Waffe aus zwei dreißig Zentimeter langen Holzstäben, die mit einer Kette verbunden waren. Die Spitzen der hellen Holzstäbe waren blutrot. Vom selben Stift hing wie eine abgelegte Krawatte eine Garotte. In der Mittelreihe waren drei Schußwaffen: eine halbautomatische Glock 9mm Handfeuerwaffe aus Keramik, mit der sich jeder Metalldetektor überlisten ließ, eine SIG-Sauer-Pistole und eine Heckler & Koch-Maschinenpistole. Ganz unten, in speziell angefertigten waagrechten Halterungen, befanden sich ein Scharfschützengewehr und eine Schrotflinte. Zwischen den Waffen befanden sich ordentlich beschriftete Schubladen und Regalborde mit Zubehörteilen und Munition.

Sinnlich strich Maria mit den Händen über ihre Schützlinge, rieb auf dem Lauf der öligen Heckler & Koch einen Fleck weg und rückte unter der SIG einen Munitionsclip gerade.

Als alles zu ihrer Zufriedenheit war, tappte sie auf bloßen Füßen über den Parkettboden ins Bad zurück. Dort drehte sie die Dusche auf und stellte sich unter den steten, warmen Strahl. Sie nahm ein Stück Teerseife aus der Seifenschale und rieb ihre Haut damit ein, bis sie sich wund anfühlte. Dann seifte sie sich, gegen den beißenden Schaum anblinzelnd, den kahlrasierten Kopf ein. Und als sich ihre Muskeln zu entspannen begannen, gab sie dem Ansturm ihrer Wut und Beschämung nach. Und dachte wieder einmal an den Wissenschaftler, der ihr seit Stockholm nicht mehr aus dem Kopf ging.

Ironischerweise hatte sie ihren ersten Fehler überhaupt bei dem Ziel gemacht, das sie für das gefährlichste hielt. Bei allen anderen hatte es sich um die üblichen Bösewichter gehandelt: Waffenhändler, blasphemische Filmproduzenten, korrupte Fernsehprediger, Mafiaanwälte und Drogenbarone. Bei ihnen war das Gesicht des Teufels deutlich zu sehen und leicht auszuradieren. Aber von dem Augenblick an, in dem ihr der Vater den braunen Ordner mit den Unterlagen über Dr. Tom Carter gegeben hatte, hatte sie gewußt, daß er anders war. Er war ein wesentlich größeres und heimtückischeres Übel als irgendeiner von den anderen, die sie beseitigt hatte. Trotzdem befürworteten die meisten Menschen seine blasphemischen Genexperimente. Sie gingen sogar so weit, ihn als einen Wohltäter der Menschheit zu ehren. Und Maria wußte sehr genau, daß es kein schlimmeres Übel gab als das, welches sich ohne die geringste Anstrengung den Anschein der Rechtschaffenheit verlieh.

Maria spürte, wie ihre Wut immer stärker wurde. Sie war Nemesis. Sie machte keine Fehler. Sie hatte den tödlichen Anschlag am Abend von Dr. Carters größtem Triumph ganz bewußt in aller Öffentlichkeit verüben wollen, um der Welt die Nichtigkeit seiner Errungenschaften vor Augen zu halten. Es hätte ein mit chirurgischer Präzision durchgeführter Überraschungsschlag werden sollen, bei dem sie längst untergetaucht gewesen wäre, bevor der Körper des Atheisten zu Boden schlug. Aber dann hatte sein Kollege ihr Opfer zur Seite gestoßen, und seine Frau hatte die Kugeln abbekommen.

Sie rieb die Seife fester in ihre Haut. Sie hätte seinen Geschäftspartner Jack Nichols ausschalten sollen. Der Mann war ein Held gewesen, als er beim FBI gewesen war. Es war Special Agent Jack Nichols gewesen, der Happy Sam das Handwerk gelegt hatte, dem Serienmörder, der seinen »lächelnden« Opfern den Mund herausgeschnitten hatte, um »ihre Fröhlichkeit einzufangen«. Das wußte sie alles. Sie konnte die gekrümmte Narbe in seinem Gesicht ganz deutlich vor sich sehen, die Narbe, die Jack Nichols von Happy Sam beigebracht bekommen hatte, bevor er ihm das Genick gebrochen hatte. Nein, sie hätte unbedingt mit der Möglichkeit rechnen müssen, daß der Ex-Agent seinem Freund helfen würde. Das war dilettantisch gewesen. Unverzeihlich.

Maria stellte die Dusche ab, nahm ein rauhes Handtuch von der Stange und trocknete sich unsanft ab. Als sie fertig war, ging sie nackt zum Schreibtisch und griff nach dem braunen

Ordner. Sie öffnete ihn und sah sich das Foto der nächsten Gerechten Tötung an.

Sie streckte die Hand nach dem Stapel auf dem Boden aus: nach dem Stapel mit den Ordnern, die alle bis auf einen abgeknipste Ecken hatten und alle bis auf einen erledigt waren. Sie nahm den einen intakten Ordner, der ganz oben lag. Sie schlug ihn auf und blickte in das Gesicht Tom Carters, ihres einzigen Fehlschlags. Die durchdringenden blauen Augen unter dem dichten Gestrüpp aus widerborstigem schwarzem Haar schienen zurückzustarren. Die energische Kinnpartie verlieh seinem langen Gesicht etwas Stures, was sie noch mehr in dem Wunsch bestärkte, ihn auszuschalten. Sie wollte unbedingt zu Ende bringen, was sie begonnen hatte, wußte aber, daß es nicht genehmigt worden war. Trotzdem, wenigstens einen Besuch konnte sie Dr. Carter abstatten, damit er merkte, seine Bestrafung war nur aufgeschoben – nicht aufgehoben. Sie sah auf die Uhr neben dem Telefon. Wenn sie den Concorde-Flug noch erreichen wollte, mußte sie sich beeilen.

Widerwillig legte sie Dr. Carters Ordner auf den Stapel zurück. Ihn zu öffnen rief all die alten Ängste in ihr wach, und ihre Finger begannen an den frischen, bleifarbenen Narben auf ihrem Oberschenkel zu kratzen. Das Kratzen wurde heftiger, sobald sie an die Blamage dachte, als Bruder Bernhard und der Vater von ihrem Mißerfolg erfahren hatten, von Nemesis' *erstem* Mißerfolg. Und wie streng Bruder Bernhard sie getadelt hatte.

Sie drehte sich um, ging zum Kruzifix zurück und kniete davor nieder. Der Inhalt ihres kurzen Gebetes war ganz einfach: daß ihr der Vater eine zweite Chance geben möge, den Wissenschaftler zu erledigen, sobald sie in einem Monat in Manhattan die nächste Gerechte Tötung durchgeführt hatte.

# 4 Boston. Beacon Hill.

Am nächsten Morgen wachte Tom Carter früh auf. Er streckte den Arm über das große Bett nach Olivia aus. Erst als er die kühle Glätte des unbenutzten Lakens spürte, wurde ihm wieder bewußt, daß seine Frau tot war. Seit dem Anschlag war das jeden Morgen beim Aufwachen sein erster Gedanke gewesen, und er fragte sich, ob das immer so weiterginge. Er öffnete seine verquollenen Augen und sah auf den schwachen Schein des Weckers auf dem Nachttisch. Fünf Uhr sechzehn. Dann bohrte sich der zweite Alptraum in sein Bewußtsein.

Wie lange war schon ein Jahr? Zweiundfünfzig Wochen? Dreihundertsechsundfünfzig Tage? Achttausendsiebenhundertsechzig Stunden? Egal, wie er es drehte und wendete, es hörte sich nicht länger an, als es war, und es war nicht lange genug. Aber laut DAN war es alles, was Holly noch an Zeit blieb. Bestenfalls. Solange keine Therapie für ihr Leiden gefunden wurde, konnte sie von Glück reden, wenn sie noch einen Geburtstag erlebte.

Als DAN ihm den Zeithorizont gesagt hatte, hatte er groteskerweise fast so etwas wie Erleichterung verspürt. Die Frist war so knapp, daß er wirklich *nichts* tun konnte. Er konnte bedenkenlos das Handtuch werfen. Und sich ganz darauf konzentrieren, Olivias Mörder finden zu helfen und dafür zu sorgen, daß Hollys letzte Monate so erfreulich und schmerzfrei wie möglich verliefen. Aber natürlich war er dafür nicht der richtige Mann. Er war noch nie gut darin gewesen, etwas tatenlos hinzunehmen.

Er setzte sich im Bett auf und schüttelte den Kopf, als wollte er all die wirren Gedanken und Ängste aus ihm vertreiben. Wenn er auch nur ansatzweise damit anfangen wollte, Pläne zu schmieden, was getan werden mußte oder *konnte*, um Holly zu helfen, mußte er völlig neu an die Sache herangehen. Und im

Moment fiel ihm nur eine einzige Möglichkeit ein, das zu bewerkstelligen. Bevor er jedoch seinen Vater und Jack damit überraschte, würde er mit dem Menschen darüber sprechen, der in Zeiten der Not und des Zweifels immer ein offenes Ohr für ihn gehabt hatte.

Tom schwang seine bleiernen Beine aus dem Bett und tappte in das angrenzende Bad. Olivias Flaschen mit Shampoos und Pflegespülungen standen unangetastet auf dem Tisch neben der Badewanne. Wie so viele Dinge in diesem Zuhause, das Olivia geschaffen hatte, erinnerten ihn auch die Flaschen an sie. Und doch brachte er es nicht über sich, auch nur das kleinste Erinnerungsstück an sie wegzuwerfen.

Er drehte die Dusche bis zum Anschlag auf und ließ das Wasser auf seine Haut prasseln, bis sie prickelte. Dann sah er nach unten und inspizierte die häßliche violette Narbe über seinem rechten Knie. Der schwedische Arzt hatte ihm erklärt, wieviel Glück er gehabt hatte, daß die Kugel glatt durch sein Bein gedrungen war und nur eine leichte Muskelverletzung verursacht hatte. Aber es gab nur wenige Momente, in denen er sich nicht wünschte, jede der Kugeln, die in Olivias Körper geschlagen waren, hätte statt dessen ihn getroffen.

Nach dem Duschen trocknete er sich ab und öffnete den großen Kleiderschrank, den er sich mit seiner Frau geteilt hatte. Olivias Kleider, an denen immer noch ihr Geruch haftete, hingen schlaff von den Haken. Er griff in seine Hälfte des Schranks, nahm die erstbesten Sachen heraus, die ihm in die Finger kamen, und griff nach der langen gesteppten Lederjacke, die noch vom Abend zuvor auf dem Boden lag.

Auf dem Flur blieb er vor Hollys Zimmer stehen und streckte den Kopf durch die offene Tür. Sie lag in ihrem Bett und schlief. Er schlich auf sie zu und küßte sie auf die Stirn. Als er ihr friedliches Gesicht betrachtete, erschien ihm DANs entsetzliche Prophezeiung wie ein weit zurückliegender, ja sogar lächerlicher Alptraum. Sollte er noch nicht zurück sein, wenn Holly wach wurde, war bestimmt Marcy Kelly, die Haushälterin, die in der Einliegerwohnung im Obergeschoß wohnte, schon auf.

Er ließ Holly weiterschlafen, stahl sich die Treppe hinunter und verließ leise das Haus. Weil er wußte, daß ein Stück die Straße hinunter ein Polizeiauto stand, ging er durch den Hintereingang nach draußen. Als er in seinen Mercedes stieg und, den Blicken seiner Bewacher entzogen, durch das Seitentor glitt, merkte er, daß es über Nacht geschneit hatte. Er wollte allein sein und teilte Jacks Befürchtungen nicht, die Person, die ihn in Schweden umzubringen versucht hatte, könnte ihm in die Staaten gefolgt sein. Wahrscheinlich befand sich Olivias Mörder gerade auf der Flucht, und Tom wäre es lieber gewesen, die Polizei hätte sich mehr darauf konzentriert, ihn zu fassen, statt ihre Zeit damit zu verschwenden, ihn zu bewachen.

Die fünfzehnminütige Fahrt von Beacon Hill durch die normalerweise verkehrsverstopften Straßen Bostons verlief gespenstisch ruhig. Da es Sonntag morgen war und noch nicht einmal sechs Uhr früh, waren nur eine Handvoll Autos unterwegs, darunter eine unauffällige braune Limousine, die ihn hinter der verschneiten Brücke überholte.

Als er auf dem schneebedeckten Friedhofsgelände eintraf, begann es gerade in wäßrigem Rosa zu dämmern. Die schmiedeeisernen Tore waren offen, und er fuhr zur höchsten Stelle der Parzelle, wo er unter dem über Nacht gefallenen Schnee die schwache Erhebung von Olivias frischem Grab sehen konnte. Er parkte den Mercedes, blies sich in die Hände und stapfte durch den knirschenden Schnee zu der Stelle, wo sie lag. Am Grab setzte er sich neben Olivia in den Schnee, schlang die Arme um seine Knie und erzählte ihr, was passiert war.

Er fing ganz von vorne an und ließ nichts aus. Es war, als wäre Olivia tatsächlich da und hörte ihm zu, wie sie das zu ihren Lebzeiten so oft getan hatte.

»Und was soll ich jetzt tun?« fragte er laut. »Füge ich mich in das Unvermeidliche, und versuche ich, das Beste aus der Zeit zu machen, die Holly noch bleibt? Oder riskiere ich, das kostbare Jahr zu versäumen, das sie noch hat, und versuche, eine Therapiemöglichkeit zu finden?«

Während er in aller Ruhe beobachtete, wie die klaren, kalten Finger der Morgendämmerung die Dunkelheit zurückschoben, fiel ihm Olivias Lieblingsgedicht ein, und er mußte lächeln:

> Geh nicht so sanft in diese gute Nacht,
> Das Alter sollte lodern, rasen, wenn der
> Tag sich senkt;
> So wüte, wüte doch, daß man das Licht
> dir umgebracht.

Er konnte sich nicht an alle Zeilen erinnern, die Dylan Thomas seinem sterbenden Vater geschrieben hatte, aber es waren dennoch genug, um Gewißheit zu erlangen, daß er Olivias Antwort erhalten hatte. Er würde Holly nicht unterwürfig in irgendeine Nacht gehen lassen. Er würde an ihrer Seite kämpfen und sein ganzes Können und alle ihm zur Verfügung stehenden Mittel einsetzen, die nahende Finsternis zurückzuhalten.

Jasmine hatte bestimmt niemandem von DANs Urteilsspruch erzählt, und Tom wollte das Ganze auf keinen Fall an die große Glocke hängen. Vor allem Holly sollte auf keinen Fall schon etwas von ihrer bevorstehenden Erkrankung erfahren. Morgen wollte er Alex und Jack einweihen und mit ihnen jeden, von dem Hilfe zu erwarten und gleichzeitig nicht zu befürchten war, daß er mit seinem Wissen hausieren ging. Gemeinsam würden sie versuchen, eine optimale Strategie zu entwerfen. Denn soviel stand fest: wenn *sie* Holly nicht retten konnten, dann konnte das niemand.

Es war an diesem Punkt, gerade als die ersten Strahlen der aufgehenden Sonne über den Friedhof krochen, daß er die frischen Fußspuren im Schnee sah. Sie lenkten seine Blicke fort vom Grab, über die weite weiße Fläche zu einer unauffälligen braunen Limousine, die am Rand der Parzelle geparkt war, und zu dem breitschultrigen Mann, der daneben stand. Gegen die aufgehende Sonne war nur die Silhouette des Mannes zu erkennen, aber irgend etwas an seiner Haltung sagte Tom, daß der Mann ihn beobachtete.

Tom stand auf, und sein Blick folgte den tiefen Spuren wieder zurück zum Grab, wo er zum erstenmal auf das kleine kreuzförmige Gesteck aus blutroten Rosen fiel, das hinter dem Grabstein im Schnee lag. Wie es sicher auch in Olivias Sinn gewesen wäre, hatte er darum ersucht, auf Kränze und Blumen zu verzichten und statt dessen für einen wohltätigen Zweck zu spenden. Deshalb konnte er sich nicht erklären, von wem die Rosen sein könnten. Neugierig beugte er sich über den Grabstein und hob das Gesteck hoch. Dabei fiel aus den roten Blumen ein Kuvert in den Schnee zu seinen Füßen.

Mit vor Kälte tauben Fingern riß er es auf und nahm eine kleine Karte heraus, auf deren oberem Rand ein Zitat stand: *»Der Lohn der Sünde ist der Tod. Römer, Kap. 6 , V. 23.«* Und darunter las er die Worte, die ihn heftiger frösteln ließen als die eisige Kälte: »Diesmal hat Ihre Frau für Ihre Sünden gebüßt. Aber Ihre Strafe wird kommen.« Sie waren nicht unterzeichnet.

Endlich empfand er etwas. Die ganze Trauer und Wut, die ihm seit Olivias Tod versagt geblieben war, drängte jetzt an die Oberfläche. Das Blut rauschte in seinen Ohren, als er gegen die aufgehende Sonne anblinzelte. Ohne sich um seine Schmerzen zu kümmern, begann er auf die einsame Silhouette zuzulaufen. Sein Atem dampfte in der kalten Luft, als er, so schnell er konnte, seine Beine durch den tiefen Schnee trieb. Er war noch keine zwanzig Meter gelaufen, als er, obwohl von der Sonne geblendet, plötzlich wußte, daß der Mann bereits verschwunden war.

❖ ❖ ❖

Drei Tage später saß Jasmine Washington mit Tom Carter und Jack Nichols im GENIUS-Sitzungssaal in der Spitze der Pyramide, auf derselben Etage, auf der sich auch sämtliche Verkaufsbüros, einschließlich dem Jacks, befanden. Sie schüttelte fassungslos den Kopf. Sie hatte noch kaum DANs Prognose für Holly verdaut und nun das ...

»Was ich nicht verstehe, Tom«, sagte sie. »Warum haben die zu deinem Schutz abgestellten Polizisten nicht versucht, ihn zu fassen?«

»Weil sie nicht dabei waren«, sagte Jack, die kräftigen Hände auf dem schwarzen Tisch vor ihm verschränkt. »Unser Einstein hier mußte sich ja unbedingt unbemerkt aus dem Staub machen.«

»Jack, komm jetzt bloß nicht mit dieser blöden besserwisserischen Tour, ja?« stöhnte Tom. »Ich habe mir von deinen Freunden beim FBI schon genug Vorträge anhören müssen.«

Jack verzog keine Miene. Trotz der grauen Sprenkel in seinem rotblonden Haar und trotz der Narbe in seinem wettergegerbten Gesicht sah er für einen Fünfzigjährigen sehr gut aus. Jasmine kannte Jack fast genauso lange wie Tom. Der auf BWL umgestiegene FBI-Mann war nicht nur der verkaufstechnische Kopf des Unternehmens, sondern auch der mit beiden Beinen auf dem Boden der Tatsachen stehende Realist, der dafür sorgte, daß Tom auf seinen geistigen Höhenflügen nicht total abhob. Jack hatte Jasmine einmal gesagt, er sehe seine Rolle darin, ihre und Toms zerbrechlichen Ideen vor den »Männern in Anzügen« zu beschützen, wie er die Investoren nannte. Seit Tom und er sich vor zwölf Jahren auf einer Biotech-Investmentkonferenz in Manhattan kennengelernt hatten, waren die beiden eine Ehe verwandter Geister eingegangen.

Obwohl sich GENIUS auch damals schon auf Erfolgskurs befunden hatte, war Tom gezwungen gewesen, Fremdkapital für sein Genescope-Projekt aufzutreiben, ohne dadurch die Kontrolle über die Firma zu verlieren. Jack, der gerade frisch von der Wharton Business School kam und auf ein erfolgreiches Jahr bei Drax Venture Capital zurückblicken konnte, hatte es kaum erwarten können, eine ganz große Sache in Angriff zu nehmen – im Idealfall eine, die die Welt veränderte. Ohne sich um irgendeinen anderen der Konferenzteilnehmer zu kümmern, unterhielten sich die beiden, mit Unterbrechungen, neununddreißig Stunden lang. Und am Ende kündigte Jack bei Drax und stieg bei Tom ein. Binnen drei Wochen hatte er nicht nur sechs wichtige Wall-Street-Investoren für Toms Projekt interessiert, sondern sie auch noch so geschickt gegeneinander ausgespielt, daß er schließlich dreien von ihnen großzügig gestatten konnte, die erforderlichen hundertfünfzig Millionen zu investieren. Unter der Bedingung, sich mindestens zehn Jahre lang nicht in die geschäftlichen Belange des Unternehmens einzumischen.

»Und was denkt das FBI, Tom?« fragte Jasmine.

Tom stand auf, ging zu der gläsernen Außenwand und lehnte sich mit dem Rücken dagegen. Hinter ihm konnte Jasmine in der Ferne die Wolkenkratzer im Zentrum von Boston aufragen sehen.

»Sie glauben, es könnte der Prediger dahinterstecken.«

Jasmine bekam große Augen und hauchte entsetzt: »O Gott. Wirklich?«

Wie er das immer tat, wenn er verwirrt oder überrascht war, strich Jack Nichols über seine Narbe. »Bist du sicher?«

»Das ist jedenfalls, was mir das FBI gestern abend gesagt hat«, erklärte Tom. »Ich habe unten an der Federal Plaza mit einer Agentin namens Karen Tanner gesprochen, und sie hat gemeint, die Handschrift und das Bibelzitat deuteten auf den Prediger hin.«

Jack stieß einen leisen Pfiff aus. »Wenn Karen denkt, daß er es war, dann war er es wahrscheinlich auch.«

Jasmine wußte, warum Jack so große Stücke auf Karen Tanner hielt. Sie war vor fünfzehn Jahre als junge Berufsanfängerin Jacks Partnerin gewesen und hatte ihm geholfen, Happy Sam zu fassen. Jacks Frau Susan wäre fast ein weiteres Opfer des psychopathischen Killers geworden, wenn Jack sie nicht mit Karens Hilfe hätte retten können. Allerdings war er dabei schwer verletzt worden. Und danach hatte er beschlossen auszusteigen, um sich mehr seiner Frau und seinen zwei Söhnen widmen zu können und sich nach anderen Möglichkeiten umzusehen, die Welt zu einem besseren Ort zu machen.

Und nun äußerte Karen Tanner den Verdacht, daß hinter Tom Carter ein Killer her war, gegen den Happy Sam als ein harmloser Amateur erschien. Hätte Jasmine nicht mit eigenen Augen gesehen, wie Olivia erschossen worden war, hätte sie es nicht geglaubt.

Wie jedermann sonst hatte sie die Zeitungsberichte gelesen. Genügend waren es ja weiß Gott gewesen. Angeblich war der Prediger ein religiöser Fanatiker, der die Welt in einem wahnsinnigen Kreuzzug von allem Bösen befreien wollte. Es war allgemein bekannt, daß seine Opfer vorwiegend Verbrecher der schlimmsten Sorte waren: korrupte Anwälte, Drogendealer, Mafiabosse, kurzum, Gesindel, dem das Gesetz nichts anhaben konnte.

Noch heute konnte sich Jasmine genau erinnern, wie sie vor dreizehn Jahren vom ersten Opfer des Predigers gelesen hatte. Der korrupte Fernsehprediger Bobby Dooley war mit durchgeschnittener Kehle aus dem Hudson gefischt worden, und in seinem Rachen hatte folgende Nachricht gesteckt: *»Hütet euch vor falschen Propheten, die im Schafspelz zu euch kommen, denn darunter sind sie reißende Wölfe.«*

Als die nächsten Leichen entdeckt wurden, alle mit ähnlichen Nachrichten, waren die Zeitungen voll gewesen von Meldungen über den geheimnisvollen Mörder, dem die Presse inzwischen den Beinamen »Der Prediger« verpaßt hatte. Aber nach und nach war das Interesse an ihm erlahmt; die Polizei war keinen Schritt weitergekommen bei dem Versuch, ihn zu identifizieren, und seine Opfer waren nicht gerade die aussichtsreichsten Kandidaten für den Friedensnobelpreis. Inzwischen, nach weltweit insgesamt etwa sechzig Opfern, schien sich die Presse nur noch mit der Frage zu beschäftigen, ob ihn die Polizei überhaupt fassen *wollte*. Oder ob sie ihn in Ruhe ließ, weil er »nur Abschaum umbrachte« und ihr eine Menge Arbeit abnahm.

»Aber warum hat er es auf dich abgesehen, Tom?« wollte Jasmine wissen. »Du giltst an sich nicht unbedingt als gefährlicher Krimineller. Außer das Nobelkomitee liegt mit seinem Urteil völlig daneben.«

Tom lachte trocken. »Das gleiche habe ich gestern abend auch Karen Tanner gefragt. Sie vermutet, daß er meine Arbeit nicht schätzt. Die FBI-Psychologen in Quantico sind der Meinung, meine genetischen Studien könnten mich für einen religiösen Fanatiker wie den Prediger zur schlimmsten Sorte Verbrecher überhaupt abstempeln, sozusagen gleich nach dem Teufel persönlich. Und vergiß nicht, nicht alle seiner Opfer waren Kriminelle im gängigen Sinn. Denk nur an Max Heywood, den Richter am Obersten Gerichtshof.«

Jasmine verzog das Gesicht. Sie konnte sich erinnern.

Max Heywoods einzige »Sünde« hatte in der Feststellung bestanden, die amerikanische Verfassung sei genauso heilig wie alles, was in der Bibel stehe. Als man den Richter des Supreme Court in seinem Büro fand, war ein in seinem eigenen Blut geschriebenes Bibelzitat an seine Brust genagelt: *»Fürchte Gott und befolge seine Gebote: denn das ist die ganze Pflicht des Menschen. Prediger, Kap. 12, V. 13.«* Der Mörder hatte ihn mit einer Drahtschlinge erwürgt und ihm anschließend mit einer Zange die Zunge herausgezogen.

»Aber warum sollte er ausgerechnet jetzt hinter dir her sein?« fragte Jasmine. »Du bist doch schon seit Jahren in der Genforschung tätig.«

»Wer weiß? Eine Möglichkeit wäre, daß die Publicity in Zusammenhang mit der Nobelpreisverleihung den Ausschlag gegeben hat. Wie dem auch sei, es interessiert mich nicht, wer der Prediger ist. Wenn er Olivia ermordet hat, möchte ich, daß er hinter Gitter kommt. Womit wir beim Grund dieses Treffens wären. Ich möchte über eine Verschiebung der Prioritäten in zwei wichtigen Punkten sprechen. Der erste betrifft Holly, der zweite die Frage, wie wir dem FBI helfen können, den Prediger zu fassen.«

Jack griff nach seinem Telefon. »Ich werde Paul und Jane herbitten.«

Tom hielt ihn zurück. »Nein. Was Holly angeht, möchte ich, daß diese Sache vorerst unter uns bleibt.«

Paul Mandelson und Jane Naylor waren die letzten beiden Vorstandsmitglieder. Jack war für Finanzen und Marketing zuständig, Tom für Forschung und Entwicklung und Jasmine für Computertechnik. Paul Mandelson unterstanden als technischem Direktor Logistik und Produktion, Jane Naylor leitete die Personalabteilung.

Jack nahm die Hand vom Hörer und lehnte sich in seinen Sessel zurück. »Okay. Fangen wir mit Holly an. Ich nehme an, es betrifft DANs Prognose.«

Tom nickte. »Infolge unserer bisherigen Unternehmenspolitik, uns auf die gängigsten genetischen Störungen zu konzentrieren, haben wir uns so gut wie gar nicht mit schwierigeren Erkrankungen wie zum Beispiel Gehirntumoren befaßt. Wenn wir also nicht von vornherein jede Hoffnung aufgeben wollen, Holly helfen zu können, müssen sofort drei Spitzenteams an der Entwicklung gentherapeutischer Maßnahmen zu arbeiten beginnen, mit denen sich die Blut-Hirn-Schranke überwinden läßt, und sich dabei speziell auf die Behandlung von *Glioblastoma multiforme* konzentrieren. Das heißt, einige der konventionelleren und profitableren Projekte müssen bis auf weiteres hintangestellt werden. Darüber hinaus solltet ihr euch darauf gefaßt machen, daß wir mit einem erhöhten Kapitalbedarf rechnen müssen. Aber ansonsten bleibt alles beim alten. Einverstanden?«

Jack hob die Schultern. »Sicher. Ganz wie du meinst. Du brauchst mir nur die Eckdaten geben, damit die Erbsenzähler schon mal die entsprechenden Finanzquellen anzapfen können.«

Tom wandte sich Jasmine zu. »Jazz, ich habe dem FBI von der Gene-Genie-Software erzählt. Sie wollen sie unbedingt ausprobieren. Sie haben nicht die leiseste Ahnung, wie dieser mysteriöse Prediger aussieht. Selbst auf dem Film von Olivias Ermordung ist nur ein Kerl zu erkennen, der wegen der Kälte in einen dicken Mantel eingemummt ist. Sie sind jedoch überzeugt, daß er früher oder später bei einem seiner Verbrechen einen genetischen Fingerabdruck hinterläßt. Und wenn das der Fall ist, möchten sie mit Hilfe von Gene-Genie Rückschlüsse auf sein Aussehen bekommen. Dabei möchte ich ihnen helfen. Wie macht sich der jüngste Prototyp?«

Die Gene-Genie-Software war eine Weiterentwicklung der Genescope-Software. Die Genescopes lieferten anhand der DNS eines Menschen eine relativ genaue Personenbeschreibung: Haut-, Haar- und Augenfarbe sowie Rasse, ungefähre Größe und Körperbau. Die Gene-Genie-Software ging jedoch einen Schritt weiter. In Anlehnung an ein Konzept aus den frühen neunziger Jahren, bei dem die Beschreibungen von Augenzeugen in computergenerierte Phantombilder umgesetzt wurden, hatte man es sich bei Gene-Genie zum Ziel gesetzt, nur anhand der Gene eines Menschen ein dreidimensionales Hologramm von ihm zu erhalten.

Jasmine klappte ihren Laptop auf und rief das Hauptverzeichnis für das Projekt auf. »Die Arbeiten sind fast abgeschlossen«, sagte sie. »Nach dem Zeitplan kann es in zehn Wochen den Beta-Tests unterzogen werden.«

Tom runzelte die Stirn. »Angenommen, das Projekt erhielte Toppriorität und Geld spielte keine Rolle: bis wann könntest du damit fertig werden?«

»In einem Monat. Fünf Wochen. Vorausgesetzt, es gibt keine ernsteren Rückschläge. Aber das wird kosten.«

»Das macht nichts. Laß es so viel kosten, wie nötig ist, um die Software zum Laufen zu bringen. Aber sieh zu, daß es vier Wochen werden.«

Jack sah ihn an. Zweifellos dachte er an die Millionen, die es sie kosten konnte, das Projekt ein paar Wochen früher zum Abschluß zu bringen. »Wozu die Eile, Tom? Wir haben das Monopol auf die Software. Und du glaubst doch nicht im Ernst, sie wird dir helfen, Olivias Mörder zu schnappen.«

»Zumindest lassen wir nichts unversucht.«

Jack schien etwas erwidern zu wollen, doch dann ließ er sich achselzuckend in seinen Sessel zurücksinken. »Okay. Okay. Aber ganz egal, wer dieser Prediger ist: Um ihn zu fassen, ist mehr nötig als eine Maschine, die irgendwelche Phantome ausspuckt. Dieser Kerl treibt schon über dreizehn Jahre sein Unwesen, und kein Mensch ist ihm bisher auf die Schliche gekommen.« Jack beugte sich vor und sah Tom in die Augen. »Verdammt noch mal, Mann, der Kerl *ist* ein Phantom.«

## 5 **Einen Monat später. 2. Februar 2003. Boston. Beacon Hill.**

Tom Carter schenkte sich seine dritte Tasse Kaffee ein und starrte auf die Uhr, die in der stillen Küche leise vor sich hin tickte. Es war fünf Uhr achtundfünfzig morgens; nicht einmal Marcy Kelly, die Haushälterin, war schon auf.

Sieben Wochen, fünf Tage und dreizehn Stunden waren inzwischen seit Olivias Tod vergangen – er fragte sich oft, wann er aufhören würde, die Zeit so genau zu messen –, aber die Behörden waren bei der Suche nach dem Mörder noch keinen Schritt vorangekommen. Abgesehen von der inzwischen fast fertigen Gene-Genie-Software war Toms einzige Hoffnung, daß man beim FBI überzeugt war, er sei immer noch das Ziel eines Anschlags. Wenn sie recht hatten, bestand zumindest die Aussicht, daß dieser Dreckskerl von den FBI-Agenten und Polizisten, die ihn bewachten, geschnappt wurde.

Die Vorstellung, ein Killer könnte es auf ihn abgesehen haben, war zwar beängstigend, aber die Sorge um sein Leben wurde überschattet von seiner Angst um das Hollys. Keine Sekunde, in der er sich nicht des noch gnadenloseren Killers bewußt war, der seiner Tochter nach dem Leben trachtete. Nach wochenlanger Forschungsarbeit würde sich heute herausstellen, ob eines der Schlüsselexperimente des Projekts erfolgreich verlaufen war und ob noch ein letzter Funke Hoffnung bestand, daß rechtzeitig eine Therapiemöglichkeit gefunden werden könnte.

Er stand auf, nahm sein zerknittertes Sakko von der Stuhllehne und verließ die Küche. Über den großen chinesischen Teppich, der fast den ganzen Boden der Diele bedeckte, ging er zur Eichenholztreppe. Auf der obersten Stufe streckte er sein verletztes Bein durch und massierte die Stelle über dem Knie. Um das Hinken ganz abzustellen, wäre eine Operation nötig, doch im Moment hatten andere Dinge Vorrang. Vorsichtig öffnete er die Tür zu Hollys Zimmer, und gerade als er, um sie nicht zu wecken, auf Zehenspitzen an ihr Bett schleichen wollte, stellte er zu seiner Überraschung fest, daß direkt neben der Tür eine helle Schreibtischlampe brannte.

»Hallo, Dad«, begrüßte ihn Holly. Den borstigen Blondschopf vom Schlaf zerdrückt, saß sie in einem weiten grünen WORAUF GLOTZT DU?-T-Shirt vor ihrem Computer.

Tom blinzelte gegen das helle Licht an und zerzauste ihr das Haar. »Was machst du denn so früh schon?«

»Ich konnte nicht schlafen. Drum hab ich ein bißchen ›The Wrath of Zarg‹ gespielt.«

Er lächelte und setzte sich auf ihr Bett, das neben dem Schreibtisch stand. Sie war nur selten so früh wach. Normalerweise wurde sie kurz vor acht von Marcy Kellys gutgelauntem »Raus aus den Federn« geweckt, gerade zeitig genug, um noch frühstücken und mit ihren Freundinnen in die Schule fahren zu können.

Tom sah auf den Bildschirm, wo gerade brennende Ziegel auf die grotesk muskulöse Figur der Kriegerkönigin herabregneten. Von links näherte sich ihr ein Drache, von rechts ein riesiges trollartiges Tier.

»Gleich kriegst du Ärger.«

Holly lachte. »Die schaffe ich doch mit links.«

»Tatsächlich? Und wie willst du den Ziegelsteinen ausweichen, ohne daß dich der Drache verspeist oder der Troll dich zerquetscht?«

»So.« Holly drückte auf ein paar Tasten, worauf sich die Kriegerkönigin auf dem Bildschirm bückte und einen Stein vom Boden aufhob, unter dem eine kleine blaue Flasche zum Vorschein kam. Noch ein paar Tastendrucke, und die Figur hob die Flasche hoch und trank sie aus. Plötzlich war sie immun gegen die herabfallenden Ziegel und begann zu leuchten. Und im Handumdrehen hatte sie mit ihrem Schwert den Drachen zerstückelt, den Troll zu Hackfleisch gemacht und den nächsten Level erreicht.

»Der Zaubertrank«, erklärte Holly mit einem wissenden Grinsen. »Macht einen unverwundbar. Funktioniert immer. Du mußt bloß wissen, wo du nachsehen mußt.«

Tom sah seine Tochter, die noch nichts von ihrer bevorstehenden Erkrankung wußte, an. »Ein Zaubertrank, hm? Ist ja toll.« Wenn es für ihn nur auch so einfach wäre.

Das Bild veränderte sich.

»Sechster Level«, verkündete Holly triumphierend. »Jetzt wird's happig.«

Tom war froh, daß Holly den neuen Computer mochte. Er war ein Weihnachtsgeschenk von ihm und Olivia gewesen. Jasmine hatte sie beim Kauf beraten, und der Computer war so ziemlich die einzige Freude gewesen, die Holly an dem ansonsten von Unglück überschatteten Weihnachten gehabt hatte. Zwar waren Alex und andere Verwandte die Feiertage über bei ihnen geblieben, und Jazz und ihre anderen Freunde waren rührend um sie besorgt gewesen, aber nichts hatte sie von dem Loch ablenken können, das Olivias Tod in ihre Familie gerissen hatte. Alles in allem hatten die Weihnachtsfeiertage einer Woche Urlaub in der Hölle in kaum etwas nachgestanden.

Er sah sich in Hollys Zimmer um. An einer Wand konkurrierte ein »Jurassic Park 3«-Poster mit einem lebensgroßen Bild der Internet Troopers. Auf dem mittleren Regalbord über dem Schreibtisch lag neben einem Foto einer lachenden Olivia ein

Fußball. Rasch ließ er den Blick zu der Sammlung von GI-Joe-Figuren und CD-ROMs mit Computerspielen weiterwandern. Schmunzelnd stellte er fest, daß weit und breit keine Puppe, kein schnuckeliges Peanuts-Poster und keine sanftäugige Disneyfigur zu sehen war. Schon von klein auf hatte Holly keinen Zweifel daran gelassen, daß sie nicht zu der Sorte Mädchen gehörte, die auf Barbiepuppen standen. So viel zur Genetik, dachte er.

Plötzlich stellte er sich vor, das Zimmer wäre unbewohnt. Dieser schreckliche Gedanke kam ihm so rasch und unvermutet, daß er einen Moment brauchte, um seine Fassung wiederzuerlangen. Er holte tief Luft und hielt sich vor Augen, daß sich bei den CAT- und PET-Gehirnuntersuchungen, die er an ihr vorgenommen hatte, noch keinerlei Anzeichen von Hollys Tumor gezeigt hatten. Wieder einmal versuchte er sich damit zu trösten, daß noch genügend Zeit bliebe, um eine Therapiemöglichkeit zu finden. Er würde die Zeit finden.

»Dad?«

Er wandte sich Holly zu, die seine Füße betrachtete. »Ja?«

»Hast du dich schon für die Arbeit angezogen?«

»Natürlich. Warum?«

»Weil du zwei verschiedene Socken anhast.«

Er blickte nach unten und sah, daß sie recht hatte. Er hatte eine blaue und eine braune Socke an. »Sie sollen gar nicht passen. Das ist ein besonderes Paar.«

Holly zog eine Augenbraue hoch. »Ach ja?«

Tom stand auf und küßte sie auf die Wange. »Nein, wirklich, Hol. Ich kann es dir beweisen.«

Holly kniff die Augen zusammen. »Wie?« Er konnte sich ein Grinsen nicht verkneifen, als er zur Tür ging. »Weil ich noch so ein Paar habe.«

Er hörte sie zwar noch »Daaad« stöhnen, schaffte es aber noch durch die Tür, bevor ihn das Kissen erreichte.

❖ ❖ ❖

Gefolgt von seinem diskreten Polizeischutz, fuhr Tom um halb sieben durch das Tor des GENIUS-Geländes. Normalerweise saß er bereits um sechs Uhr fünfzehn an seinem Schreibtisch, aber der Umstand, daß Holly bereits wach gewesen war, hatte ihm als willkommener Anlaß gedient, seinen gewohnten Tagesablauf umzustoßen.

Er fuhr den Mercedes in die Tiefgarage und stellte fest, daß sie fast leer war. Dann sah er das einsame knallgrüne BMW-Cabrio auf dem ersten freien Platz stehen und mußte grinsen. Jazz und er wetteiferten schon lange, wer morgens als erster in die Firma kam, und zum Zeichen seines Erfolgs stellte sich der jeweilige Tagessieger auf den besten Parkplatz. Ab und zu kam auch Jack Nichols unmöglich früh und stellte dann seinen Wagen dort ab; nur um ihnen zu verstehen zu geben, daß er jederzeit mit den Besten mithalten konnte; aber meistens trugen Jazz und er es unter sich allein aus. Normalerweise gewann er. Aber heute nicht.

Er stieg aus und ging zu der Treppe, die zur Eingangshalle hinaufführte. Vor dem Anschlag in Stockholm wäre er sie hinaufgerannt, aber jetzt ging er nur. Den Lift nahm er aus Prinzip nicht.

Bis auf das hohle Klicken seiner Absätze herrschte völlige Stille. Links konnte er durch getönte Glaswände Jasmine im Hauptcomputerraum umhergehen sehen. Auf der schwarzen Mattglastür, die von der Eingangshalle zu ihr führte, stand: *»Abteilung für Informationstechnologie – Zutritt nur für Berechtigte.«* Die IT-Abteilung nahm zusammen mit dem zentralen Eingangsbereich und dem Kliniktrakt das Erdgeschoß der GENIUS-Pyramide ein.

Er erwiderte ihr Winken und ging in die Mitte der Halle. Dort befand sich ein zehn Meter hohes, farbiges Hologramm einer DNS-Spirale, das sich auf einem runden Holo-Pad drehte und bis zur Spitze der Pyramide reichte. Wie so oft schenkte Tom dem Schild davor keine Beachtung und trat mitten in das dreidimensionale Bild hinein. Er sah durch die um ihn rotierende Wendeltreppe nach oben und betrachtete staunend die bunten Sprossen der Stickstoffbasen. Im Innern der Doppelhelix zu stehen, die den Bauplan allen Lebens in sich trug, übte immer eine inspirierende Wirkung auf ihn aus. Das war für ihn die wahre Datenautobahn; hier konnten die meisten Geheimnisse, die wirklich zählten, entschlüsselt werden. Mit einem staunenden Kopfschütteln stieg er vom Holo-Pad und strebte auf den Klinikbereich westlich der Eingangshalle zu.

Er öffnete die Tür und betrat den kleinen, freundlich eingerichteten Warteraum mit den angrenzenden Toiletten. Vor ihm befand sich eine Schwingtür, die zur Station für experimentelle Gentherapie und zum dahinter liegenden Operationssaal führte. Die vom National Cancer Institute der National Institutes of Health in Bethesda, Maryland, zugelassene Station verfügte über zehn Betten. Ausschließlich von GENIUS finanziert, war sie mit vier Ärzten und zehn Krankenschwestern besetzt; für jedes Bett eine. Zwei der Ärzte waren von den NIH abgestellt. Ihre Anwesenheit sollte der wechselseitigen Befruchtung von kühner Theorie und optimaler ärztlicher Praxis Rechnung tragen. Und natürlich sollten sie überprüfen, ob GENIUS für sämtliche experimentellen Therapieversuche an seinen menschlichen Versuchskaninchen die erforderlichen Genehmigungen der Federal Drug Administration und der NIH einholte.

Tom war froh über die Anwesenheit der NIH-Ärzte und verbarg nichts vor ihnen. Oder zumindest fast nichts. Die IGOR-DNS-Datenbank hatte er ihnen nämlich noch nicht gezeigt. Denn er war sich ziemlich sicher, daß die National Institutes of Health sie trotz der Untadeligkeit seiner Motive nicht genehmigt hätten.

Tom öffnete die Tür und betrat lächelnd den sonnigen Raum dahinter: gelbe Wände, kornblumenblaue Vorhänge, Zimmerpflanzen, Kiefernholzbetten in halb geschlossenen Abteilen. Alles trug zu dem Eindruck bei, daß es sich hier nicht um eine Krankenstation handelte, sondern um ein großes Schlafzimmer. Aber das war es nicht, was diesen Ort so besonders machte, oder ihn so stolz.

Die Klinik war insofern ungewöhnlich, als hier nur Patienten ein Bett bekamen, die ein strenges Kriterium erfüllten: Ihre Lebenserwartung mußte unter drei Monaten liegen. Hierher kamen Menschen, bei denen Chemotherapie, Radiotherapie und andere Behandlungsmethoden versagt hatten. Dieser Ort war im wahrsten Sinn des Wortes ihre letzte Hoffnung. Hierher kam man, um seine Gene umprogrammieren zu lassen.

Tom hatte die Klinik unter anderem deshalb ins Leben gerufen, damit die Wissenschaftler in den darüber liegenden Forschungslabors die praktische Umsetzung ihrer Arbeit sehen konnten und nie aus den Augen verloren, daß jede medizinische Forschung sinnlos war, wenn sie nicht dazu beitrug, Menschenleben zu retten. Zwar starben immer noch viele der todkranken Patienten, aber einigen wenigen war es signifikanterweise gelungen, dem Tod von der Schippe zu springen und weiterzuleben. Anfang 1999 war in diesem Raum die erste offiziell anerkannte gentherapeutische Heilung von zystischer Fibrose gelungen. Ebenso wie ein Jahr später die erste erfolgreiche gentherapeutische Heilung von Chorea Huntington. In dieser bescheidenen Klinik war in den letzten neun Jahren über fünfzig Patienten das Leben gerettet worden. Nicht zu reden von den unzähligen anderen Menschen in aller Welt, die dank der hier erprobten Verfahren hatten geheilt werden können.

Im Augenblick waren nur sechs Betten belegt. Fünf Patienten schliefen, aber Tom Carter war nicht überrascht, Hank Polanski in seinem Bett sitzen und sich mit seiner Stationsschwester Beth Lawrence unterhalten zu sehen. Heute war ein großer Tag für den dreiundzwanzig Jahre jungen Farmer aus Carolina. Da die staatliche Gesundheitsbehörde FDA die neue Behandlungsmethode endlich genehmigt hatte, sollte Hank Polanski heute morgen das HIV-Retrovirus injiziert bekommen, das Aids verursacht.

Wegen Toms zahlreicher anderweitiger Verpflichtungen in

den Labors wurden die Patienten hauptsächlich von den anderen Ärzten betreut. Trotzdem konnte er nicht umhin, sich ganz persönlich für jeden von ihnen verantwortlich zu fühlen.

Schwester Lawrence, eine große, hyperkorrekt wirkende Frau mit einem überraschend offenen Lächeln, war gerade damit beschäftigt, Hank Polanski einen intravenösen Tropf zu setzen. Sie sah auf und begrüßte Tom mit einem herzlichen »Guten Morgen, Doktor Carter«.

»Morgen Beth, Morgen Hank. Wie geht's uns heute?«

Hank Polanski wandte ihm sein blasses Gesicht zu und setzte ein trotziges Grinsen auf. »Ich bin noch hier, Doc.« Wenn er sprach, wurde jedes seiner Worte von einem atemlosen Pfeifen begleitet.

»Sind Sie bereit für die Behandlung?«

Polanski nickte nervös. Er hatte sich freiwillig für das gentherapeutische Experiment gemeldet, aber Tom wußte, er hatte keine andere Wahl. Polanski hatte Lungenkrebs und müßte unweigerlich sterben, wenn er sich nicht dieser neuartigen Therapie unterzog. Dabei ging es im wesentlichen darum, neue Gene in seine Tumorzellen einzuschleusen: Gene, die dem Immunsystem signalisierten, sie abzutöten. Krebszellen sind Zellen, die sich gegen ihre strikten genetischen Anweisungen aufgelehnt haben und unkontrolliert zu wachsen beginnen. Um diese Revolte niederzuwerfen, mußte Tom dafür sorgen, daß *alle* oder zumindest so gut wie alle Tumorzellen abgetötet wurden. Zu diesem Zweck benötigte er ein Vehikel, um die Killergene in die rebellierenden Zellen einzuschleusen, ohne den gesunden Schaden zuzufügen. Das war der Punkt, an dem das HIV-Retrovirus ins Spiel kam.

Retroviren konnten in eine Körperzelle eindringen und die gesunde DNS dieser Zelle mit ihren eigenen genetischen Anweisungen infiltrieren. Wie Marschflugkörper ließen sie sich im Labor umprogrammieren; dabei löschte man ihre malignen Codes und pflanzte ihnen statt dessen neue Gene ein. Indem man die Gene im HIV-Retrovirus, die das menschliche Immunsystem angriffen, neutralisierte und sie durch spezielle gutartige Gene ersetzte, ließ sich das Killervirus, das Aids verursachte, zähmen und zur Heilung von Lungenkrebs einsetzen. Tom und seine Mitarbeiter hatten den Beweis erbracht, daß sie das Retrovirus »entschärft« und statt dessen mit Genen geladen hatten, die kanzeröse Lungenzellen angriffen und vernichteten. Nun galt es nur noch, das gentechnisch manipulierte Retrovirus an einem Menschen zu erproben.

Polanski versuchte, sich seine Angst nicht anmerken zu lassen, als er fragte: »Was sind gleich noch mal die Risiken bei dieser Behandlungsmethode?«

Tom legte ihm die Hand auf die Schulter. Wie immer versuchte er, ganz ehrlich zu sein.

»Ein Risiko ist, daß sich das Retrovirus selbständig macht und eine gesunde Zelle befällt und dann die Gene in den falschen Abschnitt Ihrer Gensequenz einschleust.«

»Was hätte das zur Folge?«

»Daß auch die gesunden Zellen von Krebs befallen werden. Aber die Wahrscheinlichkeit, daß das passiert, ist sehr, sehr gering.«

»Kann ich auch Aids bekommen?«

»Nein, wir haben das als Vehikel dienende Retrovirus beziehungsweise den Vektor, wie wir es auch nennen, drei Jahre lang getestet und nachgewiesen, daß es harmlos ist. Nur deshalb hat die FDA ihre Zustimmung erteilt. Ehrlich gesagt, Hank, ist an sich das einzige Risiko bei der Sache, daß es vielleicht nicht klappt.« Er spürte, wie sich die knochige Schulter unter seiner Hand hob.

»Dann habe ich also nicht viel zu verlieren, oder?«

Tom zögerte einen Moment, dann sah er Polanski in die Augen. Er konnte sich noch gut erinnern, wie der junge Farmer vor drei Wochen zum erstenmal in die Klinik gekommen war, ein ehedem kräftiger, an harte Arbeit gewöhnter Mann, der schon so schwach war, daß er kaum mehr gehen konnte. »Ich bin nicht fürs Kranksein geschaffen«, hatte er ihm damals erklärt. »Also heilen Sie mich oder bringen Sie mich um. Aber sehen Sie zu, daß ich hier rauskomme.« Der Mann war zu allem bereit gewesen, solange es nur dazu beitrug, daß er das Bett und das Krankenhaus verlassen konnte.

»Ich will Ihnen nichts vormachen, Hank«, begann Tom. »Die Wahrscheinlichkeit, daß diese Therapie fehlschlägt, ist ziemlich hoch; vielleicht fünfundachtzig Prozent. Aber die Wahrscheinlichkeit, daß sich Ihr Zustand verschlechtert, ist verschwindend gering. Und die Chance, daß Sie ohne diese Behandlung überleben, ist gleich null. Sie haben also die Wahl. Entweder, Sie tun nichts und lassen der Krankheit ihren Lauf. Oder, Sie unterziehen sich dieser Behandlung und haben eine fünfzehnprozentige Heilungschance.«

Polanski runzelte die Stirn, als dächte er nach, dann pfiff er: »Fünfzehn Prozent?«

Tom verzog keine Miene. »Bestenfalls.«

Polanski lächelte. Es war ein breites Grinsen, das sein schmales Gesicht aufleuchten und ihn fast gesund aussehen ließ. »Meine Chancen sind schon oft schlechter gestanden.«

Tom erwiderte sein Lächeln. »Meine auch. Wir hatten schon Leute mit wesentlich schlechteren Heilungschancen hier, und trotzdem haben wir sie geheilt. Daß Sie mir also bloß nicht in letzter Sekunde noch kneifen.« Es würde Wochen, Monate, ja sogar Jahre dauern, bis sich definitive Behandlungsergebnisse zeigten. Aber es war ihm egal, wie lange es dauerte, solange er nur die gierigen Hände des Todes etwas länger von diesem jungen Mann abwenden konnte. Er wandte sich der Krankenschwester zu, die einen Infusionsbeutel an das Gestell neben dem Bett hängte. Der Beutel enthielt die erste Gabe des roten Retroviren-Serums, das in den darüber liegenden Labors geklont worden war.

Er sagte: »So, Beth, dann brauchen wir nur noch zu warten, bis Hanks Mutter kommt. Sie wollte um sieben hier sein. Dann können Sie einen der NIH-Ärzte holen, damit er sich ansieht, was wir machen. Ich würde sagen, Karl Lambert. Danach holen Sie mich und wir setzen ihm den ersten intravenösen Tropf. Okay?«

Als Beth nickte, konnte Tom an ihrem Blick sehen, wie aufgeregt sie war. Er war von stiller Zuversicht erfüllt, daß Hank Polanski geheilt würde. Wenn er nur auch so ein gutes Gefühl gehabt hätte, was den wesentlich komplizierteren Krebs anging, der das Leben seiner Tochter bedrohte. Bob und Nora hatten gesagt, sie wären bis neun Uhr soweit, um das Retrovirus zu testen, das sie zur Bekämpfung von *Glioblastoma multiforme* entwickelt hatten. Er sah auf die Uhr; nur noch zwei Stunden.

❖ ❖ ❖

Auf der anderen Seite der Pyramide war Jasmine Washington die erste halbe Stunde damit beschäftigt, in ihrem Reich nach dem Rechten zu sehen. Schon bald würden die Engagiertesten ihrer Mitarbeiter eintreffen, und sie war vorher immer gern eine Weile allein mit ihren Maschinen.

Sie ging durch die Genescope-Versuchsstation. Sie sah so ähnlich aus wie die Abteilung eine Etage höher, in der Hollys Genom analysiert worden war. Außer daß es hier nur vier Genescopes gab, ausschließlich verbesserte Versuchsmodelle. Bei den zwei Geräten auf der rechten Seite handelte es sich um Holo-Modelle, die mit dem Prototyp der neuen Gene-Genie-Software ausgerüstet waren. Jasmine war zuversichtlich, daß sie in den nächsten Tagen in Betrieb genommen werden konnten.

Wieder einmal entbrannte in ihrem Innern ein heftiger Widerstreit der Gefühle. Vor vier Tagen waren sie und Larry mit Holly in dem Disneyklassiker »König der Löwen« gewesen und wie immer hatten sie sich bestens amüsiert und viel gelacht. Trotzdem hatte sie ständig an DANs Urteilsspruch denken müssen. Sie war zwar sehr stolz darauf, daß das Genescope Krankheiten vorhersagen konnte, vor allem, wenn sie dadurch am Ausbrechen gehindert oder geheilt werden konnten. Aber wenn die Erfindung nur Leid vorhersagte, ohne den geringsten Trost zu spenden, dann erschien sie ihr plötzlich nicht mehr so grandios.

Seufzend ging sie durch die Genescope-Abteilung und ließ dabei die IT-Büros mit ihren verlassenen Arbeitsplätzen und Terminals links liegen. Sie öffnete eine Tür aus Chrom und Glas, die in einen großen, blendend hellen Raum führte. Dieser Raum war das Herzstück ihrer IT-Abteilung und die Informationszentrale der GENIUS-Zweigstellen in aller Welt.

Hierher zog sich Jasmine mit Vorliebe zurück, wenn sie in Ruhe nachdenken wollte. In der Mitte des völlig weißen Raums, der schlicht und einfach als das Weiße Zimmer bezeichnet wurde und in dem eine konstante Temperatur von dreizehn Grad Celsius herrschte, standen vier riesige, leise summende Kästen. In zweien davon war »Big Mother« untergebracht, der riesige, auf Proteinbasis arbeitende Supercomputer, der mit sämtlichen Genescopes gekoppelt war, die es gab. Dieses Mutterhirn wußte immer ganz genau, welche Analysen gerade irgendwo auf der Welt von seiner »Brut« durchgeführt wurden. Und »Big Mother« war es auch zu verdanken, daß es die Datenbank gab, die in den anderen zwei Kästen untergebracht war: das Individual Genome Ordered Repository, kurz IGOR genannt.

Im Bereich der Genforschung galten extrem strenge ethische Richtlinien. So durfte eine Genomuntersuchung nur vorgenommen werden, wenn der betreffende Patient seine Zusage im Beisein eines Arztes oder fachkundigen Beraters erteilt hatte. Vermittels strenger Kontrollen wurde gewährleistet, daß niemandes Genom ohne sein Wissen analysiert werden konnte. Ein zweiter wichtiger Grundsatz lautete, daß alle Testergebnisse streng vertraulich behandelt werden mußten. Die Kranken- und Lebensversicherungen hatten diese Praxis zwar immer anzufechten versucht, mit der Begründung, jemand der wisse, daß er latent an einer unheilbaren Krankheit leide, könne zu regulären Beiträgen einen extrem hohen Versicherungsschutz erwerben. Der Gesetzgeber bestand jedoch eisern auf dem individuellen Recht auf Datenschutz. Und das war der Grund, warum Jasmine und Tom Carter die Datenbank geheimhielten. IGOR verstieß eindeutig gegen das Gesetz.

Das Individual Genome Ordered Repository war Toms Idee gewesen. Er hatte Jasmine gebeten, »Big Mother« den Befehl einzugeben, immer eine von fünf Genanalysen, die von den GENIUS-Lizenzlabors in aller Welt durchgeführt wurden, zusammen mit Namen, Adresse, Familien- und Krankheitsgeschichte der Testperson in einer Datenbank zu speichern. Mittlerweile waren über hundert Millionen Personen in IGOR, und GENIUS wußte mehr über sie als sie selbst.

Toms Motive waren alles andere als fragwürdig; er wollte die Datenbank auf einem Makrolevel dazu benutzen, um seinen Arbeiten auf dem Gebiet der Genforschung größere Zuverlässigkeit zu verleihen, indem er zum Beispiel bei einer erblich bedingten Neigung zu bestimmten Krankheiten nach genetischen Markern für die Krankheit forschte. IGOR hatte ganz wesentlich dazu beigetragen, die Arbeiten zu beschleunigen, die zur Heilung von Schizophrenie geführt und entscheidende Hinweise für die erfolgreiche Behandlung anderer Erbkrankheiten geliefert hatten. Trotz dieser lobenswerten Intention hatte Jasmine jedoch nicht die geringsten Zweifel, daß der Ruf von GENIUS schwer leiden würde, sollte eine der betroffenen Personen oder eine der zuständigen Behörden von der Existenz der Datenbank erfahren. Trotz alledem war Tom der Ansicht, die Vorteile überwögen die potentiellen Gefahren für die betroffenen Personen und sein Unternehmen. Und war deshalb das Risiko eingegangen.

Nach dem Rundgang durch ihr Reich kehrte Jasmine an ihren Computer zurück und begann ihre tägliche Cyberpatrouille. Sie schaltete den Computer an. Mit einer Prozessortaktfrequenz von hundert Terrahertz, sechshundert Gigabyte Disc Space und zweihundert Gigabyte Arbeitsspeicher brachte er mühelos genügend Leistung, um auf dem verstopften Datensuperhighwaydie die Überholspur nehmen zu können. Der Bildschirm leuchtete auf und ein virtueller Kopf, das exakte Ebenbild von Jazz, erschien. Die Afrokrause und das feine, dunkelhäutige Gesicht deckten sich fast mit ihrem Spiegelbild im Monitor. Das Bild begrüßte sie mit einem »Salute, Razor Buzz. Wo soll's heute hingehen?« Sogar die synthetisch erzeugte Stimme klang wie ihre.

Der Spitzname Razor Buzz war ein Relikt aus ihrer Jugend in L. A., als sie eine verantwortungslose Netsurferin mit einem messerscharfen Verstand und dementsprechender Frisur gewesen war. Falls ihre Eltern, strenggläubige Baptisten, gedacht hatten, ihre Tochter von allem Ärger fernhalten zu können, wenn sie sie nicht auf die Straße ließen und ihr dafür erlaubten, sich auf dem Datenhighway die Hörner abzustoßen, hatten sie sich gründlich getäuscht. Sie hatte den anonymen User-Namen Razor Buzz gewählt, weil sich vieles von dem, was sie damals anstellte, nicht mehr ganz im Rahmen der Legalität bewegte. Trotzdem, ob legal oder nicht, war sie damals eine regelrechte Legende gewesen.

»Heute bin ich auf Kontrollgang«, sprach sie in das Mikrophon.

*»Bevor du losgehen kannst, brauche ich den Code«*, erwiderte der sprechende Kopf.

Jazz grinste. Das Paßwort, das sie sich diese Woche ausgesucht hatte, verschaffte ihr selbst jetzt noch einen pubertären Kick. Es war die Bezeichnung eines Jobs, der auf die bösen alten Rebellenzeiten zurückging, als sie noch nicht wieder auf den rechten Pfad zurückgefunden und Stipendien und Nobelpreise eingeheimst hatte, auf die Zeiten, in der kein Computersystem vor ihr sicher gewesen war. Der Name dieses Jobs war nicht »Buchhalter« oder »Doktor« oder auch »Direktor für Informationstechnologie«. Nein, dieser Job war cool, *echt cool.*

»Cybercop« gab sie ein und spielte mit sichtlichem Genuß den zum Wildhüter geläuterten Wilderer.

Der Kopf auf dem Bildschirm trug plötzlich einen Helm, machte einen doppelten Salto und begrüßte sie mit den Worten: *»Special Agent Razor, Sie können sich jetzt frei auf der Infobahn bewegen. Aber passen Sie auf da draußen im Cyberspace.«*

Sie griff über den ordentlich aufgeräumten Schreibtisch nach ihrer Diet Coke und dachte über ihr heutiges Vorhaben nach. Meistens versuchte sie, in eins der Technik- oder Finanzsysteme von GENIUS einzudringen. Sie beschäftigte zwei Männer, deren einzige Aufgabe darin bestand, diese geschützten Datenbanken zu knacken, Schwachstellen aufzudecken und Vorschläge für bessere Schutzmaßnahmen zu machen. Sie waren beide gut, aber sie überzeugte sich gern selbst davon, wie gut ihre Abwehrmaßnahmen waren. Heute wollte sie versuchen, in ihre empfindlichste und am besten geschützte Datenbank einzudringen. In IGOR.

Das World Wide Web ignorierte sie, weil dort keines der GENIUS-Systeme in Erscheinung trat. Statt dessen gab sie die Nummer von »Big Mother« ein, um sich in die Verbindung einzuschleichen, die von allen Genescopes benützt wurde, um Daten in das Mutterhirn und dann in IGOR einzuspeisen. Fast sofort erschien das Front end und fragte nach dem Paßwort. Sie gab das gestrige ein; das heutige hatte sie sich bewußt nicht angesehen.

*»Zugang gesperrt«*, leuchtete auf dem Bildschirm auf.

Gut. Das Paßwort war geändert worden. Die Daten waren vor ihr sicher.

Oder sollten es zumindest sein.

Sie müßte einen anderen Weg hinein finden. Um an dem Front end, das keine Aufschlüsse über den Inhalt von IGOR gab, vorbeizukommen, drückte sie auf verschiedene Tasten des Keyboards vor ihr. Aber selbst wenn ihr dieser Schritt gelänge, wäre sie immer noch nicht im System, weil sie IGOR so angelegt hatte, daß es zwei Sicherheitslevels hatte: einen, um Hacker daran zu hindern, im Front-end-Menü zu surfen, und einen, um ihnen den Zugang zu den Daten zu verwehren. Aber es wäre zumindest ein Anfang. Zuerst probierte sie die simplen Tricks aus, diejenigen, die jeder High-School-Hacker kannte. Sie versuchte hineinzukommen, indem sie das Programm dahinter abfragte.

Fehlanzeige. Sämtliche simplen Lücken im System waren dicht.

Gut. Bisher.

Nun versuchte sie es auf einem anderen Weg und programmierte die Paßwortbefehle neu. Das war schwieriger und erforderte jahrelange Erfahrung. Gab man den falschen Programmcode ein, konnte man damit all seine übrige Software beschädigen.

Sie machte es ganz automatisch. Und sie brauchte etwas mehr als vier Sekunden dafür. Aber Razor Buzz war ja auch ein Supremo, ein Cyberlord.

Nichts. Keine Lücke. Auf diesem Weg war nicht reinzukommen.

Sehr gut.

Jetzt die letzte Möglichkeit. Das hieß, sie mußte ein eigenes Programm schreiben, das dem Paßwortprogramm sagte, was es tun sollte, also eine übergeordnete Befehlsebene schaffen, der das übrige System gehorchen mußte. Dafür brauchte Razor etwas länger. Denn das war etwas anspruchsvoller.

Schließlich sah sie in der rechten unteren Bildschirmhälfte die Meldung aufleuchten.

*»Programm steht zur Verfügung … Programm steht zur Verfügung … Programm steht zur Verfügung …«*

Das war noch nie vorgekommen. »Scheiße«, sagte sie laut. Sie war gleichermaßen beeindruckt wie nervös.

Der Bildschirm veränderte sich, und sie merkte, daß sie in die erste Ebene von IGOR kam, nur ein letztes Paßwort von den Daten entfernt.

Aber sie hatte ihr eigenes höheres Befehlsprogramm noch gar nicht zu Ende geschrieben gehabt. Sie mußte im Schlepptau von *jemand anderem* hineingekommen sein.

Jemand anderer mußte die Tür mit dem gleichen Programm, das sie gerade schrieb, aufbekommen und sie dabei unabsichtlich mit hineingelassen haben. Ohne sich um die Schweißperlen auf ihrer Stirn zu kümmern, ließ sie sich im Windschatten des Eindringlings mitziehen, um zu sehen, wie weit er vorgedrungen war. Der Betreffende hatte die erste Sicherungsstufe überwunden, und wie es schien, surfte er jetzt, sozusagen auf Einkaufsbummel, durch die Front-end-Menüs und versuchte herauszubekommen, was IGOR enthielt.

Ihre Hand schwebte über der alles entscheidenden Taste, die sowohl den Eindringling als auch sie aus der Datenbank katapultieren würde.

Aber sie drückte sie nicht. Das würde sie nur tun, wenn es so aussah, als schaffte der Eindringling das Unmögliche, als durchbräche er die unüberwindliche zweite Sicherungsstufe und verschaffte sich Zugang zu den streng geheimen Daten, die dahinter gespeichert waren. Bevor es dazu kam, wollte sie herausfinden, wer der Eindringling war. Der automatische PREDATOR-Tracker würde sich unverzüglich aktivieren, sobald der Eindringling die zweite Stufe überwand, vorausgesetzt, er schaffte es. Aber sie wollte, daß sich das Suchprogramm jetzt schon einschaltete.

Deshalb sagte sie in den Hörer ihres Computers: »Suche starten. PREDATOR aktivieren.«

In der rechten oberen Hälfte des Bildschirms, auf dem immer noch ihr computergenerierter Kopf mit dem Polizeihelm zu sehen war, öffnete sich ein kleines Symbol.

Der Kopf fragte: *»Schleichmodus oder Alarmmodus?«*

»Schleich. Noch wollen wir unseren Besucher nicht verscheuchen.«

In der linken oberen Bildschirmhälfte öffnete sich ein weiteres Icon. Darüber befand sich eine Uhr, die rückwärts sechzig Sekunden abzählte; so viel Zeit war nötig, um eine vollständige Suche durchzuführen. Am unteren Rand des Icon leuchtete eine Reihe von neun Zahlen auf, die sich auf der Suche nach der richtigen Kombination mit ungeheurer Schnelligkeit änderten. Plötzlich blieb die Zahl ganz links stehen, und es änderten sich nur noch die restlichen acht Zahlen. Dann blieb die zweite Zahl stehen. Sobald alle neun stehenblieben, konnte Jasmine die Herkunft des Eindringlings feststellen.

25 ... 24 ... 23 tickte die Uhr am linken oberen Bildschirmrand.

Die sechste Zahl blieb stehen. Nur noch drei.

Dann loggte sich der Eindringling plötzlich aus; seine Cyberfährte löste sich in nichts auf.

Weg war er.

»Scheiße«, murmelte sie gerade in dem Moment, als einer ihrer Mitarbeiter in ihr Büro kam.

So eindringlich Jasmine die sechs Zahlen auf dem Bildschirm auch anstarrte, sie ließen keinerlei Rückschlüsse auf die Herkunft des Eindringlings zu. Das einzige, was man von ihnen ablesen konnte, war, daß der Hacker außerhalb der Vereinigten Staaten saß; irgendwo im Bereich zwischen Südosteuropa und Indien. Höchstwahrscheinlich im Nahen Osten oder in Nordafrika. Doch wer sollte sich in diesem Teil der Welt die Mühe machen, in das auf den ersten Blick völlig uninteressante IGOR einzudringen?

Die große blonde Frau hielt eine Birne für den neuen Holo-Projektor hoch. »Morgen, Jazz, alles klar?«

Jasmine schaute auf und lächelte ihre technische Leiterin an. »Ja, Debbie, danke.«

»Kann ich Ihnen was zeigen?«

»Klar. Wie lange wird es dauern?«

»Ungefähr eine halbe Stunde. Ich müßte nur noch mal die letzten Modifikationen an Gene-Genie mit Ihnen durchsprechen. Sieht ganz so aus, als hätten wir das Problem mit dem Holo-Bild geknackt.«

»Auch die Bildschärfe im Gesichtsbereich?«

Debbie grinste. »Kommen Sie doch und überzeugen Sie sich selbst.«

»Super! Nur noch fünf Minuten, dann bin ich hier fertig.«

Obwohl sie sich wegen IGOR Sorgen machte, war sie doch gespannt auf die neue Gene-Imaging Software. Was IGOR anging, tröstete sie sich zudem mit dem Gedanken, daß die Datenbank selbst noch nicht geknackt, sondern lediglich ihr Verwendungszweck entdeckt worden war. Sie war fest davon überzeugt, daß die letzten Abwehrmaßnahmen unüberwindlich waren, aber trotzdem würde sie Tom von dem Vorfall erzählen. Er wollte bestimmt wissen, daß zum erstenmal seit seinem Bestehen jemand ein ungesundes Interesse an dem unscheinbaren IGOR zeigte.

## 6 Später am selben Morgen. GENIUS-Tierlabor.

»So, Nora, wie geht's?« Tom kam durch die Schwingtür, die von den Hauptlabors der Mendel-Suite ins Tierlabor, oder »Mäusehaus«, wie es auch genannt wurde, führte. Kaum hatte Hank Polanski seine erste Geninfusion erhalten, ohne daß sich irgendwelche unmittelbaren Nebenwirkungen gezeigt hatten, war er auf schnellstem Weg hierhergekommen. Er wollte unbedingt wissen, wie das Experiment ausgegangen war, das möglicherweise über Hollys Zukunft entschied.

Nora Lutz sah von ihrem Laptop auf, und ihre von Natur aus gerunzelte Stirn glättete sich zu einer kurzen Begrüßung. Nora war Ende Vierzig, klein und rundlich. Sie hatte das braune Haar zu einem Pagenkopf geschnitten, die große Schildpattbrille verlieh ihr etwas Eulenhaftes. Sie war eine engagierte Labortechnikerin, und trotz ihrer mürrischen Art wußte Tom, daß sie sehr gern bei GENIUS arbeitete, und sei es nur, um aus dem Haus zu kommen. Sie war unverheiratet und lebte mit ihrer bettlägerigen Mutter und fünf Katzen in Charlestown.

Nora lehnte sich in ihren Stuhl zurück, zog die Ärmel ihres

weißen Kittels zurück und deutete auf die acht leeren Käfige hinter ihr. »Gerade fertig geworden. Alle achtundvierzig Mäuse sind seziert, ihre Krebsmarker gezählt.«

Tom nickte. Er benutzte nicht gern Tiere für Experimente, und viele der von ihm entwickelten In-vitro-Vorläuferstudien erfüllten genauso ihren Zweck. Aber vor allem in der Genforschung waren sie manchmal unerläßlich.

Bei diesem Experiment waren alle Mäuse mit Astrozytom-Krebszellen infiziert worden. Anschließend hatte eine Hälfte von ihnen ein gentechnisch verändertes Retrovirus zur Abtötung von Gehirnkrebszellen injiziert bekommen, während die andere Hälfte mit nichts als einer simplen Salzlösung behandelt worden war. Zum Schluß waren ihre Gehirne seziert worden, um die Anzahl und Größe der Tumore und Metastasen festzustellen. Wenn die mit dem Retrovirus behandelten Mäuse weniger Tumore hatten als die mit Salzwasser behandelten Tiere der Kontrollgruppe, wäre das Experiment geglückt. Alles hing davon ab, daß es erfolgreich verlief. Andernfalls wäre die ohnehin schon hauchdünne Chance, rechtzeitig eine Therapiemöglichkeit für Holly zu finden, endgültig gleich null.

»Schon eine Ahnung, wie das Ergebnis ausfallen könnte?«

Nora schüttelte den Kopf. »Das kann ich Ihnen erst sagen, wenn Bob mit dem Umschlag zurückkommt.« Bob Cooke war Noras Chef.

Noch keines der drei Teams, die an dem neuen Gehirntumorprojekt arbeiteten, wußte über Holly Bescheid. Tom hatte sie aus verschiedenen Gründen nicht eingeweiht. Je mehr Leute nämlich von Hollys bedrohlicher Situation wußten, desto größer war die Gefahr, daß sie es selbst erfuhr. Und das wollte er unbedingt verhindern. Zum gegebenen Zeitpunkt würde er die Forschungsteams darüber informieren, aber vorerst genügte es, wenn sie wußten, daß das Projekt absolute Priorität hatte.

Bisher hatte nur das aus Nora Lutz und Bob Cooke bestehende Team Fortschritte gemacht bei der Entwicklung des komplexen Retrovirus-Vektors, der nötig war, um die dem Schutz des Gehirns dienende Blut-Hirn-Schranke umgehen zu können; und das alles in wenig mehr als fünf Wochen. Doch was Tom in der Tabelle auf dem Bildschirm von Noras Laptop sah, machte ihn eher nervös als euphorisch. In der linken Spalte der Tabelle war die Nummer der Ohrmarke jeder einzelnen Maus vermerkt, in der Spalte daneben die Anzahl ihrer Tumore – alarmierend hoch, soweit Tom sehen konnte – und daneben die Größe der Tumore. Eine Spalte blieb leer; diejenige, in der stand, welche Behandlung jede Maus erhalten hatte. Diese Informationen hatte nur Bob Cooke.

Schon vor Jahren hatte Tom gelernt, wie wichtig es war, die Versuchsergebnisse nicht durch persönliche Präferenzen beeinflussen zu lassen, und hatte deshalb angeordnet, alle Experimente bei GENIUS »blind« durchzuführen. Er wußte, wie groß selbst für den gewissenhaftesten Wissenschaftler die Versuchung war, die Ergebnisse zu »finden«, die er bekommen wollte. Aus diesem Grund hatte Bob Cooke den Mäusen die Injektionen gegeben und anschließend auf einer Diskette gespeichert, welche der Tiere mit dem gentechnisch veränderten Virus und welche mit Salzwasser behandelt worden waren. Nachdem die Diskette mit diesen Daten in einem braunen Umschlag versiegelt worden war, hatte ein anderer Mitarbeiter die Krebsmarker gezählt.

»Wo ist Bob denn?« fragte Tom.

»Im Mendel. Soll ich ihn holen?«

»Nein, ich gehe selbst. Sehen Sie inzwischen ruhig zu, daß Sie Ihre Zahlen fertig kriegen.«

Tom ging aus dem Mäusehaus, den kurzen Flur hinunter und durch die Glasschiebetür der Hauptlaborsuite. Ein kurzer Blick durch die geräumige Weite aus Weiß, Glas und Chrom, und er hatte Bob Cooke entdeckt. Äußeres und Körpersprache hoben ihn deutlich vom Rest der Laborbelegschaft ab. Während die anderen Wissenschaftler über ihre Labortische gebeugt waren, fläzte der schlaksige Kalifornier mit der tiefen

Bräune und den blonden Haaren ganz entspannt in seinem Stuhl und hielt einen Objektträger gegen das Licht. Er sah mehr wie ein Surfer aus, der nach der nächsten Welle Ausschau hielt, als wie ein Wissenschaftler. Und es gab Leute, die ihn wegen seines breiten Grinsens und seiner jovialen Art unterschätzten. In vieler Hinsicht erinnerte Tom die respektlos-legere Art des jungen Mannes an sich selbst.

Er konnte bereits den braunen Umschlag auf Bob Cookes Schreibtisch liegen sehen und mußte plötzlich gegen den unwiderstehlichen Drang ankämpfen, einfach loszulaufen und ihn an sich zu reißen.

Bob sah ihn und grinste. Mit einer einzigen fließenden Bewegung legte er den Objektträger weg, griff nach dem braunen Umschlag und stand auf. »Kommen Sie deswegen?«

Zurück im Tierlabor, ertappte sich Tom dabei, wie er in Noras Miene nach neuen Hinweisen forschte; schließlich hatte sie inzwischen mehr Zeit gehabt, sich die Daten anzusehen. Wenn die Versuchsergebnisse ein eindeutiges Bild ergaben, war die Diskette überflüssig. Hatten die Mäuse die gleiche Anzahl großer Tumore, war das Experiment gescheitert, und hatte eine Hälfte der Mäuse keine Tumore mehr, war es mit ziemlicher Sicherheit erfolgreich verlaufen. Aber Noras Eulengesicht gab nichts preis.

Mit einem gespielten Stirnrunzeln sagte Bob: »Nominiert für den besten Film sind ...«, riß den Umschlag auf und reichte Nora die Diskette.

Nora bedachte ihren kalifornischen Chef mit einem müden Lächeln, schob die Diskette in den Computer und startete das Programm. Die Tabelle übernahm die neuen Daten sofort. Tom konnte sehen, wie sich die Freiräume in der rechten Spalte mit einem Ja oder Nein füllten, das anzeigte, ob die jeweilige Maus mit dem Retrovirus behandelt worden war oder nicht.

Mach schon, dachte er, sieh zu, daß sich die Gruppen unterscheiden. Doch bevor Tom sein stummes Stoßgebet zu Ende sprechen konnte, wechselte der Bildschirm auf die Auswertung, und Nora teilte ihm mit enttäuschter Stimme das Schlimmste mit.

»Es besteht kein Unterschied«, verkündete die Labortechnikerin abrupt. »Zumindest kein statistisch signifikanter.«

»Scheiße!« Er konnte es einfach nicht glauben. Das Ergebnis war sogar noch schlechter, als er befürchtet hatte. Die Gentherapie hatte nicht die geringste Wirkung gezeigt.

»Was ist schiefgelaufen?« fragte Nora.

Stirnrunzelnd verschränkte Tom die Arme und trommelte mit den Fingern der rechten Hand auf seinen linken Arm. »Vielleicht ist das Virus nicht an die Tumorzellen rangekommen. Vielleicht hat es die Blut-Hirn-Schranke aufgehalten.«

»Aber die Markergene waren so modifiziert, daß sie sie hätten umgehen können müssen«, sagte Bob ungewöhnlich tonlos.

»Na ja, vielleicht haben sie auch nicht gewirkt. Oder das Virus hat zwar sein Ziel erreicht, aber die Gene waren nicht in der Lage, sich in den Zellen entweder richtig durchzusetzen oder genügend Proteine zu produzieren, um eine Besserung zu bewirken. Wie dem auch sei; um das herauszufinden, werden wir die Tumorzellen untersuchen müssen. Das ändert jedoch nichts an der Tatsache, daß es diesmal nicht hingehauen hat.«

Die Tür rechts neben ihm ging auf, und Jasmine kam herein. Ihr sonst so sonniges Gesicht war nachdenklich. »Tom, könnte ich dich kurz sprechen? Es ist ziemlich wichtig.«

Was sie ihm zu sagen hatte, war offensichtlich nicht für jedermanns Ohren bestimmt, deshalb bat er Bob und Nora, ihn kurz zu entschuldigen, und folgte Jasmine auf den kleinen Flur hinaus.

»Es tut mir furchtbar leid«, sagte Jasmine, »aber ich habe schlechte Nachrichten.«

Er mußte lachen. »Toll! Dann bist du hier ja genau richtig. Mal sehen, ob deine schlechten Nachrichten noch schlimmer sind als unsere.«

»Jemand hat versucht, in IGOR einzudringen.«

Tom stöhnte auf. Das hatte ihm gerade noch gefehlt. »Sind sie reingekommen?«

»Nein, aber ich schätze, sie wissen, was drin ist. Im Prinzip zumindest.«

»Wer war es? Weißt du, wer dahintersteckt?«

Jasmine schüttelte den Kopf. »Nein. Das ist ja das Komische. Der Hacker kommt nicht aus einem der typischen Triadengebiete. Das Signal kam weder aus Europa noch aus Fernost, noch aus den Staaten.«

»Bist du sicher?«

»Absolut.«

»Kannst du noch mehr rausbekommen?«

»An sich nicht, nein. Ich habe es Jack erzählt, und er kann es sich auch nicht erklären. Die großen Versicherungsgesellschaften und die Biotech-Konkurrenzunternehmen, die ein Interesse an unseren Datenbanken haben könnten, sind alle in der Triade. Irgendwie werde ich einfach nicht schlau aus dem Ganzen.«

Tom rieb sich die Schläfen. Nicht auszudenken, wenn seine Daten einer Versicherungsgesellschaft in die Hände fielen, oder der Presse oder ... »Irgendeine Behörde vielleicht?«

Jasmine schüttelte den Kopf. »Nein. Das Ganze ist vor drei Stunden passiert. Wenn ein Behörde dahintersteckte, säßen die uns längst auf der Pelle.«

»Wer könnte es deiner Meinung nach dann sein?«

»Keine Ahnung. Vielleicht irgendein einsamer Hacker, der gerade nichts Besseres zu tun hatte. Obwohl es nicht danach aussieht. Ich kann mich des Eindrucks nicht erwehren, daß der Betreffende sehr genau wußte, wonach er suchte. Jedenfalls habe ich alle Schotten dicht gemacht und werde IGOR künftig schärfer im Auge behalten.«

»Was ist, wenn sie es noch mal versuchen?«

»Reinkommen werden sie auf keinen Fall. Das ist nicht das Problem. Das Problem ist, was sie sonst noch probieren könnten, jetzt, wo sie wissen, was wir haben. Übrigens habe ich auch eine gute Nachricht. Die Gene-Genie-Software macht sich ganz hervorragend.«

Tom lächelte. »Wunderbar. Gut gemacht. Gib Karen Tanner beim FBI sofort Bescheid, sobald sie störungsfrei läuft.«

»Was für schlechte Nachrichten hast du? Ist das Experiment fehlgeschlagen?«

Tom nahm Jasmine mit ins Tierlabor und deutete auf Noras Laptop. »Da, überzeug dich selbst.«

Nora machte Jasmine vor dem Bildschirm Platz.

»Das ist gründlich danebengegangen«, sagte Bob Cooke.

Tom sah wortlos zu, wie Jasmine auf dem Bildschirm die Basisdaten studierte.

»Was ist das hier?« fragte sie plötzlich und deutete auf eine Null in der Spalte mit den Krebsmarkern.

Tom bückte sich, um besser sehen zu können.

Nora blickte auf die Stelle, an der Jasmines Fingerspitze den Bildschirm berührte. »Maus C370 hatte keine Metastasen. Sie war völlig frei.« Die Labortechnikerin hörte sich verdutzt an.

»Hat das was zu bedeuten?« fragte Jasmine.

Bob Cooke hob die Schultern. »Vielleicht haben die eingepflanzten Krebszellen nicht gegriffen.«

Die Falten auf Noras Stirn wurden noch tiefer. »Nein, ich kann mich erinnern, daß C370 Metastasen hatten, aber sie waren nekrotisch.« Sie sah Jasmine an. »Tot.«

»Zufall?« fragte Bob, an Tom gewandt.

»Schöner Zufall.« Jasmine deutete auf das Nein in der rechten Spalte. »Diese Maus gehört zur Kontrollgruppe. Sie hat nur Salzwasser gespritzt bekommen. Trotzdem hat sie es geschafft, sich selbst zu heilen.«

Nora warf Tom einen fragenden Blick zu. »Spontane Remission?«

Ein kurz aufflackernder Hoffnungsschimmer brach durch Toms düstere Stimmung. Ihm selbst war bisher noch kein Fall einer vollständigen spontanen Remission begegnet; weder im Labor noch in der Klinik. So etwas war extrem selten. Gut dokumentiert, aber selten. Niemand verstand oder hatte jemals überzeugend erklären können, wie ein Immunsystem plötzlich ohne ersichtlichen Grund beschloß, die Krebszellen in seinem Organismus loszuwerden. Es gab jede Menge wissenschaftlicher Beweise für solche Selbstheilungen, aber keine medizinische Erklärung.

Tom wandte sich Bob Cooke zu. »Haben Sie vor dem Experiment zufällig eine DNS-Analyse gemacht?«

»Leider nein. Das war in der Versuchsanordnung nicht vorgesehen. Warum fragen Sie?«

Tom war sich nicht ganz sicher, aber in seinem Kopf begann eine Idee Gestalt anzunehmen. »Vielleicht gelingt es uns, einen Hinweis zu finden, warum diese spezielle Maus gesund geworden ist. Wenn wir ihre präkanzerösen Zellen mit ihren kanzerösen und mit ihren ›geheilten‹ postkanzerösen Zellen vergleichen könnten, ließe sich unter Umständen feststellen, welche Sequenz des genetischen Codes die natürliche Remission bewirkt hat. Bisher haben wir immer nur versucht, auf theoretischem Weg eine Lösung zu finden, sozusagen in der Retorte. Warum sehen wir uns statt dessen nicht mal eine der seltenen Lösungen an, die es in der Natur bereits gibt, und versuchen sie zu imitieren?« Er wartete auf eine Reaktion seiner Mitarbeiter und sah, daß Bob und Nora nachdenklich nickten.

Jasmine sah ihn stirnrunzelnd an. »Aber woher willst du wissen, daß du eine auch nur annähernd wissenschaftliche Erklärung dafür findest?«

»Worauf sollte es denn sonst zurückzuführen sein? Auf die Kraft des Glaubens? Auf einen Sieg des Geistes über die Materie? Jetzt hör aber mal, Jazz.«

»Warum nicht?« entgegnete Jasmine. »Viele unerklärliche Heilungen werden auf den Glauben zurückgeführt. Als ich klein war, haben meine Eltern nur ein einziges Mal in Europa Urlaub gemacht, und zwar in Lourdes, mit meiner kranken Tante Angela.«

Nora nickte. »Ich bin auch, als ich zwei war, mit meiner

Mutter nach Lourdes gefahren. Danach ging es ihr tatsächlich eine Weile wesentlich besser.«

»Meiner Tante auch. In Lourdes ist es zu einigen der berühmtesten und bestdokumentierten Heilungen gekommen.« Jasmine begann die Fälle an ihren Fingern abzuzählen. »Da war Rose Martin im April 1947; sie wurde von einem Gebärmutterkrebs geheilt. 1962 ging Vittorio Michellis Oberschenkelkrebs vollkommen zurück, nachdem er tagelang im Weihwasser gebadet hatte. Und 1966 wurde Klaus Kunst, der das Wasser getrunken hatte, von seinem Nierenkrebs geheilt.«

Tom lächelte. Nur Jazz war imstande, ein Gehirn wie ein Computer zu haben und gleichzeitig die Existenz Gottes für möglich zu halten. »Ich dachte, Baptisten würden nicht an diesen ganzen Lourdes-Kram glauben. Ist das nicht was für Katholiken?«

»Ach was. Wenn du ein Wunder brauchst, gehst du dahin, wo du es finden kannst.«

»Eines steht jedenfalls fest«, unterbrach sie Bob Cooke und deutete auf die Null in der Spalte mit den Krebsmarkern. »Wenn es Glaube war, dann muß Maus C370 einen verdammt starken Glauben gehabt haben.«

Darüber mußten alle lachen, aber Tom ging die Idee, die immer mehr Gestalt anzunehmen begann, nicht mehr aus dem Kopf. »Ich sage ja nur, daß sich an der genetischen Struktur dieser Maus etwas geändert haben muß. Und ganz egal, ob man es nun Wissenschaft, Natur oder sonst was nennt, kann es auf keinen Fall schaden, es nachzumachen zu versuchen.« Er hielt inne und sah jedem seiner Mitarbeiter in die Augen. »Wenn Sie mir bitte noch ganz kurz zuhören würden, ja? Wir glauben alle ziemlich sicher zu wissen, *wie* eine spontane Remission funktioniert, aber wir wissen nicht, warum es dazu kommt. Im Grunde genommen sind Krebszellen ganz normale Körperzellen, die sich plötzlich gegen den Körper gewandt haben, aber weil sie Körperzellen sind, läßt sie das Immunsystem in Frieden. Bei einer spontanen Remission passiert nun folgendes: Aus irgendeinem Grund erkennt das Immunsystem des Körpers plötzlich, daß diese Krebszellen nicht zu ihm gehören; daß sie schlecht sind und ihm schaden. Daraufhin vernichtet das Immunsystem die Tumore, und sie lösen sich auf. Richtig?«

Er wartete, bis die anderen, einschließlich Jasmine, achselzuckend zustimmten.

»Damit das allerdings eintreten kann, muß mit dem genetischen Code dieser bösartigen Zellen etwas passieren, was die Antikörper des Immunsystems darauf aufmerksam macht, daß sie Fremdkörper sind. Im Grunde genommen ist das genau das, was wir bei diesem Experiment zu erreichen versuchen. Wir haben versucht, mit Hilfe eines gentechnisch veränderten Retrovirus die DNS der Tumorzellen dahingehend zu verändern, daß das Immunsystem des Körpers auf sie aufmerksam wird.«

»Und weiter?«

»Weiter stellt sich nun die Frage: Was ist, wenn die Tumore von einem *natürlich* vorkommenden Retrovirus vernichtet worden sind?«

»Was?« entfuhr es Bob.

Tom hob beschwichtigend die Hände. »Schauen Sie, die Wirkung eines Retrovirus besteht darin, daß es in eine Körperzelle eindringt und deren DNS seiner eigenen angleicht. Nur so kann es sich vermehren, und das ist auch der Grund, weshalb es so gefährlich ist. Es bringt unseren natürlichen genetischen Code durcheinander und breitet sich im Körper aus. Nehmen Sie als Beispiel nur, wie erfolgreich das HIV-Virus dabei ist. Und nun stellen Sie sich vor, es gäbe ein extrem seltenes Retrovirus, das die DNS nicht durcheinanderbringt, sondern wieder zusammensetzt. Sie *repariert.*«

»Eines, das in der Natur vorkommt?« fragte Nora, ihre Augen hinter der eulenhaften Brille noch größer als sonst.

»Ja. Eines, das ein Gen einschleusen könnte, das Krebszellen vernichtet oder beschädigte Zellen wieder herstellt. Überlegen Sie doch mal: Viele Gene reparieren die DNS; das wissen wir. Und viele Gene befehlen Zellen zu sterben; auch das wissen wir.

Wenn also die richtigen Gene in die richtigen Zellen eingeschleust werden, könnte die Ordnung wieder hergestellt werden.«

»Ist das möglich?« fragte Jasmine ruhig. »Wäre ein *natürlich* auftretendes Virus dazu in der Lage?«

Bob hob die Schultern. »Schätze schon. Es ist nur, daß bisher noch niemand die Frage gestellt hat, ob es in der Natur solche gutartigen, das heißt *positiv* wirkenden Retroviren geben könnte. Das hat allerdings absolut nichts zu bedeuten. Sehen Sie sich die Mikroorganismen an. Wir haben Pilze und Bakterien immer als schädliches Zeug betrachtet, vor dem wir uns schützen müssen, weil sie uns infizieren könnten. Dann entdeckte Fleming das Penicillin, das aus einem natürlich auftretenden Schimmelpilz gewonnen wird, der Infektionen *bekämpft*, Gangrän und Syphilis abtötet und unzählige Leben gerettet hat.«

»Ganz genau«, sagte Tom. »Und ich schlage nichts weiter vor, als daß wir es einfach mal ausprobieren sollten.«

»Ganz meine Meinung, Tom«, sagte Nora. »Aber wie?«

Tom überlegte, wie die Sache am besten anzupacken wäre. Doch zu seiner Überraschung beantwortete Jasmine die Frage für ihn. »Wir müßten mit DAN die DNS einer Person analysieren, die durch eine spontane Remission wieder gesund geworden ist. Dazu bräuchten wir Genproben der betreffenden Person aus der Zeit vor, während und nach ihrer Krebserkrankung. Und daran müßte sich dann ablesen lassen, wie sich die DNS im Lauf der Zeit verändert hat.« Plötzlich leuchteten Jasmines Augen aufgeregt auf, als wäre ihr gerade etwas eingefallen. Die Computerspezialistin ging zu dem PC in der hintersten Ecke des Raums, der im Gegensatz zu Noras Laptop ans Internet angeschlossen war. »Aber du sagst, es gibt nur wenige solche Personen«, murmelte Jasmine, als spräche sie mit sich selbst.

»Ja, und wir bräuchten einen Patienten, der noch lebt«, spann Tom ihren Gedanken weiter, während er beobachtete, wie Jasmine den Computer einschaltete und sich im World Wide Web in das Schwarze Brett der Global Medical News einloggte.

»Ich bin ganz sicher, ich habe da vor ein paar Tagen im Medical Watch Service was gesehen. Ich war gerade am Rumsurfen, als ich auf einen Namen stieß, der mir irgendwie bekannt vorkam.« Jasmine wandte sich Tom zu. »Jean Luc Petit?«

Tom nickte. Der französische Krebsspezialist Jean Luc Petit war schon mehrere Male bei ihnen in Boston gewesen, um sich die ersten Genescopes vorführen zu lassen und sich die Klinik anzusehen. »Ja, ich kenne Petit gut. Ein glänzender Wissenschaftler. Er leitet in Paris ein onkologisches Institut. Was ist mit ihm?«

Jasmine klickte mit der Maus ein Symbol auf ihrem Bildschirm an. »Er hat am Schwarzen Brett der Medical Watch unter ›Interessante Neuigkeiten‹ etwas vorgestellt.«

Tom war ganz Ohr. »Hat er in seiner Klinik jemanden liegen, der durch eine spontane Remission gesund geworden ist? Einen *lebenden* Patienten?«

Jasmine klickte ein anderes Symbol an und drückte auf zwei weitere Tasten. Auf dem Bildschirm erschien eine Seite eines französischen Texts. »Hier ist es. Ich wußte doch, daß ich es gesehen habe.«

Dankbar für seine Monate als Austauschstudent am Institut Pasteur in Paris, beugte sich Tom vor. Doch was er da las, war so ungeheuerlich, daß er lieber die englische Übersetzung zu Hilfe nahm, die in der unteren Bildschirmhälfte erschien.

»Und?« fragte Bob Cooke hinter ihm. »Hat dieser französische Doktor einen in seiner Klinik?«

»Nein, Dr. Jean Luc Petit hat nicht einen«, sagte Jasmine mit einem breiten Grinsen. »Er hat *zwei.*«

Bob und Nora sahen Jasmine ungläubig an.

»Schon einen aufzutreiben ist ganz schön schwierig«, sagte Bob und strich sich mit beiden Händen durch sein blondes Haar, »aber die Wahrscheinlichkeit, gleich zwei zu finden, und das auch noch in derselben Klinik ...« Er verstummte, als fehlten ihm die Worte.

»Sie glauben doch nicht etwa, sie haben dieses Wundermittel von jemandem aufgeschnappt und es sich dann gegenseitig übertragen?« fragte Nora.

Stumm vor Staunen, zuckte Tom mit den Achseln. Er versuchte immer noch, sich über die möglichen Konsequenzen klarzuwerden. »Jazz«, schaffte er schließlich zu sagen, »könntest du mir bitte noch eine Frage beantworten, bevor du dich ausloggst?«

Jasmines Finger huschten über die Tasten, und ihr Grinsen wurde noch breiter. »Laß mich raten, Tom«, sagte sie, als der Buchungsservice der Air France auf dem Bildschirm erschien. »Möchtest du wissen, wann die nächste Maschine nach Paris geht?«

## 7 **Die Höhle des Heiligen Lichts. Südjordanien.**

Ihn umbringen oder mit ihm zusammenarbeiten? Das war die Frage.

Auf der anderen Seite der Welt, unter den fünf Felsen von *Asbaa El-Lah*, rieb sich Ezekiel De La Croix seine müden Augen und spürte, wie der früher fest sitzende Rubinring, das Zeichen seiner Führerschaft, auf seinem knotigen Greisenfinger auf und ab rutschte. Dieses Dilemma hatte schärfere Hörner als der Teufel selbst. Kein Zweifel: Wenn er jetzt den falschen Weg einschlug, gefährdete er das oberste Ziel der Bruderschaft von der Wiederkunft Christi.

In der Höhle des Heiligen Lichts brannte die Heilige Flamme immer noch so bläulich-weiß, wie sie das die ganzen letzten dreieinhalb Jahrzehnte getan hatte. Aber wie lange noch? Ihm graute vor dem Tag, an dem sich entweder die Farbe der Flamme wieder ändern oder er sterben würde, ohne daß er den Neuen Messias gefunden hatte. Seine gebrechlichen Schultern schauderten, wenn er daran dachte, daß er bereits in seiner zehnten Dekade war. Die Zeit war nicht auf seiner Seite.

Von seinem Platz am Kopfende des riesigen Eichentisches beobachtete er die fünf debattierenden Männer, die um ihn versammelt waren. Jeder trug einen dunklen Anzug, ein weißes Hemd und eine blutrote Krawatte und hatte sich eine weiße Satinschärpe mit einem karmesinroten Kreuz um die Schulter geschlungen. Die Vorsteher der drei Regionen saßen am anderen Ende. Bruder Haddad mit dem verschleierten Blick stand dem Heiligen Land vor, dem ältesten und angesehensten Territorium der Bruderschaft, das sich über den Nahen Osten und die Levante erstreckte. Ihm gegenüber saß der große, grauhaarige Bruder Luciano, der dem zweitbedeutendsten Gebiet der Christenheit vorstand, zu dem Europa gehörte. Neben ihm saß der rangniedrigste Regionalvorsteher, der blasse Bruder Olazabal, dem die Neue Welt unterstand. Alle waren über siebzig Jahre alt und wie die meisten hochrangigen Mitglieder der Bruderschaft entfernt mit den frühen Schülern ihres Gründers Lazarus verwandt. Sie hatten nicht nur im normalen Leben einflußreiche Positionen inne, sondern verfügten als Angehörige des Inneren Kreises auch innerhalb der Bruderschaft über große Macht. Dennoch waren sie den zwei Männern unterstellt, die zu beiden Seiten Ezekiels saßen und ihrerseits wiederum diesem unterstellt waren.

Ezekiel wandte sich dem Bruder zu seiner Linken zu. Mittlerweile über Siebzig, war Bruder Bernhard Trier das einzige noch lebende andere Mitglied des Inneren Kreises, das jenen schicksalhaften Tag erlebt hatte, an dem sich die Heilige Flamme verändert hatte. Der korpulente Bruder mit dem Spitzbart und dem inzwischen dünnen grauen Haar war einmal ein hoher Offizier der deutschen Bundeswehr gewesen. Doch seit er zum Meister des Zweiten Ziels der Bruderschaft ernannt worden war, hatte er als einziger Angehöriger des Inneren Kreises sämtliche Verpflichtungen außerhalb der Bruderschaft aufgegeben. Das Zweite Ziel stellte so große Anforderungen, daß es für andere Aktivitäten keinen Raum mehr ließ. Immerhin ging es dabei um so wichtige Aufgaben, wie die Sicherheit der Organisation zu gewährleisten, Informationen über die Kandidaten für die Gerechten Tötungen zu sammeln und die zwei Agenten zu steuern, die die Tötungen durchführten. Dagegen hatte sogar der ranghöhere Bruder Helix Kirkham, der als Meister des Ersten Ziels den Auftrag hatte, den Neuen Messias zu finden, weiterhin seinen Physiklehrstuhl in Oxford inne. Und Ezekiel fand neben seiner Rolle als Führer der Bruderschaft noch genügend Zeit, deren umfangreiche internationale Bankgeschäfte zu beaufsichtigen.

Wie immer bei diesen monatlichen Zusammenkünften in der Heiligen Höhle stritten Bruder Bernhard und Bruder Helix miteinander. Diese Auseinandersetzungen waren nicht verwunderlich. Vor fünf Jahren hatte Helix die Nachfolge von Bruder Darius als Meister des Ersten Ziels angetreten, und Ezekiel wußte, daß sein Einfluß Bruder Bernhard seither ein Dorn im Auge war. Mit seinen fünfzig Jahren war Helix Kirkham nicht nur zwanzig Jahre jünger als Bruder Bernhard, sondern auch der jüngste Meister des Ersten Ziels überhaupt.

Der großgewachsene, kahlköpfige Mann mit der runden Nickelbrille stand für das frische Blut, das die Bruderschaft so dringend benötigte. Helix hatte an den besten Universitäten studiert, war ständig auf der Höhe der neuesten technischen und wissenschaftlichen Entwicklung und brachte somit optimale Voraussetzungen für die schwierige Aufgabe mit, die altehrwürdige Bruderschaft durch das Labyrinth der modernen Welt zu führen.

War der Vorschlag, der gerade auf so heftigen Widerstand stieß, zu gewagt? Zu radikal? Ganz besonders beunruhigte Ezekiel der Umstand, daß er nur deshalb in Erwägung gezogen werden konnte, weil Nemesis vor etwas mehr als sechs Wochen in Stockholm völlig unerwartet versagt hatte.

Bruder Bernhard sah ihn verärgert an, bevor er sich wieder Helix zuwandte, der mit seinem Laptop und seinem Modem an diesem altehrwürdigen Ort völlig fehl am Platz wirkte.

»Bruder Helix«, sagte Bernhard, »Sie erwarten doch nicht etwa im Ernst von uns, daß wir die Gerechten Säuberungen nur wegen dieses ...« er deutete auf den Laptop, »dieses Hirngespinsts da von Ihnen aufgeben.«

»Das ist kein Hirngespinst«, entgegnete Helix ruhig. »Es könnte uns helfen, den Neuen Messias zu finden.«

»Und woher wollen Sie wissen, daß es auch wirklich klappt?« fragte Bruder Luciano und fuhr sich mit der Hand aufgeregt durch sein silbergraues Haar.

Ein Achselzucken. »Ich weiß nicht, ob es klappen wird. Ich weiß nur, daß sich etwas ändern muß. Als sich die Flamme verändert hat, war ich fünfzehn. Und seitdem sucht die Bruderschaft auf der ganzen Welt nach dem Neuen Messias. Doch mit welchem Erfolg?«

Bruder Haddad blinzelte mit seinen schweren Lidern. »Wir suchen immer noch.«

»Doch was haben wir *gefunden*?«

Eine Pause.

»Genau! Während der letzten drei Jahrzehnte haben wir unsere besten Augen und Ohren ausgeschickt, um all jene zu überprüfen, die behaupten, Visionen zu haben oder Wunder zu wirken. Wir und all die Brüder vor uns haben zweitausend Jahre darauf gewartet, daß sich die Farbe der Flamme verändern und uns zu erkennen geben würde, daß der Messias wiedergekehrt ist. Jeder von uns hat gehofft, die Ehre, nach ihm zu suchen, würde *uns* zufallen, in *unserer* Zeit. Nun, diese Ehre ist uns zuteil geworden. Der Neue Messias weilt nun schon über drei Jahrzehnte unter uns, und wir haben ihn noch *immer* nicht gefunden.«

Verärgert zupfte Bernhard Trier an seinem Spitzbart. »Aber Bruder Helix, der Mann, der uns, wenn es nach Ihnen ginge, bei unserer Suche helfen soll, steht auf der Liste der Gerechten

Tötungen. Dr. Carter ist ein *Feind*, kein Verbündeter.« Die Stimme des korpulenten Bruders wurde beherrschter, aber nicht weniger drohend. »Bruder Helix, wir alle haben großen Respekt vor Ihren technischen Zauberkunststücken, und ich bin sicher, daß sie unserer Organisation eines Tages von großem Nutzen sein werden. Aber dieser Tag ist noch nicht gekommen. Muß ich Sie etwa noch einmal an Inhalt und Sinn des Zweiten Ziels erinnern?«

Bevor ihn Ezekiel daran hindern konnte, räusperte sich Bruder Bernhard und zitierte großspurig den Wortlaut des alten Gelöbnisses.

»*Sich der Aufgabe der Gerechten Säuberung zu widmen, auf daß die Welt von jenen gesäubert werde, welche die Werte, Ziele und Überzeugungen der Bruderschaft von der Wiederkunft Christi untergraben und die wahre Erlösung der Menschheit gefährden.* Der gefährliche Wissenschaftler steht ganz oben auf unserer Todesliste. Er ist der Überzeugung, dank seiner genetischen Experimente wüßten die Menschen bald genug, um Gott überflüssig zu machen. Er spielt selbst Gott. Das war der Grund, weshalb alle von uns, Sie eingeschlossen, Bruder Helix, die Stockholmer Säuberung angeordnet haben. Für mich stellt sich deshalb nur eine Frage: *Wann* führen wir die Tötung durch, und betrauen wir noch einmal Nemesis damit, oder lassen wir es Gomorrah machen?«

Helix nickte bedächtig, und seine Augen lächelten hinter den dicken Gläsern seiner runden Brille. Wie immer war Ezekiel beeindruckt, daß sich der jüngere Bruder nicht von Bernhards Aggressivität einschüchtern ließ.

»Danke, daß Sie uns an Ihre wichtige Rolle erinnern, Bruder Bernhard«, sagte Helix ohne einen Anflug von Ironie. »Dennoch bin ich sicher, daß ich *Sie* nicht daran erinnern muß, daß das Erste Ziel, den Messias zu finden, Vorrang vor jedem anderen hat. Vor allem, wenn es den erfolgreichen Abschluß unserer Suche gefährdet.«

Ezekiel war nicht glücklich über diesen radikalen Kurswechsel von einer »Beseitigung« Dr. Carters zu einer Zusammenarbeit mit ihm. Genausosehr widerstrebte es ihm jedoch, den Wissenschaftler überstürzt ermorden zu lassen, ohne sich vorher darüber klargeworden zu sein, inwiefern er für sie nützlich werden könnte.

»Bruder Helix«, sagte Ezekiel, bevor Bernhard antworten konnte, »Sie sagen, Sie brauchen die Technologie des Wissenschaftlers, um das passende Gegenstück zu den Genen zu finden. Aber warum brauchen Sie *ihn*?«

»Aus zwei Gründen«, erwiderte Helix. »Zuallererst können wir die Genanalyse nicht über die üblichen Kanäle durchführen lassen. Die ethischen Richtlinien sind in allen GENIUS-Labors auf der ganzen Welt so strikt, daß unweigerlich Fragen gestellt würden. Die einzige Möglichkeit, diese strengen Kontrollen zu umgehen, besteht darin, die Analyse von Dr. Carter persönlich genehmigen zu lassen. Zweitens, was die Frage angeht, wie wir das passende Gegenstück finden, brauchen wir seine Hilfe, um in die Datenbank IGOR hineinzukommen.«

»Können wir nicht einfach dafür bezahlen, die Datenbank benutzen zu dürfen?« fragte Bruder Luciano.

»Nein. Wie ich Ihnen bereits erklärt habe, ist IGOR nicht öffentlich zugänglich. Im Gegenteil, der Inhalt der Datenbank wird sogar streng geheimgehalten. Ich bin nur zufällig darauf gestoßen, als ich für Bruder Bernhard Recherchen über den Wissenschaftler und sein Unternehmen anstellte. Und selbst dann konnte ich nur bis zum Front end vordringen, um zu sehen, was die Datenbank enthält –«

»Bruder Helix«, unterbrach ihn Ezekiel, »warum dringen Sie nicht einfach in die Datenbank selbst ein und suchen dort nach dem Gegenstück?«

»Weil sie zu gut gesichert ist. Allein herauszubekommen, was sie enthält, war schon schwer genug. Dr. Washington, von der IGOR konzipiert wurde, gilt als eine der besten ihres Fachs. Sie hat IGOR praktisch unüberwindlich gemacht.«

»Sie brauchen also Dr. Carters Hilfe, um die Analyse vornehmen lassen zu können und in diesen ... IGOR einzudringen?« fragte Ezekiel, sichtlich verärgert über die vielen Fachausdrücke und Abkürzungen.

Helix nickte.

»Aber warum sollte uns der Wissenschaftler helfen?« schnaubte Bernhard abschätzig. »Wie wollen wir dafür sorgen, daß er wirklich das tut, was *wir* wollen?«

Helix hob die Schultern. »Das weiß ich noch nicht. Aber solange er am Leben ist, besteht zumindest noch Aussicht, einen Weg zu finden.« Helix nahm seine Brille ab, polierte die Gläser und wandte sich Vater Ezekiel zu. »Ihnen ist doch sicher klar, wie wichtig Dr. Carter für das Erste Ziel werden könnte? Es wäre unverzeihlich, zur Zeit der weißen Flamme an der Spitze der Bruderschaft zu stehen und den Messias *nicht* zu finden, und Wahnsinn, sich bei der Suche nur auf unsere Späher zu stützen. Auf jeden Fall müssen wir alles versuchen, den Auserwählten zu finden, ganz gleich, was dafür erforderlich ist.«

»Aber genauso«, konterte Bruder Bernhard Trier sofort, »müssen wir uns über die möglichen Konsequenzen Gedanken machen, Vater Ezekiel, wenn wir das Zweite Ziel nicht nur vernachlässigen, sondern sogar mit einem der zu Tötenden kooperieren.«

Ezekiel, der sich nicht sofort entscheiden wollte, verzog keine Miene. Helix hatte natürlich recht. Unvorstellbar, wenn es ihnen nicht gelänge, den Auserwählten ausfindig zu machen. Aber auch für Bruder Bernhards Standpunkt hatte er Verständnis. Ihm war alles andere als wohl bei dem Gedanken, mit dem gefährlichen Gotteslästerer, den sie eigentlich beseitigen sollten, zusammenarbeiten zu müssen.

In der Mitte des riesigen Tisches standen Schüsseln mit Essen und bauchige Korbflaschen mit aromatischem Wein. Ezekiel griff nach einer Flasche mit gewürztem Rotwein, schenkte sechs Zinnbecher damit voll und reichte sie herum. Die anderen faßten dies als ein Zeichen auf, daß sie essen und trinken sollten, während er zu einem Entschluß zu kommen versuchte.

Die älteren Männer bedienten sich aus den Schüsseln mit gefüllten Weinblättern, Feigen und Fleisch. Nur Helix machte sich an seinem Computer zu schaffen und sah ungeduldig auf den Altar hinter Ezekiel; die Kerzen und Fackeln, die die Höhle erleuchteten, spiegelten sich in seinen dicken Brillengläsern.

Ezekiel bewunderte das Engagement des jüngeren Mannes. Aber er war sich auch mit schmerzlicher Deutlichkeit bewußt, daß die Bruderschaft nicht über zweitausend Jahre Bestand gehabt hatte, damit er für einen riskanten Plan alles aufs Spiel setzte.

Über seine Schulter blickte er an der Heiligen Flamme und am Altar vorbei zu der verschlossenen Steintür, die in das Gewölbe der Erinnerung führte. Und dachte an das, was dahinter verborgen war. Bei dem Gedanken an Lazarus, den Gründer der Bruderschaft, der an diesem Ort zu seinen ersten Anhängern gesprochen hatte, schien ihn die zweitausend Jahre alte Verantwortung, die auf seinen alten Schultern lastete, mit einem Mal schier zu erdrücken. Er erinnerte sich, wie Lazarus in der Kreuzigungsnacht von einer Flamme geträumt hatte, die mitten in der Wüste unter einer Hand aus Felsen im Schoß der Erde brannte. Ohne eine Karte hatte Larazus seine Anhänger hierhergeführt, und durch die natürlichen Höhlen und Spalten hatten sie sich den Weg zu der Flamme freigemeißelt. Er hatte sie an diesem geheimen Ort um sich geschart, damit sie Pläne schmieden und Vorbereitungen für Christi Wiederkunft treffen konnten, auf daß sich Golgatha nie mehr wiederholte. Und dann hatte er ihnen von der Prophezeiung erzählt, die er in seinem Traum erhalten hatte:

Da sich der nächste Messias seiner Berufung nicht bewußt wäre, müßten die Gerechten, damit sie Erlösung fänden, ihn finden und salben. Kein Stern von Bethlehem würde sie zu ihm führen, nur diese Heilige Flamme, die tief im Schoß der Erde brannte. Wurde die Flamme weiß, war der Neue Messias auf die Welt gekommen. Doch er mußte gefunden und in der weißen Flamme gesalbt werden, bevor sie sich wieder orange verfärbte und das Jüngste Gericht über die Menschheit hereinbrach. Da nur die Bruderschaft von der Wiederkunft Christi Zugang zu der Heiligen Flamme hatte, lag die ganze Verantwortung auf ihren Schultern. Die Erlösung der Menschheit hing von ihnen ab.

Ezekiel beneidete Lazarus um seinen unerschütterlichen Glauben. Wenn man von Jesus Christus vom Tod wieder zum Leben erweckt worden war, hatte man wohl wirklich keinen Platz mehr für Zweifel in seinem Herzen, daß dieser Mann göttlich war und bedingungslose Treue verdiente.

Ehrfurchtsvoll schüttelte er den Kopf. Da es ihnen gelungen war, Christen und messianische Juden gleichermaßen für ihre Sache zu gewinnen, hatten die Brüder während des ersten Jahrtausends ihren verborgenen Einfluß auf das ganze Heilige Land ausdehnen können. Brüderlich vereint unter dem Ersten Ziel, den Neuen Messias zu finden.

Während Ezekiel den Brüdern beim Essen zusah, kreisten seine Gedanken um das Zweite Ziel. Im Zuge der Kreuzzüge, die dem Zweck dienten, Jerusalem den Sarazenen zu entreißen, waren die Tempelherren im zwölften Jahrhundert aus allen Teilen Europas ins Heilige Land gezogen und dort mit der Bruderschaft in Berührung gekommen. Nach ihrer Rückkehr an die großen Höfe Europas hatten diese Ordensritter dann ganz entscheidend zur Verbreitung der Sekte im christlichen Abendland beigetragen. Zugleich hatten sie aber auch dahingehend auf den Inneren Kreis eingewirkt, eine aggressivere Linie zur Erreichung des Ersten Ziels einzuschlagen. Sie vertraten die Ansicht, statt nur still auf die Wiederkunft des Erlösers zu warten, solle die Bruderschaft in der Zwischenzeit die Welt von Sündern säubern.

So wurde das Zweite Ziel begründet, doch nur die Angehörigen des Inneren Kreises und die zwei Gerechten Säuberer, die immer nur als Nemesis und Gomorrah bekannt waren, wußten von seiner Existenz. Die wachsende Zahl all der Brüder, die weltweit in immer höhere Machtpositionen vorzudringen begannen, kannten nur das Erste Ziel. Andererseits hatte die Flamme vorher aber auch nie weiß gebrannt.

Er spürte, wie ihn Bruder Helix respektvoll an den Arm tippte. »Wie haben Sie entschieden, Vater Ezekiel?«

Ezekiel runzelte die Stirn. Dr. Carter war eine Bedrohung, und seine Macht wuchs mit jedem Tag. Er mußte unschädlich gemacht werden. »Solange ich nicht überzeugt bin, daß Dr. Carter bereit ist, uns zu helfen, kann ich nur eine Entscheidung treffen: ihn zu töten.«

»Und wenn er sich überreden ließe?« fragte Helix. »Würden Sie dann die Tötung aufschieben?«

»Möglicherweise.« Ezekiel wandte sich Bruder Bernhard zu. »Was ist der frühestmögliche Zeitpunkt, zu dem Sie den Wissenschaftler beseitigen könnten?«

»Nun, inzwischen sind in seiner Umgebung verstärkte Sicherheitsvorkehrungen getroffen worden, die jedoch nur oberflächlicher Natur sind. Gomorrah hat im Moment zu viel zu tun, aber nach Abschluß einer Tötung in Manhattan stünde Nemesis zur Verfügung, um den Auftrag binnen zwei Wochen auszuführen.«

Nach kurzem Nachdenken kehrte Ezekiel dem Meister des Ersten Ziels den Rücken zu. »Bruder Helix, wir schieben es noch einmal zwei Wochen länger auf. Folglich haben Sie einen Monat Zeit, mich davon zu überzeugen, daß eine sinnvolle Zusammenarbeit mit Dr. Carter bedenkenlos möglich ist. Aber danach werde ich Nemesis höchstpersönlich zu mir bestellen und die Tötung anordnen. Ist das klar?«

Helix lächelte den stirnrunzelnden Bernhard an und klappte mit einem triumphierenden Klicken seinen Laptop zu. »Absolut, Vater Ezekiel, absolut.«

# 8 Manhattan.

Der auffallende Mann mit den langen Haaren und den himmelblauen Augen pfiff »Frère Jacques«, als er die Fifth Avenue hinunterging. Die fahle Nachmittagssonne, die sich in seinem weißblonden Haar fing, schien seinen Kopf und seine breiten Schultern mit einem Heiligenschein zu umgeben. Noch verstärkt wurde die engelhafte Aura des Mannes durch sein schwarzes, priesterartiges Gewand. Nur die blutroten Rosen, die aus dem Beutel in seiner rechten Hand spitzten, und seine engsitzende schwarze Lederhose deuteten auf irdischere Gelüste hin. Das ruhige Lächeln, das um seine feinen Gesichtszüge spielte, während er pfiff, zeugte von tiefer Zufriedenheit.

Zahlreiche Passanten wurden auf ihn aufmerksam, aber keiner von ihnen konnte wissen, daß der Gegenstand ihrer Bewunderung kein Mann war, sondern eine Frau. Und mit Sicherheit hatten sie keine Ahnung, daß diese Frau auf dem Weg war, um eine Gerechte Tötung durchzuführen.

Maria Benariac blinzelte hinter ihren getönten Kontaktlinsen und kämpfte gegen das enervierende Bedürfnis an, sich am Kopf zu kratzen. Normalerweise trug sie speziell angefertigte Perücken, aber diese hatte sie sich »ausleihen« müssen. Sie war sich sehr wohl bewußt, daß die meisten Berufskollegen eher einen anonymen »grauen« Look bevorzugten, um so unauffällig und unbemerkt wie möglich zu bleiben. Bei vielen Aufträgen bewährte sich das auch tatsächlich am besten, und sie mochte normalerweise ebenfalls keine unerwünschte Aufmerksamkeit. Doch es gab auch Gelegenheiten, bei denen sie ihr chirurgisch geglättetes Gesicht und ihren Körper als Leinwand benutzte, um ein einprägsames, aber irreführendes Bild darauf zu malen, an das sich Zeugen später erinnern würden. Dazu kam noch, daß es ihr heute ihr Aussehen wesentlich leichter machen würde, an ihr Opfer heranzukommen.

Mittlerweile konnte Maria das Haus bereits sehen, in dem Sly Fontana wohnte. Mit Blick auf den Park. Sehr eindrucksvoll. Bruder Bernhards Unterlagen zufolge diente Fontana dieses Apartment als seine Ostküstenbleibe, in die er sich immer dann zurückzog, wenn er aus L. A. verschwinden mußte oder mit Babe zusammensein wollte, einem in die Prostitution abgerutschten männlichen Topmodel, dem er hoffnungslos verfallen war. Maria fand es keineswegs witzig, daß Sly Fontana, der sich als Produzent von Pornofilmen für Heteros einen Namen gemacht hatte, schwul war. Aufgrund ihrer privaten Recherchen wußte sie, daß er für jede Art von sexueller Perversion zu haben war. Gewinner von acht »Hot D'Or«-Pornopreisen in Cannes, kontrollierte Fontana einen beträchtlichen Teil der internationalen Sexfilmindustrie. Seine wahre Leidenschaft waren allerdings Snuff Movies, Videos, in denen die Opfer, gewöhnlich Frauen, beim Sex gezeigt wurden, bevor sie im Moment des Höhepunkts sadistisch umgebracht wurden. Zum Beweis, daß die Opfer »echt« waren, wurde ihnen vor laufender Kamera die Kehle durchgeschnitten, immer in Nahaufnahme und oft mit solcher Brutalität, daß sie praktisch enthauptet wurden. Maria hatte einen dieser Filme gesehen. Es war eine grobkörnige, verkratzte Kopie gewesen, viele Überspielungen von der Originalaufnahme entfernt, aber es war noch alles deutlich zu erkennen gewesen, und die Kopie war nach wie vor Tausende von Dollars wert gewesen.

Sie hatte Babe gehört, und Maria hatte sie sich gestern abend angesehen, als sie in seiner schön eingerichteten Wohnung in Greenwich Village gewesen war. Seine Adresse hatte in Bruder Bernhards braunem Ordner gestanden, und es war ganz einfach gewesen, bei ihm einzubrechen und ihn zu »interviewen«. Ein Messer und sechs Minuten Zeit waren alles gewesen, was sie gebraucht hatte, um den Bodybuilder dazu zu bringen, ihr alles über Fontana zu erzählen und für heute ein Treffen mit ihm zu verabreden. Nachdem sie dem inzwischen wertlosen Babe das Genick gebrochen hatte, hatte sie seinen Kleiderschrank durchstöbert und das schwarze Ensemble ausgesucht, das Fontana am liebsten an seinem Lieblingsgespielen mochte.

Babe zu skalpieren war schwieriger gewesen, als sie gedacht hatte, etwa so, als versuchte man eine Orange in einem Stück zu schälen, ohne die Schale zu zerstören. Doch mit einiger Mühe war es ihr schließlich gelungen. Sie hatte die Kopfhaut über Nacht trocknen lassen und sie heute morgen mit Talkumpuder und Klebstreifen auf ihrem kahlrasierten Schädel befestigt. Es sah gut aus, juckte aber wie verrückt.

Sie nahm die Ray-Ban-Sonnenbrille aus dem schwarzen Lederbeutel und setzte sie auf. Inzwischen war sie nur noch wenige Meter von dem Wohnhochhaus in Manhattan entfernt. Das vertraute Gefühl von Erregung und gerechter Vorfreude schwappte wie köstlicher warmer Sirup in ihrem Bauch herum.

Der livrierte Türsteher stand unter der Markise am Eingang. Er sah zwar in seiner Uniform riesig aus, stellte aber keine Gefahr dar. Genau wie Babe gesagt hatte, wandte er sich sofort ab und stellte sich blind, als sie in ihrer blonden, schwarzgekleideten Tarnung anrückte. Babes Aussagen zufolge kannten die Türsteher alle Prostituierten, männlich wie weiblich, die den gutbetuchten Bewohnern des Hochhauses zu Diensten waren. Sie wußten ganz genau, wen sie beim Betreten des Gebäudes *nicht* sehen sollten. Um Marias Lippen spielte ein grimmiges Lächeln. Es entbehrte nicht einer gewissen Ironie, daß Sly Fontana dem für seinen Schutz zuständigen Türsteher Geld zusteckte, damit er seinem Mörder Zutritt zu seiner Wohnung gewährte.

Maria würdigte den Mann kaum eines Blickes, als sie selbstsicher in die düstere, mit Marmor ausgekleidete Eingangshalle trat und dann schnurstracks auf die Lifte zuschritt. Sobald sie eine der Liftkabinen betreten hatte, sah sie auf ihre Uhr. Es war vierzehn Uhr zweiundfünfzig. Fontana erwartete Babe Punkt fünfzehn Uhr. Noch jede Menge Zeit.

Im siebten Stock stieg sie aus, ging ins Treppenhaus und wartete. Hier war es dunkel, pechschwarz, und wie immer fühlte sie sich unwohl. Sie holte tief Luft und rief sich in Erinnerung, daß die Dunkelheit nur vorübergehend wäre. Rechts neben ihr sah sie einen Lichtschalter, der wie ein Leuchtfeuer im Dunkeln glühte. Als sie darauf drückte, verscheuchte das plötzliche Licht ihre bösen Geister. Sie nahm ein Paar kondomdünner Chirurgenhandschuhe aus ihrem Lederbeutel. Geschickt streifte sie sie sich über die Hände, dann wandte sie sich wieder dem Inhalt des Beutels zu. Zuerst überprüfte sie die Videokamera; natürlich war kein Band eingelegt, aber sie würde trotzdem ihren Zweck erfüllen. Ganz unten, neben der Kamera, lag ihr treuer Kukri. Sie kramte unter den roten Rosen nach den restlichen drei kleineren Gegenständen: eine Rolle kräftiges, extrem haftfähiges Isolierband, eine Garotte und ein schwarzer Füllhalter. Die ersten zwei Gegenstände steckte sie in die Seitentaschen ihrer Jacke. Der Füller sah ganz normal aus, bis sie die Kappe entfernte und seine ungewöhnlich lange Feder, nicht unähnlich einer Injektionsnadel, zum Vorschein kam. Sie blies auf die Feder und vergewisserte sich, daß sie sauber war. Dann schraubte sie die Verschlußkappe wieder auf den Füller und legte ihn in den Beutel zurück. Alles war bereit.

Sie spürte ein Gefühl gerechter Erregung in sich aufsteigen. Sie war der Racheengel, die Geißel Gottes. Heute würde der häßlichen Flut des Bösen vorübergehend Einhalt geboten, heute würde einer ihrer unzähligen Hydraköpfe abgeschlagen werden.

Sie öffnete die Tür zum siebten Stock und spähte den Gang hinunter. Sie konnte die große 70 aus Messing, die an der dunklen Holztür an seinem Ende angebracht war, deutlich erkennen. Hinter dieser Tür müßte Sly Fontana jetzt allein sein und auf das dreimalige Klopfen und den Strauß roter Rosen auf dem Fußabstreifer warten: Babes typische Begrüßung. Wie rührend, dachte Maria ohne den leisesten Anflug eines Lächelns auf den Lippen.

Lautlos tickte die Uhr an ihrem Handgelenk. Vierzehn Uhr neunundfünfzig. Es konnte losgehen.

Sie ging den mit dickem Teppichboden ausgelegten Flur hinunter, legte die Rosen vor Apartment 70 auf den Boden und drückte sich links von der Tür an die Wand. Ihre rechte Hand spielte mit der Garotte in ihrer Tasche, als wären es Betperlen. Und sobald sie ihre Atmung unter Kontrolle hatte, hielt sie ihre Knöchel an die Tür.

Klopf. Klopf. Klopf.

Bewegung. Schlurfende Schritte, die sich auf die Tür zubewegten.

Sie hörte, wie ein Riegel zurückgezogen, eine Kette ausgehakt, ein Schlüssel im Schloß gedreht wurde. Gefolgt von einem weiteren Schlüssel. Sehr auf seine Sicherheit bedacht, dachte Maria mit finsterem Humor. Sie lauschte auf das Öffnen der Tür, spürte eine kaum merkliche Veränderung der Lufttemperatur. In der Wohnung war es warm. Sie hörte ein Einatmen und dann freudiges Glucksen. Gleichzeitig beugte sich der Kopf eines Mannes vor, um die Rosen aufzuheben.

Maria rückte ihre Sonnenbrille zurecht, senkte den Kopf, damit Babes langes blondes Haar über ihr Gesicht fiel, und trat so vor Sly Fontana hin, daß sich der Schritt ihrer hautengen Lederhose nur wenige Zentimeter von seinem Kopf entfernt befand. Obwohl sich Fontana bückte, konnte sie sehen, daß der Pornoproduzent klein war, keine eins siebzig. Er hatte schütteres, dünnes schwarzes Haar und einen schwabbligen Körper, den nicht einmal sein weites Seidenhemd kaschieren konnte.

Sie beobachtete, wie er sich mit den Rosen in der Hand langsam aufrichtete. Dann blickte er mit gierigen Knopfaugen zu ihr auf und versuchte unter den Haaren ihr Gesicht zu erkennen. Das erinnerte sie an die Zeit im Waisenheim, an eine Zeit, die sie lieber vergessen wollte.

»Hiya Babe«, sagte Fontana erregt und faßte sich unbewußt an den Schritt. »Schön, daß du endlich kommst. Seit wir gestern telefoniert haben, bin ich schon die ganze Zeit kurz vor dem Explodieren.« Er zog sich in die Wohnung zurück und bedeutete ihr, ihm zu folgen.

Da Maria mit beiden Händen die Garotte hinter ihrem Rükken bereitmachte, stieß sie den vor ihr liegenden Beutel mit dem Fuß vor sich her, als sie die Wohnung betrat und die Tür hinter sich zufallen ließ. Fontana sah auf den Beutel hinab und leckte sich die Lippen. »Hast du uns heute ein paar Sachen zum Spielen mitgebracht?«

»So könnte man es auch nennen.« Maria bekam Babes Lispeln ganz passabel hin.

Aber vielleicht war es doch nicht überzeugend genug, oder das Haar verdeckte ihr Gesicht nicht mehr, denn plötzlich sah Fontana sie genauer an und fragte: »Bist du gewachsen oder was?«

Maria ging lächelnd auf ihn zu und streckte ihm ihre Hände entgegen, als wollte sie ihn umarmen. »Eigentlich nicht. Ich bin schon seit Jahren so groß.«

Fontana runzelte die Stirn, und die Geilheit in seinem Blick wich Argwohn und Furcht. Er merkte, irgend etwas stimmte nicht. Aber das kümmerte Maria nicht. Es war bereits zu spät; sie war in der Wohnung. Während seine Lippen ein panisches »Wer zum Teufel sind Sie?« zu artikulieren begannen, schlang ihm Maria die Garotte um den Hals und schnitt seine Frage mit der Handfertigkeit eines Chirurgen ab. Wie ein Fisch auf dem Trockenen schnappte Fontana, der die Rosen sofort fallen ließ, zappelnd nach Luft und zerrte verzweifelt an dem Käsedraht, der sich in seinen Hals grub.

Warum machten sie das immer? fragte sich Maria, als sie in seine entsetzten, weit hervortretenden Augen sah. Niemand hatte bisher das einzig Vernünftige getan und ihr der Reihe nach alle Finger zu brechen versucht, bis sie schließlich hätte loslassen müssen. Immer versuchten sie den Draht, der sich bereits in ihren Hals grub, zu fassen zu bekommen. Das war so dumm, so sinnlos.

Maria sah sich rasch in der Wohnung mit dem offenen Grundriß um, bevor ihr Blick auf den hellen Ledersesseln und dem alles beherrschenden Fernseher im Wohnbereich haftenblieb. Sie zog Fontana wie einen winselnden Hund hinter sich her an dem protzigen Kamin aus rosafarbenem Marmor vorbei und stieß ihn in den Sessel, der dem riesigen Fernsehschirm direkt gegenüberstand. Groß und schwarz wie polierte Pechkohle, war der Fernseher der passende Altar für ihr Vorhaben.

Sie ließ die Garotte los, doch bevor Fontana auch nur dazu kam, Atem zu holen, hatte sie von dem Couchtisch neben ihr aus einem Nest mit allerlei Ziergegenständen ein kleines rosa Marmorei genommen und ihm in den Mund gestopft. Dann zog sie die Rolle Isolierband aus der Tasche, riß ein Stück davon ab und klebte ihm damit die Lippen zu. Als nächstes wickelte sie das Isolierband um seinen Körper und den Sessel. Zum Schluß klebte sie seine Lider so fest, daß er sie nicht mehr schließen konnte und sich nur noch seine panisch hin und her zuckenden Augäpfel bewegen konnten. Dann holte sie die Videokamera aus dem Beutel. Jetzt konnte sie sich mit ihren Vorbereitungen für die Vorführung Zeit lassen.

Nachdem sie die sauber eingelassenen Schiebepaneele entdeckt hatte, brauchte sie eine Weile, bis sie sich über die Funktionen der Bedienelemente des glatten, scheinbar knopflosen Fernsehers klar wurde. Sobald sie die nötigen Kabel eingesteckt hatte, stellte sie die Kamera auf den Fernseher und richtete das Objektiv auf den geknebelten Mann. Dann griff sie nach der Fernbedienung und schaltete beide Geräte ein. Das Bild flakkerte kurz, bevor der große Bildschirm von der oberen Hälfte von Sly Fontanas Stirn ausgefüllt wurde. Die Auflösung war gut, und Maria konnte jeden Schweißtropfen sehen, der sich unter seinem zurückweichenden Haaransatz bildete.

»Warum so nervös, Sly? Ich dachte, Sie müßten langsam an Vorsprechproben gewöhnt sein.« Sie stellte die Kamera und das Zoomobjektiv so ein, daß Fontana von der Taille aufwärts scharf auf dem Bildschirm zu sehen war. Von den Achselhöhlen seines cremefarbenen Seidenhemds strahlten dunkle, kreisförmige Schweißflecken aus, seine entsetzten Augen starrten sie flehend an. Jeder Muskel seines Körpers schien sich gegen das

Isolierband aufzubäumen. Sie lächelte und nahm ihre Perücke ab. Beim Anblick ihres kahlrasierten Schädels bekam Fontana noch größere Augen, und als sie in den Beutel griff und den blanken Kukri herauszog, traten sie fast aus ihren Höhlen.

»So«, sagte sie und stellte sich hinter ihn. In der linken Hand hielt sie die Fernbedienung der Kamera, in der rechten den Krummdolch. »Die Show kann losgehen.«

Sie bückte sich, so daß sich ihr Gesicht neben seinem befand und beide auf dem Bildschirm deutlich zu sehen waren. Sie hielt ihren Mund so dicht an sein Ohr, daß sie Ohrenschmalz und Haare sehen konnte. Dann flüsterte sie mit der Intimität einer Geliebten: »Ich habe einige Ihrer spezielleren Arbeiten gesehen, und obwohl ich nicht hoffen kann, Ihnen das Wasser zu reichen, fände ich es doch schön, wenn Sie das Kommende als eine Art Hommage betrachten würden. Denken Sie an die Bibel. Alle, die das Schwert ergreifen, werden durch das Schwert umkommen.« Mit der Fernbedienung zoomte sie das Objektiv auf seinen Hals, bis praktisch der ganze Bildschirm von seinem schweißüberströmten, nervös auf und ab zuckenden Adamsapfel ausgefüllt war. Dann schlang sie ihren rechten Arm um seinen Hals und drückte ihm die Schneide des Dolchs an die Kehle. Auf dem Bildschirm hob sich der fleckenlose Silberglanz seiner scharfen, gekrümmten Klinge deutlich von Fontanas Westküstenbräune ab. Sie spürte, wie er sich abzuwenden versuchte, aber das Isolierband und ihr Arm hielten seinen Kopf unerbittlich fest.

Als sie darauf die rasiermesserscharfe Klinge des Kukri in seine Haut drückte, dirigierte sie das Kameraobjektiv von seinem Hals zu seinen Augen, bis nur noch seine Augäpfel den Bildschirm ausfüllten. Verzweifelt versuchte Sly die Augen zu schließen und vom Bildschirm wegzusehen, aber das Isolierband hielt sie offen. Und als Maria mit der rechten Hand die Klinge langsam über seine Kehle zog und dabei Muskeln und Gewebe durchtrennte, mußte Sly Fontana, entsetzter Star und Zuschauer seines eigenen Snuff Movie, in das Fenster seiner

Seele blicken: in die zitternden Augäpfel, die gezwungen waren, Zeuge ihres eigenen Todeskampfes und Todes zu werden und damit auch jenes unvergleichlichen Augenblicks, auf den Maria immer wartete: das kurze Flackern der sich weitenden Pupillen, das anzeigte, daß sich eine verdammte Seele an einen anderen Ort begab, an dem das Urteil streng und die Strafe ewig war.

Unmittelbar bevor die Klinge die Halsschlagader erreichte, wich sie vor dem bereits reichlichen Blutfluß zurück und zischte ihm ins Ohr: »Jetzt wirst du sterben. Und für immer verdammt sein.« Voller Genugtuung, daß der Mann wußte, seine Sünden hatten ihn eingeholt, zog sie ihm die Klinge über den Rest seiner Kehle. Zusammen mit Fontana beobachtete sie, wie das Blut aus seiner durchtrennten Halsschlagader den Bildschirm bespritzte. Und dann, nach ein, zwei Sekunden, flackerten die riesigen Pupillen kurz und erstarrten.

Unwillkürlich stieß Maria einen leisen Seufzer aus. Die Tötung war vollzogen. Jetzt sollte sie eigentlich gehen. Sie war Nemesis, die professionelle Rächerin, die eine weitere perfekte Tötung durchgeführt hatte. Aber sie konnte nicht gehen. Noch nicht.

Sie mußte ihre Arbeit signieren; zum Zeichen, daß sie die Tat begangen hatte. Sie holte den Füller aus dem Beutel und schraubte die Verschlußkappe ab, so daß die maßgefertigte extra lange Feder zum Vorschein kam. Sie näherte sich dem Toten, und nachdem sie die Halsschlagader in Fontanas Wunde gefunden hatte, steckte sie die lange Feder hinein und füllte den Tintenbehälter des Füllers mit Blut.

Als sie genug hatte, zog sie die Feder heraus und schrieb auf den noch trockenen Teil seines cremefarbenen Hemdkragens: *Denn alle, die das Schwert ergreifen, werden durch das Schwert umkommen. Matthäus, Kap. 26, V. 52.*

Sie schraubte die Kappe auf den Füller und legte ihn mit ihrer restlichen Ausrüstung in den Beutel zurück. Dann befestigte sie Babes blonde Locken wieder auf ihrem Kopf, hob die Rosen vom Boden der Diele auf und warf sie in den Abfalleimer in der Küche. Sie registrierte den schwachen Schmerz kaum, als einer der Dornen durch den Gummihandschuh drang und die zarte Haut an ihrem rechten Daumen aufritzte. Und als sie das Blut aus der Wunde saugte, nahm sie kaum Notiz von dem salzigen Metallgeschmack auf ihrer Zunge. Nachdem sie sich vergewissert hatte, daß auf dem Gang die Luft rein war, verließ sie lautlos die Wohnung und schloß die Tür hinter sich.

Keine Fehler diesmal. Die perfekte Tötung.

❖ ❖ ❖

**Damaskus.**

Ezekiel De La Croix ging in seinem Garten spazieren, an den Orangenbäumen vorbei zu dem Olivenhain, der zum Rand seines Grundstücks abfiel. Er blieb stehen und betrachtete die Skyline von Damaskus zwei Meilen weiter im Süden. Die Luft war frisch, doch die späte Nachmittagssonne tauchte die knorrigen Olivenbäume und die ferne Stadt in warmes, goldenes Licht. Er war sein ganzes Leben lang in aller Welt auf Reisen gewesen, aber das große, alte Haus hinter ihm war immer sein Zuhause gewesen, genau so, wie schon für die sechs Generationen vor ihm. Er bedauerte, daß er keine Kinder hatte, denen er es vererben konnte. Er liebte diesen Ort, vor allem um diese Tageszeit. Er erinnerte ihn an die Spaziergänge, die er hier mit seiner Frau unternommen hatte, als sie noch lebte. Wie sie sich unterhalten hatten und gegenseitiger Trost gewesen waren, wenn sie Probleme gehabt hatten.

Ein stechender Schmerz in seinem Magen ließ ihn nach dem Blechschächtelchen in seiner Tasche greifen und eine weiße Tablette herausnehmen. Er schluckte sie und ließ das Antiacidum sein Magengeschwür bearbeiten. Während der Schmerz nachließ, dachte er über Bruder Helix' Plan nach. Gestern nacht, nach der Rückkehr vom Treffen des Inneren Kreises, war Ezekiel wieder von seinem immer wiederkehrenden Alptraum heimgesucht worden. Und wie immer hatte er in seinem Traum nicht nur versäumt, den Neuen Messias zu retten, sondern sogar geholfen, ihn zu kreuzigen. Das weckte seine alten Ängste, er könnte sein Lebensziel nicht erreichen, und ließ ihn Helix' Vorschlag genauer überdenken. Nur zu deutlich war er sich bewußt, daß sich mit jedem Tag, der verging, ohne daß sie den Messias fanden, die Risikobilanz immer mehr zugunsten des waghalsigen Plans des jungen Bruders verschob. Vorausgesetzt natürlich, Helix konnte den gotteslästerlichen Wissenschaftler dazu überreden, mit ihnen zusammenzuarbeiten.

Er drehte sich um und ging wieder den Hügel hinauf und auf das große Haus zu. Was war, wenn Helix Dr. Carter dazu bringen konnte, mit ihnen zu kooperieren? Würde er als Führer der Bruderschaft von der Wiederkunft Christi wirklich eine unheilige Allianz mit dem Atheisten eingehen?

Gerade als er sich über die daraus erwachsenden Konsequenzen den Kopf zu zerbrechen begann, sah er, wie ihm sein Diener aus dem Hof des Hauses zuwinkte. Ezekiel winkte zurück, und der hochgewachsene Mann kam über den gepflegten Rasen auf ihn zu. Er hielt etwas in der Hand, und als Ezekiel die Augen zusammenkniff, konnte er erkennen, daß es ein Telefon war.

»Wer ist es, David?«

»Sie hat ihren Namen nur mit Nemesis angegeben.«

Seufzend nahm Ezekiel das Telefon an sich. Selbstverständlich war das Gespräch digital verschlüsselt. Trotzdem sah er es nicht gern, wenn ihn Maria direkt anrief, vor allem nicht zu Hause. Er hielt den Hörer an sein Ohr und fragte: »Nemesis, was gibt's?«

Sie hörte sich zerknirscht an. »Vater, ich mußte Sie anrufen. Seit Stockholm haben Sie sich nicht mehr bei mir gemeldet. Ich muß einfach über meinen Fehlschlag sprechen. Ihnen sagen, daß so etwas nie mehr vorkommen wird und daß ich es wiedergutmachen will.«

»Du solltest lieber mit Bruder Bernhard sprechen, nicht mit mir. Wenn du dich rechtfertigen oder entschuldigen möchtest, dann solltest du das bei ihm tun.«

»Aber Vater, ich muß unbedingt wissen, ob *Sie* mir für Stockholm vergeben.«

Verärgert schüttelte er den Kopf. So war Maria immer schon gewesen, seit er sie vor achtzehn Jahren aufgespürt hatte. Sie konnte wie ein verletzliches Kind sein, das sich nach elterlicher Liebe sehnte, und zugleich war sie die härteste Agentin, die je aus ihrem Ausbildungslager hervorgegangen war. Er machte ihr wegen Stockholm keine Vorwürfe, nicht wirklich jedenfalls. Es war ihr bisher erster und einziger Fehler gewesen. »Nemesis, Stockholm gehört der Vergangenheit an. Was geschehen ist, ist geschehen. Doch jetzt muß das Leben wieder wie gewohnt weitergehen.«

»Sie vergeben mir also?«

Der drängende Ton ihrer Stimme war unüberhörbar. Er mußte lächeln, als er an die kleine Maria aus dem korsischen Waisenheim dachte, so beschädigt und ganz von dem Wunsch besessen, zu jemandem zu gehören. Er war damals versucht gewesen, sie als das Kind zu betrachten, das ihm seine Frau nie hatte schenken können. Und selbst jetzt mußte er sich eingestehen, daß er Zuneigung für sie empfand. »Ja, Maria, mein Kind. Ich verzeihe dir. Doch was –«

»Kann ich dann den Wissenschaftler töten?«

Er zögerte. »Du hast vorher noch andere Aufträge zu erledigen. Die Manhattan –«

»Ist bereits erledigt. Die Manhattan-Säuberung ist mit Erfolg durchgeführt. Ich verdiene eine zweite Chance bei Dr. Carter.«

Von nun an wählte Ezekiel seine Worte mit Bedacht. Er wußte, wie ernst Maria ihre Aufgabe nahm. »Nemesis, du hast nicht zu entscheiden, wer beseitigt werden muß. Wie bereits gesagt, bist du eine hervorragende Agentin. Deine Aufgabe ist es, die Tötungen durchzuführen, mit denen du von Bruder Bernhard beauftragt wirst.«

»Aber –«

»Nemesis!« Seine Stimme war jetzt energischer. Er hatte noch nicht einmal entschieden, was mit Dr. Carter geschehen sollte. »Wann und ob der Wissenschaftler beseitigt werden soll, werden *wir* dir sagen, vorausgesetzt natürlich, Bruder Bernhard überträgt diese Aufgabe dir.«

»Was soll das heißen: ob? Was hat sich geändert? Wenn Dr. Carter vor zwei Monaten ein Ziel war, dann ist er doch sicher auch jetzt noch eines. Und wenn ich den Auftrag nicht durchführe, wer dann? ... Gomorrah?«

»Nemesis, jetzt hör mir gut zu!« Im selben Augenblick, in dem er die Geduld verlor, begann sein Magengeschwür wieder zu schmerzen. Normalerweise war er dafür, Maria freie Hand zu lassen. Das half, sie bei Laune zu halten. Außerdem hatte nicht einmal ihre Manie, an jedem Opfer ihrer hochraffinierten Tötungen eine Nachricht zu hinterlassen, der Bruderschaft geschadet. Aber vielleicht hatte Bernhard doch recht; vielleicht war er ihr gegenüber zu nachsichtig. »Nemesis, das solltest du mit dem Meister des Zweiten Ziels klären, nicht mit mir. Und vergiß nicht! Du *erhältst* Befehle von ihm. Du *gibst* sie nicht. Ist das klar?«

»Ja, aber ...«

*»Ist das klar?«*

Ihre Stimme hörte sich fügsam, aber kalt an. »Ja, Vater.«

»Gut!« Er hängte auf. Ezekiel würde sich morgen mit Bruder Bernhard Trier treffen und ihm von diesem Gespräch erzählen. Der Meister des Zweiten Ziels mußte unbedingt verhindern, daß sich Maria so in ihr Versagen in Stockholm verbohrte, daß ihre weitere Arbeit darunter litt.

Als er zum Haus zurückging, beobachtete er, wie rechts von ihm die Sonne unterging. Und während er über Maria und Dr. Carter nachdachte, griff er nach der zweiten weißen Tablette.

War er zu alt für diese Aufgabe? Er war sechsundneunzig. War es richtig, daß die Erlösung der Menschheit auf seinen schwachen Schultern ruhte?

Jeder andere würde einen beschaulichen Lebensabend genießen.

Oder wäre tot.

Er zuckte müde mit den Achseln, und einen flüchtigen Augenblick lang sehnte er sich nach der Ruhe, die der Tod verhieß. Doch bereits als er auf die Terracottafliesen des Hofes trat, drängte sich sein Alptraum wieder in sein Bewußtsein und schürte das Feuer in seinem Herzen von neuem. Er wußte, er könnte nie in Frieden sterben. Nicht, bis sich die Prophezeiung erfüllt hatte. Nicht, bis der Neue Messias gefunden und in der Heiligen Flamme gesalbt war.

# 9

## L'Hôpital de Médecin. Troisième Arrondissement. Paris.

Jean Luc Petit war genauso energiegeladen, wie Tom Carter ihn in Erinnerung hatte. Obwohl er größer war als der französische Arzt, mußte er wegen seines Hinkens längere Schritte machen, um mit ihm Schritt zu halten, als sie durch die Flure des Hôpital de Médecin eilten.

Tom fühlte sich immer noch wie betäubt, aber es lag nicht an dem achtstündigen Flug vom Logan Airport zum Charles-de-Gaulle. Als das Mäuseexperiment so katastrophal fehlgeschlagen war, hatte er sich damit abgefunden, wieder von vorn beginnen zu müssen, auch wenn er wußte, daß die Zeit nicht mehr reichte, um rechtzeitig eine gentherapeutische Lösung zu entwickeln. Daraufhin war ihm fast sofort die Idee gekommen, nach einem Virus zu forschen, das möglicherweise eine spontane Remission auslöste. Und als ob das noch nicht genügt hätte, hatte Jasmine wenige Minuten später nicht nur einen, sondern gleich zwei Fälle dieses seltenen Phänomens aufgespürt, und das auch noch in derselben Klinik. Wäre er religiös gewesen, Tom wäre versucht gewesen, von göttlicher Vorsehung zu sprechen.

»Jean Luc. *Plus lentement, plus lentement.* Sie gehen zu schnell«, stieß Tom etwas außer Atem hervor.

Als der französische Arzt den Kopf herumdrehte, so daß seine prächtige Nase direkt auf Tom zeigte, waren seine dunklen, komisch traurigen Augen voller Bedauern. Er hob die Schultern, wich, ohne einen Schritt auszusetzen, zwei Krankenschwestern aus und entschuldigte sich: »Es tut mir furchtbar leid, aber ich kann nicht langsamer gehen, ohne ganz stehenzubleiben.«

Jean Luc Petit war zierlich gebaut, hatte aber die schlaksige Haltung eines wesentlich größeren Mannes. Seine kurzen Beine stampften wie Kolben, als er durch die neonerhellten Gänge eilte und jedem, der ihm dabei in die Quere kam, ein *»Bonjour«* oder *»Ça va«* entgegenschleuderte. Unter seinen linken Arm waren zwei Ordner geklemmt, als er Tom zur Onkologischen Abteilung François Mitterrand führte. Dorthin, wo die sogenannten »Wunder« geschehen waren.

»Jean Luc, haben Sie auch wirklich keine Ahnung, warum sich ihr Zustand gebessert hat?«

Dr. Petit hob die Schultern, drehte den Kopf herum und lächelte mit seinen dunklen Hundeaugen. »Vielleicht ist es wirklich ein Wunder. Wie alle sagen.«

»Aber es muß doch einen Grund dafür geben.« Tom wich einem Pfleger aus, der einen Patienten auf einer Bahre den Gang hinunterschob. »Etwas, das erklärt, was passiert ist. Etwas, aus dem wir lernen können. Oder etwa nicht? Was ist bei Ihren Tests herausgekommen?«

»Eigentlich nichts, aber davon können Sie sich später gern selbst überzeugen. Jedenfalls nichts, was erklärt, *warum* sich ihre Körper selbst geheilt haben. Nur, daß sie es getan haben.« Petits Grinsen wurde breiter und zog seine eindrucksvolle Nase in Falten. »Mein Freund, warum muß die Wissenschaft immer alles erklären? Es kommt so selten vor, daß etwas *Gutes* passiert, das wir nicht verstehen können. Vielleicht sollten wir einfach nur dankbar sein. *Non?*«

Petit hielt kaum inne, als er die Schwingtür der onkologischen Station aufstieß. Der Raum dahinter war überraschend freundlich und in ähnlichen Blau- und Gelbtönen gehalten wie die GENIUS-Klinik. Carter war nicht sicher, ob er ihr nicht sogar nachempfunden war; jedenfalls war er seit Petits letztem Besuch in Boston eindeutig neu gestaltet worden. Es gab zwei Reihen mit zehn Betten, zwischen denen genügend Abstand war, um ein gewisses Maß an Privatsphäre zu gewährleisten. Um einige waren Vorhänge gezogen.

Die Nase gereckt wie eine Art Peilgerät, ging Dr. Petit mit unvermindertem Tempo weiter und ließ dabei den Blick über die Betten streifen. Schließlich entdeckte er, was er suchte. »*Ah bon.* Zuerst sehen wir uns Mademoiselle Dubois an.«

Tom war überrascht von der Atmosphäre, die in der Station herrschte. Der Raum schien förmlich zu vibrieren von den Stimmen der Patienten und Schwestern. Etwas Derartiges war ihm in einem normalen Krankenhaus noch nie begegnet. Krebsstationen waren sonst stille, nachdenkliche Orte, in denen Menschen lebten, die mit ihrem Leben und seinem möglichen Ende ins reine zu kommen versuchten. Aber in dieser Station war die Stimmung eher von freudiger Erwartung geprägt als von Nachdenklichkeit. Und das Bett, auf das sie zugingen, war von Blumen umgeben. Keine förmlichen Gestecke, sondern wilde Blüten, die zuversichtlich riefen: »Werde bald gesund.« Tom konnte sofort sehen: Das war das Bett von jemandem, der das Krankenhaus bald verlassen würde. Durch den Vordereingang. Auf seinen eigenen zwei Beinen.

Als Dr. Petit ihn mit Valérie Dubois bekanntmachte, fiel Tom als erstes die tiefe Ruhe in ihren violetten Augen auf. Sie strahlten eine selbstsichere, fast arrogante Gelassenheit aus. Diese Augen hatten erlebt, was wenigen Sterblichen zuteil wurde. Sie hatten dem Tod ins Auge geblickt und ihn blinzeln sehen. Tom brauchte die junge Frau nur anzusehen, um zu wissen, daß es ihr gut ging. Sie war schlank, fast mager, und ihren kahlen Schädel bedeckte eine Kappe, aber sie hatte nichts Zerbrechliches. Die Haut über ihren hohen Backenknochen zeigte keine Spuren der kalkigen Blässe, wie man sie gemeinhin mit Kranksein verbindet. Im Gegenteil, sie hatte die zarte Rötung des Genesenden, den rosa Schimmer, der die Morgendämmerung eines Neubeginns ankündigt.

Dr. Petit strahlte übers ganze Gesicht, als er ihr stolz die Schulter tätschelte. »Valérie ist fünfundzwanzig und studiert an der Sorbonne Jura. Deshalb bin ich auch wirklich froh, daß es ihr besser geht; sonst hätte sie mich vielleicht verklagt.« Seine Schultern bewegten sich mit, als er leise lachte.

Valérie schien froh über sein Kommen, so, als ob sein Staunen über ihren Zustand eine zusätzliche Bestätigung dafür wäre, daß es ihr tatsächlich besser ging. Er nahm an, daß das im Vergleich zu früher, als ihr jeder Arzt immer nur schlechte Nachrichten überbracht hatte, eine angenehme Abwechslung war.

Doktor Petit schlug einen seiner beiden Ordner auf. »Sie hatte Primärtumore in Magen und Nieren. Und Metastasen im ganzen Körper, einschließlich zweier an den Meningen.« Er reichte Tom zwei Röntgenaufnahmen.

Tom hielt sie gegen das Licht. Auf der Aufnahme in seiner linken Hand waren die Tumorschatten im Magen und in einer Niere deutlich sichtbar. Auf der anderen zeichneten sich im Gehirn kleine, aber klar umrissene Schatten ab. Diese Frau hatte eindeutig Krebs, einen tödlich wuchernden Krebs, der längst in das Endstadium der klonalen Entwicklung eingetreten war.

Aber jetzt war er verschwunden.

»Wir wollten gerade eine Immuntherapie mit genmodifizierten Zellen bei ihr beginnen«, fuhr Dr. Petit fort, »als sie uns erzählte, ihre Kopfschmerzen hätten aufgehört und die Metastasen, die sie an der Seite tasten konnte, seien geschrumpft.« Er sah mit seinen klugen dunklen Augen auf Valérie hinab, die zurücklächelte.

»Valérie, wie lange hat es gedauert?« fragte Tom. »Das Zurückgehen Ihrer Tumore?«

»Es machte sich innerhalb eines Tages bemerkbar. Erst dachte ich, ich würde es mir nur einbilden. Weil ich es so sehr hoffte. Doch am Abend beschloß ich, Dr. Petit davon zu erzählen.« Ihr Blick war voller Zuversicht, als sie die Schultern hob. »Außerdem fühlte ich mich besser. Ich *wußte* einfach, es ging aufwärts mit mir.«

Tom sah in ihre hoffnungsvollen Augen und nickte. Wie ging gleich wieder dieser überstrapazierte Nietzsche-Ausspruch? »Was mich nicht umbringt, macht mich stärker.« Er verstand, was der Philosoph wirklich damit gemeint hatte, und empfand einen Moment heftigen Neid. Diese Frau würde nie mehr Angst vor dem Tod haben.

»Wann war das?«

Dr. Petit sah in seinen Ordner. »Heute ist Dienstag. Valérie hat uns Donnerstag abend darauf aufmerksam gemacht. Und bis Sonntag hatte sich ihr Zustand bereits *so* weit gebessert.« Er reichte Tom zwei weitere Röntgenaufnahmen.

Tom nahm sie und hielt sie wieder gegen das Licht. Der Unterschied war erstaunlich. Es hätten ohne weiteres die Aufnahmen eines anderen Patienten sein können. Die großen Tumore in Magen und Nieren waren zu kleinen Pünktchen geschrumpft, und das Gehirn war völlig frei von Schatten. Überhaupt keine Tumore.

»Wir haben sogar einen exploratorischen Eingriff vorgenommen«, führte der französische Arzt weiter aus. »Der Pathologe stellte fest, daß die Tumorproben inzwischen nekrotisch waren. Das Tumorgewebe war tot, von den Antikörpern des Organismus vernichtet.«

Tom hielt die zwei Paare Röntgenaufnahmen nebeneinander und sah sie an. »Und es gibt keinen Hinweis, wie oder warum es dazu gekommen ist?«

»Nichts. Außer der DNS-Analyse, die wir von GENIUS Paris bekommen haben.«

»Sie haben bereits eine DNS-Analyse machen lassen?« fragte Tom mit einer Mischung aus Erregung und Enttäuschung. »Und Sie haben nichts gefunden?«

*»Au contraire.«* Dr. Petit deutete auf ein anderes Bett, das ähnlich mit Blumen geschmückt war. »Wir haben das Blut beider Patienten, das von Valérie hier und das von Monsieur Corbasson da drüben, vom Pariser GENIUS-Labor untersuchen lassen. Die Genanalyse hat gezeigt, daß ihr Blut vor der Remission die genetischen Defekte aufwies, die zu ihrer Erkrankung führten. Doch nach der Remission veränderte sich ihr Genom, es ...«

«Die genetische Sequenz in ihrem Genom hat sich selbst korrigiert? Ihr *ganzes* Genom? Nicht nur die affizierten Zellen?«

»*Mais bien sûr*. Bloß wissen wir nicht, wie. Die einzige Gemeinsamkeit zwischen den beiden Patienten ist, daß sie die gleiche Blutgruppe haben und eine Transfusion mit demselben Spenderblut bekommen haben könnten. Allerdings haben wir keine Proben der verwendeten Blutspende mehr.«

»Sie haben eine Transfusion mit demselben Blut erhalten, aber sonst nichts? Keine anderen Zusammenhänge?«

Dr. Petit schüttelte den Kopf. *»Rien.«*

»Wurden noch andere Patienten mit diesem Blut behandelt?«

»Keine Krebspatienten. Nein. Es war eine seltene Blutgruppe. AB.« Dr. Petits traurige Augen blitzten wieder auf. »Kommen Sie! Ich stelle Ihnen unseren zweiten Wunderpatienten vor. *À bientôt*, Valérie.«

Tom dankte Valérie und verabschiedete sich von ihr. Und bis er sich umdrehte, um Dr. Petit zu folgen, stand dieser bereits auf der anderen Seite der Station neben einem Bett und winkte ihn mit raschen, ungeduldigen Bewegungen zu sich.

Der zweite Wunderpatient war Guillaume Corbasson, ein vierzigjähriger Bauer aus der Nähe von Toulouse. Tom schüttelte dem Mann die Hand und begrüßte ihn auf französisch.

Dr. Petit entnahm dem zweiten Ordner unter seinem Arm eine Röntgenaufnahme und erklärte dazu: »Monsieur Corbasson hatte ein größeres Sarkom am Oberschenkel und im ganzen Körper mehrere Metastasen.« Er zeigte die Aufnahme Tom, der den stark aufgeblähten Knoten im rechten Oberschenkel des Mannes studierte. Eine Geschwulst von der Größe einer Grapefruit, die durch die Haut zu brechen drohte.

»Wann wurde das aufgenommen?« fragte Tom.

»Genau vor einer Woche. Der Knoten war in fast acht Wochen doppelt so groß geworden. Wir wußten nicht mehr, wie wir ihn unter Kontrolle bekommen könnten.« Dr. Petit sah von seinen Unterlagen auf. »Auch hier wollten wir gerade eine Gentherapie versuchen, als die Geschwulst zurückzugehen begann.«

»Etwa zur gleichen Zeit, zu der sich auch Valérie Dubois' Zustand zu bessern begann?«

»Mit einer Abweichung von vielleicht einem Tag«, bestätigte Dr. Petit. Dann fragte er seinen Patienten, ob sie sein Bein sehen könnten.

»*Mais bien sûr*«, erklärte Corbasson sofort und schlug die Decke zurück, um den Beweis seines Sieges zu zeigen.

Tom fuhr mit der Hand über den Oberschenkel des Mannes. Er war praktisch flach. Wenn er fest drückte, konnte er eine kleine Kugel aus verhärtetem Gewebe spüren, eine Erbse im Vergleich zu der Geschwulst auf der Röntgenaufnahme.

»Unglaublich!«

»*Oui. Incroyable!*« bestätigte der Patient mit einem vergnügten Grinsen, bei dem zwei Zahnlücken zum Vorschein kamen.

Tom lächelte ebenfalls. Dann wandte er sich wieder Dr. Petit zu. »Wie sieht es mit den Metastasen aus?«

»Alle nekrotisch, vollständig abgestorben. Doch jetzt würde ich vorschlagen, wir gehen in mein Büro. Dort können wir uns weiter unterhalten.«

Tom dankte Corbasson und folgte Dr. Petit aus der Station.

Im Gehen bombardierte er den französischen Arzt weiter mit Fragen.

»Das kann doch kein Zufall sein, Jean Luc. Sie haben zwei todkranke Patienten, die nur noch wenige Monate zu leben haben, und plötzlich sind beide geheilt. Und die einzige Gemeinsamkeit, außer daß sie beim selben Arzt auf derselben Station liegen, besteht darin, daß sie die gleiche Blutgruppe haben und deshalb möglicherweise Blut aus ein und derselben Spende erhalten haben. Vielleicht war etwas in den Bluttransfusionen?«

»Und was zum Beispiel?«

Tom schüttelte frustriert den Kopf. »Ein neuartiges Virus vielleicht. Ein sehr seltenes gutartiges Virus, das eine korrektive genetische Sequenz enthält. So etwas wäre zumindest möglich, Jean Luc.«

Dr. Petit seufzte und verdrehte seine traurigen dunklen Augen. »Ja, *möglich* wäre es. Aber die Wahrscheinlichkeit ist sehr gering, oder nicht? Beide Patienten wurden gründlichst auf irgendwelche Virusinfektionen untersucht, und wir konnten nicht das geringste feststellen. Und Sie dürfen auch nicht vergessen, daß alles Spenderblut zahlreichen Wärmebehandlungen unterzogen wird, um alle bekannten Viren abzutöten.«

»Ja, alle *bekannten* Viren.«

»Aber es gab weder in Valérie Dubois' noch in Guillaume Corbassons Blut Hinweise auf *irgendein* Virus. Oder auf sonst ein Agens, das die Veränderung bewirkt haben könnte.« Dr. Petit blieb vor seinem Büro stehen und öffnete die Tür. Er bedeutete Tom, Platz zu nehmen, ging zur Kaffeemaschine und schenkte zwei Tassen ein.

Tom nahm die Tasse, die ihm sein Gastgeber reichte. »Aber es ist eine Veränderung eingetreten. Das beweist, daß etwas passiert ist. Daß sich etwas verändert hat. War es vielleicht etwas in der genetischen Zusammensetzung des Spenderbluts, das die DNS der Empfänger modifiziert hat? Ein Befehl, der ihr fehlerhaftes genetisches Programm gelöscht und durch das fehlerfreie im Blut des Spenders ersetzt hat?«

»Vielleicht.« Dr. Petit setzte sich und nahm einen Schluck Kaffee. Er sah Tom über den Rand seiner dampfenden Tasse an. »Verstehen Sie mich nicht falsch, ich möchte den Grund genausogern herausfinden wie Sie. Das ist doch ganz selbstverständlich. Schließlich könnten wir dann den Effekt kopieren. Bloß bekommen wir den Grund nicht heraus. Wie Sie wissen, erfolgte die Transfusion mit einer Lieferung, die sich aus dem Blut zahlreicher anonymer Spender zusammensetzt. Und da wir kein Blut mehr aus dieser speziellen Lieferung haben, können wir es nicht analysieren. Selbstverständlich können Sie jederzeit das Blut der geheilten Patienten analysieren und sich alle Genanalysen ansehen. Aber die werden Ihnen nicht weiterhelfen. Genausogut könnten Sie versuchen, mit einem gebrauchten Streichholz Feuer zu machen. Der Katalysator fehlt. Und abgesehen davon, Tom, wenn es Ihr Wundervirus tatsächlich gibt, warum haben wir es dann nicht alle aufgeschnappt?«

Tom runzelte die Stirn. Das war die Frage, die er sich schon die ganze Zeit zu stellen geweigert hatte, weil ihm keine plausible Antwort darauf einfiel. Die meisten ansteckenden Viren griffen nur deshalb nicht auf die gesamte menschliche Bevölkerung über, weil sie sich vorher selbst das Wasser abgruben, indem sie ihre Wirte töteten, bevor diese sie weitergeben konnten. Doch ein Wundervirus wie das, auf das er seine ganze Hoffnung setzte, würde das Leben seines Wirts verlängern. Angenommen also, das gutartige Virus war schon einige Jahrzehnte in Umlauf, dann müßte es eigentlich inzwischen der größte Teil der Weltbevölkerung bekommen haben. »Ich weiß nicht, Jean Luc«, gab er nach kurzem Nachdenken zu. »Aber alles hat eine Wirkung und eine Ursache.«

»Richtig. Könnte denn dieses Wunderding möglicherweise chemischer Natur sein und kein Virus?«

»Chemischer Natur? Wie meinen Sie das? Etwas wie ein Pheromon?«

Petit zuckte wieder mit den Achseln. »*Oui*. Warum nicht?

Wenn Insekten chemische Stoffe absondern können, warum nicht auch wir?«

Tom nickte vorsichtig. Er war sich im klaren darüber, daß er sich jetzt an einen Strohhalm klammerte. Dennoch stimmte, daß gewisse Insekten Pheromone absonderten, um potentielle Geschlechtspartner anzulocken, und es war schon lange bekannt, daß Menschen in Schweiß und Blut ähnliche chemische Substanzen absonderten. Wenn zum Beispiel zwei oder mehr Frauen in einem Haushalt zusammenlebten, glichen sich ihre Menstruationszyklen im Lauf der Zeit immer mehr an. Bisher konnte zwar noch niemand erklären, wie das genau funktionierte, aber man nahm an, daß es an einem chemischen Stimulus lag, den sie untereinander austauschten. Die Möglichkeit, daß die Heilung durch eine chemische Substanz und nicht durch ein Virus ausgelöst worden war, hätte auch das seltene Auftreten solcher Fälle erklärt. Es war denkbar, daß ein Heiler seltene Gene in seiner DNS hatte, die es ihm zwar ermöglichten, durch Berührung, oder durch seine Körpersäfte, heilende chemische Substanzen zu übertragen, ihn aber nicht dazu befähigten, seine Gabe selbst weiterzugeben oder zu »verbreiten«.

»Hört sich immer noch ziemlich weit hergeholt an, oder nicht?«

»Vielleicht ist diesen Heilungen auf wissenschaftlicher Ebene überhaupt nicht beizukommen; vielleicht waren sie Gottes Wille«, sagte Dr. Petit lächelnd. »Wenn Sie gläubiger Christ wären, Tom, könnten Sie das vielleicht eher verstehen. Weihnachten ist gerade vorbei, und bis Ostern ist es nicht mehr lange. Vielleicht hatte Gott einfach Erbarmen mit diesen zwei armen Menschen. Vielleicht hat er beschlossen, der Natur zur Erinnerung an die Geburt, den Tod und die Auferstehung Seines Sohnes ins Handwerk zu pfuschen.«

Mit einem schiefen Grinsen mußte Tom an Jasmine denken. Er beneidete sie und Jean Luc um ihren Glauben. Immer wenn sie etwas nicht verstanden, konnten sie einfach sagen: »Oh, da muß wieder einmal Gottes unerforschlicher Ratschluß am Werk gewesen sein.« Keine Fragen, keine Zweifel, keine Kopfschmerzen mehr. Zu schwer herauszubekommen? Dann muß Gott dahinterstecken. Ganz einfach.

Tom seufzte erschöpft. »Wären Sie dann vielleicht so freundlich, mir zu erklären, Jean Luc, wie Gott es angestellt haben könnte, *ihnen* zu helfen?«

Dr. Petit lächelte, als er mit seinen verständnisvollen dunklen Augen Toms Miene studierte. Nur zu offensichtlich war dem französischen Arzt nicht klar, wie ernst es Tom damit war. »Nun, Gott ist zu allem fähig. Wie Sie wissen, ist er allmächtig.« Mit einem schelmischen Grinsen breitete Dr. Petit die Arme aus. »Vielleicht hat Er einfach bestimmt, daß die beiden gesund werden. Oder vielleicht ist er auch so vorgegangen, wie Sie gesagt haben. Er hat etwas mit ihrem Blut gemacht ...« Ein plötzlicher Einfall brachte ihn zum Lachen. »Ja, Tom, vielleicht hat er die Bluttransfusion in das Blut Christi verwandelt. Bald ist Ostern. Was wäre da passender, als die Menschheit wieder einmal durch das Blut seines Sohnes zu erlösen?«

Jean Luc Petit lachte noch einmal, ein entspanntes, unschuldiges Lachen, das sich sichtlich im Glanz der glücklichen Heilung seiner zwei Patienten sonnte.

Aber Tom fiel nicht mit ein.

Dr. Petit hörte abrupt auf zu lachen und machte ein betretenes Gesicht, als hätte er sich danebenbenommen. »Das war doch nur Spaß, mein Bester. Ich bin Arzt, kein Philosoph, und ich weiß es immer noch nicht.«

Tom antwortete deshalb nicht, weil er mit dem Kopf ganz woanders war und zwei scheinbar unzusammenhängende Gedanken miteinander verknüpfte: die Möglichkeit, daß es ein heilkräftiges Virus oder Pheromon gab, und etwas anderes, was Jean Luc gesagt hatte. Brachte man die beiden zusammen, bildeten sie den Keim einer aberwitzigen Idee. Er versuchte sich an einen Artikel zu erinnern, den er vor einigen Wochen in einer Zeitschrift gelesen hatte. Wo war dieser Ort gleich wieder gewesen? Irgendwo in Sardinien? Er mußte seinen Vater anrufen. Alex wußte es bestimmt. Und er würde ihn bitten, ihn auch über alles andere aufzuklären, was es zu diesem Thema zu wissen gab.

Er wandte sich dem verunsicherten Franzosen zu. »Jean Luc?«

»*Oui, mon ami.*«

Tom erhob sich von seinem Stuhl und klopfte seinem Freund auf die Schulter. »Vielen Dank für alles, aber könnte ich Sie noch um zwei weitere Gefallen bitten?«

»Aber selbstverständlich.«

»Erstens, könnte ich hier irgendwo ein Privatgespräch führen?«

»*Mais bien sûr.*«

»Und könnte Ihre Sekretärin meinen Rückflug über Sardinien buchen?«

»Sardinien?« Mit einem verdutzten Lächeln stand auch Dr. Petit auf und führte Tom in das angrenzende Büro. »Selbstverständlich, Tom. Ist irgendwas?«

»Nein, nein, Jean Luc«, erwiderte Tom, dessen Gedanken nur noch um seine phantastische Idee kreisten. »Ganz im Gegenteil. Alles ist bestens.«

# 10 Boston. GENIUS-Gelände. Abteilung für Informationstechnologie.

Jasmine Washington beobachtete Special Agent Karen Tanners Gesicht und wartete auf ihre Reaktion. Sie war nicht enttäuscht, als sie kam. Die grünen Augen der rothaarigen FBI-Agentin wurden plötzlich riesengroß, und ihrem offenen Mund entfuhr ein ungläubiges »Wahnsinn! Wie haben Sie denn das gemacht?«.

Jasmine tauschte mit Debbie, ihrer großen blonden Assistentin, ein verschwörerisches Lächeln aus. Die Gene-Imaging Software funktionierte so gut wie störungsfrei, und die Auflösung des Hologramms war hervorragend. Sogar der technikfeindliche Jack Nichols schien schwer beeindruckt.

Die vier standen in der Genescope-Station, die an Jasmines Büro in der IT-Abteilung grenzte. Seit Tom vor drei Tagen überstürzt nach Paris geflogen war, hatte sie mit Debbie und ihrem Team durchgearbeitet, um die Software zu perfektionieren. Und das war gut so gewesen, denn vor wenigen Stunden hatte Jack Nichols, der immer noch kochte vor Wut über Toms unbegleitete Spritztour nach Europa, von Karen Tanner einen Anruf erhalten. In Manhattan war ein weiterer Mord passiert, der sämtliche Kennzeichen des Predigers trug; allerdings hatte der Mörder diesmal anscheinend eine Spur hinterlassen, die möglicherweise zu seiner Identifizierung führen konnte.

»Und wie funktioniert das Ganze jetzt?« fragte Karen Tanner noch einmal und sah auf das lebensgroße Hologramm ihres Kopfs, das über dem Holo-Pad neben dem hintersten Genescope schwebte.

Statt zu antworten, betrachtete Jasmine noch eine Weile das 3-D-Bild. Sie fand es schade, daß Tom noch nicht aus Paris oder Sardinien, oder wo er sich sonst herumtrieb, zurück war. Er hatte noch keine völlig störungsfreie Demonstration ihrer Neuentwicklung gesehen, und diese hier war perfekt. Das Hologramm war gespenstisch lebensecht, einschließlich der rotbraunen Haare und der grünen Augen. Wenn überhaupt etwas, dann sah es geringfügig jünger aus als das Original, aber das ließe sich durch die Eingabe exakterer Daten über die Umwelteinflüsse beheben.

»Das Ganze funktioniert folgendermaßen«, sagte Jasmine schließlich. »Es analysiert Ihre Gene und errechnet daraus dann Ihr Aussehen. Als Sie heute morgen hierhergekommen sind, habe ich ein Haar von der Schulter Ihrer Jacke genommen. Ich mußte nachprüfen, ob die Wurzel noch dran war, aber alles andere war ganz einfach.«

Karen Tanner streckte den Arm aus und schob ihre Hand durch den Geisterkopf. »Er sieht genauso aus wie ich. Einfach unglaublich. Können Sie nur den Kopf machen?«

»Nein, wir können auch den ganzen Körper simulieren. Aber in Anbetracht der Tatsache, daß Jack hier ist, haben wir lieber darauf verzichtet.«

Karen sah sie verständnislos an.

»Kleider haben keine Gene«, erklärte ihr Debbie mit einem breiten Grinsen.

Jack Nichols strich nachdenklich über die Narbe in seinem Gesicht. »Zu schade, Karen. Wir beide haben ja schon einiges zusammen durchgemacht, aber im Evakostüm habe ich Sie bisher noch nie gesehen, auch wenn ich mir schon des öfteren meine Gedanken gemacht habe.«

»Dann machen Sie sich mal schön weiter Gedanken, Jack«, sagte Karen Tanner lachend. »Es sei denn, Sie wollen mir vorher Ihres zeigen.«

Sie wandte sich wieder Jasmine zu und deutete mit dem Kopf auf das Hologramm. »Das haben Sie also alles von der DNS in meiner Haarwurzel?«

»Ja. Auch das Genescope konnte anhand des Genotyps schon immer bestimmte körperliche Eigenschaften einer Person bestimmen, aber diese neue Software geht noch einen Schritt weiter. Nur mit Hilfe der Gene einer Person erstellt sie ein dreidimensionales computergeneriertes Bild und wandelt es dann in ein Hologramm um.« Sie deutete auf den in der Luft schwebenden Kopf. »Wir haben nur ein Haar von Ihnen benötigt, um zu demonstrieren, wie exakt es arbeitet.«

»Sie haben mich restlos überzeugt. Doch was ist mit der DNS des Tatverdächtigen? Ich kann es gar nicht erwarten, dieses Schwein zu sehen zu kriegen.«

Jasmine wandte sich dem Genescope zu und drückte auf vier Tasten des dazugehörigen Keyboards. Dieser Prototyp war noch nicht für eine akustische Befehlseingabe eingerichtet, aber das war lediglich eine Frage der Zeit. Irgendwann würden die

Hologramme sogar in der Lage sein zu antworten. Ein letzter Tastendruck, und der lebensgroße Kopf Karen Tanners löste sich in Luft auf.

Jasmine sah auf den Bildschirm über dem Keyboard. Karen Tanners Kollegen aus der forensischen Abteilung hatten an den Dornen einer Rose, die sie in den Küchenabfällen des Mordopfers entdeckt hatten, frisches Blut gefunden: an denselben Rosen, die Zeugen im Tragebeutel des blonden Tatverdächtigen gesehen hatten. »Okay, wir haben die Blutprobe, die in Fontanas Wohnung gefunden wurde, analysiert.«

Die Augen der FBI-Agentin glänzten erwartungsvoll, als sie nickte. »Und?«

Jasmine beobachtete, wie Debbie die Holo-Lampen überprüfte. Dann hielt sie ihren Daumen hoch. »Also, was wollen Sie? Nur den Kopf des Predigers oder seinen ganzen Körper?« Karen grinste. »Wenn schon, denn schon.«

»Okay, dann wollen wir mal unseren Flaschengeist heraufbeschwören.«

Jasmine drückte auf die Eingabetaste.

Das Brummen des Genescopes ging in knisterndes Rauschen über. Dann leuchteten die Holo-Lampen auf, und vor ihnen erschien eine schemenhafte Gestalt. Die mit Hilfe der Gene des Predigers heraufbeschworene Erscheinung nahm konkretere Gestalt an, je besser die vier farbigen Holo-Lampen, eine purpurrot, eine dunkelblau, eine gelb und eine weiß, zusammenspielten, um die erforderliche Farbvielfalt zu erzeugen und mit Hilfe der Daten, die ihnen der Biocomputer des Genescopes einspeiste, ein immer schärferes Bild aufzubauen.

Dieser Vorgang begann bei den Füßen, Schicht um Schicht, und in wenigen Sekunden war die Figur vollständig. Sie war vollkommen lebensecht. Nur eines stimmte nicht. Es war eine Frau.

Jasmine wandte sich der verdutzten FBI-Agentin zu, die mit offenem Mund auf das Hologramm starrte. »Ich dachte, der Prediger wäre ein Mann.«

Karen Tanner nickte abwesend. »Das dachte ich auch.«

»Sie ist schön«, sagte Jack Nichols.

Und das war sie in der Tat. Ihr volles kastanienbraunes Haar hatte einen herrlichen Kupferglanz, und ihre sportliche, hochgewachsene Figur mit den vollen Brüsten und den langen, schlanken Beinen war atemberaubend. Am auffallendsten waren jedoch ihre großen Augen; war schon ihre katzenartige Form bemerkenswert genug, so überraschte noch mehr die unterschiedliche Farbe; die eine Iris war blau, die andere braun.

»Eigentlich müßte sie ein Mann sein«, sagte Karen Tanner noch einmal. »Wir wissen, der Prediger hat einen gewissen Babe ermordet, einen männlichen Prostituierten, und sich als dieser Babe ausgegeben, um in Fontanas Wohnung zu kommen. Aber als wir den Türsteher vernommen haben, hat er uns einen blonden *Mann* beschrieben. Nur die Größe stimmt mit seiner Beschreibung überein.«

»Sind Sie sicher, daß das Blut überhaupt vom Prediger stammt?« fragte Jack Nichols. »Vielleicht haben wir es hier mit einem Nachahmungstäter zu tun.«

»Völlig ausgeschlossen. Das Blut war noch frisch, und es war nicht von Fontana. Es muß also das des Täters sein. Der Mörder hat nämlich nicht nur, was inzwischen allgemein bekannt ist, in typischer Predigermanier ein Bibelzitat an seinem Opfer hinterlassen, sondern er hat auch seinen Füller benutzt –«

»Einen Füller?« fragte Jasmine.

»Ja, der Prediger schreibt seine Nachricht fast immer mit dem Blut des Opfers und verwendet dafür eine spezielle Feder, mit der er Blut aus einer Schlagader saugt, normalerweise aus der Oberschenkelarterie. Aber in diesem Fall hat er beziehungsweise sie es aus der durchtrennten Halsschlagader des Opfers genommen. Die Handschrift stimmt mit der Schrift überein, die an anderen Mordopfern gefunden wurde. Nein, das war eindeutig das Werk des Predigers.«

»Dann wissen Sie jetzt also, daß der Prediger eine Frau ist, die einiges von Tarnung versteht«, bemerkte Jack Nichols.

»Sogar eine ganze Menge«, murmelte die FBI-Agentin und zog ein computergeneriertes Phantombild aus ihrer Tasche. »Es gibt jede Menge Leute, die diesen blonden Typen auf dem Weg zu Fontanas Wohnung gesehen haben. Trotz der offensichtlichen Tarnung haben wir, wie wir glauben, eine ziemlich genau Beschreibung vom Gesicht des Täters erhalten. Aber Nase, Kinn und Wangenknochen sind völlig falsch. Nicht einmal die Augenfarbe stimmt.« Sie deutete auf das Hologramm. »Und sehen Sie sich diese Brüste an. So eine Oberweite kann man nicht mal mit Bandagen verstecken. Diese Frau sieht absolut umwerfend aus, und Sie können mir glauben, einige der Augenzeugen, die ich befragt habe, gehörten zu der Sorte Mann, die keine attraktive Frau so schnell übersehen. Trotzdem haben alle steif und fest behauptet, sie hätten einen *Mann* gesehen.«

Jasmine hob die Schultern. »Leute verändern manchmal ihr Aussehen. Alles, was Gene-Genie kann, ist, das Äußere einer Person anhand der Gene zu rekonstruieren, mit denen sie geboren wurde, und zwar auf der Basis einer ›normalen‹ Lebensführung mit durchschnittlicher Ernährung und körperlicher Betätigung. Irgendwelchen kosmetischen oder chirurgischen Veränderungen, die zu einem späteren Zeitpunkt vorgenommen wurden, kann das Programm selbstverständlich nicht Rechnung tragen.«

Karen Tanner verzog frustriert das Gesicht. Nur zu offensichtlich hatte sie mit einem entscheidenden Durchbruch gerechnet, aber das war nicht der Fall.

»Wenigstens wissen Sie jetzt, es ist eine Frau«, sagte Jack Nichols. »Das läßt den Fall sicher in einem völlig neuen Licht erscheinen. Wetten, daß Sie auf neue Anhaltspunkte stoßen, wenn Sie die letzten Morde des Predigers unter diesem Gesichtspunkt betrachten. Außerdem wissen Sie inzwischen, wie sie in etwa aussieht.«

Karen Tanner drehte sich um und sah ihn mit blitzenden grünen Augen an. »Weiß ich das wirklich, Jack? Wie der Fall im Moment liegt, könnte sie inzwischen wie Marilyn Monroe oder Arnold Schwarzenegger aussehen.«

❖ ❖ ❖

**Cittavecchia. Sardinien.**

In Wirklichkeit ähnelte Maria Benariac jedoch keinem von beiden, als sie den Mann beobachtete, der aus der kleinen weißen Kirche von Cittavecchia in Sardinien kam. Dr. Carter schien zu lächeln, und trotz seines leichten Hinkens schritt er rasch und zielstrebig über die sonnenbeschienene Straße. In der rechten Hand hielt er ein Etui, in der linken einen kleinen Gegenstand, den sie nicht erkennen konnte. Er sah aus wie ein Glasröhrchen.

Sie führte den Autozoom ihrer Olympus-Kompaktkamera nach und lehnte sich in den Sitz ihres gemieteten Fiat zurück, während sie beobachtete, wie Dr. Carter auf einen ähnlichen weißen Wagen zuging, der drei Parklücken weiter stand.

*Klick. Klick.* Der automatische Filmaufzug surrte leise, als sie zwei Fotos machte.

Fast zwei Stunden war Dr. Carter in der Kirche von Cittavecchia gewesen und hatte dort mit den Priestern gesprochen. Das konnte sie nicht verstehen. Er war Atheist. Was wollte er dann hier?

Nach ihrem unbefriedigenden Telefongespräch mit dem Vater, bei dem er so ausweichend auf ihre Fragen nach den Plänen der Bruderschaft bezüglich Dr. Carter reagiert hatte, hatte sie beschlossen, den Wissenschaftler zu beschatten. Wie es ihr schien, fehlte es dem Inneren Kreis aus irgendeinem Grund am erforderlichen Mut oder Willen, zu Ende zu führen, was er begonnen hatte; ihr jedenfalls war der Gedanke, Carters Untaten könnten ungestraft bleiben, unerträglich.

Es war nicht schwer gewesen, ihm nach Sardinien zu folgen. Ein Anruf bei GENIUS hatte genügt, um herauszubekommen, wo er sich in Paris aufhielt. Dann ein besorgter Anruf in dem Pariser Krankenhaus, und sie wußte, wo der Wissenschaftler auf seiner Reise als nächstes Station machen würde. Zuerst hatte sie sich einzureden versucht, es sei nicht nötig, ihm nach Sardinien zu folgen. Doch sie wußte, ihr Widerstreben war nur darauf zurückzuführen, daß das mit Erinnerungen befrachtete Korsika nur eine kurze Schiffsreise entfernt war.

*Klick. Klick.* Zwei weitere Aufnahmen. Wäre die Kamera eine Schußwaffe, überlegte sie, wäre der Wissenschaftler tot. Wenn es doch nur so wäre.

Dr. Carter öffnete die Tür seines Mietwagens, bückte sich und stieg ein. Als er bequem saß, legte er das Etui auf das Armaturenbrett, öffnete es, warf einen letzten Blick auf das Glasröhrchen und steckte es in das Etui.

Dann sprang der Wagen stotternd an, scherte aus der Parklücke aus und entfernte sich in Richtung Flughafen. Einen Augenblick lang spielte sie mit dem Gedanken, ihm zu folgen, überlegte es sich dann aber anders. Sie kannte den Flugplan und wußte, es war noch jede Menge Zeit bis zum nächsten Flug aufs italienische Festland und weiter nach Boston.

Mit einem letzten Blick auf Dr. Carters kleiner werdenden Wagen stieg sie aus, strich ihr Kleid glatt und ging auf die Kirche zu. Sie sprach den ersten Geistlichen, den sie sah, auf italienisch an und erklärte ihm, sie suche nach ihrem Schwager, einem großen, hinkenden Amerikaner. Er und ein anderer Priester hörten der gutgekleideten Frau mit dem kultivierten römischen Akzent aufmerksam zu und gaben ihr respektvoll zu verstehen, ihr Schwager sei gerade zum Flughafen losgefahren, aber sie brauche sich keine Sorgen zu machen, weil er gefunden habe, weshalb er hergekommen sei.

Bevor sie fragen konnte, was das sei, führten sie sie zu einer Marienstatue im hinteren Teil der Kirche. Da sie sich immer noch nicht vorstellen konnte, was der Wissenschaftler mitgenommen haben könnte, fragte sie die zwei Geistlichen ganz direkt danach. Ihre Antwort hatte zur Folge, daß sie beim Verlassen der Kirche ebenso verblüfft wie wütend war.

Sie war bereits auf dem Weg zum Flughafen, als ihr ein schrecklicher Gedanke kam.

Sie hatte sich angewöhnt, die Motive und Gewohnheiten der Personen, die sie beseitigte, sorgfältig zu studieren. Es trug zu der Rechtschaffenheit einer Tötung bei, wenn sie wußte, was ihr Opfer tat und warum. Außerdem wollte sie sich persönlich von der Notwendigkeit seines Todes überzeugen, bevor sie es umbrachte. Dr. Carter war da keine Ausnahme gewesen. Sobald sie seine Unterlagen erhalten hatte, hatte sie sich über Genetik informiert. Obwohl sie dabei nur zu einem oberflächlichen Verständnis dessen gelangt war, wozu diese wissenschaftliche Disziplin imstande war und wozu nicht, war sie dennoch zu der Überzeugung gekommen, daß Dr. Carter Gott spielte.

Während sie nun herauszufinden versuchte, warum ein Atheist eine kleine Kirche in Sardinien aufsuchte, begann in ihrem Kopf ein schrecklicher Gedanke Gestalt anzunehmen. Wenn dieser Gedanke richtig war, dann war der Wissenschaftler sogar noch gefährlicher, als sie befürchtet hatte.

Aber sie würde noch nichts unternehmen. Sie würde weitere Beweise sammeln und mit Fakten untermauern. Erst dann würde sie Bruder Bernhard und den Vater informieren.

Trotz ihrer Wut mußte sie lächeln. Falls sich ihr Verdacht als richtig entpuppte, hätten der Vater und Bruder Bernard wenigstens keine Wahl mehr. Dann wären sie gezwungen, sie zu Ende bringen zu lassen, was sie in Stockholm begonnen hatte.

❖ ❖ ❖

## Back Bay. Boston.

Jasmine hatte in ihrem ganzen Leben noch nie so viele Schußwaffen gesehen, und sie machten ihr angst.

»Larry, was willst du damit in der Wohnung?«

»Jetzt reg dich mal nicht so auf, okay? Es sind Imitationen.« Lächelnd stellte Larry die braune Schachtel auf den Boden des geräumigen Wohnraums.

»Imitationen?«

»Ja, Imitationen. Attrappen. Es sind Requisiten für den Thriller, den wir in L. A. drehen. Ich habe sie von unserem Waffenberater hierher schicken lassen, weil ich mich Montag morgen gleich als erstes mit der Regisseurin treffe. Und sie wollte sehen, was für Waffen der Held und der Schurke benutzen könnten.«

Jasmine mochte keine Waffen, und das lag nicht nur daran, was Olivia passiert war. Während ihrer Kindheit in South Central L. A. hatten Schußwaffen genauso zum Alltag gehört wie die Schießereien und Pausenhofmorde, die mit ihnen einhergingen.

»Aber laß sie bitte nicht so offen rumliegen.«

Larry hob beschwichtigend die Hände. »Jetzt stell dich nicht so an, Jazz, ich räume sie ja gleich weg. Aber vielleicht könnte es nicht schaden, wenn du dir mal wenigstens eine genauer ansehen würdest. Nur um zu sehen, wie die Dinger funktionieren.«

Sie schüttelte den Kopf. Genau das gleiche hatte einmal, als sie noch keine zehn war, ihr älterer Bruder zu ihr gesagt. Kurz bevor er von ein paar Jugendlichen, die aus einem vorbeifahrenden Auto feuerten, erschossen worden war, so daß ihre Eltern sie nicht mehr allein auf die Straße gelassen hatten. »Pack sie einfach weg, Larry. Okay?«

Larry bückte sich und schob die Schachtel unter die Couch. »Da. Weg sind sie«, sagte er reumütig. »Okay? Es tut mir leid.« Er ging auf sie zu und nahm sie in die Arme. Er war groß, mit einer athletischen Figur und einem sensiblen Gesicht. Aber es waren seine starken Arme, die Jasmine am meisten liebte. Sie war stolz auf ihre furchtlose Unabhängigkeit, aber es gab Zeiten, in denen es guttat, diese hart erkämpfte Unabhängigkeit einen Moment aufzugeben und sich in seine Arme zurückzuziehen. Olivias Tod und Hollys drohende Erkrankung hatten ihr vor Augen geführt, auf wie schwachen Füßen alles stand. Und ihre jüngste Beschäftigung mit den Taten des Predigers hatte sie auch nicht gerade in ihrem Glauben an die Menschheit bestärkt. Daher hatte Larrys beschützende Umarmung im Moment etwas besonders Tröstliches. Sie wußte, es war irrational, aber sie glaubte, solange er sie in den Armen hielt, könnte ihr nichts wirklich Schlimmes passieren. Ohne Widerstand zu leisten, ließ sie sich von ihm auf den Mund küssen und behutsam zur Couch ziehen.

Im Gegensatz zu sonst hatte sie heute schon früh Feierabend gemacht und sich trotz der Waffen gefreut, daß Larry zu Hause war. Sie hatten sich in letzter Zeit nicht viel gesehen. Er war die halbe Woche in Los Angeles gewesen, wo er Vorbereitungen für den neuen Film traf, den er dort drehte, und sie hatte ununterbrochen gearbeitet, um die Gene-Genie-Software einsatzfähig zu machen. Es war wundervoll, Freitag abend um halb sieben zu Hause zu sein und den ganzen Abend und das Wochenende für sich zu haben.

Sie schmiegte sich enger an Larry und spürte, wie sich seine Arme fester um sie schlossen und sein Atem ihren Nacken wärmte. Gerade als seine Hand unter ihre Seidenbluse glitt und ihre linke Brust zu streicheln begann, läutete das Telefon.

Und läutete.

Und läutete.

»Verdammt!« zischte sie.

»Laß es einfach läuten«, murmelte Larry hinter ihr. Seine Finger waren inzwischen damit beschäftigt, ihren BH aufzumachen und zu ihrer anderen Brust weiterzuwandern. »Sollen sie doch auf den Anrufbeantworter sprechen.«

Seufzend überließ sie sich den warmen Gefühlen, die ihren Körper durchströmten, und murmelte: »Du solltest öfter von zu Hause wegbleiben.«

Das Telefon läutete weiter.

»Scheiße«, sagte sie noch einmal.

Larry streichelte weiter ihre Brüste, und dann glitten seine Hände tiefer, auf ihren Bauch hinab, und ließen plötzlich diese warmen Gefühle in ihrem Unterleib aufwallen, und dann noch tiefer hinab.

»Gleich schaltet sich der Anrufbeantworter ein«, flüsterte er ihr eindringlich ins Ohr. »Mach dir keine Sorgen.«

Aber sie machte sich Sorgen, und der Anrufbeantworter schaltete sich nicht ein. Seit sie damals bei dem Stipendiumsanruf aus Stanford fast nicht drangegangen wäre, konnte sie kein Telefon mehr läuten lassen, da sie fest überzeugt war, daß jeder Anruf der nächste *wichtige* sein könnte, derjenige, den sie zu ihrem eigenen Nachteil nicht entgegennahm.

Sie befreite sich aus Larrys Umarmung und ging zum Telefon. »Ich muß wohl den Anrufbeantworter ausgeschaltet haben.«

»Dann stell ihn eben wieder an.«

Aber sie konnte nicht. Jetzt, wo sie direkt davorstand, mußte sie einfach abnehmen.

»Jasmine Washington«, sagte sie in den Hörer.

Sie erkannte die Stimme sofort. Sie klang aufgeregter als sonst. »Jazz, ich bin's, Tom.«

»Hi, wo bist du?«

»Wieder zu Hause.«

»Wie war's in Paris?«

»Sehr interessant.«

»Und was war mit Sardinien?« Sie warf einen Blick zu Larry hinüber, der sie stirnrunzelnd ansah und ihr gestenreich zu verstehen gab, den Anruf schnell abzuwickeln. Sie wollte zu ihm zurück, war aber auch neugierig, wie es Tom in Europa ergangen war. »Jean Luc hat mich vor drei Tagen angerufen, um zu fragen, ob *ich* wüßte, warum du so überstürzt abgereist bist. Warum, Tom? Hatte es mit den spontanen Remissionen zu tun?«

Eine Pause. »Vage.« Und dann sagte Tom die Worte, die sie schon so oft gehört hatte; die Worte, die sie gewöhnlich ihre Vorstellungen von dem, was möglich war und was nicht, von Grund auf revidieren ließen. »Mir ist eine Idee gekommen.«

Sie machte sich auf alles gefaßt. »Ja?«

»Es ist zwar ziemlich unwahrscheinlich, aber ich glaube, ich habe eine Möglichkeit gefunden, Holly zu helfen.«

»Wirklich? Wie?«

Toms Stimme hatte fast etwas Flehentliches, als er antwortete: »Genau darüber möchte ich mit dir sprechen. Hast du gerade zu tun? Kannst du vorbeikommen? Es ist wichtig, Jazz. Alex und Jack werden auch kommen.«

»Jetzt *gleich*?« Sie warf einen fragenden Blick zu Larry hinüber, der wütend den Kopf schüttelte.

»Nur, wenn es geht, natürlich ...« hörte sie Tom rasch hinzufügen.

Larry machte ein bitterböses Gesicht, so, als wollte er sagen: Untersteh dich, jetzt wegzugehen. Also lächelte sie ihm zuckersüß zu, bevor sie den Hörer näher an ihren Mund hielt und sagte: »Sicher, Tom, ich komme sofort.«

# 11 **Beacon Hill. Boston.**

Es war fast acht Uhr, als Jasmine in ihrem BMW-Cabrio vor Toms Haus in Beacon Hill anhielt. Vorher hatte sie erst einmal Larry mehrere Minuten lang beruhigen und ihm versprechen müssen, alles wiedergutzumachen, wenn sie zurückkam.

Alex' Saab und Jacks alter Jaguar E standen bereits vor dem Haus, als sie eintraf, und wieder fragte sie sich, was Tom da für eine Idee gekommen sein konnte. Er hatte gesagt, sie hinge nur »vage« mit den spontanen Remissionen zusammen, deretwegen er nach Paris geflogen war. Und aus Erfahrung wußte sie, wenn Tom Carter »vage« sagte, meinte er »überhaupt nicht«.

Marcy Kelly, die Haushälterin der Carters, öffnete ihr die Tür und führte sie in die Küche. Da von Holly keine Spur zu sehen war, nahm Jasmine an, sie müsse im Bett sein. Vor der geschlossenen Küchentür blieb sie stehen. Es war Jacks wütende Stimme, die durch das Eichenholz zu hören war.

»Tom, irgendwo da draußen treibt sich jemand rum, der dich umbringen will, verdammt noch mal. Unmittelbar vor deiner Abreise hat der Prediger in Manhattan irgendeinen Perversen abgemurkst.«

»Ich weiß«, konnte sie Tom erwidern hören. »Du hast mich ja auch schon oft genug darauf hingewiesen.« Seiner Stimme war anzuhören, daß er mühsam um Beherrschung rang.

»Jedenfalls kannst du nicht einfach irgendwohin fliegen, ohne uns zu sagen, wohin du willst. Du stehst nicht umsonst unter Polizeischutz, verdammt noch mal. Und was hast du in Europa überhaupt gemacht?«

»Wenn du dich erst mal abregen würdest, bin ich gern bereit, es dir zu erzählen, alte Glucke.«

Jasmine öffnete die Tür und blieb im Türrahmen stehen. Sie wollte in den Streit nicht verwickelt werden. Die drei Männer, Tom, Jack und Alex, waren um den alten Kieferntisch im hinteren Teil der großen Küche versammelt. Tom saß am Kopfende. Sein Haar stand ihm noch wirrer vom Kopf als sonst, und in seiner rechten Hand hielt er etwas, das aussah wie eine kleine Glasampulle. Links von ihm saß sein Vater, Alex Carter. Der Harvardprofessor für Theologie war gefaßt wie eh und je und schenkte aus einer Thermoskanne dampfenden Kaffee in vier Tassen. Vor ihm lagen ein brauner Ordner und ein Stapel Bücher. Jack Nichols, gekleidet in eine Art Jogginganzug, stand ihnen gegenüber. Offensichtlich hatte Tom auch ihn um seinen gemütlichen Freitagabend im Familienkreis gebracht. Jack machte ein finsteres Gesicht, und Jasmine konnte sich gut vorstellen, daß ihm seine Frau und seine zwei Kinder genauso die Hölle heiß gemacht hatten wie Larry ihr. Die Atmosphäre in der Küche war so aufgeheizt, daß sie der leiseste Funke zum Explodieren gebracht hätte. Selten hatte sie diese enge Partnerschaft unter solchem Hochdruck stehen sehen.

Tom sah sie an, und aus seinem Lächeln hätte außer Erleichterung auch noch alles mögliche andere sprechen können. »Jazz, danke, daß du gekommen bist.« Er deutete auf die Stühle. »Nimm Platz.«

Als sie sich setzte, lächelte Alex und schob ihr eine der Kaffeetassen über den Tisch zu. »Hallo, Jasmine. Ich fürchte fast, Sie haben den schönsten Teil des Feuerwerks versäumt.«

»Das bin ich inzwischen gewöhnt, Alex«, erwiderte sie grinsend und sah auf den Stapel Bücher vor ihm. Die Titel überraschten sie. Wenn sie etwas mit Toms Idee zu tun hatten, gingen sie eindeutig über normale Gentherapie hinaus.

Jack grinste ihr ironisch zu und setzte sich ebenfalls. »Hi, Jazz, schätze, wir sollten uns lieber sitzend anhören, was Tom uns zu erzählen hat. Muß jedenfalls eine ziemlich große Sache sein. Schließlich hat er Kopf und Kragen dafür riskiert.«

»Es ist eine große Sache, Jack«, sagte Tom und hielt die Ampulle hoch. »Wenn ich recht habe, könnte dieses kleine Fläschchen das Allheilmittel für alle Erbkrankheiten enthalten. Und für andere vielleicht auch.«

»Was denkst du dir eigentlich dabei, Tom?« polterte Jack los. Er hatte die Arme über der Brust verschränkt und war sichtlich wütend auf seinen Partner. »Du verschwindest nach Sardinien, sagst keinem von uns ein Sterbenswörtchen ...« Er sah Alex an. »Oder zumindest so gut wie keinem. Und dann kommst du zurück und erzählst uns, du hättest irgendein Wundermittel entdeckt. Also wirklich, alles was recht ist!«

»Es ist mein voller Ernst.«

»Was ist am Inhalt dieser Ampulle so besonders, Tom?« fragte Jasmine.

»Es ist Blut, und wenn es echt ist, könnte es heilende Gene enthalten.«

Sie beugte sich vor. »Wie das? Von wem sind diese Gene? Von jemand mit diesem positiven Virus?«

»Gewissermaßen. Wenn es echt ist.«

»Hat es die zwei spontanen Remissionen in Paris bewirkt?« Tom schüttelte den Kopf. »Das bezweifle ich.«

»Also, wessen Blut ist es?« fragte Jack. Jasmine konnte sehen, wie er mit zusammengekniffenen Augen überlegte, worauf Tom hinauswollte. Sie hatte jedenfalls nicht die leiseste Ahnung.

Tom sagte nichts. Er sah sie bloß mit einem eigenartigen Leuchten in seinen blauen Augen an.

»Muß jedenfalls jemand Interessantes sein«, sagte sie langsam.

»Höllisch interessant«, pflichtete ihr Jack bei. Jasmine entging nicht, daß er inzwischen gegen seinen Willen neugierig geworden war. »Wer?« fragte er noch einmal.

Tom sah sie lächelnd an und schüttelte das Fläschchen. »Was wäre, wenn ich euch sage, das hier enthält die DNS eines Mannes, der vor ungefähr zweitausend Jahren gestorben ist? Eines Mannes, der Handwerker war; Zimmermann, um genau zu sein. Ein Zimmermann aus Nazareth.«

Jasmine erstarrte, und ihr Mund blieb vor Staunen offen stehen. Sie konnte sehen, daß auch Jack nicht immun war.

Sie hörte ihn leise »Jesus ...« murmeln.

»Genau«, sagte Tom und stellte die Ampulle vor dem stummen Alex auf den Tisch. »Da staunt ihr, was?«

❖ ❖ ❖

Das schockierte Schweigen schien Minuten anzuhalten.

»Aber es ist nicht echt, oder?« sagte Jack schließlich, griff nach der Ampulle und betrachtete die braunrote Flüssigkeit, die darin herumschwappte. »Das kann kein zweitausend Jahre altes Blut sein.«

Alex beugte sich vor und sagte: »Ganz recht. Es ist nicht echt. Es kommt von der weinenden Madonnenstatue in Cittavecchia auf Sardinien. Die Einheimischen behaupten, die Statue weint Blut, das Blut Christi. 1995 haben sie eine Eingabe an den Vatikan gemacht, es offiziell als Wunder anzuerkennen. Aber daraus wurde nichts. Das Blut stammt zwar von einem Menschen, auch von einem Mann. Aber die Tests, die damals durchgeführt wurden, ergaben, daß es mit dem Blut eines der Dorfbewohner identisch war. Trotzdem weint die Statue immer noch Blut, und die Touristen kommen weiter. Möglicherweise habt ihr vor ein paar Wochen in den Zeitungen darüber gelesen.«

»Ein Schwindel also?« Jasmine war überrascht, wie erleichtert sie war.

»Ja«, sagte Tom, »aber zum Nachdenken hat es euch trotzdem gebracht, oder nicht? Angenommen, es wäre wirklich *Sein* Blut? Was könnte es enthalten?« Tom wandte sich Jack zu. »Und bevor ihr beide das alles einfach nur als Unsinn abtut, solltet ihr es euch erst mal von Alex erklären lassen.«

»Moment mal bitte, Tom«, sagte Jasmine. »Nur um sicherzugehen, daß ich dich auch richtig verstanden habe.« Sie sah Alex und Tom Carter ziemlich lange aufmerksam an. Der Harvardprofessor für Theologie und der Genforscher wirkten angesichts der Verrücktheit dieser Idee vollkommen gelassen. Sie warf einen Blick auf die Bücher vor Alex. »The Dead Sea Scrolls and the Christian Myth« war in Blattgold in den Rücken des obersten ledergebundenen Wälzers gepunzt. Darunter, in einem zerrissenen Schutzumschlag, war ein dickerer Band: »Die Nag-Hammadi-Texte«, in englischer Übersetzung. Und die anderen drei Bücher hatten ebenfalls ähnliche Titel: Edgar J. Goodspeeds »A Life of Jesus«, »Die Apokryphen des Neuen Testaments«, »Die Agrapha Jesu«.

In Jasmines Bauch machte sich ein undefinierbares Unbehagen breit, als sie zu Alex Carter aufsah. »Ihr meint das tatsächlich ernst, nicht?«

Mit einem verhaltenen Lächeln hob Alex Carter die Schultern. »Sicher, Jazz«, sagte er so beiläufig, als handelte es sich bei Toms verrückter Idee um die natürlichste Sache der Welt. »Warum auch nicht?« Das war typisch für Tom und seinen Vater, dachte Jasmine. Beide hatten eine ausgeprägte Schwäche für neue Ideen; je verrückter und unbequemer, desto lieber.

Sie war da etwas anders. Obwohl sie für alles offen war, brauchte sie doch eine gewisse Zeit, um ausgefallene Ideen zu akzeptieren, vor allem, wenn sie etwas in Frage stellten, woran sie fest glaubte. Als sie zu Jack hinübersah, der skeptisch die Arme über der Brust verschränkt hatte, war deutlich zu erkennen, daß auch sein Pragmatismus auf eine schwere Probe gestellt wurde. Sie fand, diese Idee ging auf einer Skala von normal bis abenteuerlich weit über die Worte hinaus, die Orville Wright einst an seinen Bruder gerichtet hatte: »Hey, Wilbur, laß uns versuchen, dieses Ding zum Fliegen zu bringen.«

Sie räusperte sich. »Nur um sicherzugehen, daß ich euch richtig verstanden habe.« Da sie nicht recht wußte, wie sie es ausdrücken sollte, ohne daß es sich allzu dumm anhörte, machte sie eine kurze Pause. »Ihr wollt eine Gewebeprobe der sterblichen Überreste Jesu Christi finden, irgendwelches genetisches Material, das seine DNS enthält. Das wollt ihr dann mit dem Genescope untersuchen, um seine Gene zu analysieren und daraus Aufschlüsse über irgendwelche Heilkräfte zu gewinnen, die er möglicherweise hatte. Und dieser Kräfte wollt ihr euch dann bedienen, um Holly zu helfen. Ist das in groben Zügen richtig?«

Ein ruhiges Nicken von seiten Toms. »In groben Zügen ja. Auf Umwegen hat mich Jean Luc Petit auf die Idee gebracht.« Jasmine hörte aufmerksam zu, als Tom kurz schilderte, was in Paris passiert war. Er schloß: »Jean Luc äußerte also die Vermutung, bei uns Menschen könnten bestimmte genetische Veränderungen nicht durch ein Virus ausgelöst werden, sondern durch irgendwelche chemischen Substanzen, wie etwa die Pheromone bei Insekten. Demnach könnte eine Person, die über diese seltenen Gene verfügt, andere durch die Absonderung bestimmter chemischer Substanzen heilen.«

Jack stellte seine Kaffeetasse ab und fragte stirnrunzelnd: »Aber warum ausgerechnet *Christus*?«

»Weil wir nicht genügend Zeit haben, um nach Menschen zu suchen, die diese heilenden Gene haben könnten; vorausgesetzt, es gibt überhaupt welche. Es war eine Bemerkung, die Jean Luc eigentlich ganz nebenbei fallenließ, die mich plötzlich auf den Menschen mit der bestdokumentierten Geschichte von Wunderheilungen aufmerksam machte. Und das ist natürlich Jesus von Nazareth.«

Jack schüttelte den Kopf. »Aber Tom, du bist doch überzeugter Atheist. Du glaubst doch gar nicht an Christus.«

»Genau das ist der springende Punkt, Jack. Ich glaube aber sehr wohl, daß der Mann gelebt hat.« Tom klopfte auf den Stapel Bücher vor Alex. »Ich habe genügend Beweise dafür gesehen. Ich bin sogar bereit zu glauben, daß er über besondere Fähigkeiten verfügte. Was ich mir allerdings nicht weismachen lasse, ist, daß er der sogenannte Sohn Gottes war. Wenn er wirklich getan hat, was in der Schrift steht, dann kann er dazu, glaube ich jedenfalls, nur aufgrund seiner genetischen Struktur in der Lage gewesen sein. Stell dir nur mal vor, worauf wir da alles stoßen könnten, Jack. Intelligente Gene, die DNS reparieren können; Codes für Proteine mit bisher unbekannten heilenden Eigenschaften. Ganz gleich, ob der Mann diese Veranlagung von Gott oder der Lotterie der Natur bekommen hat, könnte in seinen Genen der Schlüssel für die Korrektur aller erblich bedingten Mängel zu finden sein.«

Das war der Punkt, an dem Jasmine anfängliches Unbehagen Gestalt anzunehmen begann. Tom Carter, den sie mehr als alle anderen Menschen bewunderte, schien auf etwas hinauszuwollen, was einer Gotteslästerung gefährlich nahe kam. Sie dachte an ihre strenggläubigen Eltern in L. A., an die strikten Moralvorstellungen, die sie ihr eingebleut, und an den Glauben, den sie ihr vermittelt hatten. Schwer wie die Hand eines

Priesters begannen sich wieder einmal altvertraute Schuldgefühle auf ihre Schultern zu legen. Strenggenommen war sie nicht mehr religiös, und schon gar nicht hätte sie sich als strenggläubig bezeichnet, aber einen Glauben hatte sie. Mochten Gottes Ratschlüsse auch manchmal zu seltsame Wege gehen, als daß sie sie hätte ergründen können, stand für sie dennoch fest, daß es Ihn gab. Und bei dem Gedanken an Toms Vorhaben wurde ihr ziemlich mulmig. Es war einfach zu ehrgeizig. Selbst für seine Verhältnisse.

Dagegen schien sich Jack mit dem Gedanken anzufreunden. »Glaubst du allen Ernstes, Tom, du wirst in seiner DNS ganz spezielle Gene finden?«

Tom zuckte mit den Achseln. »Das weiß ich nicht, aber es gibt nur drei Möglichkeiten. Erstens: Der Bursche war ein Scharlatan. Zweitens: Er hatte göttliche Kräfte. Und drittens: Er war ein genetischer Sonderfall, gesegnet – oder geschlagen, je nachdem, wie man es sieht – mit übernatürlichen Fähigkeiten. An das zweite glaube ich selbstverständlich nicht.«

»Was ist, wenn das erste zutrifft?« fragte Jack.

»Dann wird natürlich nichts aus dem Ganzen. Aber nachdem ich keine andere Möglichkeit sehe, Holly rechtzeitig helfen zu können, bin ich bereit, dieses Risiko einzugehen. In den Genomen der beiden Patienten in Paris, bei denen eine spontane Remission eintrat, änderten sich nur einige wenige Codebuchstaben; gerade genug, um ihre Krebszellen abzutöten. Wir wissen nicht, wie oder warum es dazu gekommen ist, aber ich vermute, das Agens, das die Veränderung in ihrer DNS bewirkte, kam von außen in ihren Körper, möglicherweise auf dem Weg über die Bluttransfusion, die beide erhielten. Ich weiß nicht, in welcher Form dieser Katalysator aufgetreten ist. Es könnte ein Virus oder eine chemische Absonderung oder sonst etwas gewesen sein. Tatsache bleibt jedoch, daß sich ihre DNS verändert *hat*; demnach muß also ein solcher Katalysator existieren. Und mir fällt nichts Besseres ein, wo ich danach suchen könnte, als die DNS von Jesus Christus.«

Jack runzelte die Stirn und strich nachdenklich über seine Narbe. »Okay, du bist hier das Genie, und wer bin ich schon, dir zu widersprechen, wenn du sagst, du könntest aus der DNS Christi einen Genkorrektor oder intelligente Proteine gewinnen. Doch ganz egal, wie praktikabel deine Idee auch sein mag, bleibt das Ganze rein akademischer Natur, wenn du mir eine einfache Frage nicht beantworten kannst.« Jack langte über den Tisch, nahm die Ampulle mit dem vermeintlichen Blut Christi und legte sie in die Handfläche seiner rechten Hand. »Wo um alles in der Welt willst du eine *echte* Gewebeprobe mit seiner DNS herbekommen? Der Mann ist zweitausend Jahre tot. Wo willst du etwas finden, das noch von ihm übrig ist – wenn es überhaupt noch etwas gibt?«

Jasmine beobachtete, wie sich Jack mit verschränkten Armen zurücksetzte und Tom und Alex forschend ansah. Seine ganze Haltung schien zu sagen: »Dann laßt mich doch mal ein paar Fakten sehen, irgendwas Konkretes.« Jasmine und Jack wandten sich ganz automatisch Tom zu, aber es war sein Vater, der sich vorbeugte, um zu antworten.

Alex Carter setzte seinen Zwicker auf und schlug ruhig den Ordner vor sich auf. Dann sah er Jack mit einem verhaltenen Lächeln an. »Ist das alles, was Sie wissen wollen?« Er schien enttäuscht, während er in den umfangreichen Unterlagen in seinem Ordner blätterte. »Nichts über die dokumentierten Beweise für die Heilkräfte, die Christus besaß? Nichts über die Debatte, ob er überhaupt gekreuzigt wurde oder ob seine sogenannten ›Wundmale‹ nicht bloß politische Symbole waren? Nichts über die historischen Dokumente aus den Schriftrollen von Qumran und den Nag-Hammadi-Texten? Wollen Sie auch keine Liste seiner Wunder sehen? Oder sich davon überzeugen, daß er außer der Bibel auch im Koran Erwähnung findet, weil ihm selbst die Moslems außergewöhnliche Kräfte zuschrieben?«

Alex machte eine Pause und sah Jack in die Augen. »Sie wollen wirklich bloß wissen, wo wir nachsehen müssen?«

»Für den Anfang würde mir das genügen«, erwiderte Jack brummig.

Achselzuckend wandte sich Alex Carter wieder seinem Ordner zu und nahm drei Seiten heraus, die mit tadelloser Handschrift beschrieben waren. Was interessierte einen Alexander Carter die seelenlose Zweckmäßigkeit eines Textprogramms? Alex hielt die Blätter Jack hin, der sich vorbeugte, um sie an sich zu nehmen. Jasmine mußte zugeben, daß sie trotz aller Skepsis neugierig geworden war. Immer noch ohne ein Wort zu sagen, beugte sie sich vor und sah auf die drei Seiten, die vor Jack auf dem Tisch lagen.

Es waren Listen. Drei Listen. Eine in grüner Tinte, eine in schwarzer und eine in roter. Jede Liste hatte vier Spalten mit folgenden Überschriften: Quelle, Ort, Hintergründe, Authentizität. In der mit »Authentizität« überschriebenen Spalte war jede Eintragung mit einem, zwei oder drei Sternen versehen. Sie überflog die Eintragungen. Verschiedene Wörter stachen ihr in die Augen ... *Turiner Grabtuch ... Weinende Statue ... Stigmata ... Vorhaut Christi ... Santiago de Compostela ... Meßkelch von Lanciano ... Christusreliquie.*

»Warum *drei* Listen?« wollte Jack wissen.

»Ich bin bei der Auflistung potentieller Quellen für genetisches Material von Jesus Christus erst einmal sehr großzügig verfahren. Die rote Liste ist eine nüchterne Aufzählung all jener Stätten, die vorgeben, Christusreliquien zu besitzen. Also Kirchen, Kathedralen und dergleichen, die behaupten, zum Beispiel sein Blut oder seine Vorhaut zu besitzen. Oder irgendein anderes Körperteil.«

»Seine Vorhaut?«

»Ja, im Mittelalter war das eine gängige Christusreliquie. Zu einem bestimmten Zeitpunkt behaupteten sogar einmal fünf europäische Kirchen, sie zu haben. Doch zurück zum Thema. Die grüne Liste enthält alle uns bekannten Vorkommnisse, bei denen vermeintlich das ›Blut Christi‹ in Erscheinung getreten ist. Zum Beispiel die Weinende Madonnenstatue von Cittavecchia auf Sardinien, von der Toms falsche Blutprobe stammt. Aber hier gibt es noch eine Reihe anderer Fälle, mit denen wir uns vielleicht näher befassen sollten. Zum Beispiel der blutende Öldruck von Mirebeau in Frankreich. Das Kruzifix von Maria Horta in Portugal ...«

Als merkte er, daß er abzuschweifen begann, hielt Alex inne. »Wie gesagt, das steht alles auf der Liste.« Er deutete auf das dritte Blatt. »In der schwarzen Liste sind alle registrierten Stigmatisierten aufgeführt. Personen, die scheinbar die Wundmale Christi tragen. Verstehen Sie? Unerklärliche Wunden an Händen und Füßen und in der Seite. Ich dachte, es könnte vielleicht nicht schaden, das Blut aus ihren ›Wunden‹ im Genescope zu analysieren.«

Jasmine sah, wie Jack beim Überfliegen der Liste nickte. Alex Carters Aufzeichnungen waren ordentlich, gründlich, wissenschaftlich. Sogar glaubwürdig. Jack war sichtlich fasziniert, und auch sie mußte zugeben, daß sie langsam neugierig wurde. Alex war eine Autorität in solchen Dingen, aber es war vor allem seine unaufdringliche Begeisterung, die so ansteckend war. Er überließ es Jack, sich die Idee selbst schmackhaft zu machen.

»Was haben die Sternchen in der rechten Spalte zu bedeuten?« fragte Jack. »Drei für vielversprechend, einer für eher irrelevant?«

»Genau.«

»Die Eintragungen mit drei Sternen sind nicht sehr viele.« Jack blätterte von Seite zu Seite. »Eigentlich haben fast alle nur einen Stern.«

Alex lächelte ironisch. »Ich habe ja auch nicht gesagt, es würde einfach werden. Und in Anbetracht des Zeitdrucks würde ich mir erst mal nur die mit drei Sternen vornehmen. Die anderen sind zweifellos Fälschungen. Ich habe sie nur deshalb aufgelistet, um zu demonstrieren, wie viele Kirchen behaupten, solche Reliquien zu besitzen.«

»Welche von den wenigen mit drei Sternen sind Ihrer Meinung nach am vielversprechendsten? Im Fall des Meßkelchs von Lanciano halten Sie die Wahrscheinlichkeit, daß er eine echte Probe von Christi Blut enthält, für ziemlich hoch. Und beim blutenden Öldruck von Mirebeau ebenfalls.«

Alex langte über den Tisch, kniff hinter seinem Zwicker die Augen zusammen und wies Jack auf ein paar weitere Eintragungen hin. »Der Schrein vom Heiligen Blut in Jerusalem macht einen ganz guten Eindruck. Relativ jedenfalls. Und es könnte vielleicht auch nicht schaden, das Haar in Santiago de Compostela in Spanien zu überprüfen. Die beschnittene Vorhaut in Calcata *wäre* sehr vielversprechend gewesen, wenn sie nicht schon vor vielen Jahren gestohlen worden wäre. Die übrigen Phänomene und Reliquien kann man aber, glaube ich, beruhigt außer acht lassen.«

Jack studierte die Liste. »Was ist mit dem Turiner Grabtuch? Ich dachte, es wäre hundertprozentig echt.«

»Tom braucht biologische Überreste. Keinen Stoff.«

Jack nickte. »Ach so. Und was ist mit den Stigmatisierten?«

Alex hob die Schultern. »Darüber mag jeder denken, was er will. Noch am überzeugendsten erscheinen mir Michelle Pickard in Paris und Roberto Zuccato in Turin. Die anderen sind mehr als zweifelhaft. Von allen Eintragungen auf den drei Listen, würde ich sagen, sind es bestenfalls fünf oder sechs wert, sich eingehender mit ihnen zu beschäftigen.«

Je länger Jack den belesenen Alex über die einzelnen Punkte ausfragte, desto faszinierter schien er von der Liste. Dagegen wußte Jasmine immer weniger, was sie von dem Ganzen halten sollte. Einerseits ließ der Umstand, daß sie über einige dieser Eintragungen im »TIME Magazine« gelesen hatte, Toms Idee plötzlich nicht mehr annähernd so versponnen erscheinen, sondern durchaus realistisch. Zugleich ließ sie aber auch das Gefühl nicht los, schon der bloße Gedanke an so etwas wäre Blasphemie. Um ihren christlichen Glauben mit ihrer gentechnologischen Forschungsarbeit vereinbaren zu können, mußte sie sich immer vor Augen halten, daß sie Menschenleben rettete.

Und daß die Sünde, einen Menschen sterben zu lassen, schwerer wog als der Vorwurf, Gott ins Handwerk zu pfuschen. Schließlich hatte Gott den Menschen die Intelligenz gegeben, das Geheimnis ihrer eigenen Existenz zu entschlüsseln. Aber das hier war etwas anderes. Oder nicht?

Jack, der sich ihres Unbehagens nicht bewußt war, beschäftigten eindeutig praktischere Erwägungen. »Na gut, Tom, dann hast du also vielleicht, aber nur vielleicht, Glück und findest eine echte Gewebe- oder Blutprobe. Aber nach zweitausend Jahren kannst du doch sicher nichts mehr damit anfangen?«

Tom schüttelte den Kopf. »Das dürfte kein Problem sein. Mitte der neunziger Jahre haben Wissenschaftler die DNS ägyptischer Pharaonen analysiert, die über dreitausend Jahre tot waren. Das sind über tausend Jahre mehr. Und wir wissen sogar von einer DNS-Analyse, die an den fünftausend Jahre alten Überresten eines südamerikanischen Indianers vorgenommen wurde. Solange die Probe trocken gelagert wurde, müßte sie in Ordnung sein. Grundsätzlich gilt: Wenn wir die DNS finden, müßten wir sie auch verwenden können.«

Tom schien so zuversichtlich, so überzeugt, das Richtige für Holly gefunden zu haben, daß Jasmine zum erstenmal, soweit sie sich erinnern konnte, seinem Blick auswich. Trotzdem drängte die Wissenschaftlerin in ihr, Toms Vorschlag zu überdenken. Was war, wenn sie die Gene des Gründers der größten aller Weltreligionen analysieren könnten? Eines Wunderwirkers, den viele für den Sohn Gottes, den Fleisch gewordenen Gott hielten? Was würden sie in der DNS dieses Fleisches finden?

Sie spürte, wie sich ihr die Nackenhaare aufstellten. Ja, das ging eindeutig über normale Genforschung hinaus. Hier experimentierten sie nicht bloß mit menschlichen Genen herum; das war wesentlich kühner – und gefährlicher. Hier experimentierten sie mit den Genen Gottes.

Die Besorgnis in Toms Stimme war unüberhörbar, als er sich

ihr zuwandte und sagte: »Jazz, du warst die ganze Zeit so still. Was hältst du davon?«

Sie wußte immer noch nicht, was sie davon halten sollte. Außer, daß sie kein gutes Gefühl dabei hatte. »Es gefällt mir einfach nicht«, sagte sie rasch. »Irgendwie scheint es mir nicht richtig.« Das kam völlig verkehrt heraus und hörte sich ziemlich übertrieben an. Doch Tom gab ihr mit einem Nicken zu verstehen, daß er ganz Ohr war.

»Ist dir eigentlich klar, was du da sagst?« fuhr sie fort. »Du wirst in Christi Genen nicht finden, was du suchst. Du kannst das, was seine Göttlichkeit ausgemacht hat, nicht einfach sezieren und unter dem Mikroskop betrachten. Seine Macht kam von Gott. Sie war spiritueller Natur ... nicht physischer. Daß du seine DNS zu finden versuchst, besagt im Grunde, daß Christus nicht auferstanden und in den Himmel aufgefahren sein kann. Du behauptest damit nichts anderes, als daß er ein ganz gewöhnlicher Mensch war, dessen Knochen irgendwo herumliegen. Das widerspricht allem, was ich zu glauben gelernt habe.«

Tom strich sich kopfschüttelnd durchs Haar. »Du denkst vielleicht, ich versuche das Christentum anzugreifen, aber das tue ich keineswegs. Ich bin viel zu dringend auf deine Hilfe angewiesen, um mich über etwas, was dir so viel bedeutet, lustig zu machen.« Damit wandte er sich Jack zu, der nachdenklich nickte. »Ich benötige die Hilfe von euch *allen*. Sonst brauche ich erst gar nicht anzufangen.«

Tom wandte sich wieder Jasmine zu, und sie sah, daß er lächelte. Aber sein aufrichtiger Blicke schien sich in sie zu bohren. Sie war froh, daß er sie nicht mit der Notwendigkeit, Holly zu heilen, erpreßt hatte. Um ihrem Patenkind zu helfen, würde sie alles tun. Fast.

Sie hörte, wie sich Alex räusperte, und wandte sich ihm zu. Der alte Herr fuhr sich durch sein immer noch dichtes weißes Haar und machte ein nachdenkliches Gesicht, als versuchte er ein schwieriges Problem zu lösen. »Es muß Ihrem Glauben nicht zuwiderlaufen, Jasmine«, begann er behutsam.

Sie spielte abwesend am Henkel ihrer Kaffeetasse herum. »Warum nicht?«

Alex Carter stand auf, verschränkte die Hände auf dem Rücken und begann in der Küche auf und ab zu gehen, als hielte er eine seiner Theologievorlesungen. »Zuallererst: Die Auferstehung und die Himmelfahrt spielen in Ihrer Religion eine zentrale Rolle. Ohne sie kein Christentum, richtig?«

Jasmine nickte.

Alex deutete auf die Papiere auf dem Tisch. »Aber wenn Sie einen Blick auf diese Listen werfen, werden Sie kein einziges Mal einen Körperteil erwähnt finden, der Zweifel an der Auferstehung und Himmelfahrt laut werden ließe. Sämtliche darauf erwähnten Körperteile können vor seinem Tod von seinem Körper entfernt worden sein. Haare, Blut und selbst die berühmte beschnittene Vorhaut. Ich konnte bisher keine Hinweise auf Reliquien finden, die diesen zentralen christlichen Glaubenssatz in Frage stellen. Auch die Ossarien, die 1995 in Jerusalem gefunden wurden und von denen es hieß, sie würden Christi Knochen enthalten, waren leer. Also, selbst wenn wir Ihren Glauben anfechten wollten, könnten wir nichts finden, um unsere Behauptungen zu stützen.«

Mit einem unverbindlichen Achselzucken wartete Jasmine, daß Alex fortfuhr.

»Sie glauben doch auch, daß Christus der Mensch gewordene Gott ist, richtig? Gottes Fleisch gewordener Sohn?«

»Ja, das glaube ich.«

»Trotzdem gibt es in Ihrer Religion nicht einen einzigen Hinweis darauf, wie Ihr Gott seinem Sohn seine Kräfte übertrug. Oder doch?«

Ein mißtrauisches Stirnrunzeln. »Eigentlich nicht, nein.«

»Gott könnte also seine Macht auf spirituellem Weg weitergegeben haben, oder – und das ist, was wir nicht wissen – Christus könnte in einem ganz *wörtlichen* Sinn Gottes Inkarnation gewesen sein, der Fleisch gewordene Gott. Abgesehen davon, daß er mit seinem Vater im Gebet hätte kommunizieren können, hätte ihm, nur mal angenommen, auch etwas in seine Gene gelegt worden sein können, das ihm seine Kräfte verlieh. Ein göttlicher Touch, wenn Sie so wollen.« Alex Carter hielt inne und sah sie an. Seine rechte Hand spielte mit der Taschenuhr in seiner Westentasche. »Ist das möglich, Jazz?«

»Es ist möglich, aber ...«

»Würden Sie das denn nicht gern herausfinden?«

Wie immer hatte Alex sie zum Nachdenken gebracht. Die Wissenschaftlerin in ihr forderte die gläubige Christin heraus und stellte die entscheidende Frage: *Was wäre, wenn wir göttliche Gene in Jesu DNS feststellen könnten?*

Alex setzte sich wieder und lehnte sich entspannt zurück. »Sie könnten durchaus recht damit haben, daß Jesus seine Kräfte auf rein spirituellem Weg erhalten hat. Aber wenn dem nicht so ist und seine Göttlichkeit, wie Sie es nennen, in seinen Genen begründet ist, täte das Ihrem Glauben noch lange keinen Abbruch. Ihr Glaube bliebe so oder so unangefochten.« Als sich der alte Mann vorbeugte, blitzten seine blauen Augen vor jugendlicher Begeisterung. »Stellen Sie sich nur mal ganz kurz vor, wir könnten herausbekommen, was das Besondere an ihm ausgemacht hat, und dadurch der Menschheit helfen. Nicht nur Holly, sondern allen Menschen. Wie könnte Ihr Gott etwas dagegen haben? Ist es nicht das, wofür Er Seinen Sohn in erster Linie auf die Welt geschickt hat? Wer weiß? Vielleicht hat er sogar genau das beabsichtigt.«

Jasmine wandte sich von Alex ab und blickte wieder Tom an. Sie sah einen Mann, der zwar ihren Glauben nicht teilte, aber an ihre Werte glaubte. Ein Mann, christlicher als die meisten, die sie bisher kennengelernt hatte. Und dann dachte sie an ihr Patenkind, ein aufgewecktes, tapferes Mädchen, das jede nur erdenkliche Hilfe verdient hatte.

Als sie in Toms blaue Augen blickte, wurde ihr klar, daß sie eigentlich gar keine andere Wahl hatte.

»Ich glaube, du täuschst dich«, sagte sie. »Und ich glaube nicht, daß du finden wirst, was du suchst.« Jasmine sah der

Reihe nach alle um den Tisch Versammelten an, Jack und Alex und Tom. Sie waren ihre Freunde, fast ihre Familie. Sie hob die Schultern. »Bevor ich mich endgültig entscheide, möchte ich das Ganze erst mal überschlafen. Aber wenn alle anderen schon mitmachen, könnt ihr fürs erste auch mit mir rechnen.«

Sie versuchte ihr Lächeln dem der anderen anzupassen, aber die leise protestierende Stimme in ihrem Innern konnte sie nicht zum Schweigen bringen.

❖ ❖ ❖

Tom Carter war dankbar und erleichtert, als er die anderen am Tisch ansah. Sich diese verrückte Idee in Anwesenheit der Menschen, denen er am meisten vertraute, von der Seele zu reden war eine große Erleichterung gewesen. Die Idee war ihm die letzten paar Tage nicht mehr aus dem Kopf gegangen. Und er hatte ständig hin und her geschwankt zwischen großer Zuversicht, sie verwirklichen zu können, und Entsetzen, so etwas überhaupt in Erwägung zu ziehen. Wie immer hatte ihm sein Vater sehr geholfen; nicht nur durch seine Recherchen, sondern auch, weil er so bereitwillig die Rolle übernommen hatte, die sonst Olivia immer gespielt hatte: weil er ihm Fragen gestellt und geholfen hatte, seine Gedanken zu ordnen. Am Ende hatten sie das ganze Problem in drei Wenns und einem Dann zusammengefaßt:

*Wenn* sie eine Blut- oder Gewebeprobe von Christi DNS auftreiben konnten und

*Wenn* sie in seiner DNS einzigartige Gene finden konnten, die eine heilende Wirkung hatten, und

*Wenn* sie sich diese einzigartigen Gene oder die Proteine, die sie codierten, zunutze machen konnten,

*Dann* konnten sie vielleicht Holly und unzählige andere Menschen heilen.

Es hörte sich ganz einfach an.

Aber es war ganz entscheidend gewesen, die anderen auf seine Seite zu bringen. Jack hatte es wie immer unter vorwiegend pragmatischen Gesichtspunkten betrachtet, aber Jasmine hatte er völlig falsch eingeschätzt. Er war so naiv gewesen zu glauben, als Christin wäre sie begeistert von seiner Idee, bei Jesus Erlösung zu finden. Doch ein Blick in ihr Gesicht hatte genügt, um zu wissen, wie gründlich er sich getäuscht hatte. Zum Glück hatte ihr Alex klarmachen können, daß sein Plan keineswegs ihren Glauben in Frage stellte.

»Richtig«, sagte er, »wie Jack bereits festgestellt hat, müssen wir als erstes einmal die DNS finden. Denn solange uns das nicht gelingt, bleibt die ganze Idee genau das: eine Idee. Ich werde versuchen, Blutproben von den Stigmatisierten zu bekommen.«

Er wandte sich Jasmine zu. »Jazz, könntest du eine der verbesserten Genescope-Versionen abzweigen und mit der neuesten Software nachrüsten. Außerdem müßte sie darauf abgestimmt werden, auch alte und möglicherweise korrumpierte DNS verarbeiten zu können. Des weiteren würde ich dich bitten nachzuprüfen, ob wir in IGOR irgendwelche Fälle von Wunderheilungen registriert haben? Und wenn ja, ob die Geheilten irgendwelche genetischen Auffälligkeiten aufweisen. Die Erfolgsaussichten sind zwar nicht sehr hoch, aber einen Versuch ist es trotzdem wert.«

»Okay. Aber warum möchtest du eins der Genescopes ›abzweigen‹?«

»Ich möchte dieses Projekt auch innerhalb der Firma geheimhalten. Ich möchte nur zuverlässige Mitarbeiter dafür heranziehen, und auch das nur, wenn es nicht anders geht. Wir werden also einen Teil der Mendel-Suite absperren müssen. Und das Genescope, das du nachrüstest, in diesem abgesperrten Bereich aufstellen.«

»Wieviel Platz wirst du dafür benötigen?« fragte Jack stirnrunzelnd.

»Nicht viel. Etwa ein Fünftel der zweiten Etage. Wir könnten den hinteren Teil nehmen, das Crick-Labor und den dazugehörigen Konferenzsaal. Das müßte an sich genügen.«

»Wird das nicht die Arbeit an den anderen Projekten verzögern?«

»Das müßte sich in den Griff kriegen lassen. Und noch eins, wir sollten diese Sache äußerst diskret angehen. Vor allem möchte ich nicht, daß einer unserer Kollegen von der Gesundheitsbehörde Wind davon bekommt. Wir haben jetzt wirklich keine Zeit, ihre ethischen Unbedenklichkeitsbescheinigungen einzuholen.«

Jack zog wieder die Stirn in Falten. »Da hast du vermutlich recht. Mein Gott, wenn schon Jazz wegen dieses Projekts Bedenken hat, was würden sie dann erst sagen. Übrigens glaube ich auch nicht, daß unsere Aktionäre Verständnis dafür aufbringen werden. Wir müssen uns irgendeine Erklärung für sie ausdenken.«

Daran hatte Tom bereits gedacht. »Wir könnten das Projekt als etwas deklarieren, was mit dem Böse-Gene-Projekt zusammenhängt. Ihr wißt schon, diese absurde Geschichte, für die uns der Präsident persönlich zu gewinnen versucht hat.«

»Meinst du das Projekt, das den Nachweis erbringen soll, daß kriminelles Verhalten erblich bedingt ist?« hakte Jasmine nach. »Um das wir uns schon die ganze Zeit zu drücken versuchen?«

»Ja, genau das. Sollte trotzdem jemand neugierig werden, können wir sagen, wir hätten es uns anders überlegt und wären zu der Überzeugung gelangt, es könnte doch Gene geben, die festlegen, ob jemand anständig bleibt oder kriminell wird. Und hier handelt es sich um eine Machbarkeitsstudie, die klären soll, inwieweit eine Beantwortung dieser Frage überhaupt möglich ist.« Nach einer kurzen Pause fügte Tom mit Nachdruck hinzu: »Aber auf diese Räuberpistole greifen wir nur zurück, wenn es unbedingt sein muß: was hoffentlich nicht der Fall sein wird.«

Jack nickte. »Okay, ich kümmere mich um die Absperrung.

Und ihr werdet natürlich entsprechende Geldmittel brauchen. Was soll ich sonst noch tun?«

Tom zögerte. Jetzt kam der haarigste Punkt. »Ich bräuchte noch deinen Rat, was die vier oder fünf Gewebeproben angeht, die wir von Alex' Liste benötigen.« Er langte über den Tisch, zog die Listen zu sich heran und sah sie nach brauchbaren Einträgen durch. »Der Lanciano-Kelch, die Reliquien von Santiago de Compostela, der blutende Öldruck von Mirebeau, der Schrein vom Heiligen Blut in Jerusalem ...«

»Und was für ein Rat soll das sein?«

»Na ja, was die Frage angeht, wie wir an das Zeug rankommen.«

Jack begann es zu dämmern. »Demnach hast du also nicht vor, eine Genehmigung einzuholen?«

»Dafür reicht die Zeit nicht. Und selbst wenn wir es versuchen: Wer garantiert uns, daß wir eine bekommen. Wir brauchen ja nur einen Fitzel, so klein, daß er keinem Menschen abgehen wird.«

»Du möchtest also, daß ich dir Leute empfehle, die dir diese Reliquien *klauen* helfen.«

»Ja.«

Plötzlich legte sich ein breites Seeräubergrinsen über Jacks kantige Züge. Genau wie Tom gehofft hatte, war der ehemalige FBI-Mann begeistert von der Vorstellung, seine alten Beziehungen spielen lassen zu können.

»Wann willst du das alles haben?«

»So bald wie möglich. Wir haben jetzt Mitte Februar; sagen wir also, bis spätestens Ende März.« Tom sah sich um. »Einverstanden?« Er kam sich wie König Artus vor, als alle der Reihe nach nickten, Ritter der Tafelrunde, die sich anschickten, sich auf die Suche nach dem Gral zu machen.

Jack langte über den Tisch und zog den braunen Ordner zu sich heran, der vor Alex, Toms Merlin, lag. »Projekt Kana«, las Jack vom Deckblatt ab. »Ist es das, wie wir es nennen sollen?«

Tom sah seinen Vater an. »Es war die Idee von Alex. Aber ich wüßte nicht, was dagegen spricht.«

Jack nickte und schob den Ordner zurück. »Meinetwegen. Aber warum Kana, Alex?«

»Wetten, daß ich es weiß«, platzte Jasmine heraus, bevor Alex antworten konnte. »Es war auf der Hochzeit von Kana, daß Wasser in Wein verwandelt wurde.«

Jack zuckte die Achseln. »Das weiß ich auch. Und weiter?«

»Es war Christus' *erstes* Wunder«, erklärte ihm Jasmine. »Das erste von vielen.«

# 2. Teil

# Projekt Kana

# 12 Paris. Drei Wochen später.

Maria Benariac trank in einem verrauchten Pariser Café in der Rue Castiglione einen Kaffee. Sie sah auf die Uhr über der Bar, hinter der der feiste Wirt bei einer alternden Blondine sein Glück versuchte. Es war fast zwei Uhr nachmittags. Mittlerweile hatte Maria die Klinik auf der anderen Seite der regennassen Straße fast drei Stunden lang beobachtet, aber immer noch war niemand aufgetaucht, dessen Erscheinen erklärt hätte, warum Dr. Carter das kleine Ambulatorium gemietet hatte.

Seit seinem Abstecher nach Sardinien hatte Maria Dr. Carter scharf im Auge behalten – trotz allem, was Bruder Bernhard gesagt hatte. Es war zum Verrücktwerden. Als sie sich das letzte Mal mit dem Meister des Zweiten Ziels in Verbindung gesetzt hatte, um in Erfahrung zu bringen, wie seine weiteren Pläne für den Wissenschaftler aussahen, hatte er ihr in aller Deutlichkeit zu verstehen gegeben, sie solle die Finger von ihm lassen. Auf die Frage, warum, hatte er sie gewarnt, diesen Mann nicht zu ihrer Manie werden zu lassen.

*Manie?* Das war keine Manie, nur Besorgnis. Die um so berechtigter schien, als Bernhard Trier keine zeigte. Ihr fiel innerhalb der Organisation die Aufgabe zu, die Gerechten Säuberungen auszuführen; dafür war sie ausgebildet worden. Wenn also der Wissenschaftler in Stockholm noch als Kandidat für eine Säuberung gegolten hatte, warum war er dann jetzt keiner mehr? Was hatte sich geändert?

Wer war Bruder Bernhard außerdem, ihr Vorschriften zu machen, von wem sie die Finger zu lassen hatte und von wem nicht? Schon der Gedanke an den wichtigtuerischen Ton, mit dem er ihr erklärt hatte, sie sei »nur eine Agentin«, genügte, um sie in Rage zu versetzen. Als wäre sie gar kein vollwertiges Mitglied der Bruderschaft, sondern nur eine Hilfskraft, die man herumkommandieren konnte. Sie holte tief Luft und rief sich in Erinnerung, daß der Vater und Bruder Bernhard spätestens dann auf sie hören müßten, wenn sie ihnen Beweise für ihren Verdacht bezüglich Dr. Carters vorlegte.

Dr. Carter zu folgen war einfach gewesen. Sein diskreter Polizeischutz beschränkte sich praktisch auf einen Streifenwagen, der gelegentlich sein Haus beobachtete und ihm auf dem Weg zur Arbeit folgte. Aber außerhalb der Vereinigten Staaten war er ganz allein unterwegs, wenn man davon absah, daß ihn von Zeit zu Zeit Jack Nichols begleitete. Sie war Dr. Carter bereits nach Turin, Frankfurt und jetzt nach Paris gefolgt.

*»Encore du café?«* Plötzlich stand der fette Patron mit einer Kaffeekanne vor ihr. Sie ertappte ihn dabei, wie er sie lüstern anstarrte. Die Gier in seinen kleinen Knopfaugen erinnerte sie an Sly Fontana. Gleichzeitig weckte sie länger zurückliegende Erinnerungen, begleitet von eiskalter Panik. Sie wünschte sich in diesem Augenblick als Mann verkleidet zu sein, und starrte eisig zurück.

*»Non, merci.«*

Offensichtlich hatte ihr Blick seine Wirkung nicht verfehlt. Der Wirt hörte auf zu glotzen und entfernte sich mit einem verlegenen, fast nervösen Kopfschütteln.

Auf der anderen Straßenseite hielt ein großer schwarzer Wagen, und der Fahrer stieg aus und öffnete die hintere Tür auf der anderen Seite. Noch ganz von den Erinnerungen gefangen, die der Wirt geweckt hatte, schenkte Maria dem Wagen erst keine Beachtung. Doch dann sah sie die Tür der Klinik aufgehen und Dr. Carter in den Regen hinaustreten. Er hielt einen Regenschirm und einen Umschlag in den Händen. Maria erinnerte sich, daß er auch einen Umschlag bei sich gehabt hatte, als er sich mit dem Mann in der Turiner Klinik getroffen hatte. Danach war er mit demselben Umschlag in den Händen wieder weggegangen. Enthielt er eine Bezahlung? Und wenn ja, wofür?

Maria beugte sich vor und spähte aus dem Fenster. Sie sah, wie Dr. Carter auf den Wagen zuging und sich mit dem Regenschirm vorbeugte, als wolle er dem Insassen Beistand und Schutz vor dem Regen bieten. Als er sich wieder aufrichtete und zurücktrat, sah Maria eine kleine alte Frau an seinem Arm. Dann drehte sich Dr. Carter um und ging auf den Eingang der Klinik zu. Die alte Frau humpelte neben ihm her, als hätte sie starke Schmerzen in den Füßen. Maria spürte, wie sich ihr Brustkorb zusammenzog. Ihr Verdacht hatte sich tatsächlich bestätigt. Sie hob ihre winzige Olympus-Kamera und betrachtete die Hände der Frau durch das Zoomobjektiv.

*Klick-surr. Klick-surr. Klick-surr.*

Ohne daß der automatische Bildaufzug die Stille des Cafés nennenswert störte, machte sie drei Aufnahmen.

Ja, dachte sie, genau wie die Hände des Manns in Turin waren auch die der Frau dick verbunden.

❖ ❖ ❖

Tom bot der gebückten alten Frau eine Tasse Kaffee an, bevor er sie in das kleine Privatambulatorium führte, das er von einem mit Jean Luc Petit befreundeten Arzt gemietet hatte. Wenn auch etwas eleganter, sah der kleine weiße Raum den Räumlichkeiten, die er in den letzten drei Wochen in den anderen europäischen Städten gemietet hatte, erstaunlich ähnlich. Ein Waschbecken, eine flache Ledercouch, ein Stuhl, ein Arzneischrank und ein weißer Stahltisch waren die ganze Einrichtung. Darüber hinaus verfügte dieses spezielle Ambulatorium im hinteren Teil noch über ein kleines Labor.

Im Grunde seines Herzens war Tom natürlich klar, daß er sich mit dem, was er hier tat, nicht mehr im Rahmen der Wissenschaft bewegte. Das Projekt Kana gründete auf einer äußerst dünnen wissenschaftlichen Basis, auf einer ziemlich wilden Hypothese sogar. Aber er war auf ein Wunder angewiesen, und wie Jasmine ganz richtig über die Pilgerfahrt nach Lourdes gesagt hatte: Man mußte dorthin gehen, wo etwas geschah.

Er setzte Michelle Pickard auf die braune Ledercouch.

»Wie lange haben Sie die Wunden schon?« fragte er in holprigem Französisch, während er ihr die Verbände von den Händen abzunehmen begann.

»Sieben Jahre. Zum erstenmal sind sie mit fünfundsechzig aufgetreten. Als mein Mann starb.«

»Haben Sie sie die ganze Zeit?«

»Nein, nur von Freitag bis Sonntag. Am Montag heilen sie. Und von Dienstag bis Freitag nachmittag sind die Wunden ganz verschwunden.«

Tom nickte. Nach diesem Zeitschema waren die Wundmale auch bei den anderen Stigmatisierten, die er aufgesucht hatte, aufgetreten. Das sah er jedoch weder als positives noch als negatives Zeichen. Er war sich lediglich sehr deutlich bewußt, daß er sich in unbekannte Gefilde vorgewagt hatte. Daher hatte er sich vorgenommen, seine angeborene Skepsis im Zaum zu halten und nur die vorliegenden Fakten zu untersuchen. Behutsam entfernte er die letzte Schicht Verbandsmull von den Händen der Alten. Die Wundmale waren auf beiden Handflächen und -rücken zu sehen. Wie üblich war das Blut frisch, und es gab keinerlei Zeichen einer Infektion oder Entzündung. Aber die Wunden waren tiefer und größer als alle, die er bisher gesehen hatte.

Als er die Wunden an Michelle Pickards Füßen freilegte, fand er sie in einem ähnlichen Zustand vor: offen und glänzend von frischem Blut. Das gleiche galt für die Wunde in der Seite der Frau. Er zuckte zusammen, als er die Läsionen untersuchte.

»Sind sie sehr schmerzhaft?«

Die alte Frau sah ihn aus kleinen, lächelnden Augen aufmerksam an. »Es ist gut. Meine Schmerzen sind mein Trost.«

Was wollte er darauf erwidern? Er machte von jeder der fünf

Wunden einen Abstrich und gab jeden der Tupfer in ein eigenes Glasröhrchen, das er anschließend sorgfältig verschloß. Dann entnahm er aus einer Vene in Michelle Pickards Arm eine Blutprobe, die er in einem sechsten Röhrchen aufbewahrte. Als er der alten Dame ein paar abschließende Fragen gestellt hatte, verband er ihre Wunden wieder. Dann bedankte sich Tom, sorgte dafür, daß sie den Umschlag mit ihrem Honorar auch wirklich an sich nahm, und brachte sie zum Wagen zurück.

Michelle Pickard schien enttäuscht, daß es so schnell vorbei war; als hätte sie ihm mehr über ihre Stigmata erzählen wollen. Aber Tom war müde und kannte die Geschichten zur Genüge. Im Moment interessierten ihn nur die Blutproben. Blutproben erzählten ihre eigene Geschichte. Bei keinem der anderen Stigmatisierten, die er bisher untersucht hatte, hatte sich irgend etwas wirklich Interessantes ergeben. Zwei von ihnen waren eindeutig Schwindler, die sich aus einem perversen Bedürfnis nach Aufmerksamkeit und aus Gewinnstreben selbst verstümmelt hatten. Die anderen, unter ihnen Roberto Zuccato in Turin, hatten Blut, das genetisch in keiner Weise ungewöhnlich war. Michelle Pickard wirkte echter als die meisten anderen, aber letztlich zählten nur die Blutproben. Sie konnten nicht lügen.

Nachdem er sich von der alten Frau verabschiedet hatte, ging er wieder in das kleine Labor im hinteren Teil des Ambulatoriums und machte sich daran, die Blutproben zu verpacken. Er wollte endlich wieder nach Hause. Inzwischen war es über eine Woche her, seit er mit Holly zusammengewesen war, und er würde sie erst wiedersehen, nachdem er sich morgen in Italien mit Jack getroffen hatte. Alex kümmerte sich um Holly. Sie war es gewöhnt, daß er viel unterwegs war, aber sie fehlte ihm trotzdem. Was tue ich hier eigentlich? fragte er sich wieder einmal. Und wie immer fiel ihm nur eine einzige Antwort ein: Er versuchte, Holly eine Chance zu geben.

Er sah in seine Tasche und inspizierte die Blutproben, die er in den letzten paar Wochen den Stigmatisierten abgenommen hatte. Fast alle Fächer der Tasche waren voll, weshalb er beschloß, eine provisorische Analyse der sechs Proben von Michelle Pickards Blut vorzunehmen. Dann brauchte er nur die halbwegs interessanten Abstriche nach Italien und weiter nach Boston mitzunehmen.

Zuerst untersuchte er mit dem Mikroskop des kleinen Labors den Blutabstrich von der linken Hand der alten Frau, dann die Probe aus ihrem Arm. Als er auf den zweiten Objektträger sah, dachte er erst, ihm wäre ein Versehen unterlaufen. Um sich zu vergewissern, daß er nicht das falsche Blut untersucht hatte, sah er sich noch einmal die Röhrchen mit den Blutproben an. Aber es war kein Versehen.

Seine Stirn legte sich in Falten, und ihn durchfuhr ein erregtes Schaudern. »Eigenartig«, hörte er sich murmeln. »Höchst eigenartig.«

❖ ❖ ❖

**Italienische Adriaküste.**

Als Tom Carter am nächsten Abend vor der italienischen Adriaküste auf dem Deck eines zwölf Meter langen Fischerboots stand, hatte er das Rätsel von Michelle Pickards Wundmalen noch immer nicht gelöst. Er hatte Jack bereits vor zwei Stunden davon erzählt, als sie in Pescara an Bord des Boots gegangen waren. »Das muß ein Schwindel sein«, war die erste Reaktion des ehemaligen FBI-Manns gewesen, bevor er ein paar »Freunde« angerufen hatte, um die Frau überprüfen zu lassen.

Das Boot schwankte, und Toms schmerzender Magen schwankte mit ihm. Das Rätsel, vor das ihn Michelle Pickard stellte, schien plötzlich sehr unwichtig. Während die Mannschaft das große Fischerboot so nahe wie möglich an der Küste zu ankern versuchte, ging er stöhnend in die Knie und versuchte sich dem Auf und Ab der Wellen anzupassen. Die Fahrt von Pescara war relativ kurz gewesen, aber Reisen zählten nicht zu seinen Stärken. Vor allem keine Reisen zu Wasser.

Er stand neben Jack Nichols, dem das Schaukeln des Boots zu seinem Ärger nichts anzuhaben schien. Die Nacht war klar und für Anfang März erstaunlich mild. Der Strand schimmerte im Mondschein wie ein Splitter aus fahlem Silber. Während Tom ihn nach den zwei Männern absuchte, zog sich sein Magen vom Geräusch und den Bewegungen der Wellen heftig zusammen.

Er spürte Jack Nichols' Hand auf seiner Schulter und hörte seinen Freund leise lachend fragen: »Alles in Ordnung? Du siehst ziemlich grün um die Nase aus.«

»So fühle ich mich auch«, brummte Tom. Wenigstens wurde er dadurch von seiner Nervosität abgelenkt. Die zwei Männer, mit denen sich Jack treffen wollte, hatten sich verspätet.

Jack hatte die zwei, alte Bekannte, die er nur unter den Namen Dutch und Irish kannte, damit beauftragt, bestimmte ausgewählte Orte von Alex' Liste aufzusuchen und dort die gewünschten Objekte zu beschaffen. Tom hatte den professionellen Dieben zwar die erforderliche Ausrüstung sowie genaue Anweisungen gegeben, wie sie die Proben aufbewahren sollten, aber ansonsten hatte man betont Distanz gehalten, um jegliche Verbindungen zu GENIUS zu vertuschen. Aber da heute abend der letzte Coup über die Bühne gehen sollte – die zwei Männer hätten inzwischen in der Kirche von Lanciano gewesen sein müssen –, hatte Tom beschlossen, die Blut- und Gewebeproben, die die zwei in den letzten Wochen beschafft hatten, zusammen mit Jack abzuholen. Das war zwar mit gewissen Risiken verbunden, aber die waren nötig, hatte er sich eingeredet, um die Proben unversehrt in die Staaten schaffen zu können. Außerdem hatte sich das Ganze ziemlich aufregend angehört. Während es Jack sichtlich genoß, wieder mal richtig zupacken zu können, wünschte sich Tom, längst zu Hause bei Holly zu sein.

»Nicht schon wieder«, murmelte er, als er den nächsten Magenkrampf bekam. Er beugte sich würgend über die Bordwand, um dann gierig die kühle, salzige Luft einzuatmen.

Jack reichte ihm das Infrarotglas. »Schau da mal durch. Das wird dich ablenken.«

Stöhnend hob Tom das Fernglas an die Augen und suchte den Strand ab. In dem Nachtsichtglas erschien alles klarer und in grünes Licht getaucht. Und jetzt konnte er auch ein kleines Schlauchboot auf dem Sand liegen sehen. Aber von Irish und Dutch immer noch keine Spur.

Halt! Was war das?

Er hätte schwören können, bei den Felsen am rechten Ende des Strands ein kurzes Aufblitzen von Mondlicht auf Metall oder Glas gesehen zu haben. Ein eisiger Finger fuhr sein Rückgrat hinunter. Wurden sie beobachtet?

Dann sah er von links zwei Gestalten auf das Schlauchboot zulaufen. Er stieß Jack an den Arm. »Sie sind da.« Der größere Mann, Dutch, warf einen Beutel in das Boot und half Irish, es ins Wasser zu ziehen. Dann sprangen beide Männer hinein und begannen auf das Fischerboot zuzurudern. Tom richtete das Fernglas wieder auf die Felsen auf der rechten Seite des Strands. Nichts. Er mußte sich eingebildet haben, was er dort in dem gespenstisch grünen Licht gesehen zu haben glaubte.

Eine Minute später hatten die zwei Männer das Boot erreicht. Tom und Jack halfen ihnen an Bord.

»Irgendwelche Probleme?« fragte Jack.

Als Dutch grinste, wurden kräftige weiße Zähne sichtbar. »Nein, ging alles wie am Schnürchen.«

Irish griff in den Beutel, der neben seinem Partner auf Deck lag, und zog einen Aluminiumbehälter und eine eselsohrige Liste heraus. »Da ist alles drin. Schön geordnet und beschriftet. Wie Sie es haben wollten.«

Tom sah auf die Liste. Jeder der fünf Einträge war abgehakt, und als er den Kühlbehälter einen Spalt öffnete und hineinspähte, sah er, daß in jeder der fünf Halterungen eine beschriftete Glasampulle steckte. Er schloß den Behälter und drückte ihn fest an sich. »Gut gemacht. Sie haben alles beschafft.«

Dutch nickte. »Das will ich meinen. Nur mit der Probe aus Santiago in Spanien gab's ein paar Probleme. Irgendein Schlauberger hat das Blut in einen Spezialbehälter getan, der den Inhalt zerstört, wenn er gewaltsam geöffnet wird.«

»Und was habt ihr gemacht?« fragte Jack.

»Keine Sorge! Irish hat sich was einfallen lassen.«

»Und die Lanciano-Probe von heute abend?« fragte Tom. An ihr war er am meisten interessiert. Das Blut im Lanciano-Kelch war bereits vor zehn Jahren von Wissenschaftlern aus Oxford mit Hilfe der Radiokarbonmethode datiert worden, und das Ergebnis war außerordentlich vielversprechend gewesen.

»Wie gesagt. Überhaupt kein Problem. Keinerlei Sicherheitsvorkehrungen. Und keine Sorge, in keinem der fünf Fälle wird irgend jemand merken, daß etwas abhanden gekommen ist.«

Jack nahm einen Umschlag aus seiner Manteltasche und gab ihn Dutch. »Yen, gebrauchte Scheine.«

»Danke, Mr. Nichols. Genau wie in alten Zeiten. War uns eine Freude, mit Ihnen zusammenzuarbeiten.«

Tom beobachtete, wie Dutch das Geld an sich nahm und es, ohne es zu zählen, in den Beutel steckte.

Jack half ihnen hoch. »Wir lassen euch wie besprochen in Pescara an Land gehen. Dann müßt ihr selbst sehen, wie ihr weiterkommt.«

Als die zwei Männer unter Deck gegangen waren, öffnete Tom den Aluminiumbehälter noch einmal und sah sich die fünf ordentlich aufgereihten Ampullen an. Jede war mit einem Datum und einer Ortsangabe versehen. Auf der letzten Ampulle stand: *Meßkelch von Lanciano, Italien, 6. März 2003.* Ohne sich um die anderen Proben zu kümmern, nahm er sie aus dem Behälter und hielt sie gegen das Mondlicht. Das rostige Pulver darin schien zu schimmern wie zertrümmerte Rubine.

»Ist sie das?« fragte Jack, als die Crew den Anker lichtete.

Tom lief ein Schauder über den Rücken, der nichts mit dem kalten Nachtwind zu tun hatte, der über die Adria blies. Als er merkte, daß das Boot in Richtung Pescara losfuhr, wurde ihm bewußt, daß seine Seekrankheit verschwunden war.

»Einer in Oxford durchgeführten Untersuchung zufolge ist dieses Blut zweitausend Jahre alt und stammt von einem Mann«, flüsterte er Jack zu. Er machte eine Pause und grinste. »Das erhöht unsere Chancen.«

❖ ❖ ❖

Klick .... Klick ....

Maria Benariac stand bei den Felsen am Strand. Sie hielt eine Nachtsichtkamera in der Hand und beobachtete das anfahrende Boot. Ihr Körper war steif vor Kälte, aber tief in ihrem Innern brannte sie vor Zorn und Genugtuung.

Es war also wahr, es gab überhaupt keinen Zweifel mehr. Nicht nur, daß sie gesehen hatte, wie Dr. Carter die Stigmatisierten untersuchte, jetzt hatte sie auch noch beobachtet, wie die zwei Diebe aus der Kirche von Lanciano eine Probe des heiligen Blutes gestohlen hatten. Und als wäre das noch nicht genug, hatte sie mit eigenen Augen gesehen, wie Jack Nichols dafür bezahlt hatte und Carter es sich im Mondschein ganz offen angesehen hatte.

Es war unglaublich. Dr. Carter ignorierte nicht nur ihre Drohung, sondern forderte sie regelrecht heraus, indem er sich mit seinem gotteslästerlichen Verhalten in immer dunklere Gefilde vorwagte. Dieser Teufel schreckte nicht einmal davor zurück, die heiligen Reliquien Christi auf dem schwarzen Altar seiner genetischen Studien zu opfern. Hatte sie bisher gedacht, Dr. Carter wäre eine Gefahr, wußte sie inzwischen, daß er wesentlich mehr war als das. Warum sonst sollte ein Sterblicher nach den Genen Gottes suchen? Wenn nicht, um selbst Gott zu werden?

**South Boston Junior School.**
**Am nächsten Morgen.**

Am Freitag, dem 7. März 2003, elf Uhr neun weigerte sich die erste Glia-Zelle, ihren genetischen Instruktionen nachzukommen.

Zu diesem Zeitpunkt saß Holly zwischen Jennifer und Megan, ihren besten Freundinnen, in der zweiten Reihe ihrer Französischklasse in der South Boston Junior School. Als sie eifrig die Hand hob, um Mrs. Brennans Frage »*Comment allez-vous?*« zu beantworten, war sie ein gesundes kleines Mädchen, das nur noch wenige Wochen bis zu seinem Geburtstag hatte. Doch Sekunden später, sobald sie »*Je vais bien, Madame Brennan*« geantwortet und ihre Hand wieder nach unten genommen hatte, hatte sie Krebs und nur noch wenige Monate bis zu ihrem Todestag.

In dem Sekundenbruchteil, in dem die Glia-Zelle in ihrem Gehirn sich aufgelehnt hatte, hatte die erste Mutation der klonalen Entwicklung begonnen, die unausweichlich zu Krebs führen würde. Wie auf Knopfdruck war das gesunde kleine Mädchen tödlich erkrankt.

❖ ❖ ❖

Jede Zelle im menschlichen Körper steht unter strenger Kontrolle; ihr Absterben, ihre Erneuerung und ihre Vermehrung werden durch die genetischen Instruktionen in ihrer DNS gesteuert. In dem Sekundenbruchteil, in dem das p53-Gen in Hollys affizierter Glia-Zelle verlorenging, war es um diese strenge Kontrolle geschehen. Die Zelle begann sich zu teilen und mehr Zellen mit schadhafter DNS zu produzieren.

Es gibt vier Stadien der klonalen Entwicklung, und in diesem ersten Stadium beginnt Hollys schadhafte Zelle, neue fehlerhafte Anweisungen zu befolgen. Diese Anweisungen setzen die

Bremsen im Zellkern außer Kraft, so daß sich die Zelle unbegrenzt weiter teilt und vermehrt. Die Zelle scheint normal zu sein, aber durch ihre exzessive Vermehrung klont sie ihre eigene schadhafte DNS und erzeugt andere aufrührerische Zellen, die in der Folge ihre genetisch gehorsamen Nachbarn durch ihre schiere Menge unterdrücken. Und weil die Antikörper des Organismus diese aufrührerischen Zellen nicht als feindlich erkennen, können die sich ungehindert weiter vermehren.

Die zweite Mutation erfolgt, wenn sich die normalen Zellen beschleunigt zu vermehren beginnen und dadurch Druck auf ihre Umgebung ausüben, in diesem Fall auf Hollys Schädel.

Die dritte Mutation der klonalen Entwicklung führt zu einer noch rascheren Vermehrung der Krebszellen, wobei einige eine strukturelle Veränderung durchmachen. Wenn das eintritt, wird bereits eine ganze Gruppe von Schlüsselgenen auf Hollys Chromosom 9 vernichtet sein.

Nach der vierten, tödlichen Mutation werden die Zellen bösartig oder kanzerös. An diesem Punkt ist eine gesamte Kopie von Chromosom 10 mit allen darin enthaltenen genetischen Instruktionen verlorengegangen. Inzwischen gehorchen die Zellen nur noch ihren eigenen selbstsüchtigen Anweisungen: zu überleben und sich zu vermehren, und zwar ungeachtet der Tatsache, daß sie dadurch ihren Wirt töten – daß Holly sterben wird.

Die grausame Ironie dieses Vorgangs liegt darin, daß Krebs nichts anderes ist als der Versuch einer Zelle, unsterblich zu werden. Dieses selbstsüchtige Streben nach Unsterblichkeit ist es, das den restlichen Körper tötet. Und wenn der Körper stirbt, sterben die Krebszellen natürlich ebenfalls.

Doch von all dem ahnte Holly nichts, als sie mit ihren Kameradinnen im Klassenzimmer saß. Und glücklicherweise auch nichts von dem Verräter, der sich in ihrem Innern gegen sie auflehnte. Es konnte Wochen, sogar Monate dauern, bis sie irgendwelche Beschwerden spüren würde. Als erster würde ihr Vater von ihrem Zustand erfahren, wenn er die nächste CAT-

oder PET-Untersuchung an ihr vornahm. Dann würde jedes noch so geringe Anzeichen von unnatürlichem Zellwachstum aufgedeckt. Selbstverständlich bekäme Holly selbst dann noch nichts davon mit. Wenn ihr Vater auf ihrem nächsten Ausflug ins Krankenhaus grüblerischer wirkte als sonst, würde sie lediglich annehmen, daß er mal wieder schlechte Laune hatte.

Sie würde nicht im Traum erahnen, was ihr Vater bis dahin wüßte: daß die Prophezeiung, die das Genescope vor drei Monaten gemacht hatte, in Erfüllung gegangen war. Daß der schlummernde Feind in ihrem Körper nicht nur erwacht war, sondern bereits mit seinem ebenso vergeblichen wie verhängnisvollen Streben nach Unsterblichkeit begonnen hatte.

# 13 Genf. Drei Tage später.

Drei Tage waren vergangen, seit Maria Benariac Dr. Carter und Jack Nichols an der italienischen Adriaküste nachspioniert hatte. Sie saß im luxuriösen Foyer des Hotels La Cicogne und bewunderte das schimmernde Holz und den edlen Marmor, während sie darauf wartete, vorgelassen zu werden. Sie war schon mehrere Male in diesem diskreten Genfer Hotel gewesen. Immer, um sich mit dem Vater zu treffen. Sie wußte, daß es Vater Ezekiel De La Croix hier gefiel, weil die Gäste stets mit ausgesuchter Höflichkeit und unaufdringlich gutem Geschmack behandelt wurden, und ohne daß ihnen Fragen gestellt wurden. Er hatte hier eine Suite gemietet, in der er immer wohnte, wenn er nach Genf kam, um sich um die Bankgeschäfte der Bruderschaft zu kümmern.

Maria sah auf die kunstvoll gearbeitete Standuhr neben der Rezeption. Sie wartete jetzt schon fast zwanzig Minuten. Normalerweise war der Vater pünktlich, aber sie nahm an, er habe heute viele Entscheidungen zu treffen. Die Fotos und Aufzeichnungen, die sie Bruder Bernhard geschickt hatte, mußten ihnen einiges zu denken gegeben haben. Sie schlug die Beine übereinander, strich ihren schlichten marineblauen Rock glatt und nahm einen Schluck Mineralwasser. Sie hatte es nicht eilig.

Das Geräusch von Schritten auf Marmor veranlaßte sie, sich nach den Liften umzudrehen. Als sie den korpulenten Bruder Bernhard auf sich zukommen sah, griff sie nach ihrem kleinen Aktenkoffer und stand auf. Bruder Bernhard trug einen seriösen dunklen Anzug. Sein Spitzbart kam ihr ungepflegter vor, als sie ihn in Erinnerung hatte, aber auf seinen dicken, gespitzten Lippen lag das übliche spöttische Lächeln.

Statt eines Grußes winkte er ihr nur zu, sagte: »Kommen Sie!« und ging zurück zum Aufzug. Weder auf der Fahrt in den dritten Stock hinauf wechselten sie ein Wort, noch auf dem kurzen Weg den langen holzvertäfelten Flur hinunter zu der Tür mit der Aufschrift »Suite 310«. Maria war versucht, ihn zu fragen, was er von den Fotos halte oder was Dr. Carter seiner Meinung nach vorhaben könnte. Doch sie blieb still. Irgendwelche anerkennenden Worte dafür, daß sie die Pläne des Wissenschaftlers aufgedeckt hatte, erwartete oder wollte sie von Bruder Bernhard schon lange nicht mehr. Nur die Anerkennung des Vaters war etwas wert.

Sie folgte Bernhard in die Suite. Auf der rechten Seite sah sie ein großes Marmorbad, auf der linken ein luxuriöses Schlafzimmer. Vor ihr befand sich ein gedämpft beleuchteter Wohnbereich mit einem ausladenden cremefarbenen Diwan und zwei passenden Sesseln. Am Ende des Diwans saß ein Mann. Sie sah sich rasch in dem geschmackvoll eingerichteten Raum um, und als sie merkte, daß sich sonst niemand darin aufhielt, versuchte sie erst gar nicht, ihre Enttäuschung zu verbergen.

»Wo ist der Vater?« fragte sie.

Der große Mann auf dem Diwan stand auf. Er war hager, trug eine runde Nickelbrille und sah trotz seines schütteren Haars erheblich jünger aus als Bruder Bernhard. Maria war Bruder Helix Kirkham erst zweimal begegnet, und das schon vor mehreren Jahren. Deshalb verstand sie nicht, was er hier zu suchen hatte. Er war der Meister des Ersten Ziels, und hier ging es um eine Angelegenheit, die nur das Zweite Ziel betraf.

Bruder Helix lächelte sie an und sagte: »Agentin Nemesis, Vater Ezekiel wird nicht an diesem Treffen teilnehmen. Aber er hat uns ersucht, Ihnen seine Anerkennung für Ihre Wachsamkeit zu übermitteln.« Er streckte ihr seine Rechte entgegen. »Möge er erlöst werden.«

Sie erwiderte den rituellen Gruß und sah auf den gläsernen Couchtisch vor Helix hinab, auf dem ihre Aufzeichnungen und Fotos lagen. »Waren meine Entdeckungen nicht wichtig genug?«

Helix lächelte sie an. »Ganz im Gegenteil. Sie waren sogar so wichtig, daß er nicht an diesem Treffen teilnehmen konnte, weil er ihretwegen verschiedenes veranlassen mußte.« Er deutete auf einen der Sessel, und sie nahm widerstrebend Platz.

Bruder Bernhard setzte sich neben Helix auf den Diwan und fragte sie: »Haben Sie die Originalabzüge und die Negative dabei, wie wir Sie gebeten hatten?«

Sie öffnete ihren Aktenkoffer, nahm den Plastikordner mit ihren gesamten »Beweisen« heraus und gab ihn ihm. »Das müßte genügen, um Sie davon zu überzeugen, daß dem Wissenschaftler so schnell wie möglich das Handwerk gelegt werden muß. Ein Wort von Ihnen genügt, und ich werde aktiv.«

Sie beobachtete, wie Bernhard und Helix in ihren Aufzeichnungen und Fotos blätterten. Mehr als einmal ertappte sie die zwei Brüder dabei, wie sie Blicke austauschten und diskret nickten.

Es war Helix, der schließlich aufsah und fragte: »Was hat Dr. Carter Ihrer Meinung nach vor?«

»Er versucht sich an der DNS Gottes zu schaffen zu machen.«

»Was sind seine Motive?« Helix stellte die Frage, als wüßte er die Antwort bereits.

Sie hob die Schultern. Darüber hatte sie lange nachgedacht, und sie hatte noch einmal auf ihre Bücher zurückgegriffen, um seine Ziele zu erraten. Auf dem Flug von Rom nach Boston hatte sie sogar hinter Dr. Carter und Jack Nichols gesessen, um ihre Gespräche zu belauschen und auf diese Weise Aufschlüsse über ihr Vorhaben zu gewinnen. Aber alles, was sie herausbekommen hatte, war der Name: Projekt Kana. »Ich weiß nicht genau, was seine Motive sind. Vielleicht will er das Christentum in Verruf bringen, indem er beweist, daß Jesus ein ganz gewöhnlicher Mensch war. Oder vielleicht will er sich auch Christi Kräfte in irgendeiner Weise zunutze machen.« Sie hielt kurz inne und bekreuzigte sich. »Vielleicht versucht er Jesus zu klonen?«

Helix schüttelte den Kopf. »Nein, das ist nicht möglich. Das könnte nicht einmal Dr. Carter.«

Nun wartete sie darauf zu erfahren, was Helix dachte. Es war allgemein bekannt, daß der relativ junge Meister des Ersten Ziels bestens mit dem neuesten Stand der technischen Entwicklung vertraut war. Aber der hochgewachsene Bruder rückte nicht mit der Sprache heraus. »Was glauben dann *Sie*, warum er das alles macht?« fragte sie ihn schließlich direkt.

Helix brach den Blickkontakt mit ihr ab und sah ausweichend auf den Tisch vor sich. »Ich bin nicht sicher. Wahrscheinlich versucht er, Christi Gene zu isolieren. Wahrscheinlich glaubt er, wenn es ihm gelingt, diese Gene zu finden und aufzuschlüsseln, daß er dann eine Art Wundermittel entwickeln kann, ein Allheilmittel für alle Krankheiten. Unter rein kommerziellen Gesichtspunkten betrachtet, würde ihn das sehr reich machen. Sogar noch reicher, als er bereits ist. Aber was noch wichtiger ist, es würde ihn extrem mächtig machen.« Helix seufzte. »Aber darüber brauchen Sie sich keine Gedanken mehr zu machen.«

»Was soll das heißen?« fragte sie bestürzt. »Warum brauche ich mir darüber keine Gedanken mehr zu machen?«

An dieser Stelle beugte sich Bruder Bernhard vor. »Lassen Sie mich Ihnen erklären, was wir von Ihnen wollen bezüglich Dr.

Carter, Nemesis; beziehungsweise was ich will, daß Sie tun. Hören Sie?«

»Ja, natürlich.«

»Gut. Es ist ganz einfach.« Sie sah den braunen Umschlag in seiner Hand. »Ich möchte, daß Sie nichts tun. Sie lassen ihn in Ruhe, solange ich Ihnen keine anders lautenden Befehle erteile. Sie haben jetzt andere Aufgaben. Andere Gerechte Säuberungen, die Ihres Könnens und Ihrer Erfahrung bedürfen; hier, in diesem Umschlag.«

Maria wurde erst kalt, dann heiß. »Das ist alles nur wegen Stockholm, nicht wahr?«

Bernhard schüttelte den Kopf. »Nein, mit Stockholm hat das überhaupt nichts zu tun. Wir haben lediglich unsere Pläne geändert, was Dr. Carter angeht.«

»Und wie sehen Ihre neuen Pläne aus? Wollen Sie Gomorrah dafür einsetzen? Er hat keine Phantasie. Er hätte nie gemerkt, was der Wissenschaftler vorhat. Ich sollte –«

»Nemesis!« unterbrach Bernhard sie aufgebracht. »Die Gerechte Tötung Dr. Carters ist bis auf weiteres aufgeschoben. Ich habe Ihnen Ihre Anweisungen erteilt. Halten Sie sich gefälligst daran.«

Sie konnte es nicht glauben. »Aufgeschoben? Warum? Ich möchte mit dem Vater sprechen. Er würde –«

Es war Helix, der ihr diesmal das Wort abschnitt. Seine Stimme war energisch, aber beherrscht. »Die Entscheidung ist bereits gefallen, Nemesis. Vater Ezekiel hat sie selbst befürwortet. Geben Sie endlich Ruhe.«

Sie sah, wie Bernhard den Meister des Ersten Ziels erbost anstarrte, weil er versuchte, *seine* Untergebene zur Räson zu bringen. Dann wandte sich Bernhard ihr zu, außer sich vor Wut, weil sie seine Autorität in Helix' Anwesenheit in Frage gestellt hatte. »Nemesis, wir haben Ihnen schon viel zu viel durchgehen lassen. Sie sind eine Agentin. Sie nehmen Ihre Befehle vom Inneren Kreis entgegen, *von mir*. Sollten Sie sich mir noch einmal widersetzen, werden Sie suspendiert oder sogar entlassen.

Gomorrah mag vielleicht nicht so kreativ sein wie Sie, aber er tut genau, was man ihm sagt. Sie sind keineswegs unersetzlich. Ist das klar?«

Ohne ihn zu beachten, wandte sich Maria zu Bruder Helix, dem das Ganze sichtlich peinlich war. »Bruder Helix, sind Sie sicher, daß der Vater diese Entscheidung befürwortet hat?«

»Sie haben doch gehört, was Bruder Bernhard gesagt hat.«

»Können Sie mir sagen, *warum* er diese Entscheidung befürwortet hat?«

Helix zuckte die Achseln und wollte gerade zu sprechen beginnen, als Bruder Bernhard mit hochrotem Kopf aufstand und auf die Tür deutete. »Nemesis, diese Besprechung ist beendet. Sie lassen uns Ihre Aufzeichnungen und Fotos hier, und jetzt gehen Sie.«

Maria wandte sich dem Meister des Zweiten Ziels zu und sah ihm in die Augen. Entgegen ihrer sonstigen Zurückhaltung legte sie ihre ganze Verachtung in ihren eisigen Blick. Sie stand erst auf, um zu gehen, als sie sah, daß seine Knopfaugen zu flackern begannen und sich abwandten.

Sie sah Helix an und nickte. »Bruder Helix.«

Der hochgewachsene Bruder nickte ebenfalls. »Agentin Nemesis.«

Dann ging sie blicklos an Bernhard vorbei und zur Tür hinaus.

❖ ❖ ❖

**London. Später.**

In dieser Nacht konnte Maria Benariac nicht schlafen. Sie lag nackt auf dem Einzelbett in ihrem Londoner Apartment und fühlte sich verwundet, wie ein Tier, das heftige Schmerzen litt. Sie konnte sich nicht erinnern, sich jemals so allein und verlassen gefühlt zu haben. Nicht seit Korsika. Wie immer schlief sie bei brennendem Licht, aber heute nacht konnte sie trotz der vier Glühbirnen an der Decke und der sechs Spotlights, die das Dunkel wegbrannten, die Schatten in ihrem Kopf nicht vertreiben.

Bevor Dr. Carter ihrer Rache entgangen war, hatte Ezekiel sie immer einbezogen und voller Respekt und Liebe behandelt. Sie war sein Liebling gewesen, seine Auserwählte. Doch jetzt distanzierte sich der Vater von ihr, überließ sämtliche Kontakte Bruder Bernhard, der sie weder verstand noch schätzte. Es war alles Dr. Carters Schuld. Nur wenn sie ihn vernichtete, würde alles wieder wie früher werden. Dessen war sie ganz sicher. Nur so könnte sie sich wieder in der Liebe des Vaters sonnen, nur so würde sie wieder ein geschätztes und geliebtes Mitglied seiner Familie.

Sie streckte die Hand nach dem kleinen Tisch neben ihrem Bett aus und strich mit den Fingern über die kalte Stahlklinge. Die Berührung jagte ihr einen Schauder der Angst und Erregung durch die Adern, einen Schauder, der stärker war als ihre Besorgnis und die versprochene Erlösung. Ihre Hand legte sich um den Griff.

Dann nahm sie den Dolch vom Tisch und hielt ihn hoch über ihren Kopf. Sie betrachtete die gekrümmte Klinge des Kukri, dessen Silhouette sich gegen die helle Glühbirne über ihr abzeichnete, und fuhr mit dem Daumen der anderen Hand über seine rasiermesserscharfe Klinge. Dabei übte sie gerade so viel Druck aus, daß die Haut ihres Daumens gerade stark genug aufgeritzt wurde, um einen einzigen Tropfen Blut austreten und auf ihr linkes Auge herabfallen zu lassen. Sie beobachtete, wie der Tropfen größer und größer wurde, und versuchte nicht zu blinzeln, als das warme Blut schließlich auf ihrem Augapfel zerstob.

Dann führte sie die Klinge mit ruhiger Hand an ihrem Körper hinab zu der Stelle, wo die noch frischen Narben kaum verheilt waren. Ohne nach unten zu blicken, drückte sie die Krümmung der Klinge mit der Schneide nach unten auf ihren rechten Oberschenkel. Dann begann sie die Klinge langsam zu wiegen, bis der köstliche Schmerz einsetzte, die Haut sich teilte und das Blut zu fließen begann.

❖ ❖ ❖

*Am Tag vor ihrem fünfzehnten Geburtstag wird Maria zur Oberin Mutter Clemenza gerufen, die das Waisenheim bei Calvi in Korsika leitet. Die strenge, herrische Frau versucht erst gar nicht, ihre Abscheu vor Maria zu verbergen, als diese verängstigt in ihr Arbeitszimmer tritt und vor dem imposanten Schreibtisch stehenbleibt. Mutter Clemenza ist eine dicke Frau mit einer großen, spitz zulaufenden Brille, die auf ihren runden Backen aufzuliegen scheint. Die Brille verleiht ihren schwerlidrigen Augen einen bösartigen Ausdruck. Für Maria sieht sie in ihrer weiten Nonnentracht wie eine riesige Kröte aus, die hinter ihrem Schreibtisch hockt und wartet, daß eine Fliege vorbeikommt. Und als die Kröte ihren gehässigen Blick auf sie richtet und spricht, sieht ihre spitze rosa Zunge aus, als würde sie jeden Augenblick vorschießen, um nach ihr zu schnappen.*

*»Wie du weißt, Maria, ist Pater Angelo wieder einmal zu Besuch hier. Wenn er seinen Rundgang beendet hat, möchte er, daß ihm eins der Mädchen in der Bibliothek im Turm vorliest. Ehrlich gestanden, gibt es viele Mädchen, die ich für wesentlich geeigneter hielte, uns bei ihm zu vertreten. Aber aus irgendeinem Grund hat er ausdrücklich nach dir verlangt. Hör also gut zu, Maria. Das ist eine große Ehre, und es ist sehr wichtig, daß du bei Pater Angelo einen guten Eindruck machst. Also benimm dich. Andernfalls werde ich es bestimmt erfahren. Und was dann passiert, weißt du ja.«*

*Maria nickt. Nur zu gut weiß sie, welche Strafen die Kröte verhängen kann; die meisten von ihnen hat sie bereits erhalten, seit sie als drei Tage altes Baby vor der Tür des Heims ausgesetzt wurde.*

*Die Lippen der Kröte verziehen sich zu etwas, das wohl ein Lächeln sein soll, aber ihre Augen geben sich erst gar keine Mühe. »Gut. Dann lauf jetzt. Er wartet schon auf dich.«*

*Als Maria die Steintreppe des Hauptturms hinaufsteigt, der das alte Waisenheim beherrscht, fragt sie sich, warum Pater Angelo nach ihr verlangt hat. Da er eines der ranghöchsten Ordensmitglieder ist, weiß sie natürlich, wer Pater Angelo ist. Aber er hat sie erst einmal gesehen, bei seinem letzten Besuch. Und auch das nur, weil er sie beim Herumschnüffeln, oder auf seinem Rundgang, wie es Mutter Clemenza nennt, in der Wäscherei entdeckt hat. Es war also reiner Zufall, daß er überhaupt auf sie aufmerksam geworden ist. Im Gegensatz zu den anderen Mädchen hat sie meistens zu viel zu tun, als daß sie wichtigen Besuchern vorgestellt würde.*

*Maria hat schon lange den Versuch aufgegeben zu verstehen, warum die Nonnen sie hassen. Aber sie weiß, daß es so ist. Ständig greifen sie sie heraus und suchen nach einem Vorwand, um sie bestrafen zu können. Sie weiß, es hat etwas mit ihrem Aussehen zu tun. Einige der Nonnen nennen sie wegen ihrer Augen die »Teufelstochter«, und sie schneiden ihr das kastanienbraune Haar so kurz, daß die Kopfhaut durchscheint. »Glaub bloß nicht, weil du schön bist, bist du was Besonderes«, haben sie zu ihr gesagt, seit sie zurückdenken kann. Und deshalb haßt Maria ihr Aussehen und hat nur den einen Wunsch, gewöhnlicher und unauffälliger auszusehen. Dann wäre sie nicht das Ärgernis des ganzen Waisenheims und hätte Freundinnen.*

*Als sich Maria der geschlossenen Holztür der kleinen Bibliothek nähert, überlegt sie noch einmal, warum Pater Angelo nach ihr verlangt haben könnte und nicht nach einem der »besseren« Mädchen. Aber statt sich geehrt zu fühlen, krampft sich ihr Magen vor Aufregung zusammen. Immerhin ist Pater Angelo innerhalb der Kirche ein so bedeutender Mann, daß er sicher mit Gott persönlich spricht. Selbst die Kröte, Mutter Clemenza, wirkt in seiner Anwesenheit seltsam nervös.*

*An der Tür der Bibliothek hebt sie die Hand, um zu klopfen, doch dann zögert sie einen Moment und überlegt, was passieren würde, wenn sie einfach kehrtmachte und in die Wäscherei zurückginge. Aber sie weiß, sie wird bestraft werden, möglicherweise in den gefürchteten Keller gesperrt, und deshalb holt sie tief Luft und klopft dreimal zaghaft an die Tür.*

*»Herein!« ertönt dahinter eine mächtige Stimme.*

*Ihre Hand zittert ein wenig, als sie den Metallriegel hochdrückt und die schwere Tür öffnet. Pater Angelo ist allein in der Bibliothek. Er sitzt auf dem Sofa am Fenster, das sich auf die Zufahrt öffnet. In seinem Schoß liegt ein dickes Buch. Die Wände zu beiden Seiten des Sofas sind von Regalen voller ledergebundener Bücher gesäumt. Sie war schon oft in der Bibliothek, aber jetzt ganz allein mit Pater Angelo hier zu stehen, läßt ihr den Raum fremd und ungewohnt erscheinen.*

*Pater Angelo ist ein magerer Mann, und selbst wenn er sitzt, scheint die Kutte an seiner hageren Gestalt herabzuhängen. Sein Gesicht mit der unförmigen Nase ist langgezogen, und seine Augen stehen zu dicht beieinander. Aber am schlimmsten findet Maria seine Haut; fahl und pockennarbig, verleiht sie ihm das Aussehen eines Kranken. Als er sie anlächelt, sind seine Zähne gelb. Maria steht wie angewurzelt da. Am liebsten würde sie sich auf der Stelle umdrehen und aus dem Raum rennen, doch dann klopft er mit der Hand neben sich auf das Sofa. »Komm, mein Kind. Komm und setz dich zu mir. Du bist Maria, nicht?«*

*Als sie sich zwingt, zu ihm zu gehen, ballt sie die Hände mit solcher Heftigkeit zu Fäusten, daß sich die Nägel in ihre Handflächen bohren. »Ja, Pater Angelo.«*

*Sie setzt sich so weit von ihm weg, wie sie kann, doch selbst noch aus dieser Entfernung kann sie seinen Atem riechen. Er erinnert sie an den verfaulten Kohl, den sie in den Abfallkübeln aus der Küche schafft. Er reicht ihr das Buch: die Bibel. Dann steht er auf und geht zur Tür. Sie spürt, wie ihre Anspannung nachläßt, als er sich von ihr entfernt. Schon von seiner bloßen*

*Gegenwart bekommt sie eine Gänsehaut. Doch als sie sieht, wie er den Riegel an der Innenseite der Tür vorschiebt, zieht sich ihr wieder alles zusammen.*

*»Gut«, sagt er, und lächelt mit seinen gelben Zähnen. »Jetzt wird uns niemand stören. Und ich kann dir in aller Ruhe beim Lesen zuhören.«*

*Er geht zum Sofa zurück und setzt sich wieder neben sie, aber diesmal sitzt er so dicht neben ihr, daß sein Oberschenkel ihren berührt. Sie versucht, von ihm wegzurutschen, aber da sie schon am Ende des Sofas sitzt, kann sie nicht weiter von ihm wegrücken. »Was soll ich Ihnen vorlesen?« fragt sie und versucht das Zittern in ihrer Stimme zu unterdrücken.*

*»Wähle selbst, mein Kind. Aber setz dich nicht so weit fort von mir.« Er klatscht mit seiner knochigen rechten Hand auf seinen Oberschenkel. Sie sieht, daß seine Fingernägel schön manikürt sind. »Setz dich auf meinen Schoß.«*

*Inzwischen schlägt ihr Herz so rasch, daß sie kaum mehr Luft bekommt. »Danke, Pater Angelo. Aber ich sitze ganz bequem hier.«*

*Seine Hand klatscht fordernder auf seinen Oberschenkel. »Unsinn. Komm und setz dich hierher.«*

*Sie dreht sich herum und sieht, wie er sie anstarrt. In seinem Blick ist eine Gier, die ihr angst macht. Sie ist mehr tierisch als menschlich. Seine Stirn und der Bereich über seiner Oberlippe glänzen; sie sind von einem dünnen Schweißfilm überzogen.*

*Dann lächelt er sie an, und dieses Lächeln ist das Schrecklichste, was sie je gesehen hat. Mit zitternden Händen schlägt sie die Bibel auf und liest das erste, worauf ihr Blick fällt. »Und dann sprach der Engel zu … «*

*Seine Hand legt sich auf die Erhebung ihrer linken Brust und drückt so fest zu, daß es weh tut. Maria kann nicht glauben, daß Pater Angelo so etwas mit ihr macht. In der Hoffnung, er werde aufhören, versucht sie ihm keine Beachtung zu schenken. Sie liest weiter und versucht sich auf die Wörter zu konzentrieren, die ihr vor den Augen verschwimmen.*

*Inzwischen knöpft er mit der anderen Hand ihre Bluse auf und läßt sie unter ihren Büstenhalter gleiten, um ihre andere Brust zu berühren. Sein Atem geht stoßweise, als wäre er gerannt. Sie kann nicht mehr länger so tun, als wäre nichts. Darum legt sie die Bibel nieder und versucht seine Hand wegzuziehen. »Bitte nicht, Pater Angelo. Bitte lassen Sie mich.«*

*»Aber ich kann nichts dafür, mein Kind. Du bist so schön. Du bist die Versucherin, nicht ich.« Inzwischen liegt über seinen dunklen Augen ein fiebriger Glanz. »Halt schön still, und du wirst nicht bestraft werden.«*

*Sie versucht sich zu wehren, aber plötzlich legt er sich auf sie. Trotz seiner hageren Körperbaus ist er kräftig und drückt sie mühelos nieder. Sie beginnt zu schreien, aber er preßt seinen übelriechenden Mund auf ihre Lippen. Fast muß sie sich übergeben, als sie seine Zunge an ihrer spürt. Sein Gesicht ist so nahe, daß sie jeden Krater seiner pockennarbigen Haut, jeden Mitesser auf seiner unförmigen Nase sehen kann. Dann spürt sie, wie sich seine Hand unter ihrem Rock zu schaffen macht und ihren Schlüpfer nach unten zieht. Seine knochigen Finger kneifen und betasten sie dabei. Sie setzt sich heftiger zur Wehr, aber jetzt liegt sein ganzes Gewicht auf ihr, und weil sein Mund sich so fest auf den ihren preßt, bekommt sie kaum mehr Luft. Seine Finger tun ihr weh, und dann weicht er einen erlösenden Augenblick lang zurück. Er macht an seiner Kutte herum, und dann spürt sie, wie etwas anderes drängend zwischen ihren Beinen herumstößt; etwas Größeres und Schmerzenderes. Er beginnt wie ein Tier zu stöhnen. Sie gerät in Panik, aber sie kann sich weder bewegen noch schreien, nur Tränen strömen ihr über die Wangen.*

*Dann stößt er in sie hinein, und ein glühender Schmerz durchzuckt ihren ganzen Körper. Sie hätte nie gedacht, daß es einen solchen Schmerz geben könnte. Als würde sie mitten entzweigerissen. Wieder will sie aufschreien, losbrüllen, aber sie kann sich nicht einmal bewegen. Sie denkt, sie wird noch verrückt vor Schmerzen, bis sich ihr Verstand in sich selbst ver-*

*kriecht und so zu tun versucht, als passierte das alles gar nicht ihr; als wäre sie bloß Zuschauerin dieses unsäglichen Vorgangs.*

*Vage wird sie sich bewußt, daß sein Stöhnen und seine Stöße immer wilder werden, und dann, als ein heftiger Schauder seinen Körper durchfährt, stößt er atemlos hervor: »Mein böser kleiner Engel.« Sie spürt etwas Feuchtes zwischen ihren Beinen, und dann wälzt er sich von ihr. Bevor sie dazu kommt, einen klaren Gedanken zu fassen, steht Pater Angelo über ihr, zieht sie hoch und führt sie zu der Toilette neben der Bibliothek. »Hör auf zu weinen und wasch dich, Kind«, befiehlt er schroff. »Und sprich nicht darüber. Das war* deine *Sünde. Wenn du auch nur einem Menschen davon erzählst, wirst du dafür bestraft werden. Das muß unser Geheimnis bleiben.«*

*Auf zitternden Beinen betritt Maria die Toilette. Als sie nach unten blickt, sieht sie zwei dunkle Tropfen auf dem kalten Linoleumboden. Daraufhin zieht sie ihren Rock hoch und sieht das Blut ihre Beine hinabströmen. Wie betäubt und voller Angst säubert sie sich mit dem Handtuch neben dem Waschbecken, bevor sie ihren Schlüpfer wieder anzieht. Im Spiegel fällt ihr Blick auf ihre verquollenen Augen. Sie versucht, nicht mehr zu weinen, und wäscht sich mit kaltem Wasser das Gesicht ab. Sie kann nicht glauben, was gerade passiert ist. Wie konnte Pater Angelo, dieser hochgestellte Gottesmann, so etwas tun? Und warum ausgerechnet mit ihr? War es aus irgendeinem Grund ihre Schuld? Als sie im Spiegel ihr Gesicht ansieht, nimmt sie all ihren Mut zusammen und beschließt, der Mutter Oberin alles zu erzählen.*

*Als sie die Toilette verläßt, sieht sie, daß Pater Angelo fort ist, und daß das Sofa keinerlei Spuren seines Überfalls zeigt. Jeder Schritt schmerzt, als sie die Treppe zum Zimmer der Oberin hinuntersteigt.*

*Doch als sie die offene Tür erreicht, sieht sie, daß Pater Angelo bereits dort ist und Mutter Clemenza in ein Gespräch verwickelt hat. Die Kröte lacht sogar.*

*Einen Augenblick lang steht Maria unschlüssig in der*

*Türöffnung. Was hat der Pater der Oberin erzählt? Warum lacht sie? Dann dreht sich die Kröte mit ihrem steinernen Gesicht herum und lächelt sie zum erstenmal strahlend und voller zustimmendem Wohlwollen an.*

*»Pater Angelo hat gesagt, du hättest wunderschön gelesen. Und dich vorbildlich betragen. Er meint, ich sollte dir erlauben, morgen mit den anderen Mädchen an dem Picknick teilzunehmen.«*

*Der Pater dreht sich um, legt ihr zwinkernd die Hand auf den Kopf und zerzaust ihr das Haar.*

*»Braves Mädchen«, sagt er.*

*Maria bringt kein Wort heraus; ihre Kehle ist so zugeschnürt, daß sie kaum Luft bekommt. Vor lauter Wut treten ihr wieder Tränen in die Augen.*

*Die Kröte runzelt die Stirn. »Warum weinst du denn, Maria?«*

*»Er hat sich an mir vergangen«, schafft Maria zwischen ihren aufgebrachten Schluchzern hervorzustoßen. Sie schlägt mit der Handfläche auf ihren Unterleib. »Mutter Oberin, er hat mir hier weh getan.«*

*Stille. Die Kröte wendet sich Pater Angelo zu, der schockiert scheint und sich wieder Maria zuwendet. Das Gesicht der Kröte ist ohne jede Regung, als sie aufsteht und hinter ihrem Schreibtisch hervor auf Maria zuwatschelt. »Was hast du da gesagt?«*

*Marias Schultern werden von heftigem Schluchzen geschüttelt. »Er hat mir hier weh getan. Er ist über mich hergefallen.«*

*Mutter Clemenza streckt ihre rechte Hand nach ihr aus, und instinktiv beugt sich Maria vor, um sich von ihr umarmen zu lassen. Sie sehnt sich danach, daß diese fette alte Frau sie an sich drückt und ihr sagt, alles wird wieder gut.*

*Der Schlag kommt so überraschend, daß Maria ihn nicht spürt, obwohl die Hand der Kröte sie voll an der Wange trifft. Sie ist wie betäubt.*

*Das Gesicht der Kröte verdüstert sich. »Wie kannst du so etwas über Pater Angelo sagen? Und das auch noch in seiner An-*

*wesenheit? Maria, schon seit deiner Kindheit müssen wir deine verrückten Geschichten und Lügen ertragen, aber das hier ... das geht eindeutig zu weit. Du wirst dich jetzt sofort bei Pater Angelo entschuldigen, und dann wirst du bestraft.«*

*»Aber es ist wahr.«*

*Das Gesicht der Kröte ist inzwischen puterrot. »Du entschuldigst dich jetzt auf der Stelle, oder deine Strafe wird schwerer.«*

*Maria sagt nichts. Nicht um alles in der Welt wird sie sich entschuldigen.*

*Nun ergreift Pater Angelo das Wort. Auf seinen Lippen liegt ein gequältes Lächeln. »Das arme Mädchen ist zweifellos etwas durcheinander und braucht unsere Hilfe. Vielleicht sollte ich mich bei meinem nächsten Besuch wieder um sie kümmern.«*

*»Sie sind so verständnisvoll, Pater Angelo. Maria hat schon immer das Blaue vom Himmel heruntergelogen. Ich fürchte, nicht einmal Sie werden sie ändern können.«*

*»Zumindest versuchen können wir es.«*

*Wie unter Schock läßt sich Maria in die alten Keller hinunterführen. Ganz bestimmt wird ihr eine der Nonnen, die sie begleiten, jeden Moment sagen, daß sie ihr glauben und Pater Angelo derjenige ist, der bestraft werden muß. Doch als sie die Stahltür am Fuß der Treppe sieht, wird ihr klar, daß sie diejenige ist, die in das Verlies gesperrt werden wird, nicht er.*

*Sie hat längst zu zählen aufgehört, wie oft sie schon in den Keller gesteckt worden ist, beim ersten Mal war sie vier Jahre alt gewesen. Das war, als sie laut Aussagen der Nonnen ihre »Lügen« zu erzählen begann. Aber es waren keine Lügen, nicht wirklich jedenfalls, obwohl sie sich nicht mehr sicher ist. Selbst nach all den Jahren hat ihre Angst, in den vollkommen dunklen und stillen Raum gesperrt zu werden, nicht nachgelassen. Eher hat sie sogar noch zugenommen. Obwohl ihre Bestrafung nur ein paar Stunden dauert, lassen die in der Dunkelheit entfesselten Dämonen noch lange nach ihrer Freilassung nicht von ihr.*

*Als sich diesmal die Tür hinter ihr schließt und der Schlüssel im Schloß dreht, weiß Maria, daß sie die ganze Nacht hierbleiben wird. Bisher war sie nie länger als fünf Stunden im Keller gewesen. Während sie versucht, ihre Panik niederzukämpfen, tastet sie sich über den Steinboden in die Ecke vor, in der das schmale Feldbett steht. Sie legt sich darauf nieder, rollt sich, die Arme fest um die Knie geschlungen, zu einer Kugel zusammen und schaukelt von einer Seite zur anderen. Mit weit aufgerissenen Augen sucht sie in der erstickenden Dunkelheit nach einem Lichtstrahl.*

*Zu ihrer Verwunderung ist ihre Angst nicht so stark wie sonst. Sie ist so empört über die Ungerechtigkeit, die ihr widerfahren ist, daß ihre Gedanken nicht die gewohnten dunklen Wendungen nehmen. Sie begrüßt die Wut, die sie erfüllt, und selbst ihre Haßgefühle verleihen ihr Kraft und ein Gefühl von Macht. An diesem Punkt gelangt sie zu der Überzeugung, daß Gott ganz bestimmt jemand bestraft wissen will, der so böse ist wie Pater Angelo und vorgibt, in seinem Namen zu handeln. Den Rest der Nacht verbringt sie damit, die Strafe zu planen, die sie ihm in Gottes Namen zuteil werden lassen wird.*

❖ ❖ ❖

Die Schmerzen von dem vierten Schnitt auf ihrem Oberschenkel rissen Maria aus ihren Träumereien. Sie sah hinab auf das vergossene Blut auf den Handtüchern unter ihrem Oberschenkel und lächelte. Jetzt ging es ihr wieder besser. Mit dem schlechten Blut war auch etwas von der aufgestauten Anspannung und den bösen Gefühlen von ihr gewichen.

Sie wischte den Dolch an einem der rauhen weißen Handtücher von dem Stapel unter ihrem Bett sorgfältig ab und betupfte die vier sauberen Schnitte auf ihrem Oberschenkel mit Spiritus. Sogar das Brennen des Alkohols machte sie konzentrierter, beherrschter. Sie steckte den Kukri in die Scheide, legte sich auf das Bett zurück und rekapitulierte in aller Ruhe ihr Treffen mit Bernhard und Helix und deren Entscheidung, sie um die Carter-Tötung zu bringen. Jetzt, wo sie alles im rechten Licht sah, war ganz klar, was sie als nächstes tun mußte.

Sie würde den Vater aufsuchen und diesen Punkt mit ihm persönlich klären. Dann konnte sie diese Sache endgültig hinter sich bringen.

Ja, dachte sie und gestattete sich inzwischen, das beruhigende Licht mit den Augenlidern auszusperren. Sie würde zum Vater zurückkehren, und gemeinsam würden sie alles wieder in Ordnung bringen. Und noch während sie sich vorstellte, wie herrlich das wäre, fiel Maria in einen tiefen, traumlosen Schlaf.

# 14 **Boston. GENIUS-Hauptquartier.**

Jasmine war nicht so enttäuscht wie die anderen, die um den ovalen Tisch im Crick-Konferenzsaal saßen, aber wie ihre Mutter immer gesagt hatte: Die Enttäuschung traf einen am härtesten, wenn man am wenigsten mit ihr rechnete.

In den drei Wochen, seit Tom das Projekt Kana ins Leben gerufen hatte, hatte sie alles getan, was man von ihr erwartete. Trotz ihrer Vorbehalte konnte sie guten Gewissens behaupten, daß mehr nicht möglich gewesen war. Das technisch ausgereifteste Genescope war entsprechend nachgerüstet und stand nun einsatzbereit im Crick-Konferenzsaal, der zusammen mit dem angrenzenden Labor vom Rest der Mendel-Suite abgeteilt worden war. Außerdem hatte sie in der IGOR-Datenbank nach Personen geforscht, die ungewöhnliche Gene oder Heilkräfte besaßen. Sie war auf eine Reihe von Namen gestoßen, aber nur auf einen mit einer dokumentierten Fallgeschichte. Daher hatte sie ihre weiteren Nachforschungen auf den Träger dieses Namens konzentriert.

Während der letzten zwei Jahrzehnte hatte sich ein gewisser Keith Anderson aus Guildford in der Grafschaft Surrey in England anscheinend den Ruf erworben, die Symptome von rheumatischer Arthritis lindern zu können. Heilungen schrieb man ihm allerdings nicht zu, noch behauptete er selbst etwas dergleichen, aber es gab zahllose Aussagen von Ärzten und Rheumakranken, denen zufolge er durch bloßes Handauflegen auf die entzündeten Gelenke sofortige Erleichterung bewirkte. Nichts deutete darauf hin, daß der Mann ein Scharlatan war, aber trotzdem gab es zwei Probleme; erstens konnte Jasmine nichts Ungewöhnliches an seinen Genen feststellen, und zweitens war er letzten Juni bei einem Autounfall ums Leben gekommen und eingeäschert worden. Dennoch war Keith Anderson nicht der Grund, warum Tom und die anderen enttäuscht waren.

Als Tom und Jack vor drei Tagen mit ihren Blutproben aus Europa zurückgekehrt waren, war ihre Stimmung überschwenglich, um nicht zu sagen siegesgewiß gewesen. »Mach dir mal keine Sorgen«, hatte Tom gesagt, als ihm Jasmine erzählte, was sie herausgefunden hatte. »Daß wir in IGOR was finden würden, ist sowieso höchst unwahrscheinlich gewesen.« Aber klar doch, dachte Jasmine. Als ob die Erfolgsaussichten viel größer wären, wenn man in der Weltgeschichte herumreiste, um Überreste einer zweitausend Jahre alten Leiche zu finden.

Inzwischen lag jedoch die Genescope-Analyse der Blut- und Gewebeproben vor. Und Jasmine entging nicht, daß die Enttäuschung Tom voll getroffen hatte. Seine anfängliche Euphorie war verdampft wie Regen in der Sonne.

Jasmine ließ ihren Blick über die am Tisch Sitzenden gleiten. Jack und Alex saßen ihr gegenüber, Bob Cooke und Nora Lutz zu ihren Seiten. Der blonde Kalifornier und die bebrillte Labortechnikerin wußten noch immer nichts von Hollys Situation, aber vor drei Tagen waren sie über die Ziele von Projekt Kana informiert worden. Bei der Vorbereitung der Proben für die Genescope-Analyse hatten sich beide als unersetzlich erwiesen. Doch jetzt sahen sie wie alle anderen am Tisch stumm zu, wie Tom im Raum auf und ab schritt.

Bei jedem dritten Schritt blickte Tom auf, starrte vorwurfsvoll auf das in einer Ecke aufragende Genescope und setzte zum Sprechen an, um dann aber nur den Kopf zu schütteln und seine Wanderung fortzusetzen.

Wenn Jasmine ganz ehrlich war, hatte der Umstand, daß es ihr nicht gelungen war, irgendwelche außergewöhnlichen Gene in einer der Blutproben zu finden, recht gemischte Gefühle in ihr geweckt. Selbstverständlich wollte sie Holly helfen, doch als sie die Proben, bei denen es sich angeblich um Überreste Christi handelte, zum erstenmal sah, hatte sie das Gefühl gehabt, ein Sakrileg zu begehen. Sie hatte lieber erst gar nicht an die Möglichkeit denken wollen, Toms Hypothese könnte sich als richtig erweisen. Daher hatte sie die negativen Untersuchungsergebnisse, wenngleich katastrophal, auch mit einem gewissen Maß an schuldbewußter Erleichterung aufgenommen.

Schließlich begann Tom zu sprechen. »Also gut. Ich kann mich damit abfinden, daß Michelle Pickards Blutproben Schwindel sind. Daß das Blut in ihren Wundmalen Blutgruppe Null gehabt haben soll, wo sie doch in ihren Adern Blutgruppe AB hatte, war von Anfang an höchst dubios. Und seit Jack aufgedeckt hat, daß sie von einer befreundeten Krankenschwester regelmäßig Blut für ihren kleinen Schwindel bezieht, brauchen wir uns nicht mehr länger mit ihr zu beschäftigen. Auch was die Sache mit den anderen Proben angeht, kann ich das Ergebnis akzeptieren. Muß ich ja auch, verdammt noch mal.« Er seufzte und sah wieder das Genescope an, als wollte er DAN das Geständnis entringen, daß er sich getäuscht hatte. »Aber sind wir uns, was die Lanciano-Probe angeht, wirklich absolut sicher? Könnten wir da nicht *doch* einen Fehler gemacht haben?«

Jasmine schüttelte den Kopf. »Wir haben die Probe dreimal analysiert.«

»Aber, Jazz, das Alter hat gestimmt; das Geschlecht ebenfalls. Das Blut muß echt sein. Könnte DAN etwas übersehen haben?« Jasmine sah Bob und Nora an. Beide zuckten bloß mit den Achseln und schüttelten den Kopf.

»So leid es mir tut, Tom, aber es kann nicht an irgendeinem Fehler liegen«, erklärte Jasmine. »An der Analyse ist nichts auszusetzen. Es liegt an der Probe. Sie enthält einfach keine besonderen Gene. Jedenfalls nichts, was wir nicht schon in der IGOR-Datenbank gesehen haben.«

»Dann muß es sich um eine Fälschung handeln«, behauptete Tom mit Nachdruck.

Jasmine straffte die Schultern und sagte dann das, was Tom, wie sie wußte, nicht hören wollte: »Oder die Probe ist echt, und seine heilenden Kräfte waren nicht in erster Linie auf seine Gene zurückzuführen.«

Tom reckte das Kinn und verschränkte die Arme über der Brust. »Nein, Jazz. Falls er diese Kräfte besaß, dann müßten sie, ganz gleich, woher er sie hatte, in seinen Genen angelegt gewesen sein.«

Jasmine beschloß, nicht weiter auf diesem Thema herumzureiten, und ließ sich in ihren Sitz zurücksinken. Währenddessen sah Tom stur von einem zum anderen. Es schien, als wollte er sie der Reihe nach herausfordern, ihm zu widersprechen, aber keiner sagte ein Wort. Ganz offensichtlich waren sie sich inzwischen wesentlich weniger sicher als Tom, Christi Gene finden und sich zunutze machen zu können. Selbst Alex, der die Reliquienlisten zusammengestellt hatte, wirkte skeptisch.

Alle schienen dazu zu tendieren, das Projekt Kana als die Schnapsidee zu betrachten, die es gewesen war, und es mit einem anderen Ansatz zu versuchen. Allerdings dachte Tom ganz offensichtlich, daß es diesen anderen Ansatz nicht gab. Als hätte er inzwischen seine ganze Hoffnung auf Kana gesetzt und glaubte, Holly müßte sterben, wenn es ihm nicht gelänge, das Projekt erfolgreich zum Abschluß zu bringen. Wenn Tom erst einmal diesen simplen Schluß gezogen hatte, so wurde Jasmine bewußt, hatte er gar keine andere Wahl mehr, als die Lanciano-Probe als Fälschung zu verdammen.

Sie fühlte sich hin und her gerissen zwischen dem Bedürfnis, ihn zur Vernunft zu bringen, und dem Wunsch, ihn in seinem sturen, zum Scheitern verurteilten Streben zu bestärken, auch wenn sie es selbst nicht gutheißen konnte. »Aber was könnten wir sonst noch tun, Tom?« fragte sie. »Was gäbe es sonst noch für Möglichkeiten? Sag es mir, und ich mache es.«

Tom sah sie lange an, und sein Blick bekam plötzlich etwas sehr Verletzliches. »Ich brauche nur eine mikroskopisch kleine Körperzelle von Jesus Christus. Mehr nicht.«

An diesem Punkt beugte sich Jack vor und sagte mit überraschender Sanftheit: »Aber Tom, selbst wenn so eine Gewebeprobe noch existiert, wo willst du sie herbekommen?«

Jasmine sah, wie Tom sich Alex zuwandte, der jedoch nur den Kopf schüttelte. In diesem Moment hätte sie Tom am liebsten wie ein kleines Kind in die Arme genommen. Zum erstenmal, seit sie ihn kannte, machte ihr Freund den Eindruck, als wüßte er nicht mehr weiter.

❖ ❖ ❖

**Samstag. Beacon Hill.**

Mit dem nächsten Morgen brach einer jener strahlend schönen Märztage an, die einen frühen Sommer versprechen und den Frühling ankündigen. Tom war der herrliche Tag kaum ein Trost. Im Gegenteil, es schien sogar so, als wollte dieser Tag sich über seine Verzweiflung lustig machen, als wollte ihm die Natur zu verstehen geben, das Schicksal eines kleinen Mädchens, *seines* kleinen Mädchens, sei für das Vergehen der Zeit und der Jahreszeiten nebensächlich.

Er saß mit Jack im Wintergarten, und die fahle Sonne fühlte

sich warm an durch das Glas. Sein Freund war zum Frühstück vorbeigekommen, aber sie waren schon eine Weile mit dem Essen fertig. Jetzt beobachteten sie Holly, die draußen im Garten mit ihren zwei Schulfreundinnen riesige Seifenblasen machte. Im Augenblick war Megan an der Reihe. Sie tauchte einen großen, an einem Stab befestigten Plastikring in eine Schüssel mit Seifenlauge. Dann hob sie den rosa Ring heraus und zog gleichzeitig den Schieber am Stab zurück. Dadurch wurde die Fläche im Innern des Rings langsam größer, ohne daß der Film aus Seifenlauge riß. Dann schwang sie den Ring durch die Luft wie ein Torero, der seine Capa einem angreifenden Stier entgegenhält, und ein grotesk geformter bunter Laugenfilm blähte sich hinter dem Ring auf. Einen Augenblick lang schien die nun geschlossene Blase in der kühlen Morgenluft zu zittern, bevor sie gemächlich in den blauen Himmel aufstieg.

Tom mußte wieder an die gestrigen Ergebnisse des Projekts Kana denken, und sofort machte sich wieder dieses Gefühl absoluter Hilflosigkeit in seinem Magen breit. Ironischerweise hatte Hank Polanski, als er ihn gestern abend in der Klinik untersucht hatte, den Eindruck gemacht, als griffe die HIV-Gentherapie bei ihm sehr gut. So sehr dies den Wissenschaftler und Arzt Tom Carter gefreut hatte, so sehr frustrierte es Tom Carter, den Vater. Wenn er doch nur für Holly eine ähnliche Therapiemöglichkeit finden könnte, eine, bei der die Aussicht auf Heilung wenigstens schon mal fünfzehn Prozent betrug.

Er hatte die ganze letzte Nacht im Dunkeln wach gelegen und darauf gewartet, Olivia möge ihm sagen, was er tun solle. Aber diesmal wartete er vergeblich. Er hatte noch einmal die ganze Spezialliteratur über Gehirntumore nachgelesen. Abgesehen von Blaeses bahnbrechenden Arbeiten Mitte der neunziger Jahre, die es ermöglichten, die Entstehung von Glioblastoma medikamentös zu bremsen, hatte es in den fünf bis sechs Jahren danach keine weitere Aussicht auf eine wirksame Therapie gegeben. Und genau besehen hatte sich auch in den drei Monaten, die seit DANs Urteilsspruch im Dezember vergangen waren, nichts geändert, und die Zeit lief ihm immer schneller davon.

Er wandte sich zu Jack. »Vielleicht sollte ich versuchen, mich mit dem Unvermeidlichen abzufinden. Und das Beste aus der Zeit zu machen, die mir noch mit Holly bleibt. Es ist nur, daß ich dann das Gefühl hätte aufzugeben.«

Jack beobachtete die zitternd aufsteigende Seifenblase und seufzte. »Tom, es geht nicht darum, ob du aufgibst oder nicht. Es geht darum, ob du tust, was *für Holly* das Beste ist, und nicht nur, was für dich das Beste ist. Wenn du dich wohler dabei fühlst, dich in deine Arbeit zu stürzen, damit du nicht ständig an Hollys Situation denken mußt, ist das völlig in Ordnung. Aber wenn es zur Folge hat, daß du sie kaum siehst, dann kann das für euch beide nicht gut sein.«

Tom nickte nachdenklich. Jack hatte recht, und er merkte langsam, daß er ohnehin keine große Wahl hatte. »Selbst wenn die Lanciano-Probe nicht echt ist, könnte die Suche nach einer echten Probe von Christi DNS – vorausgesetzt, es existiert überhaupt noch eine – wesentlich länger dauern als die Versuche und Experimente, die unsere Forschungsteams durchführen.«

Jack wandte sich vom Fenster ab und sah ihn an. »Vielleicht ist jetzt der Moment gekommen, an dem du endlich akzeptieren solltest, was unausweichlich passieren wird. Und vielleicht solltest du versuchen, dich darauf einzustellen.«

»Aber es ist so verteufelt *schwer*.«

»Die Sache ist doch die, Tom: Es gibt niemanden, der brennender daran interessiert ist, Holly zu retten, als du. Oder der besser dazu imstande wäre. Wenn also du ihr nicht helfen kannst, mein Freund, kann es niemand. Und was das Projekt Kana angeht: Solange wir keine Gewebeprobe auftreiben können, ist das Ganze bestenfalls eine akademische Übung. Die Entscheidung ist dir längst abgenommen. Alles, was du jetzt noch tun kannst, ist, die Verbesserung der konventionellen Therapiemöglichkeiten zu beschleunigen und das Beste aus der Zeit zu machen, die euch noch bleibt.«

Niedergeschlagen beobachtete Tom, wie Holly den Ring so geschickt handhabte, daß eine noch größere Blase entstand, und wie die drei Mädchen kichernd um sie herumhüpften. Doch plötzlich drehte sich Holly um, rannte auf die Tür des Wintergartens zu und klopfte gegen die Scheibe. »Papi, Onkel Jack, schaut mal!« rief sie mit leuchtenden Augen. »So eine große habe ich noch nie geschafft.«

Tom lächelte und reckte ihr seinen erhobenen Daumen entgegen. Dann standen er und Jack auf und stellten sich an die Scheibe, um besser sehen zu können. Holly winkte und rannte wieder zu ihren Freundinnen und der Seifenblase zurück, die gerade außer Reichweite der hochhüpfenden Mädchen in der Luft schwebte. In der Sonne wirkte ihre Oberfläche wie ein Prisma und verlieh dem bauchigen Gebilde eine schwerfällige, in den Farben des Regenbogens schillernde Schönheit. Trotz seiner gedrückten Stimmung spürte Tom, wie ein zaghaftes Lächeln seine Verzweiflung aufbrach. Er war so vom Anblick der Mädchen gefangen, daß er nicht merkte, wie Marcy Kelly hinter ihm mit der Post in den Wintergarten kam. Erst als sie wieder ging, drehte er sich um und sah den Packen Briefe neben der Yuccapalme liegen.

Ganz automatisch schlenderte er darauf zu und hob sie auf. Während er wieder zurückging, um den Mädchen im Garten beim Spielen zuzusehen, sah er sie flüchtig durch. Es waren zwei gelbbraune Kuverts mit Rechnungen, zwei Einladungen zu Seminarvorträgen, ein Brief von seinem Cousin in Sydney und ein kleiner schwarzer Umschlag mit seiner Adresse in roter Tinte. Der Umschlag war mit einem roten Wachssiegel verschlossen, in das ein Kreuz gedrückt war.

Er drehte den Umschlag um und sah Jack an. Sein Freund zog eine Augenbraue hoch, sagte aber nichts. Tom erbrach das Siegel und öffnete den Umschlag. Er enthielt eine schwarze Karte, ein Flugticket und zwei Fotos. Fotos von ihm.

Bei der Karte handelte es sich um eine Einladung, die er mit wachsender Bestürzung las. Als er sie zu Ende gelesen hatte, war er so fassungslos, daß er noch einmal von vorn beginnen mußte. Und erst nach dem zweiten Lesen gestattete er sich, über die möglichen Konsequenzen dessen, was da stand, nachzudenken.

»Was hast du denn?« Jack war Toms Bestürzung nicht entgangen. »Du siehst ja aus, als hätte dich gerade der Blitz getroffen.«

Tom nickte benommen. Genauso kam er sich vor. Er versuchte das Zittern in seiner Stimme zu unterdrücken, als er die Einladung laut vorlas.

*Sehr geehrter Herr Dr. Carter,*
*wir haben fotografische Beweise für Ihre Bemühungen, eine Probe der DNS Christi zu finden, einschließlich des Diebstahls gewisser Gegenstände aus verschiedenen Kirchen. Sie haben diese Bemühungen Projekt Kana genannt, und Sie verfolgen damit zweifellos das Ziel, die Kräfte in den Genen unseres Herrn Jesus Christus zu entschlüsseln. Wir sind der festen Überzeugung, daß Ihre Suche bisher erfolglos verlaufen ist. Diese Gewißheit entspringt einer simplen Tatsache: Nur wir haben, wonach Sie suchen. Nur wir haben eine echte biologische Gewebeprobe von Jesus Christus.*
*Wir haben auch Kenntnis von Ihrer illegalen Datenbank IGOR, doch zum Zeichen unseres guten Willens verzichten wir darauf, ihre Existenz den Behörden zu melden. Sie brauchen in diesem Stadium nicht zu wissen, wer wir sind, aber ich versichere Ihnen, wir können uns gegenseitig helfen. Wir haben, trotz aller Unterschiedlichkeit, ein gemeinsames Ziel, und wenn Sie uns helfen, unseres zu erreichen, erhalten Sie von uns, was Sie suchen.*
*Alles, was Sie dazu tun müssen, ist, von dem beigefügten Flugticket nach Tel Aviv Gebrauch zu machen, wo Sie am 13. März, also übermorgen, um vierzehn Uhr Ortszeit abgeholt werden. Selbstverständlich müssen Sie allein kom-*

*men. Dieser Vorschlag ist nicht verhandelbar, und jeder Verstoß gegen diese Anweisungen bedeutet den sofortigen Abbruch unserer Beziehungen. Außerdem wären wir dann gezwungen, unseren Entschluß zu revidieren, die maßgeblichen Behörden weder über den Diebstahl der heiligen Reliquien noch über die Existenz von IGOR zu informieren.*

*Im Geist der Hochzeit von Kana, nach der Sie das Projekt benannt haben, hoffe ich, daß wir künftig mit vereinten Kräften unser Ziel verfolgen und gemeinsam die Früchte unserer Bemühungen ernten können.*

»Also das sind die Dreckskerle, die in IGOR rumgeschnüffelt haben«, knurrte Jack, als er die Karte an sich nahm. »Unterschrieben ist sie ja wohl nicht, oder?«

Tom schüttelte den Kopf. »Mit Ausnahme des Siegels, das nicht gerade sehr aufschlußreich ist, gibt es keine Hinweise, von wem das sein könnte.« Tom sah sich die Fotos an: er beim Verlassen der kleinen weißen Kirche von Cittavecchia und eine grobkörnigere Aufnahme von ihm und Jack auf dem Boot mit Dutch und Irish. Als er den Umschlag mit dem Flugticket öffnete, kam ein Ticket für einen Business-class-Flug mit El Al nach Tel Aviv zum Vorschein.

»Ich nehme doch an, du fliegst nicht«, sagte Jack und studierte das Wachssiegel auf dem Kuvert.

»Und ob ich fliege.«

Stirnrunzelnd blickte Jack auf. »Aber das könnte eine Falle des Predigers sein. Überleg doch mal, Tom. Vielleicht spioniert sie dir schon seit Stockholm nach und hat inzwischen herausgefunden, was du vorhast. Und jetzt stellt sie dir eine Falle.«

»Das ist mir egal. Das ist die Chance, auf die ich schon die ganze Zeit warte. Wenn ich auf diesem Weg vielleicht Holly helfen kann, muß ich ihn gehen.«

»Aber es könnte dich auch das Leben kosten. Und Holly zur Vollwaise zu machen hilft ihr auch nicht weiter.«

Tom deutete auf die Einladung in Jacks Händen. »Ohne so eine Chance wird sie nicht lange Waise bleiben.«

»Tom, ich bitte dich. Und wenn es doch der Prediger ist? Was dann?«

Bei dem Gedanken an das Hologramm des Predigers, das er nach seiner Rückkehr aus Sardinien gesehen hatte, stieg heftige Wut in Tom auf. »Darüber wäre ich, ehrlich gesagt, sogar richtig froh.«

»Wie bitte?«

»Abgesehen von dem Wunsch, Holly zu helfen, kann ich die ganze Zeit nur an eines denken: diese Hexe in die Finger zu bekommen, die Olivia umgebracht hat.«

»Okay, okay. Aber dann sollten lieber wir ihr eine Falle stellen. Ganz allein hast du gegen diese Frau nicht die leiseste Chance. Karen Tanner versteht etwas von ihrem Job. Wir könnten ihr von diesem Brief erzählen und dann den Prediger mit Hilfe des FBI unschädlich machen.«

Während sich Tom diesen Vorschlag kurz durch den Kopf gehen ließ, sah er zu, wie seine Tochter mit ihren Freundinnen auf dem Rasen herumalberte. »Aber was ist, wenn es nicht der Prediger ist? Was ist, wenn das Angebot ehrlich gemeint ist? Dann lasse ich mir die einzige Chance entgehen, die ich vielleicht noch habe, sie zu retten.«

»Jetzt überleg doch mal, Tom«, stöhnte Jack. »Es muß der Prediger sein. Lassen wir das Ganze zumindest durch das FBI prüfen.«

Tom drehte sich um und sah Jack in die Augen. »Mein Entschluß steht fest, Jack. Ich möchte auf keinen Fall das FBI einschalten. Sie könnten alles zunichte machen. Lieber sterbe ich bei dem Versuch, Holly zu retten, als daß ich am Leben bleibe, um sie sterben zu sehen. Vor allem, wenn ich Olivia rächen kann. Begreifst du denn nicht, daß das für mich im Moment die Chance meines Lebens ist?«

»So dumm kannst du doch wirklich nicht sein.«

»Denk, was du willst, Jack. Hilfst du mir oder nicht?«

Mit einem resignierten Seufzen schüttelte Jack den Kopf. »Ich vermute nicht, daß ich dich überreden kann, eine Schußwaffe zu tragen. Ich würde dir beibringen, wie man damit umgeht.«

»Auf gar keinen Fall. Wenn der Brief ehrlich gemeint ist, könnte eine Waffe alles verderben.«

Jack stöhnte noch einmal, aber sagte nichts mehr.

Durch das Fenster sah Tom, wie die Seifenblase über den aufgeregt kreischenden Mädchen zerplatzte. Trotz Jacks Vorbehalten ergriff ihn plötzlich heftige Erregung. Seine Verzweiflung war schlagartig verflogen. Er hatte wieder etwas, was er tun konnte. Ein neuer Hoffnungsschimmer.

Er hörte Jack sagen: »Aber dann möchte ich wenigstens ständig wissen, wo du dich gerade aufhältst. Damit ich weiß, wo ich dich finden kann, wenn etwas schiefgeht.«

»Kannst du das denn, ohne daß sie es merken?«

»Nein«, sagte Jack mit einem resignierten Grinsen. »Aber ich kenne jemanden, der es kann.«

# 15 Tel Aviv.

Tom Carter stellte seine Uhr auf dreizehn Uhr achtundfünfzig Ortszeit um und seufzte erleichtert, als die El Al 747 auf dem sonnenüberfluteten Asphalt des Ben-Gurion-Flughafens in Tel Aviv zum Stehen kam. Er vertrug Flugreisen nur geringfügig besser als Bootsfahrten. Nachdem er seinem Polizeischutz entwischt war, hatte er sich am Logan Airport von Holly verabschiedet und den Flug in einem Zustand wachsender Spannung hinter sich gebracht, der jedoch seiner Reisekrankheit nicht den geringsten Abbruch getan hatte. Er machte sich immer noch Sorgen, er könnte, falls ihm übel würde, den Niederfrequenz-Peilsender erbrechen, den Jack ihn hatte schlucken lassen. Jack hatte bereits eine frühere Maschine nach Tel Aviv genommen, um einem »Freund« die nötigen Anweisungen für die Installierung eines Peilgeräts zu geben, mit dessen Hilfe sich feststellen ließ, wo Tom gerade war, ganz egal, wohin ihn seine Gastgeber auch brachten.

In der Sprechanlage begann es zu knistern: *»Danke, daß Sie mit El Al geflogen sind, und vergessen Sie bitte beim Verlassen des Flugzeugs nicht, alle persönlichen Gegenstände mitzunehmen. Im Namen von Flugkapitän David Ury und seiner Besatzung hoffen wir ...«*

Ohne auf die Durchsage zu achten, öffnete Tom seinen Sicherheitsgurt und stand auf. Sein einziges Gepäck war eine Reisetasche, die er in die Maschine mitgenommen hatte. Am Ausgang sagten die Stewardessen ihre Abschiedsfloskeln, und er ging durch eine geschlossene Gangway ins Flughafengebäude. Er spürte ein nervöses Kribbeln im Nacken und versuchte den bereits offenen Kragen seines weißen Leinenhemds noch mehr zu lockern. Als er das Terminalgebäude betrat, tauchte plötzlich ein hochgewachsener Mann neben ihm auf.

»Willkommen, Dr. Carter. Mein Name ist Helix, Helix Kirkham. Wenn Sie mir bitte folgen würden.«

Der Fremde war ein gutaussehender Mann um die Fünfzig, mit schütterem Haar und intelligenten Augen hinter einer dikken runden Brille. Er sah mehr wie ein Akademiker aus als wie ein Killer.

Helix lächelte und streckte eine schlanke Hand aus, die sich kräftig anfühlte, als Carter sie schüttelte. »Ich hoffe, Sie hatten einen angenehmen Flug. Wenn Sie uns Ihren Paß geben würden, können wir Ihnen die lästigen Zollformalitäten ersparen.«

Der englische Akzent, mit dem er sprach, war leicht eingefärbt, als wäre es nicht seine Muttersprache.

Benommen griff Tom nach dem Paß in seinem Baumwollsakko. »Und wo bringen Sie mich hin?« fragte er.

Helix nahm ihm den Paß aus der Hand und reichte ihn rasch

einem der zwei großen Männer, die hinter ihm aufgetaucht waren. Dann erteilte er in einer Sprache, die Tom nicht verstand, ein paar schroffe Befehle, und der Mann eilte in Richtung auf die anderen Passagiere davon.

Helix wandte sich wieder Tom zu und lächelte. »Sie brauchen nicht zu wissen, wohin wir Sie bringen. Aber keine Sorge. Es wird nicht lange dauern.«

Bevor Tom dazu kam, weitere Fragen zu stellen, drehte sich Helix um, ging an zwei bewaffneten Flughafenpolizisten vorbei, die die Treppe zum Rollfeld hinunter bewachten, und eilte über den Asphalt auf einen Chinook-Hubschrauber zu.

»Kommen Sie!« forderte Helix ihn auf. »Wir werden alle Ihre Fragen beantworten, wenn wir da sind.«

Als Tom ihm folgte, ging der dritte Mann neben ihm her. Keiner der beiden Männer war ihm vorgestellt worden, aber Tom spürte, daß sie hier waren, um zu verhindern, daß er es sich in letzter Minute noch einmal anders überlegte. Der Mann, der seinen Paß an sich genommen hatte, war mittelgroß und unscheinbar. Ganz anders der Mann rechts neben ihm. Er strahlte unverkennbare Autorität aus und war eindeutig nicht nur ein einfacher Leibwächter. Er war groß, fast so groß wie Tom, und kräftig gebaut. Sein blauschwarzes Haar war kurz geschoren, und aus dem feingeschnittenen Gesicht blickten einem rauchgrüne Augen entgegen. Hätte Tom nicht gewußt, daß der Prediger eine Frau war, hätte er den Mann mit den rauchgrünen Augen für einen aussichtsreichen Kandidaten für diese Rolle gehalten. Es ging etwas greifbar Bedrohliches von ihm aus. Sogar dem Namen, mit dem Helix ihn angesprochen hatte, haftete etwas Beängstigendes an. Gomorrah war schwerlich ein gewöhnlicher Name.

Bis sie den Hubschrauber am Ende des Rollfelds erreicht hatten, war der Mann mit Toms Paß zurückgekehrt. Helix händigte ihn ihm wieder aus und half ihm in den Chinook. Sobald sie eingestiegen waren, hörte Tom die Tür hinter sich zufallen. Nun war er im Bauch des Hubschraubers eingeschlossen. Er mußte an Jacks Warnungen denken und wie er sie in den Wind geschlagen hatte.

Dann dachte er an Holly. Als er sich gestern abend von ihr verabschiedet hatte, hatte sie gespürt, daß diese Reise etwas Besonderes war. Sie hatte ihn sogar gefragt, wohin er fliegen müsse und warum. Das war etwas, was sie sonst nie tat. Er hatte ihr gesagt, er wolle jemandem, der schwer krank sei, helfen, und das hatte sie sofort verstanden. Es war für Holly das, was den Beruf ihres Vater ausmachte. Er mußte daran denken, wie ihre Englischlehrerin Mrs. Hoyt die Klasse einmal aufgefordert hatte, in einem Satz zu sagen, was ihre Eltern beruflich machten. Hollys Antwort hatte die Sache auf den Punkt gebracht: »Mein Papa sorgt dafür, daß Leute nicht sterben müssen.«

Während er sich nun im dunklen Innern des Hubschraubers umsah, sagte er sich immer wieder, daß er das auch jetzt gerade tat. Er hatte sich auf diese Reise ins Unbekannte eingelassen, damit Holly nicht sterben mußte. Es war richtig gewesen, nicht auf Jacks Rat zu hören. Ich hatte keine andere Wahl, sagte er sich wieder. So einfach war das.

Trotzdem schluckte er nervös, als er das Knattern der Rotoren einsetzen hörte und spürte, wie der Hubschrauber wenige Sekunden später vom Boden abhob. Jetzt gab es kein Zurück mehr. Sein Magen sackte nach unten, und er hoffte, er müßte sich nicht übergeben. Er wünschte sich, Jack wäre bei ihm, damit er sich an seinem Mut aufrichten könnte.

Vor allem, als ihm Gomorrah seinen Arm entgegenstreckte.

Er hielt etwas in der Hand, das aussah wie ein elektrischer Rasierapparat mit einer Reihe blinkender roter Lichter an einer Seite. Tom saß reglos da, während der Mann seine Reisetasche, seine Schuhe und seine Kleider mit dem Gerät kontrollierte. Als er merkte, daß er nach Ortungshilfen abgesucht wurde, holte er tief Luft. Er hatte den Peilsender nur geschluckt, weil ihm Jack versichert hatte, daß er »auf dem neuesten Stand der Technik« sei und garantiert nicht zu entdecken. Aber seine Sorge erwies sich als unbegründet. Schon nach kurzem wich die Anspannung aus den rauchgrünen Augen, und Gomorrah nickte Helix zufrieden zu.

»Entschuldigen Sie bitte diese Sicherheitsmaßnahmen«, sagte Helix achselzuckend, »aber sie sind leider nötig.«

Fest entschlossen, sich seine Angst nicht anmerken zu lassen, nickte Tom. Doch gerade als die Anspannung von ihm abzufallen begann, griff Gomorrah in seine Tasche und holte eine Augenbinde heraus. Tom war sicher, ihm würde übel, wenn er nichts sehen könnte, und abgesehen davon, daß er dann den Peilsender verloren hätte, wollte er auf keinen Fall, daß seine Gastgeber, oder Feinde, diese Schwäche von ihm mitbekämen. Als ihn Gomorrah in perfektem, akzentfreiem Englisch aufforderte, sich vorzubeugen, überlegte Tom, ob er sich wehren sollte. Doch dann biß er die Zähne zusammen und ließ sich von dem Mann das ranzig riechende Tuch um den Kopf binden. Denk an Holly, sagte er sich wieder.

Der Übergang von Halbdunkel zu völliger Finsternis, als ihm die Binde umgebunden wurde, verursachte ihm heftige Übelkeit. Doch wie um den Verlust des Sehvermögens zu kompensieren, konnte er besser hören und riechen; außerdem reagierte er empfindlicher auf jede Bewegung des Hubschraubers. Er nahm ganz deutlich den Öl- und Schweißgeruch im Innern des Chinook wahr. Und sobald ihm die Augen verbunden worden waren, hatten seine Begleiter begonnen, sich miteinander zu unterhalten, als glaubten sie, die Augenbinde mache ihn auch taub, oder nicht existent.

Ihre unverständlichen gutturalen Laute drangen durch das Dröhnen des Motors. Die Angst schnürte ihm den Brustkasten zusammen, und in seinem Bauch rumorte es. Er fühlte sich, als wäre er in eine dicke, erstickende Decke eingehüllt. Er wollte sich die Binde herunterreißen, die Tür des Hubschraubers aufziehen und die Luft und das Licht draußen einsaugen. Aber er tat nichts dergleichen. Statt dessen hielt er seine Hände vor den Mund, füllte seine Lungen mit seinem eigenen ausgeatmeten Atem und zwang sich, an die Helligkeit und Geräumigkeit seines gläsernen Labors zu denken. Zumindest tust du etwas, hielt er sich wieder vor Augen. Das war auf jeden Fall besser, als nichts zu tun: den Dingen einfach ihren Lauf lassen.

*Den Dingen einfach ihren Lauf lassen.*

Eingelullt vom rhythmischen Dröhnen des Motors und vom Schlagen der Rotorblätter, richtete sich seine Aufmerksamkeit nach innen. Dem Motorengeräusch lag ein regelmäßiges Rattern zugrunde, das ihn an ein Geräusch aus seiner Kindheit erinnerte, an den Sommer im Jahr 1974, an einem Tag nicht lange nach seinem zwölften Geburtstag.

❖ ❖ ❖

*Die Vorhänge im Schlafzimmer sind zugezogen. Es ist dunkel, und die kaputte Klimaanlage rattert rhythmisch vor sich hin. Der Raum ist leer. Er schenkt dem glatten, weißen Blatt Papier auf dem Bett keine Beachtung und stürzt auf die geschlossene Tür des angrenzenden Bads zu. Natürlich klopft er, aber er ist furchtbar aufgeregt und weiß, daß er den Griff nur zweimal herumzudrehen braucht, um das alte Schloß aufzubekommen. Deshalb wartet er nicht auf eine Antwort, sondern platzt einfach hinein.*

*Zuerst kann er wegen des vielen Dampfs, der aus der Badewanne aufsteigt, nichts erkennen. Dann hört er seine Mutter in einer Stimme, die sich nicht wie ihre eigene anhört, sagen:*

*»Mach bitte die Tür zu, Schatz, und laß mich einen Moment allein.«*

*»Was ist denn, Mami?« Irgend etwas in ihrer Stimme dämpft seine Begeisterung, und statt dessen bekommt er ein seltsam flaues Gefühl im Bauch. »Papi hat gesagt, wir müssen gleich los. Der Film fängt um …« Und dann, nachdem er die Tür geschlossen hat, dreht er sich wieder um und sieht, was ihm sein ganzes Leben lang nicht mehr aus dem Kopf gehen wird.*

*Selbst damals schon hat Tom gewußt, daß seine Mutter krank war. Das haben ihm die Besuche im Krankenhaus ver-*

*raten. Spät nachts hat er das Wort Krebs flüstern gehört, aber er kann sich nichts Rechtes darunter vorstellen. Und schon gar nicht weiß er, daß sie seit Monaten gegen den Tumor kämpft, der in ihrem Hirn heranwächst, daß er ihre Persönlichkeit verändert und ihr unsägliche Schmerzen bereitet hat.*

*Als sich der Dampf lichtet, sieht er seine Mutter nackt in der vollen Badewanne liegen. Ihr Gesicht ist totenblaß, das Wasser rosa verfärbt. Über jedes ihrer Handgelenke zieht sich ein schaurig roter Schnitt.*

*Zuerst kann er einfach nicht begreifen, was er sieht.*

*»Mami, du blutest ja«, stößt er entsetzt hervor. »Was ist passiert? Bist du hingefallen? Fehlt dir was?«*

*»Es tut mir furchbar leid, Schatz. Ich wollte nicht, daß du mich so siehst.«*

*Sein erster Impuls ist, aus dem Bad zu laufen und seinen Vater zu holen.*

*Aber seine Mutter sagt: »Tom, mein Liebling, mir fehlt nichts. Ehrlich. Hab keine Angst. Es tut überhaupt nicht weh.«*

*Er geht zur Tür. »Ich hole Papa.« Die Kehle hat sich ihm so fest zusammengeschnürt, daß er keinen Ton herausbekommt, aber irgend etwas in der Stimme seiner Mutter hält ihn davon ab, die Tür zu öffnen. Den flehentlichen Unterton, der darin mitschwingt, hat er noch nie gehört.*

*»Nein, hol Papa nicht. Noch nicht.«*

*»Aber warum nicht, Mami? Warum nicht?« Seine Unterlippe zittert unkontrolliert. Allmählich dämmert es seinem jungen Verstand, daß sich das seine Mutter selbst angetan hat.*

*»Ich muß mich ausruhen, Schatz. Mein Körper hat sich gegen mich gewendet. Aber ich liebe dich und Papi so sehr. Das wirst du ihm doch sagen, ja? Aber erst später. Okay?«*

*Er will unbedingt aus dem Bad, aber der Blick seiner Mutter ist so gequält. Wenn er Papa holt, wird er sie nur daran hindern zu gehen. Und obwohl er mehr als alles in der Welt will, daß seine Mutter bleibt, erscheint es ihm nicht richtig, sie zum Bleiben zu zwingen.*

*»Setz dich, mein Schatz. Bleib bei mir und zeig mir, wie gut du schon zählen kannst.«*

*Er hat das seltsame Gefühl, neben sich zu stehen und sich selbst zu beobachten. Er sieht sich wie betäubt zu dem Stuhl neben dem Wäschekorb gehen. Er schiebt die Armbanduhr, den Armreif und die Halskette, die seine Mutter ordentlich darauf gelegt hat, beiseite und setzt sich.*

*»Zähl für mich, wie du immer für mich gezählt hast, als du noch klein warst«, hört er sie sagen. »Die Primzahlen. So weit du kommst.« Ihre Augen sind so traurig, daß ihm fast das Herz bricht. Er beugt sich vor und kniet neben der Badewanne nieder. Dann streichelt er zärtlich ihre Stirn, genau so, wie sie es bei ihm gemacht hat, wenn er krank war. Trotz des Dampfs fühlt sich ihre Haut klamm und kalt an. Deshalb legt er seine kleinen Hände auf ihre Stirn, in der Hoffnung, seine Körperwärme könnte sie wärmen und irgendwie bewirken, daß es ihr wieder gutgeht. Und dann beginnt er zu zählen, genau, wie ihn seine Mutter gebeten hat: »Eins, zwei, drei, fünf, sieben, elf, dreizehn, siebzehn, neunzehn, dreiundzwanzig ...«*

❖ ❖ ❖

Erst als er bei zweihundertsechsundneunzig angelangt war, der Zahl, bis zu der er kam, als sie starb, wurde Tom Carter wieder in die Gegenwart zurückgerissen. Der Lärm des Hubschraubermotors hörte sich jetzt überhaupt nicht mehr wie die Klimaanlage damals vor vielen Jahren im Schlafzimmer seiner Eltern an. Er mußte sich sehr anstrengen, um auch nur eine vage Ähnlichkeit herauszuhören.

Bis zum heutigen Tag wußte Tom nicht, ob er beim Selbstmord seiner Mutter hätte eingreifen sollen. Die Schuldgefühle waren geblieben. Sein Vater hatte ihn zu überzeugen versucht, daß er das Richtige getan hätte. Aber Tom wußte, tief in seinem Innern bedauerte es Alex zutiefst, daß ihn sein Sohn nicht gerufen hatte und daß er nicht einmal auf Wiedersehen zu der

Frau hatte sagen können, die er so sehr geliebt hatte, daß er nie wieder heiraten sollte.

Als er älter und verständiger geworden war, hatte Tom nur zwei Gewißheiten aus diesem Erlebnis gewonnen. Die erste war: Wenn ein vorbildlicher Mensch wie seine Mutter mit Krebs geschlagen werden konnte, dann konnte es keinen Gott geben, der es wert war, daß man an ihn glaubte, geschweige denn, ihn verehrte. Und wenn es eine höhere Macht gab, die den Kosmos regierte, dann war sie eine grausame, blinde Glücksgöttin, die sich als Mutter Natur verkleidete. Und nur die Wissenschaft bot eine Möglichkeit, das Glück zugunsten der Menschen zu wenden.

Die zweite Gewißheit war, daß er das nächste Mal, wenn jemand seine Hilfe bräuchte, so gut wie möglich ausgerüstet sein wollte, sie zu leisten. Schon in seiner Jugend hatten seine Idole weiße Kittel getragen und Skalpelle geführt oder in Mikroskope geblickt, um gegen Krankheit und Tod zu kämpfen. Ihm war von Anfang an klar gewesen, daß er mehr werden müßte als nur ein Arzt oder »Menschenmechaniker«, um diesen Kampf zu gewinnen. Deshalb war er Genforscher geworden. Und er hatte diesem Kreuzzug nicht sein ganzes Leben gewidmet, um jetzt, wo ihn seine Tochter so dringend brauchte, tatenlos die Hände in den Schoß zu legen.

Der Hubschrauber geriet in heftige Turbulenzen, die seinen Magen in hellen Aufruhr versetzten. Er brauchte mehrere Sekunden, um zu merken, daß der plötzliche Höhenverlust darauf zurückzuführen war, daß der Hubschrauber zur Landung ansetzte. Mit einer Mischung aus Aufregung und Angst wurde ihm klar, daß er fast am Ziel angelangt war.

Während er sich auf die Landung vorbereitete, versuchte er zu schätzen, wieviel Zeit seit dem Abflug vergangen war, aber er war so in seine Gedanken versunken gewesen, daß er in der Dunkelheit jedes Zeitgefühl verloren hatte. Sie hätten eine Stunde oder vier unterwegs gewesen sein können. Plötzlich kam es zu einem abrupten Anschwellen des Motorengeräusches und einem letzten Erschaudern, und dann spürte er, wie der Hubschrauber aufsetzte.

»Wir sind da«, sagte Helix auf seiner rechten Seite.

Voller Erleichterung hörte er, wie die Tür aufging, und er konnte sogar durch die dicke Augenbinde etwas Licht dringen sehen. In die Kabine wehte warme, trockene Luft und wirbelte darin herum wie ein wohltuender Balsam, der seine Übelkeit vertrieb. Er konnte Staub und Sand und einen Hauch von Gewürzen riechen. Als er tief durchatmete, spürte er, wie sich seine Muskeln einer nach dem anderen entkrampften. »Kann ich die Binde jetzt abnehmen?«

»Noch nicht«, antwortete Helix, der ihn am Arm nahm und ihm aus dem Hubschrauber half. »Aber bald.«

Als sich Tom blind die wackligen Stufen hinabtastete, stoben zahllose von den auslaufenden Rotoren aufgewirbelte Sandkörner in sein Gesicht. Die Sonne stach in seinen Nacken, und sein Mund fühlte sich trocken an, als seine Füßen den unebenen Sandboden fanden und er weggeführt wurde.

Schließlich erstarb der Motor, und das plötzliche Fehlen von Geräuschen war für ihn wie einen Schock. Außer dem Wispern des trockenen Winds und einigen knappen Worten, die seine Begleiter wechselten, war nichts zu hören. Kein Verkehr. Keine fernen Stimmen. Nichts. Nur das Geräusch seines eigenen Atems und das Schlurfen seiner Schritte im Sand. Er fühlte sich sehr allein, aber die heiße Luft, der sandige Boden und der schwache Anflug von Licht, der durch die dicke Augenbinde drang, machten ihm Mut.

Schon nach wenigen Schritten spürte er, wie der Sand unter seinen Füßen festerem Untergrund wich und die Sonnenhitze nicht mehr auf seinen Rücken brannte. Aus dem veränderten Klang seiner Schritte schloß er, daß er ein Gebäude betreten hatte. Arme zogen ihn tiefer in die Kühle hinein. Dann hielten sie ihn plötzlich an.

»Vorsicht, eine Treppe«, warnte die Stimme von Helix.

Behutsam verlagerte er das Gewicht auf sein gesundes Bein,

streckte seinen rechten Fuß ins Leere und senkte ihn. Der Schritt ging so tief nach unten, daß er einen entsetzlichen Augenblick lang dachte, er stünde am Rand eines Abgrunds. Doch gerade als er das Gleichgewicht zu verlieren drohte, setzte sein Fuß auf hartem Stein auf. So hohe Stufen waren ihm noch nie begegnet. Tiefer und tiefer stieg er hinab, und um nicht zu fallen, hielt er sich dabei an einem als Handlauf dienenden Seil fest.

Plötzlich kam ihm der naheliegende Gedanke: *Wenn du noch am Leben bist, dann müssen sie auch meinen, was sie sagen. Vielleicht haben sie tatsächlich, was du suchst.*

Gleichzeitig ergriff ihn eine heftige Erregung. Je weiter er die gigantische Wendeltreppe hinabstieg, desto mehr verflog seine Angst. Und an ihre Stelle trat eine kaum noch zu ertragende Spannung.

Als er schließlich den Fuß der Treppe erreichte, forderten ihn seine Begleiter auf, sich zu bücken, und führten ihn eilig einen, wie es sich anhörte, engen Gang hinunter. Er stieß sich den Kopf an der niedrigen Decke an, und das laute, von den Wänden widerhallende Geräusch ihrer Schritte auf dem harten Boden war fast zu viel für seine inzwischen überempfindlichen Ohren.

Dann, ähnlich dem Plätschern eines reißenden Flusses, der sich in einen großen See ergießt, hörte er, wie das dröhnende Echo ihrer Schritte weicher und tiefer wurde, als der schmale Gang in einen größeren Raum mündete.

Er wurde abrupt zurückgehalten, sein rascher Schritt zu einem gemächlichen Schlendern gebremst. Es roch wie in den Kirchen, die er in seiner Kindheit besucht hatte: nach trockenem Staub und alter Religion. Der Weihrauchduft war nicht lästig; er hing, zusammen mit dem beißenden Rauch von Kerzenwachs, in der Luft. Das erstaunlichste war jedoch die Akustik des Ortes. Die hohle Stille ringsum schien zu leben, wie etwas, das man anfassen konnte. Er ertappte sich dabei, daß er ganz behutsam auftrat, um jedes laute Geräusch zu vermeiden, das das Echo in seine empfindlichen Ohren zurückwerfen könnte.

Schließlich wurde er angehalten, und gerade als die Anspannung von ihm abzufallen begann, packte ihn eine kräftige Hand an der Schulter, und er spürte, wie die eisige Liebkosung von Stahl seinen Nacken streifte.

## 16 Südjordanien.

Maria Benariac mußte lächeln, während sie ihren gemieteten Range Rover einen Gang herunterschaltete. Durch nichts gestört, was nach Leben aussah, lag die weite Wüstenlandschaft ringsum vollkommen reglos da. In ihrem vollklimatisierten Kokon durch dieses Meer aus Sand zu fahren erfüllte sie mit tiefem Frieden. In der Ferne konnte sie ganz schwach die fünf Felssäulen erkennen, die wie die hoch aufgerichteten Bugspitzen sinkender Schiffe aus der Wüste aufragten. So guter Dinge war sie nicht mehr gewesen, seit sie in dieser finsteren Nacht vor drei Tagen beschlossen hatte, den Vater aufzusuchen. Deshalb fragte sie sich inzwischen, warum sie nicht früher auf die Idee gekommen war, ihn zu besuchen.

Sie war schon mehrere Male in der Höhle des Heiligen Lichts gewesen, aber nie unangemeldet. Da jedoch heute eines der planmäßigen Treffen Ezekiels mit den Meistern des Ersten und Zweiten Ziels stattfand, wußte sie, daß der Vater da wäre. Sie war sich sicher, daß nach ihrem Treffen mit ihm die Entscheidung bezüglich Dr. Carters rückgängig gemacht werden würde.

Die Sonne stand hoch am kobaltblauen Himmel, und während der Wagen sie durch die weglose Weite trug, ließ sie ihren Gedanken freien Lauf. In ihrer Phantasie war sie die verlorene Tochter, die in die Arme des Vaters zurückkehrte, und sie merkte, wie sehr sie sich danach sehnte, ihn wiederzusehen. Sie hatte fast fünf Monate nicht mehr von Angesicht zu Angesicht mit Vater Ezekiel gesprochen und konnte es kaum erwarten, sein Gesicht zu sehen, wenn er von ihrem Überraschungsbesuch erfuhr. Ja, sie war zuversichtlich, er würde sich freuen und ihr gestatten, ihren Auftrag zu Ende zu führen. Hatte er ihr nicht immer gesagt, daß sie die geborene Nemesis war und niemand so viel Talent und Hingabe für die Gerechten Säuberungen mitbrachte? Lächelnd erinnerte sie sich an die erste Tötung, die ihn auf sie aufmerksam gemacht hatte.

❖ ❖ ❖

*Der fünfzehn Jahre alten Maria Benariac fällt der Entschluß, Pater Angelo umzubringen, nicht leicht, aber es überrascht sie, wie bald sich ihr eine ideale Gelegenheit bietet.*

*Zwei Ereignisse führen zu ihrem Entschluß. Eines ist der Selbstmord von Schwester Delphine, einer jungen Novizin im Waisenheim, das andere die dritte Vergewaltigung durch Pater Angelo.*

*Nach der ersten Mißhandlung besteht er darauf, sie bei jedem seiner Besuche im Waisenheim zu einer »Besserungssitzung« zu sich zu rufen. Natürlich zwingt die ahnungslose, kriecherische Oberin sie zu gehorchen. Sie sagt Maria, sie solle dankbar sein, daß sich der große Mann so viel Zeit für sie nehme.*

*Maria versucht sich zu verstecken, als er das zweite Mal zu Besuch kommt, aber er läßt sie suchen, und als er sie während der Sitzung vergewaltigt, ist er noch brutaler als beim ersten Mal. Sie überlegt, ob sie Mutter Clemenza die blauen Flecken zeigen soll, aber sie weiß, es hat keinen Sinn.*

*Beim dritten Mal fesselt er sie, als sie sich wehrt. Als er in sie hineinstößt, sagt er ihr, sie solle nie vergessen, daß sie völlig machtlos gegen ihn ist; daß sie seine Sklavin ist und sich damit abfinden muß. Danach brüstet er sich damit, daß sie nicht die einzige ist; daß er sich sogar an einigen der jungen Nonnen vergeht.*

*Zehn Tage später wird Schwester Delphine an dem Balken über ihrem Bett hängend aufgefunden. Sie ist im vierten Monat schwanger und wollte nicht länger mit ihrer Schmach leben. Kein Mensch hat eine Ahnung, wer der Vater sein könnte.*

*Außer Maria.*

*An diesem Punkt wird ihr klar, daß sie Pater Angelo umbringen muß, wenn sie nicht genauso enden will. Sie kann sonst nirgendwo hin. Und sie muß es so tun, daß kein Verdacht auf sie fällt. Sie hat es satt, bestraft zu werden.*

*Als Pater Angelo zwei Wochen später wieder ins Waisenheim kommt, spielt sie die Unterwürfige, ein Kind, dessen Willen gebrochen ist. Und als er ihr sagt, daß er an diesem Abend in Calvi logiert und Vorkehrungen getroffen hat, daß sie ihn heimlich in seinem Hotelzimmer aufsuchen kann, erklärt sie sich widerspruchslos bereit zu kommen.*

*Er muß über ihre neue Gefügigkeit lächeln, und als er geht, drückt er ihr den Hotelschlüssel und hundert Francs in die Hand. »Wenn du nach Mitternacht aus dem Heim schleichst und ein Taxi in die Stadt nimmst, wird niemand etwas merken. Benutze den Seiteneingang des Hotels, damit dich niemand sieht. Ich sorge dann schon dafür, daß du rechtzeitig zum Morgengrauen wieder zurück bist.«*

*Maria steckt das Geld ein, hat aber nicht vor, ein Taxi zu nehmen. Am Nachmittag begibt sie sich in die Küche, um wie üblich die Abfallkübel auszuleeren. Als sie geht, hat sie das längste Messer, das sie finden kann, unter ihren Röcken versteckt. Dann geht sie in die Wäscherei und nimmt mehrere schmutzige Kleidungsstücke von dem großen Haufen, den sie morgen früh waschen soll. Schließlich geht sie in den Fahrradschuppen, holt Mutter Clemenzas Fahrrad heraus und versteckt es im dichten Gebüsch am Haupttor.*

*Den Rest des Tages verbringt sie mit der Verrichtung ihrer Aufgaben. Sie versucht nicht an ihr Vorhaben zu denken. Sie wünscht sich, sie hätte Freundinnen, mit denen sie reden könnte, aber die anderen Mädchen haben sie schon immer als schwierig betrachtet, und sie war immer als Außenseiterin abgestempelt. Als sie schließlich zu Bett geht, liegt sie zitternd vor Angst und Aufregung da. Es besteht keine Gefahr, daß sie vor dem vereinbarten Zeitpunkt einschläft.*

*Pater Angelo hat den Tod verdient, da ist sie ganz sicher. Seinem Treiben muß Einhalt geboten werden, bevor er jemand anderem weh tut oder bevor er sie, Maria, umbringt. Er trägt das geistliche Gewand, aber er handelt wie ein Diener des Teufels. Gott will, daß sie ihn tötet. Sie ist Gottes Werkzeug und wird den Herrn, ihren Gott, ebenso rächen wie sich selbst. Was sie vorhat, ist eine gute und gerechte Sache.*

*Sie wartet bis fünfunddreißig Minuten nach Mitternacht, ehe sie sich auf den Weg macht. Alle liegen in tiefem Schlaf, als sie in den schmutzigen Kleidern aus dem Schlafsaal schleicht. Ihre sauberen hat sie in einer Plastiktüte dabei. Es ist ganz einfach, aus dem Gebäude zu kommen und das Fahrrad aus seinem Versteck zu holen. Die klare Nachtluft ist kühl, aber bis sie am Jachthafen ankommt, ist sie schweißüberströmt. Sie stellt das Fahrrad ein Stück hinter dem Hotel ab, verbirgt ihr Gesicht unter einem Tuch und geht auf den Hotelparkplatz. Mit dem Schlüssel schließt sie den Seiteneingang auf.*

*Sein Zimmer ist im ersten Stock, aber auf dem Weg dorthin begegnen ihr keine anderen Gäste. Sie ist überrascht, wie ruhig sie ist, jetzt, wo sie hier ist und weiß, daß es kein Zurück gibt. Leise klopft sie an Pater Angelos Tür. Fast sofort erscheint sein pockennarbiges Gesicht. Seine Augen leuchten vor Gier. Er blickt kurz nach links und rechts, zieht sie in das Zimmer und schließt die Tür.*

*»Schön, daß du gekommen bist, mein Kind«, sagt er.*

*Sie findet kaum Zeit, sich in dem schön eingerichteten Zimmer umzusehen, als er bereits seine Kutte auszieht und mit erigiertem Penis vor ihr steht.*

*Ohne sich die Mühe zu machen, sie auszuziehen, zwingt er*

*sie auf die Knie und hält laut stöhnend ihr Gesicht an sein steifes Glied. »Erweise mir deine Reverenz«, sagt er.*

*Wieder wundert sie sich, wie ruhig sie ist. Das Entsetzen, das sie während der Vergewaltigungen befallen hat, stellt sich nicht mehr ein. Statt dessen hat sie ein Gefühl von Macht, so, als hätte sie alles fest im Griff. Sie blickt zu ihm hoch, öffnet den Mund und bewegt sich auf ihn zu. Sie sieht, wie er von oben auf sie herablächelt. Gleichzeitig tastet sie mit der rechten Hand nach dem Messer im Bund ihres Rocks und zieht es heraus.*

*Sie hat an das Blut und den Lärm gedacht, und möchte beides so weit wie möglich vermeiden. Deshalb tut sie es schnell, als sie es tut. Noch während sie ihm mit der rechten Hand den Penis abschneidet, greift sie mit der linken nach dem Kissen auf seinem Bett und drückt es ihm ins Gesicht, um seine Schreie zu ersticken. Zuerst wirkt er mehr überrascht als von heftigen Schmerzen befallen: als könne er nicht glauben, daß ihm jemand so etwas antut.*

*Doch dann knicken ihm die Beine ein, und als er sich an den Unterleib faßt, stößt sie ihn rücklings auf das Bett. Fassungslos vor Entsetzen starrt er sie an. Er versucht zu schreien und sich zu wehren, aber sie springt auf ihn, stopft ihm den Baumwollbezug des Kissens in den Mund und knebelt ihn. Dann bindet sie ihm mit den Bettlaken, die rot von Blut sind, die Hände zusammen. Alles ist voll Blut, aber ohne je Ekel zu empfinden, wird sie von einem regelrechten Rausch erfaßt.*

*Während er sich vor Schmerzen auf dem Bett windet, tastet sie auf dem blutverschmierten Teppich herum, bis sie findet, was sie sucht. Dann klettert sie wieder auf das Bett und lächelt ihrem Peiniger ins Gesicht. »Sag mir«, fragt sie ihn, »war Schwester Delphine auch eine deiner Sklavinnen? Wenn du mir ehrlich antwortest, hole ich einen Arzt.« Wie berauscht von ihrer Macht, hält sie ihm seinen abgetrennten Penis vor seine weit aufgerissenen Augen. »Du kannst ihn immer noch retten. Hast du sie auch vergewaltigt?«*

*Er starrt auf das schrumpelige Ding in ihrer Hand.*

*»Sag es mir! Nicke für ja.«*

*Langsam nickt er.*

*»Gut.« Sie zieht ihm den Kopfkissenbezug aus dem Mund, doch als er ihn öffnet, um zu schreien, steckt sie ihm seine abgetrennte Männlichkeit hinein und stopft den Kopfkissenbezug hinterher. »Wer ist jetzt der Sklave?« fragt sie, und dabei blickt sie in seine vortretenden Augen und hört ihn würgend und keuchend nach Luft schnappen.*

*Ganz ruhig beobachtet sie seinen Todeskampf, und als seine Pupillen ein letztes Mal flackern, erfüllt sie ein Gefühl tiefer Genugtuung. Nachdem er endlich tot ist, steigt sie vom Bett und schreibt mit ihrem Messer auf den noch weißen Teil der Bettlaken:* Auge um Auge, Zahn um Zahn. *Dann zieht sie ihre blutigen Kleider aus, duscht im Bad, säubert das Messer und schlüpft in ihre sauberen Kleider. Die blutigen Kleider stopft sie in die Plastiktüte. Zufrieden, daß der Gerechtigkeit Genüge getan ist, wirft Maria einen letzten Blick auf die blutige Szene und verläßt, ohne Pater Angelo die starren Augen zu schließen, das Zimmer.*

*Erst als sie den Gang entlanggeht, bemerkt sie die Silhouette eines Mannes, der im Dunkeln neben Pater Angelos Zimmer steht. Sie zieht sich das Tuch fester ums Gesicht und versucht ihn nicht zu beachten, als sie aus dem Hotel flieht. Aber als sie auf dem Rad nach Haus fährt, spürt sie, daß ihr jemand folgt.*

*Zurück im Waisenheim, fühlt sie sich endlich in Sicherheit. Sie hat das Messer und das Fahrrad zurückgebracht, die bluttränkten Kleider unter dem Haufen mit Schmutzwäsche versteckt und ist ins Bett gekrochen. Sie denkt sogar, daß sie sich den Mann im Dunkeln vielleicht nur eingebildet hat. Sie war nur fünfundfünfzig Minuten fort aus ihrem Bett. Es kann unmöglich jemand wissen, daß sie Pater Angelo umgebracht hat.*

*Doch eine Woche später, als Mutter Clemenza sie zu sich ruft, stellt Maria fest, daß sie sich getäuscht hat.*

*Die Kröte steht unter einem schweren Schock, seit Schwester*

*Delphine Selbstmord begangen hat und Pater Angelos Leiche entdeckt wurde. Doch das erklärt nicht ihr seltsames Verhalten, als Maria ihr Arbeitszimmer betritt. Die Kröte ist freundlich, fast mütterlich. Maria kann nur vermuten, daß es etwas mit dem verhutzelten Mann mit den schwarzen Augen zu tun hat, der ihr in einem dunklen Anzug gegenübersitzt. Die Kröte lächelt und deutet servil auf den kleinen Mann.*

*»Guten Tag, Maria. Du hast Besuch.« Das sagt sie, als wäre Maria so beliebt, daß sie ständig Besuch bekommt. »Der Herr möchte mit dir sprechen.«*

*Maria stockt der Atem. Sie kann sich bereits denken, worüber der Mann mit ihr reden will. Aber was könnte sie am Tatort für Spuren hinterlassen haben, die ihn auf ihre Fährte gebracht hatten? Woher konnte dieser Mann wissen, daß sie es war, die Pater Angelo umgebracht hat?*

*Plötzlich steht die Kröte auf und geht zur Tür ihres Arbeitszimmers. »Nun, ich bin sicher, Sie haben viel zu besprechen. Darum lasse ich Sie lieber allein.«*

*Aus Höflichkeit steht der Mann auf und sagt: »Ich möchte nicht gestört werden.« Seine Stimme läßt seine Worte wie einen Befehl klingen.*

*Mutter Clemenza wischt sich die Handflächen an ihrer Kutte ab und lächelt nervös. »Ganz wie Sie wünschen.«*

*Maria staunt. Noch nie hat Mutter Clemenza ihr Arbeitszimmer einem anderem überlassen. Nicht einmal Pater Angelo.*

*Als die Kröte die Tür hinter sich schließt, stellt sich der Mann vor und bedeutet Maria, sich hinter den Schreibtisch zu setzen.*

*»Aber das ist der Stuhl der Mutter Oberin.«*

*Um die schwarzen Augen legen sich verschmitzte Falten. »Wenn du's ihr nicht erzählst, werde ich es auch nicht tun.«*

*Sie lächelt ihn an, und langsam beginnt die Anspannung von ihr abzufallen. Vielleicht ist er wegen etwas anderem gekommen? Doch gerade als sie sich setzt, sagt er die Worte, die ihr die Knie weich werden lassen.*

*»Maria, ich weiß, daß du Pater Angelo umgebracht hast. Ei-*

*ner meiner Freunde hat dich zum Zeitpunkt seiner Ermordung sein Zimmer betreten und wieder verlassen gesehen.«*

*Sie sinkt im Stuhl der Kröte zusammen und blickt auf ihre Füße hinab. Ganz offensichtlich hat es keinen Sinn zu leugnen. »Er war schlecht. Gott wollte, daß ich ihn räche. Mich hat er dreimal vergewaltigt, und Schwester Delphine hat er in den Tod getrieben.« Sie sagt die Worte ganz automatisch, denn sie weiß, sie werden ihr nicht geglaubt werden.*

*»Ich weiß«, hört sie ihn sagen. »Pater Angelo war tatsächlich ein schlechter Mensch, der den Tod verdient hatte.«*

*Verdutzt schaut sie auf und sieht, daß er sie anlächelt. Es ist ein Lächeln voller Zuneigung und Verständnis, so, wie es ein Vater einer verlorenen Tochter entgegenbringen könnte. Zu ihrer Überraschung hat sie plötzlich einen Kloß im Hals, und Tränen treten ihr in die Augen.*

*»Weißt du, warum du so leiden mußtest, Maria?« fragt er, als wüßte er alles über sie.*

*Da sie nicht weiß, ob sie auch nur ein Wort hervorbrächte, schüttelt sie nur den Kopf.*

*»Weil du etwas Besonderes bist.«*

*»Etwas Besonderes?«*

*»Auserwählt.«*

*»Das verstehe ich nicht.«*

*»Gott hat dich auserwählt, ihm zu dienen. Er hat dich mit reichen Gaben gesegnet: Intelligenz, Schönheit und Mut. Aber er hat auch großes Leid über dich gebracht, um dich zu prüfen. Jetzt, wo dieses Leid ein Ende hat, ist der Zeitpunkt gekommen, dich auf noch größere Aufgaben vorzubereiten. Hast du verstanden?«*

*Maria blickt in seine dunklen Augen und nickt langsam. Sie versteht tatsächlich. Plötzlich ergibt alles einen Sinn. Sie wurde für größere Aufgaben auf die Probe gestellt. Ihr Gott hat sie auserwählt, und nun wird dieser Mann helfen, sie ihrer Bestimmung zuzuführen.*

*Ein Lächeln zerknittert seine pergamentene Haut, als er*

*sagt: »Du hast Talent, und du hast Leidenschaft. Es ist bereits alles vorbereitet. Ich brauche nur noch dein Einverständnis, um dich von hier wegzubringen.«*

*Maria lächelt. Es ist die einfachste Entscheidung ihres Lebens.*

❖ ❖ ❖

Schon die bloße Erinnerung an Ezekiels Lächeln ließ Maria frischen Mut schöpfen, als ihr Wagen sich den fünf Felssäulen näherte. Natürlich hatte sie damals nicht gewußt, daß Schwester Delphine die Nichte von Bruder Culas gewesen war, eines hochrangigen Mitglieds der Bruderschaft. Oder daß die Novizin ihrem Onkel in einem Brief die ganze Wahrheit über Pater Angelo geschrieben hatte, bevor sie Selbstmord begangen hatte. Es war Marias Vorgänger, der letzte Nemesis, gewesen, der von der Bruderschaft ausgesandt worden war, um das zu tun, was sie vor ihm getan hatte, und er war es auch gewesen, der sie beim Verlassen von Pater Angelos Zimmer beobachtet hatte. Er war es auch, der, selbst schon zu alt für solche Aufgaben, die frühreife fünfzehnjährige Mörderin als seine Nachfolgerin vorgeschlagen hatte. Ezekiel hatte erst noch die Geheimnisse in ihrem Leben aufgedeckt, dann war er zu ihr gereist.

Von diesem Augenblick an hatte sich ihr Leben von Grund auf geändert. Es waren fünf Jahre in dem von Bruder Bernhard geleiteten Ausbildungslager gefolgt, wo sie in allem unterrichtet worden war: angefangen von Sprachen bis hin zu den Gerechten Tötungen und zur Geschichte der Bruderschaft. Zum erstenmal in ihrem Leben hatte sie das Gefühl gehabt, zu einer Familie zu gehören, und zum erstenmal hatte sie wirklich hinter dem gestanden, was sie tat. Noch ganz deutlich konnte sie sich erinnern, wie stolz sie gewesen war, als sie nach fünf Jahren zu ihrer Blutzeremonie in die Höhle des Heiligen Lichts gebracht worden war. Sie hatte keine Schmerzen empfunden, als Ezekiel mit dem Zeremonialdolch ihren Unterarm durchbohrt hatte. Später am selben Tag hatte er sich in sehr lobenden Tönen über sie geäußert und sie als die engagierteste Rekrutin in der Geschichte der Bruderschaft bezeichnet.

Zwei Jahre später wurde sie zur neuen Nemesis ernannt. Und hatte die nächsten dreizehn Jahre eine Erfolgsserie vorzuweisen gehabt, die ihresgleichen suchte.

Bis Stockholm.

Bis zu Dr. Carter.

Ihre Kiefer spannten sich, als sie sich rasch in Erinnerung rief, daß sie das in Kürze in Ordnung bringen würde. Neben dem höchsten Felsen konnte sie einen Hubschrauber und zwei Landrover stehen sehen. Sie fuhr zum Eingang der Höhle. Dort warteten zwei Männer, die sie scharf im Auge behielten, während sie sich eine Baseballkappe auf den kahlrasierten Kopf drückte. Sie stellte den Motor ab, öffnete die Tür und stieg in die glühende Hitze hinaus. Sie warf die Tür des Range Rover zu und ging geradewegs auf die zwei Männer zu.

Als der erste Mann den Mund aufmachte, um sie anzurufen, streckte sie ihre rechte Hand aus. »Möge er erlöst werden.«

Die Anspannung wich wieder aus dem Gesicht des Mannes, und mit einem knappen Nicken ergriff er ihre Hand. Dann streckte er die andere Hand aus, um sie an der linken zu fassen, so daß ihre Arme ein Kreuz bildeten. »Auf daß er die Gerechten erlöse.«

❖ ❖ ❖

Fünfzig Meter unter ihnen wich Tom Carters Angst einem Gefühl der Erleichterung, als sich die Messerklinge von seinem Hals entfernte, um seine Augenbinde zu durchtrennen. Er drehte sich um, und nachdem sich seine Augen an das goldene Licht gewöhnt hatten, sah er Helix mit einem Messer in der Hand und einem verhaltenen Lächeln auf den Lippen neben sich stehen.

Mit einer weit ausholenden Handbewegung deutete Helix

auf den großen hallenartigen Raum vor sich. »Dr. Carter, willkommen in der Höhle des Heiligen Lichts, dem Heiligtum der Bruderschaft von der Wiederkunft Christi.«

Staunend betrachtete Tom die mit Reliefs verzierte gewölbte Decke hoch oben, die auf massiven Steinsäulen, so dick wie Eichenstämme, ruhte. Der goldene Schein kam von unzähligen Kerzen, die auf einem schmalen Sims auf halber Höhe der zehn Meter hohen Wände brannten. Ihr flackerndes Licht tanzte über die gemeißelte Oberfläche der Decke aus rotem Stein. Als zusätzliche Lichtquellen dienten Gaslaternen und Fackeln, die in Metallhalterungen an den Säulen steckten. Die Seitenwände der Halle waren mit sehr alt aussehenden Wandteppichen behängt, die wie die Segel kleiner Schiffe von eisernen Stangen hingen. Auf jedem Bildteppich waren religiöse Szenen zu sehen, die im flackernden Kerzenlicht zum Leben zu erwachen schienen.

Im hinteren Teil der Halle stand ein Altar, auf dem ein mit einem blutroten Kreuz verziertes weißes Tuch lag. Toms Blick wurde jedoch von der blendend hellen, unnatürlich weißen Flamme angezogen, die direkt davor brannte. Sie schien aus einem Loch im Felsboden zu kommen, und ihr grelles Licht beleuchtete eine große, verschlossene Steintür in der Wand hinter dem Altar.

In der Mitte des Raums stand auf dem abgetretenen Mosaikfußboden ein riesiger Tisch, der den Maßstäben der Höhle entsprach. Auf seiner dicken Holzplatte, die auf massiven Füßen in Form von Adlerklauen ruhte, standen Platten und Schüsseln voller Speisen. Um den Tisch waren sechs nicht weniger prächtige Stühle aufgestellt. Alle waren leer.

Sogar Tom konnte die machtvolle Ausstrahlung dieses Orts spüren, auch wenn er kein gutes Gefühl dabei hatte. Es war wie in einem riesigen Mausoleum, voll mit den Relikten sämtlicher überholter Weltanschauungen.

»Willkommen, Dr. Carter. Wir freuen uns, daß Sie gekommen sind.« Die kräftige Stimme des Mannes überraschte Tom.

Er hatte die zwei Gestalten, die auf der anderen Seite der Höhle unter den Säulen gestanden hatten, kaum bemerkt, so winzig waren sie in dieser beeindruckenden Szenerie erschienen. Außerdem war der Mann, der ihn angesprochen hatte, besonders klein, scheinbar nicht maßstabsgerecht im Vergleich zum Rest der Höhle.

»Dr. Carter«, sagte Helix, »darf ich Ihnen Vater Ezekiel De La Croix vorstellen, den Führer der Bruderschaft von der Wiederkunft Christi. Und hier Bruder Bernhard.«

Ezekiel kam auf Tom zu. »Ich muß mich für die Umstände, unter denen Sie hierhergebracht worden sind, entschuldigen. Aber wir halten die Lage dieses Orts schon seit zweitausend Jahren geheim.«

»Dafür habe ich durchaus Verständnis«, entgegnete Tom. »Solange das bedeutet, daß Ihre Einladung ehrlich gemeint und meine Reise nicht umsonst war.«

»Dessen können Sie, glaube ich, ganz sicher sein.«

Tom konnte den Akzent des Mannes nicht einordnen. Eine eigenartige Mischung aus Nahost und Französisch. Und als Ezekiel näher kam, stellte Tom fest, daß der Mann zwar zu seiner Begrüßung lächelte, doch seine dunklen Augen studierten ihn mit durchdringender Aufmerksamkeit. Der Mann mit dem feinen weißen Haar war uralt, und Tom schätzte, daß er nicht viel größer als einen Meter fünfundsechzig sein konnte, fast einen Kopf kleiner als er selbst. Doch die Ausstrahlung ließ keinen Zweifel daran, daß er sich durch Toms Größe nicht einschüchtern ließe.

Ezekiel streckte eine schmale, klauenartige Hand aus, und an einem seiner knotigen Finger steckte ein massiver Ring mit dem größten Rubin, den Tom je gesehen hatte. Er erkannte die kreuzförmige Erhebung darauf sofort; sie hatte dieselbe Form wie der Abdruck in dem Wachssiegel auf dem schwarzen Briefumschlag. Die Haut von Ezekiels Hand fühlte sich schuppig und ausgetrocknet an. Nicht viel anders sah das Gesicht des Mannes aus: hauchdünnes Pergament über knochigen Gesichtszügen. Tom kam es so vor, als würde es sich unter seinen Händen auflösen und das darunter liegende Skelett freilegen, wenn er nur fest genug daran rieb. Er konnte sehen, daß unter dem dunklen Anzug und der Schärpe immer noch eine sehnige Kraft von dem gebrechlichen Greisenkörper ausging. Doch die eigentliche Macht dieses Mannes lag in seinen intelligenten schwarzen Augen. Alterslos blitzten sie vor wachsamer Schläue. Das war kein Mann, den man unterschätzen oder dem man vorschnell sein Vertrauen schenken durfte.

»Bruder Helix haben Sie ja bereits kennengelernt«, begann Ezekiel. »Er ist wie Sie Wissenschaftler, Doktor Carter. Er ist der Meister des Ersten Ziels und hält sich ständig über den neuesten Stand der technischen Entwicklung auf dem laufenden.« Ezekiel wandte sich dem dritten Mann zu. »Und Bruder Bernhard ...« Er machte eine Pause, als suchte er nach den passenden Worten, »... ist für unsere Sicherheit zuständig.«

Tom schüttelte Bruder Bernhards Hand. Mit seinem dünnen grauen Haar und dem ergrauenden Spitzbart wirkte er älter als Helix, vermutlich schon über siebzig. Er war groß gewachsen, mindestens eins achtzig, und dick. Seine fleischige Unterlippe verlieh ihm das Aussehen eines bockigen Schuljungen. Tom fand ihn spontan unsympathisch.

»Wer sind Sie?« fragte er. »Und was ist das Erste Ziel?«

Das Lächeln, das Ezekiel aufsetzte, blieb wieder nur auf seine Lippen beschränkt. »Alles zu seiner Zeit, Doktor Carter, alles zu seiner Zeit.« Er deutete auf den Tisch. »Kommen Sie und unterhalten wir uns über unsere Zweckgemeinschaft. Und über die Verbindung unserer Schätze aus der Vergangenheit mit Ihrer Technologie der Zukunft.«

Ehe Tom ihn bitten konnte, sich etwas klarer auszudrücken, drehte sich der alte Mann überraschend behende um und ging mit sicheren, zielstrebigen Schritten auf den Tisch zu. »Wir haben zu essen und zu trinken. Nach der langen Reise können Sie bestimmt eine kleine Stärkung vertragen.«

Tom hatte Durst, und als ihn Bruder Helix zu seinem Platz

führte, sah er auf seine Uhr. Seit der Landung in Tel Aviv waren fast drei Stunden vergangen. Er rechnete nach, wie spät es in Boston wäre, und kam zu dem Ergebnis, daß Holly bereits in der Schule sein mußte.

Ezekiel setzte sich an das Kopfende des Tisches, wo er den Altar und die grelle weiße Flamme hinter sich hatte. Die zwei Brüder nahmen zu beiden Seiten von ihm Platz, Helix auf Toms Seite. Er stellte fest, daß sie nur einen Bruchteil des riesigen Tisches benutzten, und er konnte nur schätzen, wie viele Personen an ihm Platz fänden; sicher dreimal so viele, wie die sechs Stühle andeuteten.

»Bitte bedienen Sie sich«, forderte ihn der alte Mann auf und deutete auf die vor ihm stehenden Speisen und Getränke.

Das Ganze sah genau so aus, wie sich Tom ein mittelalterliches Bankett vorstellte. Da waren riesige Zinnteller mit Datteln, Feigen, Granatäpfeln und Käse, Platten mit Lamm-, Rind- und Hühnerfleisch und Schüsseln mit eingelegtem Gemüse und gefüllten Weinblättern. Neben den Speisen standen irdene Krüge mit Wein und Wasser sowie kunstvoll verzierte Becher aus einer anderen Zeit. Helix griff nach einem der Weinkrüge und goß etwas von der duftenden dunkelroten Flüssigkeit in Toms Becher, während ihm Bruder Bernhard die Platten zuschob. Trotz seiner Nervosität wurde Tom beim Anblick der Genüsse bewußt, daß er seit Stunden nichts mehr gegessen hatte. Jack, die paranoide Glucke, hatte ihn gewarnt, nichts anzurühren. Doch angesichts der Begrüßung, die ihm zuteil geworden war, konnte er darin schwerlich eine Gefahr sehen. Wenn ihm diese Leute etwas Böses wollten, dann, davon war er fest überzeugt, hätten sie es ihm längst angetan.

Die Akustik der Höhle schien Ezekiels Stimme zu verstärken, als er wieder zu sprechen begann. »Nachdem wir Sie hierher eingeladen haben, sollte vielleicht ich den Anfang machen. Während Sie sich stärken, werde ich Ihnen etwas über unsere Organisation erzählen. Anschließend werden wir über unsere Abmachung sprechen.«

Tom nickte, als hätte er eine Wahl, und führte den Becher mit aromatischem Wein an seine trockenen Lippen. Die starke, berauschende Flüssigkeit schmeckte seltsam erfrischend. Mit wachsender Erregung wurde ihm bewußt, daß er langsam Gefallen an dieser bizarren Begegnung zu finden begann.

❖ ❖ ❖

Die zierliche Gestalt von Ezekiel De La Croix warf einen riesigen Schatten auf die Säule hinter ihm, als er sich erhob. Er war froh, daß Dr. Carter seiner Einladung nachgekommen war, und er mußte zugeben, daß er vom Auftreten seines Gastes beeindruckt war. Der Wissenschaftler war so ganz anders als der naßforsche Bilderstürmer, den er erwartet hatte. Daß er auf die bloße Möglichkeit hin, vollkommen fremde Menschen könnten besitzen, wonach er suchte, um die halbe Welt gereist war, zeigte, wie sehr er ihre Reliquie wollte. Ezekiel konnte sich nicht vorstellen, daß seine Motive rein geschäftlicher Natur waren. Der Wissenschaftler hatte bereits mehr Geld verdient, als er je ausgeben könnte. Doch egal, was seine Beweggründe waren, Dr. Carters Auftreten und Engagement bestärkten Ezekiel in der Hoffnung, er könnte für seinen Vorschlag empfänglich sein.

»Lassen Sie mich ganz am Anfang beginnen«, hob er an. »Vor zweitausend Jahren wurde Lazarus, der Mann, den Christus von den Toten erweckte, Zeuge des Grauens von Christi Kreuzigung und gelobte, daß den korrupten Religionen nie mehr gestattet werden dürfe, noch einmal ein solches Verbrechen zu begehen. In der Nacht nach Golgatha hatte Lazarus einen Traum, in dem er diese alte Höhle und das Licht, das hier brannte, sah. Schon am nächsten Tag machte er sich auf den Weg, um seine Anhänger an diesen heiligen Ort zu führen, einen Ort, an dem sie für immer vor Verfolgung sicher wären. Die Bruderschaft von der Wiederkunft Christi hatte ein vorrangiges Ziel: zu warten und Ausschau zu halten, wann der

Messias wiederkäme, um ihn ausfindig zu machen und in der Heiligen Flamme zu salben. Dieses einfache Ziel, das sogenannte Erste Ziel, bestimmt immer noch unser ganzes Handeln.«

Ezekiel wandte sich der weißen Flamme zu. »Das ist das Heilige Licht, das der Höhle ihren Namen gegeben hat. Hier fanden die ersten Versammlungen des Inneren Kreises der Bruderschaft statt und hier beteten sie vor dem Altar des Heiligen Lichts.«

Als Ezekiel sich wieder Tom zuwandte, schien er erfreut, daß dieser ihm aufmerksam zuhörte. »In seinem Traum sah Lazarus, wie sich die rein weiße Flamme in dem Moment, in dem Christus für unsere Sünden starb, orange verfärbte. Doch ihm wurde prophezeit, mit der Rückkehr der weißen Flamme würde auch der Messias wiederkehren. Die Heilige Flamme hat in zweitausend Jahren nur zweimal weiß gebrannt.« Er hielt inne und trat auf das Feuer zu. »Einmal, als Jesus von Nazareth auf der Erde wandelte. Und *jetzt. Heute.* Seit fünfunddreißig Jahren weilt der Neue Messias unter uns, und wir müssen ihn finden.«

Mit einem skeptischen Stirnrunzeln fragte Tom: »Woher *wissen* Sie, daß Ihr Messias wirklich auf der Erde ist? Könnte diese Farbveränderung nicht Zufall sein. Die Folge einer geologischen Verschiebung, ein anderes Gas?«

»Wir *wissen* cs«, erwiderte Ezekiel unwirsch.

Tom nahm sich etwas von der Platte mit Hühnerfleisch. »Und wie wollen Sie diesen Ihren Neuen Messias finden?«

»Mit *Ihrer* Hilfe, Dr. Carter.«

Ezekiel kehrte an seinen Platz zurück und nickte Bruder Helix zu.

Auf dieses Zeichen hin rückte Bruder Helix seine Nickelbrille zurecht und neigte seinen kahlen Kopf Tom Carter zu. »Wir beabsichtigen, unseren Messias mit Hilfe Ihres Projekts Kana zu finden.«

»Wie bitte?«

»Wir haben Sie und Ihre Leute beobachtet. Wir wissen, Sie versuchen, eine Gewebeprobe mit der DNS unseres Herrn Jesus Christus in Ihren Besitz zu bringen.«

Tom schwieg.

Helix formte mit seinen Händen ein Dreieck und betrachtete seine Fingernägel. »Nach der DNS Christi zu suchen scheint mir für einen Atheisten ein etwas ungewöhnliches Unterfangen. Verfolgen Sie damit vielleicht geschäftliche Ziele? Hoffen Sie, aus den Genen unseres Herrn irgendein Wundermittel zu gewinnen? Das wäre doch sicher nicht zu verachten: die Alleinrechte an einem Medikament zu besitzen, mit dem sich jede Krankheit heilen läßt.«

Tom sagte immer noch nichts.

An dieser Stelle schaltete sich Bruder Bernhard ein. »Aber Sie hatten bei Ihrer Suche nach einer echten Probe bisher noch kein Glück, oder?«

Tom Carter trank in aller Ruhe einen Schluck Wein. »Richtig. Deshalb bin ich hier.«

Bruder Bernhard lächelte sein abschreckendes Lächeln. »Zuerst bräuchten wir Zugang zu Ihrer DNS-Datenbank IGOR. Zu der, die Sie eigentlich gar nicht haben dürften.«

»Warum wollen Sie Zugriff auf IGOR haben?«

Ezekiel war ebenso überrascht über diese Frage wie die zwei anderen Brüder. Sie hatten angenommen, Dr. Carter müßte inzwischen wissen, warum sie Zugang zu seiner Datenbank haben wollten, in der die DNS von über hundert Millionen Menschen gespeichert war.

Bruder Helix runzelte die Stirn. »Um ein passendes Gegenstück zu finden, natürlich.«

Ezekiel sah, wie es Dr. Carter zu dämmern begann. Offensichtlich war ihm nie der Gedanke gekommen, es könnte tatsächlich jemand Christi göttliche Gene besitzen. Eine Weile sagte Carter nichts. Er spielte an seinem Trinkbecher herum und dachte anscheinend über die Konsequenzen nach. Schließlich fragte er Bruder Helix stirnrunzelnd: »Müßte sich dieser neue Messias inzwischen nicht langsam seiner besonderen Fähigkeiten bewußt geworden sein? Müßte nicht auch Ihnen etwas davon zu Ohren gekommen sein?«

Helix schüttelte den Kopf. »Nicht unbedingt. Er mag sich dieser Fähigkeiten als Kind bewußt gewesen sein, könnte dann aber ›gelernt‹ haben, daß er eigentlich gar nicht fähig sein dürfte, die Dinge zu tun, zu denen er imstande ist. Er könnte seine außergewöhnlichen Talente aus dem Bedürfnis, sich anzupassen, unterdrücken: um nicht als Außenseiter abgestempelt zu werden. Seine Fähigkeiten könnten dann für immer verschüttet bleiben.«

Tom nickte nachdenklich.

»Oder«, fuhr Helix fort, »er könnte sich seiner genetisch bedingten Fähigkeiten auch überhaupt nicht bewußt sein. Und deshalb einfach keinen Gebrauch von ihnen machen.«

Tom hob die Schultern. »Das wäre möglich.«

Darauf trat eine kurze Pause ein, und Ezekiel sah, wie die zwei Brüder einen kurzen Blick in seine Richtung warfen.

Er räusperte sich. »Also, Dr. Carter, angenommen, Sie hätten Christi DNS: Glauben Sie, Sie könnten mit Hilfe IGORs und Ihrer Genescopes das Gegenstück zu unserem Messias finden?«

»Wenn es das gibt«, sagte Tom nach einer kurzen Pause. »Und wenn es in der Datenbank gespeichert ist, ja. Glaube ich jedenfalls.«

Bernhard und Helix wandten sich mit einem kurzen triumphierenden Lächeln Ezekiel zu. Vielleicht war dieser unheiligen Allianz tatsächlich Erfolg beschieden.

»Dr. Carter, wenn wir Ihnen eine echte Probe zur Verfügung stellen, dann müssen Sie sich an Ihren Teil der Abmachung halten und mit allen Ihnen zur Verfügung stehenden Mitteln nach dem entsprechenden Gegenstück suchen. Andernfalls wären wir gezwungen zu … *reagieren.*« Ezekiel sah dem Wissenschaftler in die Augen. Es war von entscheidender Wichtigkeit. Carter mußte sich klar darüber sein, daß er bestraft wurde, wenn er gegen ihre Abmachung verstieß.

Tom lächelte. »Keine Sorge. Ich bin genauso daran interessiert, ein Gegenstück zu finden, wie Sie. Vergessen Sie allerdings eines nicht. Wir brauchen eine *echte* Probe. Ohne eine solche ist dieses ganze Gerede von Zusammenarbeit nichts weiter als genau das: Gerede.«

Ezekiel hielt kurz inne und sah auf seine Hände, an einem seiner knotigen Finger leuchtete der Rubin wie ein glühendes Stück Kohle. Jetzt war der Augenblick der Wahrheit gekommen. »Dann also zu unserer Abmachung«, sagte er und erhob sich erneut.

Er wandte sich dem Altar zu. »Kommen Sie, Dr. Carter. Da ist etwas, was ich Ihnen gern zeigen möchte.«

# 17 Das Gewölbe der Erinnerung.

Tom Carter folgte Ezekiel De La Croix zum Altar. Ihm schwirrte der Kopf von dem, was er gerade gehört hatte. Daß diese Leute von der Existenz IGORs wußten, bestätigte nur die Richtigkeit dessen, was sie in der Einladung behauptet hatten. Und die Idee, daß ein lebender Mensch die gleichen Gene wie Christus haben könnte, war in ihrer Einfachheit geradezu genial. Sie eröffnete ungeahnte Möglichkeiten, Holly zu helfen. Sobald DAN Jesu Genom analysiert hatte, konnten sie sämtliche DNS-Datenbanken nach einem lebenden Menschen abfragen, der die gleichen Gene hatte.

Er beobachtete, wie Ezekiel an der weißen Flamme vorbeiging, die aus einem mit Silber eingefaßten Loch im Boden kam, und auf eine verschlossene Tür zuschritt, die plan in die Steinwand hinter dem Alter eingelassen war. Links davon ragte ein hüfthoher Holzstab aus der Felswand, von dessen Ende eine grob geflochtene Hanfschlinge hing. Als Tom daran vorbeiging, spielte er mit der Hand achtlos an der Schlinge herum.

»Rühren Sie das bitte lieber nicht an«, sagte Ezekiel mit Nachdruck.

Tom zog die Hand zurück. »Warum? Was ist das?«

Um Ezekiels Lippen spielte ein eigenartiges Lächeln. »Wenn man so will, könnte man es eine Art Notbremse nennen. Fassen Sie es jedenfalls bitte nicht an.« Daraufhin bückte er sich und zog an einem anderen hölzernen Hebel, der hinter dem Altar im Boden verborgen war.

Mit einem tiefen Knirschen glitt die Tür zur Seite. Die Öffnung war gerade groß genug, um eine Person durchzulassen. Ezekiel ging voraus, und Tom wartete auf Helix und Bernhard, die sich jedoch nicht von der Stelle rührten. Anscheinend gingen nur Ezekiel und er.

Die Luft hinter der Tür roch anders; modriger und viel älter. Der kleine, unscheinbare Raum wurde von zwei Glühbirnen erhellt, die von einem kleinen Dieselgenerator mit Strom versorgt wurden. Er vermutete, daß es in dem hohen, schmalen Raum wenig Sauerstoff gab. Doch dann sah er auf der anderen Seite eine weitere Tür und merkte, daß sie sich in einer Art Schleuse befanden, die von der großen Höhle zu dem Raum hinter der anderen Tür führte. Und tatsächlich legte Ezekiel wieder einen Hebel um und schloß damit die Tür, durch die sie gerade gekommen waren.

Nun ging das greise Haupt der Bruderschaft auf die zweite Tür zu und bediente einen weiteren Hebel. Als die Tür mit einem ähnlichen Geräusch wie die erste aufging, tat sich dahinter gähnendes Dunkel auf. Ezekiel verschwand darin, und gleich darauf hörte Tom das Klicken eines Schalters, und der Raum wurde in helles Licht getaucht.

»Das ist unser Gewölbe der Erinnerung«, sagte Ezekiel ohne weitere Erklärungen.

Als Tom sich an das grelle Licht gewöhnt hatte, war das erste, was er empfand, Enttäuschung. Er hatte nicht mit einem Schatz aus Gold und Edelsteinen gerechnet, aber etwas mehr als das hier hatte er doch erwartet. Der unscheinbare Raum sah aus wie ein Zwischending aus einer riesigen Besenkammer und einem winzigen, verstaubten Museum. Die Wände säumten lange, wacklige Regale voller Schachteln, Schriftstücke und seltsamer Gegenstände. Auf dem grob behauenen Steinboden standen fünf alte Truhen. Und im hinteren Ende baumelte von einem schmalen Spalt in der rauhen Decke eine Strickleiter. Es kam ein kaum wahrnehmbarer Luftzug aus dem Spalt, und Tom nahm an, daß er bis an die Oberfläche führte, wenn man die Ausdauer oder Motivation hatte, in ihm hochzuklettern. Neben der Strickleiter war eine Nische, nicht höher als einen Meter, in die Rückwand des Raums gemeißelt. Sie war mit einem Stück Stoff verhängt. Nichts in dem Raum sah wertvoll aus; jedenfalls nicht auf den ersten Blick.

Er ging auf eine Truhe zu und warf einen Blick hinein. Sie enthielt gut erhaltene Schriftrollen, die Hunderte, vielleicht sogar Tausende von Jahren alt sein mußten, und altertümliche Bücher, die in Sprachen verfaßt waren, von denen er noch nie etwas gehört hatte. In dem Regal daneben lagen alle möglichen Waffen und anderen Artefakte, die die Kulturen, die sie hervorgebracht hatten, lange überlebt hatten. Er trat zurück und sah den kleinen Raum plötzlich mit ganz anderen Augen.

Gleichzeitig spürte er, wie seine Erregung zurückkehrte. Obwohl er keinen Blick für solche Dinge hatte, sah er sofort, daß die Schätze in dieser Zeitkapsel mehr als bloß wertvoll waren: Sie waren unbezahlbar.

Ganz besonders angetan hatte es ihm eine Schriftrolle, die am Rand eines Steinsimses lag. Irgend etwas an der verblichenen Schrift auf dem rissigen Pergament faszinierte ihn. Er beugte sich vor, um sich das empfindliche Dokument genauer anzusehen, faßte es aber nicht an. Ihm entging nicht, daß Ezekiel ihn scharf beobachtete.

»Das ist die von Lazarus selbst verfaßte Niederschrift seines Traumes«, erklärte der alte Mann. »Die darin enthaltene Beschreibung dieses Ortes und die Prophezeiung von der Heiligen Flamme stützen sich einzig und allein auf das, was Lazarus in seiner Vision gesehen hat. Darüber hinaus sind darin die Ziele und Prinzipien der Bruderschaft festgehalten, die zwei Jahrtausende so gut wie unverändert geblieben sind.«

Tom nickte bedächtig und ließ den Blick fasziniert weiter über die Regale wandern, bis er auf einem verschmutzt aussehenden zusammengefalteten Tuch aus fadenscheinigem Stoff haftenblieb, das lose in einer ledernen Schutzhülle steckte.

»Wissen Sie, was das ist?« fragte Ezekiel, der ihn immer noch aufmerksam beobachtete.

Tom schüttelte den Kopf. Aber er war sicher, sein Vater wüßte es. Der gäbe sicher seine Hand darum, nur einen dieser Schätze sehen zu dürfen.

Der alte Mann senkte ehrerbietig die Stimme. »Es ist das Leichentuch unseres Herrn.«

Tom konnte nicht anders. Obwohl er Atheist war, stellten sich ihm die Nackenhaare auf. »Ich dachte, das wäre in Turin.«

Ein trockenes, verächtliches Lachen. »Das ist doch nur ein billiger Schwindel: um die Leichtgläubigen hereinzulegen und sich ihrer Treue zu versichern, und ihres Geldes.«

Tom sagte nichts. Was hätte er schon sagen sollen? Zum erstenmal in seinem Leben sah er etwas, bei dem es sich offensichtlich um Beweise für eine Religion handelte, von der er die meiste Zeit seines Lebens nicht viel gehalten hatte. Die historische Signifikanz dieser Artefakte war unleugbar, aber von ihrer spirituellen Bedeutung war er deswegen noch immer nicht überzeugt.

Plötzlich stach ihm ein alter Helm mit Nasenschutz in die Augen. Und daneben, so beiläufig gegen die Wand gelehnt wie ein Baseballschläger, war das größte Schwert, das er je gesehen hatte. Seine blitzende Klinge war aus gehärtetem Stahl, sein massives Heft prächtig verziert und sein Griff mit einem abgenutzten Material umwickelt, das er nicht identifizieren konnte. An seinem Ende, tief in das Metall eingelassen, befand sich ein Rubin, zweimal so groß wie der an Ezekiels Ring. Das Schwert wirkte ungeheuer schwer, und er konnte sich nicht vorstellen, daß es jemand heben, geschweige denn in einer Schlacht schwingen könnte.

Mit unverkennbarem Stolz sagte Ezekiel: »Dieses Schwert und dieser Helm gehörten Antoine De La Croix, einem Kreuzritter der Tempelherren, der in der Burg Krak de Chevaliers in Syrien stationiert war. Er war vor fast tausend Jahren der Führer der Bruderschaft. Ich bin ein direkter Nachfahre von ihm.«

»Wirklich erstaunlich, dieses Schwert. Aber wie hat er es benutzt? Es ist riesig.«

Ein leicht verächtliches Achselzucken. Der Ton wehmütig. »Damals waren die Menschen noch disziplinierter.«

Als Tom sich darauf einer Reihe anderer Schriftrollen zuwandte, zog plötzlich eine mächtige Steintafel seine Aufmerksamkeit auf sich. Er konnte die Schriftzeichen, die in ihre Oberfläche eingemeißelt waren, nicht entziffern.

»Woher haben Sie diese Schätze?« fragte er mit einem erstaunten Kopfschütteln. »Und warum halten Sie sie vor aller Welt verborgen?«

Ezekiels schwarze Augen bohrten sich in die seinen. »Unser Gründer und seine Nachfolger haben dies alles in den vergangenen zwei Jahrtausenden in Sicherheit gebracht, aufbewahrt und von Generation zu Generation weitergegeben.« Der alte Mann nickte nachdenklich mit dem Kopf. »Dr. Carter, Geschichte ist keine Wissenschaft. Sie ist nur Erinnerung. Die selektive Erinnerung mächtiger Männer. Wenn die Mächtigen etwas Vergangenes vergessen oder ändern wollen, können sie das. Dagegen lassen sich handfeste Beweise nicht so leicht anfechten. Mit der Geschichte verhält es sich wie mit dem Glauben: Es kommt ganz darauf an, was man glaubt. Anders als beim Glauben können jedoch die Ansichten, oder die Erinnerungen, die man an die Geschichte hat, durch Beweise gestützt werden.« Mit einer weit ausholenden Geste deutete der alte Mann mit gebrechlichen Händen auf die Dinge ringsum. »Was Sie hier sehen, sind unsere Beweise, die uns helfen, unseren Glauben zu bewahren. Solange sie uns erhalten bleiben und solange es uns gelingt, sie dem Zugriff unserer machtgierigen Politiker zu entziehen, die die Religion mit allen Mitteln zerstören wollen, haben wir immer Beweise für das, was wir glauben, beziehungsweise im tiefsten Innern unseres Herzens *wissen.*«

Mit einem Mal erfaßte Tom das Unbehagen des Außenseiters. Ihm war klar, daß ihn Ezekiel wegen seiner atheistischen Einstellung und seiner Wissenschaftsgläubigkeit zu eben jenen gewissenlosen Machtmenschen rechnen mußte, die den Einfluß der Religion zu schmälern versuchten, indem sie mit dem Versprechen einer strahlenden Zukunft immer mehr Zweifel an der Bedeutung der Vergangenheit weckten.

»Glauben Sie wirklich, bloß weil ich diese Beweisstücke sehe, werde ich auch an das glauben, woran Sie glauben?« Ein Achselzucken. »Vielleicht.«

»Aber Geschichte ist *nicht* das gleiche wie Religion. Ich glaube zwar, daß Kennedy gelebt hat und daß er ein großer Mann war. Aber ich bete ihn deshalb nicht an.«

»Stellen Sie sich doch mal vor, Dr. Carter: Wenn wir nicht an die Göttlichkeit Christi geglaubt und zur Bestätigung unseres Glaubens nicht die Gegenstände, die Sie hier sehen, zusammengetragen hätten; wenn wir statt dessen die Vergangenheit ignoriert und blindlings einer technologisch vielversprechenden, aber spirituell bankrotten Zukunft hinterhergejagt wären; wenn wir das getan hätten, besäßen wir dann noch das, was Sie so dringend benötigen?«

Tom zuckte mit den Achseln. Die Tatsache, daß die Bruderschaft zur Rechtfertigung ihres Glaubens solche Andenken bemühte und daß Ezekiel für das Streben der Menschheit, ihr Schicksal in die eigenen Hände zu nehmen, nur Verachtung übrig hatte, ließ ihn keineswegs kalt. Aber das war nicht der Zeitpunkt, um über solche Fragen zu diskutieren.

Ezekiel sah ihn einen Augenblick aufmerksam an, dann wandte er sich abrupt ab und sagte: »Genug geredet. Kommen wir zur Sache.«

Damit nahm er den kleinen goldenen Schlüssel, der an seinem Hals hing, und ging auf die Nische am anderen Ende des Raums zu. Als er den Vorhang zurückzog, kam ein kunstvoll gearbeiteter, etwa ein Meter hoher vergoldeter Käfig mit einem hohen Giebeldach und durchbrochenen Wänden zum Vorschein. Die Arbeit war phantastisch.

Der Greis bückte sich langsam und schloß die Gittertür mit dem Schlüssel auf. Tom hörte, wie ihre Angeln vom seltenen Gebrauch quietschten, als Ezekiel die Tür aufzog und in den Käfig langte. Es schien eine Ewigkeit zu dauern, bis sich Ezekiel wieder aufrichtete. Er hielt etwas in den Händen, bei dem es sich um ein juwelenbesetztes Kästchen aus Edelmetall zu handeln schien. Als Ezekiel seinen Deckel aufklappte, beugte sich Tom vor, um besser hineinsehen zu können.

Der alte Mann sah zu Tom auf. »Das hat unser Gründer Lazarus zusammen mit dem Leichentuch hierhergebracht. Es sollte als Erinnerung daran dienen, was an dem Tag geschah, an dem die Menschheit ihren Erlöser ans Kreuz schlug.«

Tom stand sprachlos da und beobachtete, wie Ezekiel, das offene Kästchen fest an seine Brust gedrückt, auf ihn zukam. Auf der ihm zugewandten Seite des Kästchens konnte er ein in Silber gefaßtes Kreuz aus Rubinen erkennen. Die Ecken aus getriebenem Gold zierten vier Smaragde.

»Was Sie hier sehen«, fuhr Ezekiel fort, »hat diesen Raum nie verlassen. Zweitausend Jahre lang nicht.«

Er sah Tom in die Augen und streckte ihm seine dünnen, sehnigen Arme entgegen. Das herrliche Behältnis war nur noch wenige Zentimeter von ihm entfernt. Toms verläßliche Chirurgenhände zitterten, als er das Kästchen entgegennahm und über den aufgeklappten Deckel spähte. Sein Inhalt war, teils von ihr verdeckt, in purpurrote Seide gebettet. Und dann merkte Tom, oder glaubte zumindest zu merken, worum es sich dabei handelte. Er rang nach Worten, als er sich wieder Ezekiel zuwandte.

Der Greis, dem seine Verblüffung nicht entging, nickte bestätigend mit dem Kopf. »Wenn Sie noch Zweifel haben«, flüsterte er, »dann fassen Sie sie doch an.«

Tom stellte das Kästchen auf seine linke Handfläche und nahm die zwei Gegenstände mit den Fingerspitzen vorsichtig aus ihrer Seidenverpackung. Als sie schließlich in seiner rechten Handfläche lagen, war nicht mehr zu übersehen, worum es sich dabei handelte.

Um einen fünfzehn Zentimeter langen rostigen Nagel und einen vergilbten menschlichen Zahn.

❖ ❖ ❖

Von ihrem Standort vor dem Eingang der Höhle des Heiligen Lichts konnte Maria Benariac sehen, daß das Treffen zu Ende ging. Die Inneren Posten, die das Heiligtum der Bruderschaft bewachten, hatten ihr erlaubt, unangemeldet nach unten zu kommen, solange sie nur nicht die Höhle betrat und den Vater störte. Sie war inzwischen fast eine Stunde hier und konnte es kaum erwarten, ihn zu überraschen.

Als sie durch die halb offene Tür spähte, konnte sie den Vater mit Bruder Bernhard und Bruder Helix hinter den Säulen stehen sehen. Da sie einen Gast bei sich hatten, würde sie sich noch gedulden müssen. Um zu sehen, wer der Besucher war, reckte sie den Kopf, aber er stand im Schatten der Säulen und war deshalb nicht zu erkennen. Von da, wo sie stand, konnte sie zwar nicht verstehen, was die vier Männer sprachen, aber aus ihrer Haltung und dem Tonfall ihrer hallenden Stimmen ging hervor, daß sie sich zum Gehen anschickten.

In diesem Moment neigte sich Bruder Helix dem Besucher zu und streckte die Hand aus, und als der Besucher sie ergriff, erhaschte Maria einen Blick auf seine hoch aufgeschossene Gestalt. Irgend etwas an seiner Haltung kam ihr bekannt vor.

Im selben Moment setzte sich die Gruppe in Bewegung und kam durch den großen unterirdischen Raum auf sie zu. Im Dunkeln verborgen, nahm sie die vier Männer genauer in Augenschein. Ihre Körpersprache war entspannt, und ihre lockere Haltung war die von Männern, die gerade eine wichtige Sache zu einem befriedigenden Abschluß gebracht hatten. Nun war Bernhard an der Reihe, dem Besucher die Hand zu schütteln. Der Händedruck wirkte aufrichtig. Der Besucher mußte für die Bruderschaft von großer Bedeutung sein, wenn ihm der Meister des Zweiten Ziels solchen Respekt entgegenbrachte. *Ihr* war er nie mit solcher Hochachtung begegnet.

Nun blieben alle vier Männer in etwa dreißig Meter Entfernung stehen. Ihre tiefen Stimmen verschmolzen zu einem verschwommenen Raunen. Sie konnte zwar erkennen, daß der Besucher ein kleines Päckchen in der linken Hand hielt, aber er selbst blieb zum größten Teil von den Säulen verdeckt. Maria beobachtete, wie sich Bruder Bernhard seinen lächerlichen Spitzbart strich und Helix zustimmend zu dem nickte, was der Vater sagte. Neben Helix und dem hoch aufgeschossenen Besucher wirkte der Vater noch kleiner als sonst.

Plötzlich hörte sie rechts von sich Schritte und sah, wie ein Mann aus dem Dunkel trat. Offensichtlich hatte er hinter der Tür gestanden und sie vermutlich bewacht. Er ging in die Mitte der Höhle, um sich zu den anderen zu gesellen, und als er an der ersten Fackel vorbeikam, erkannte sie ihn.

Gomorrah.

Was hatte er hier zu suchen? Warum war *er* in die Höhle des Heiligen Lichts gerufen worden, um dieses offensichtlich wichtige Treffen zu überwachen? Gomorrah war nur der zweite Agent. Sie war der *erste*. Und doch war *er* hier. Einbezogen und geschätzt.

Verärgert beobachtete sie, wie sich der Vater nach einem kurzen Blick auf ihren Rivalen wieder dem Besucher zuwandte und ihm die Hand schüttelte. Vielleicht war ihre Phantasie von dem Schock, Gomorrah hier zu sehen, so überreizt, daß sie sich das Ganze nur einbildete, aber irgend etwas an dem festen Händedruck des Vaters brachte eine Verbundenheit zum Ausdruck, die sie eifersüchtig machte. Der Besucher mußte sehr mächtig sein. Und noch während sie das dachte, bewegte er sich und drehte seinen Kopf ins Licht.

Es war Dr. Carter.

Zuerst wollte, konnte sie es nicht glauben. Wie war es möglich, daß der gotteslästerliche Wissenschaftler in der Heiligen Höhle der Bruderschaft war? Sie schüttelte den Kopf, als wollte sie ihn klar bekommen und ihre Fassung wiedergewinnen. Genau, wie sie es bei der Ausbildung gelernt hatte: nie die Fassung verlieren. Einen Moment verschwamm ihr alles vor den Augen, doch nachdem sie ein paarmal tief durchgeatmet hatte, sah sie wieder alles scharf umrissen. Sie hatte sich nicht getäuscht. Dr. Carter war tatsächlich hier, und nicht als Gefangener oder Feind, sondern als geschätzter Gast. Was hatte er dem Vater vorgegaukelt, daß er ihn hierher eingeladen und ihm freundschaftlich die Hand geschüttelt hatte?

Ihr stieg die Galle hoch, als sich die Gruppe plötzlich wieder in Bewegung setzte und auf die Tür zukam, hinter der sie wartete. Sie zog sich tiefer in das Dunkel zurück und rang mühsam um Beherrschung, als sie erst Gomorrah und Bernhard, dann die anderen etwa einen Meter an ihr vorbeigehen sah. Dr. Carter kam so dicht an ihr vorbei, daß sie bloß die Hand hätte ausstrecken müssen, um eins der schwarzen Haare auf seinem Kopf zu berühren. Inzwischen konnte sie jedes Wort hören.

»Dann sind wir uns also einig?« fragte Vater Ezekiel.

»Ja«, erwiderte Dr. Carter. »Ich gebe Ihnen unverzüglich Bescheid, sobald wir irgendwelche ungewöhnlichen Gene in den Proben entdeckt haben. Und selbstverständlich melde ich mich bei Ihnen, wenn, und falls, wir ein Gegenstück zu Ihrem Messias finden.«

*Ein Gegenstück zu Ihrem Messias?*

Maria traute kaum ihren Ohren.

*Sie machten gemeinsame Sache.*

Der Wissenschaftler hatte den Vater überredet, mit ihm zusammenzuarbeiten. Da war eine Allianz zustande gekommen, so unheilig, daß es ihr die Sprache verschlug. Kein Wunder, daß sie Order erhalten hatte, die Finger von dem Wissenschaftler zu lassen, und über alle weiteren ihn betreffenden Pläne in Unkenntnis gelassen worden war. Ausgerechnet der Vater, der Mann, der bedingungslose Rechtschaffenheit predigte, hatte sich in seiner Verzweiflung übertölpeln lassen, einen Pakt mit dem Teufel zu schließen. Sie beobachtete, wie Bruder Bernhard Dr. Carter unter vielen Entschuldigungen eine Augenbinde anlegte und ihn den schmalen Gang zur Großen Treppe entlangführte. Der Vater blieb mit Helix in Gomorrahs Obhut zurück.

»Ich hoffe, wir haben richtig entschieden, Bruder Helix«, hörte sie den Vater sagen. »Ich habe noch immer kein gutes Gefühl bei der Sache.«

»Seien Sie unbesorgt«, beschwichtigte ihn Helix. »Sie werden sehen, Sie haben die richtige Entscheidung getroffen.«

Das wurde ja immer schlimmer. Der Vater wurde von seinem Meister des Ersten Ziels irregeleitet. Als Maria aus dem Dunkel hervortrat, fuhren alle, Gomorrah eingeschlossen, überrascht herum. Sie versuchte nicht, die Wut in ihrer Stimme zu unterdrücken. »Vater, hören Sie nicht auf ihn. Wie können Sie mit diesem Atheisten gemeinsame Sache machen?«

Bereit, sofort loszuschlagen, spannte sich Gomorrahs Körper.

Ezekiel brauchte einen Moment, um seine Fassung wiederzugewinnen. Seine schwarzen Augen funkelten vor Zorn. »Nemesis? Was willst du hier?«

Sie lachte bitter. »Ich bin gekommen, um Sie zu überreden, mich den Wissenschaftler erledigen zu lassen. Aber wie ich sehe, wäre es Bruder Helix lieber, wenn ich ihm die Hand schüttelte.«

»Das sind Dinge, die du nicht verstehst«, sagte Ezekiel.

»Die ich nicht verstehe? Oh, ich verstehe sehr gut. Sie haben aus irgendeinem Grund beschlossen, sich Dr. Carters blasphemische Machenschaften für Ihre heilige Suche zunutze zu machen. Das ist ein Widerspruch in sich; so, als wollte man sich von Luzifers Licht den Weg in den Himmel weisen lassen.«

Sie konnte sehen, wie sich die Kiefermuskeln des Vaters anspannten, als er seine Wut zu zähmen versuchte.

»Lassen Sie mich doch ein paar Dinge erklären«, schaltete sich an dieser Stelle Helix ein. »Dr. Carters Genexperimente stellen für uns eine einmalige Gelegenheit dar, den Messias zu finden. Eine Gelegenheit, die wir ohne seine Hilfe nicht nutzen könnten. Bis er die Person gefunden hat, die wir suchen, brauchen wir ihn lebend und auf unserer Seite. Nur deshalb wurde die Gerechte Tötung aufgeschoben.«

Ohne Helix Beachtung zu schenken, sah sie weiter den Vater an. »Aber Dr. Carter will an der Essenz Gottes herumpfuschen. Wie können Sie so etwas zulassen, ganz gleich, zu welchem Zweck?«

Ezekiel schüttelte den Kopf. »Für uns zählt nur, den Neuen Messias zu finden. Alles andere ist unwichtig. Zur Erreichung dieses Ziels müssen uns alle Mittel recht sein, selbst wenn es bedeutet, daß wir uns vorübergehend mit dem Bösen einlassen müssen.«

»Aber Gott hat etwas mit Idealen zu tun, nicht mit irgendwelchen faulen Kompromissen. Das haben *Sie* mir beigebracht. Der Wissenschaftler hat Sie korrumpiert, und Bruder Helix läßt es zu.«

»Nemesis«, fuhr der Vater sie an, der nun endgültig die Geduld und die Beherrschung verlor. »Es interessiert mich nicht, was du denkst. Das Ganze ist beschlossene Sache und geht dich nichts mehr an. Du läßt dich jetzt von Gomorrah nach oben bringen, und dann fährst du nach Hause und beruhigst dich erst einmal wieder. Bruder Bernhard oder ich werde mich in Kürze mit dir in Verbindung setzen.« Damit machten der Vater und Helix auf dem Absatz kehrt und gingen in die Höhle des Heiligen Lichts zurück. Sie war entlassen.

Wutentbrannt wollte sie dem Vater hinterhergehen, aber Gomorrah versperrte ihr den Weg. Da platzte ihr der Kragen. Sie wollte mit Gomorrah kämpfen und ihm weh tun; bloß, um ihre Wut abzureagieren. Und als zwei der Inneren Posten näher kamen, hätte sie es am liebsten mit ihnen allen aufgenommen.

Aber sie wußte, daß es nichts helfen würde. Außerdem gab es genügend anderes zu tun.

Sie holte tief Luft und drehte sich um. Und als sie den Flur zur Großen Treppe hinunterging, schritt sie immer schneller aus, um ihre Wut über die Schwäche des Vaters abzureagieren. Bis jetzt hatte sie immer ein leuchtendes Vorbild in ihm gesehen, eine perfekte Verbindung aus Güte und unbedingter Rechtschaffenheit. Doch der große Mann wurde alt und hatte nicht verhindert, daß sich Bruder Helix von dem Wissenschaftler hatte hereinlegen lassen. Nach und nach bekam sie ihre überkochende Wut wieder soweit unter Kontrolle, daß sie zu granitharter Entschlossenheit erkaltete.

Sie konzentrierte sich nur noch auf einen einzigen Gedanken, auf *ihr* oberstes Prinzip: *Dr. Carter wird für seine Taten zahlen. Und sie, die rächende Nemesis, wird die Schuld eintreiben.* In ihrem tiefsten Innern war sie fest davon überzeugt, daß Vater Ezekiel nicht wirklich wollte, daß aus der Zusammenarbeit mit Dr. Carter etwas wurde. Wie sollte er so etwas auch wollen?

Und als sie die Große Treppe hinaufstieg, wurde ihr eines immer deutlicher klar: Die Zeit, in der sie auf Befehle von Bruder Bernhard oder vom Vater gewartet hatte, war vorbei. Nun war die Zeit gekommen, die Dinge selbst in die Hand zu nehmen.

# 18 **Boston. Crick-Labor.**

Jasmine Washington unterdrückte ein Schaudern, als sie im Crick-Labor zusah, wie DAN das Genom analysierte. Sie wußte, das komplexe Gehirn des Genescopes war sich der Bedeutung dessen, was es gerade tat, nicht bewußt. Sein extrem leistungsfähiges Auge konnte zwar sehen, aber es konnte nicht erkennen, was es sah. Und sein brillanter Verstand konnte zwar lesen, aber er konnte nicht verstehen, was er las. DAN scannte nur blind die genetischen Buchstaben, die in die gefärbte DNS, die seinem »intelligenten Auge« vorgelegt wurde, geschrieben waren. Und sein »virtueller Verstand« entschlüsselte hirnlos das darin enthaltene Erbgut und welche Aminosäuren und schließlich Proteine es entstehen lassen würde.

Die Identität der analysierten Person interessierte das Genescope nicht; es schlüsselte nur die Gene auf, die ihr Wesen ausmachten. Für DAN war das Ganze nicht mehr als die Summe seiner Teile. Im Gegenteil, es glaubte, die Teile machten das Ganze aus und seien deshalb alles, was zählte. Im Gegensatz zu Jasmine war es dem Genescope egal, daß die DNS, die es gerade analysierte, unter Umständen den genetischen Bauplan des Sohns eines Zimmermanns enthielt, der vor zweitausend Jahren gelebt hatte, eines Mannes, der gemeinhin unter dem Namen Jesus Christus bekannt war.

Es war zwei Tage her, seit Tom aus Tel Aviv zurückgekommen war, und sie war über seine wohlbehaltene Rückkehr nicht weniger erleichtert gewesen als alle anderen. Doch als er ihr zum erstenmal den mitgebrachten Zahn und den Nagel gezeigt hatte, war bei ihr nicht dieselbe ungezügelte Begeisterung aufgekommen wie bei den anderen. Obwohl keines der beiden Stücke ihren Glauben an die Himmelfahrt Christi in Frage stellte, hatte schon der simple Gedanke, sie könnten echt sein, genügt, um sie in tiefe Gewissensnöte zu stürzen. Es gelang ihr nicht, den nagenden, zutiefst unwissenschaftlichen Gedanken, die Geheimnisse, die sie möglicherweise bargen, sollten vielleicht besser nicht gelüftet werden, einfach mit einem Achselzucken abzutun.

Jasmine sah zu Bob Cooke hinüber. Der Kalifornier wirkte seltsam blaß unter seiner Bräune und sah ungewöhnlich angespannt aus. Sein Arbeitsplatz und der von Nora Lutz neben seinem waren übersät mit Pipetten, Gels und Gestellen mit Eppendorf-Röhren voll gefärbter DNS. »Gleich ist es soweit«, sagte sie.

»Ja, noch sieben Minuten.« Bob Cookes Lächeln wirkte angespannt. »Genau so lange, wie es dauert, ein gutes Steak zu braten.«

»Tom sollte sich lieber beeilen«, sagte Nora Lutz. »Sonst kommt er noch zu spät.«

»Machen Sie sich da mal keine Sorgen«, sagte Jasmine. Tom war vor einer Stunde verschwunden, um nach den Patienten in der Klinik zu sehen, aber er wußte, wann er zurückkommen mußte. »Er kommt bestimmt rechtzeitig wieder.«

Als Tom sie überredet hatte, bei Projekt Kana mitzumachen, hatte Jasmine hauptsächlich aus Loyalität zu ihm eingewilligt. Und aus Sorge um Holly. Sie hatte nie ernsthaft an die Möglichkeit geglaubt, daß sie eine echte Gewebeprobe finden würden oder daß sie, wenn doch, etwas enthielte. Doch jetzt war sie sich nicht mehr so sicher.

In den letzten zwei Tagen hatte sie Tom, zusammen mit Bob und Nora, dabei geholfen, die sogenannten Nazareth-Proben für die Analyse vorzubereiten. Sie hatte zugesehen, wie der Bohrer in den Zahn eingedrungen war, der vielleicht tatsächlich aus dem Mund von Jesus Christus stammte, und wie er tief aus seinem Innern die DNS herausgeholt hatte. Und sie hatte persönlich Blutreste von einem Nagel geschabt, mit dem Christus vielleicht *tatsächlich* ans Kreuz geschlagen worden war.

Sie holte tief Luft. Es war unheimlich, und sie hatte ein schauerliches Gefühl bei der Sache. Bald, sehr bald, würde sie Gewißheit haben, ob die Nazareth-Proben echt waren und ob sie die Gene Gottes enthielten.

»Wie sieht's aus?« fragte Tom, als er in den Raum gestürmt kam. Er war außer Atem, und seine blauen Augen leuchteten vor Aufregung. »Ist es schon soweit?«

Sie nickte. »Wir sind gleich fertig. Nur noch ein paar Minuten.«

Die Tür des Labors ging noch einmal auf, und Jack und Alex kamen herein. Niemand wollte den Moment verpassen, wenn DAN an den Tag brachte, was Christus von anderen Menschen unterschieden hatte.

Plötzlich wurde das Brummen des Genescopes tiefer. An seinem schwarzen Schwenkarm leuchteten Lichter auf.

»Es ist soweit«, sagte sie.

Und alle verstummten.

❖ ❖ ❖

Tom Carter hatte fast drei Tage nicht geschlafen, aber er konnte sich nicht vorstellen, sich wacher zu fühlen als jetzt. Der Adrenalinschub von seinem Besuch bei der Bruderschaft hatte noch immer nicht nachgelassen, und im Moment wollte er nur eines: DANs Analyse der Gewebeproben sehen.

Er sah, wie Jasmine aufstand. »Bevor DAN anfängt, solltet ihr euch vielleicht noch über ein paar Dinge klarwerden«, sagte sie. »Zuallererst, das Genescope ist so konfiguriert, daß es uns einen allgemeinen Überblick über beide Proben gibt, also über den Nagel und den Zahn. Als erstes bekommen wir die Ergebnisse der Nagelanalyse. Allerdings war diese Probe so schadhaft, daß wir froh sein können, wenn wir mehr als ein Drittel des Genoms davon ablesen können. Seid also nicht enttäuscht. Die Zahnprobe müßte wesentlich besser sein. Die Daten der beiden Analysen werden sowohl auf dem Bildschirm erscheinen als auch über DANs Voice Box angesagt.«

Tom sah, wie auf dem großen Bildschirm neben dem Genescope plötzlich das GENIUS-Logo erschien.

»Sobald wir auf irgend etwas Interessantes stoßen«, fuhr Jasmine fort, »schalten wir das Cyber-Sichtgerät zu, damit wir uns die fraglichen Gene aus nächster Nähe in 3D ansehen können.« Der große schwarze Schwan gab ein warnendes Brummen von sich. »Wenn ihr jetzt bitte still sein könntet. DAN, bist du bereit?«

Atemlose Stille. Nur eine leises Schlurfen, als sich alle dichter um den Bildschirm drängten. Und dann sprach DAN in die Stille hinein:

»*Analyse von Nazareth-Nagelprobe abgeschlossen. Ergebnisse verfügbar. Wählen Sie bitte unter den auf dem Bildschirm angeführten Optionen: Genereller Überblick, Chromosomenanalyse oder Detaillierte Gensuche.*«

»Detaillierte Gensuche, bitte«, verlangte Jasmine.

Plötzlich füllte sich der Bildschirm mit Buchstaben, die jedoch zu rasch abrollten, um sie lesen zu können. Ab und zu blieb das Bild einen Moment stehen, so daß der ganze Monitor mit Dreiergruppen von Buchstaben voll war. Jedes dieser Tripletts war ein Codon, das eine bestimmte Aminosäure bezeichnete:

ATG AAC GAT ACG CTA TCA
AGC TTT TTA AAT CGT AAC GAC GCT TTA GGG CTT AAT
CCA CCA CAT GGC CTG GAT ATG CAC ATT ACC AAG AGA
GGT TCG GAT TGG TTA TGG GCA GTG TTT GCA GTC TTT
GGC TTT ATA TTG CTA TGC TAT GTT GTG ATG TTC TTC
ATT GCG GAG AAC AAG GGC TCC AGA TTG ACT AGA GCA
GTC TTT GGC AAC GAT ACG CTA TCA TTT ATA TTG CTA
GCT CCA TTC TTC GAG TTA TGG GCA GTG TTT GCA GTC
TTT ACG TTT TTA AAT CGT GGC GTT GTG ATG TTC GTG
ATG TTC TTC ATT GCG GAG AAC AAG GGC TCC AGA TTG
ACT AGA ACA GTC TTT GGC AAC GAT ACG AAC GAC GCT
TTA GGG CTT AAT CCA CCA CAT GGC CTG GAT ATG AAA
GTT AGC AAG TCT ACA GGT GAA GTT CAA GTC GAA TTT
TTT AAC CAC GTC TAC AGA GGT TCG GAT TGG TTA TGG
GCA GTG TTT GCA GTC TTT GGC TTT ATA TTG CTA TGC
TAT GTT GTG ATG TTC TTC ATT GCG GAG AAC AAG GGC
TCC AGA TTG ACT AGA GCA GTC TTT GGC AAC GAT ACG
CTA TCA GTG TTT GCA GTC TTT TTT ATA TTG CTA GCT
CCA TTC TTC GAG CTG GAT ATG CAC ATT ACC AAG GCG
GAG AAC AAG GGC TCC TTG TAC TTT ATC TGT TGG GGT
CTA AGT GAT GGT GGT AACCGY ATT CAA CCA GAC GCA

GTC TTT GGC AAC GAT ACG CTA TCA TTT ATA TTG CTA GCT CCA TTC TTC GAG TTA TGG GCA GTG TTT GCA GTC TTT ACG TTT TTA AAT CGT GGC GTT GTG ATG TTC GTG ATG TTC TTC ATT GCG GAG AAC AAG GGC TCC AGA TTG ACT AGA ACA GTC TTT GGC AAC GAT ACG AAC GAC GCT TTA GGG CTT AAT CCA CCA CAT GGC CTG GAT ATG TCC AGA TTG ACT AGA ACA GTC TTT GGC AAC GAT ACG AAC GAC GCT TTA GGG CAT AGA GGT TCG GAT TGG TTA TGG GCA GTG TTT GCA GTC TTT GGC TTT ATA TTG CTA TGC TAT GTT GTG ATG TTC TTC ATT GCG GAG AAC AAG GGC TCC AGA TTG ACT AGA GCA GTC TTT GGC AAC GAT ACG CTA TCA TTT ATA TTG CTA GCT CCA TTC TTC GAG TTA TGG GCA GTG TTT GCA GTC TTT ACG TTT TTA AAT CGT GGC GTT GTG ATG TTC GTG ATG TTC TTC ATT GCG GAG AAC AAG GGC TCC AGA TTG ACT AGA ACA GTC TTT GCT CCA TTC TTC GAG CTG GAT ATG CAC ATT ACC AAG GCG GAG AAC AAG GGC TCC TTG TAC TTT ATC TGT TGG GGT CTA AGT GAT GGT GGT AACCGY ATT CAA CCA GAC GCA GTC TTT GGC AAC GAT ACG CTA TCA TTT ATA TTG CTA GCT CCA TTC TTC GAG TTA TGG GCA GTG TTT GCA GTC TTT ACG TTT TTA AAT CGT GGC GTT GTG ATG TTC …

Jedesmal wenn das Bild zum Stillstand kam, leuchtete eine Zahl auf dem Bildschirm auf, die angab, zu welchem der dreiundzwanzig Chromosomenpaare der DNS-Code gehörte. Daneben war eine Prozentangabe, an der man ablesen konnte, wieviel vom gesamten Genom analysiert worden war. Dann ging das Abrollen der Buchstabenreihen wieder weiter, bis das ganze Genom abgearbeitet war. Zum Schluß zeigte die Prozentangabe 32 an.

Danach erschien auf dem Bildschirm eine Tabelle, in deren linker Spalte alle dreiundzwanzig Chromosomenpaare aufgeführt waren. In der rechten war angegeben, wieviel Prozent der DNS in jedem davon lesbar waren.

*»Alle Chromosomen schadhaft«*, verkündete DAN. *»Keine*

*ungewöhnlichen Gene in den lesbaren Abschnitten gefunden. Zur Extrapolation der fehlenden Abschnitte sind mehr Informationen nötig.*«

»Nicht gut?« fragte Alex.

»Nein«, sagte Tom. »Aber da wir nur ein Drittel der Probe lesen konnten, hat das nicht viel zu besagen. So eine DNS ist an sich ziemlich widerstandsfähig, aber infolge der Korrosion des Nagels und des Verfalls der Blutzellen sind nach so langer Zeit große Teile des genetischen Codes entweder unleserlich oder zerstört. Daher läßt sich vorerst nur sagen, daß in dem Drittel, das wir lesen können, keine ungewöhnlichen Gene sind.«

»Und was jetzt?«

»Jetzt warten wir auf die Zahn-DNS. Da sie durch den Zahnschmelz geschützt war, müßte sie an sich in Ordnung sein. Von DNS-Untersuchungen ägyptischer Pharaonen, die zum Teil tausend Jahre älter waren als diese Probe, wissen wir, daß das Erbgut, das einem Zahn oder Knochen entnommen wird, die widerstandsfähigste Form von DNS überhaupt ist.«

Wie gewohnt wollte es Alex besonders genau wissen. »Aber woher *weißt* du, daß nichts da ist?«

Toms Vater mochte Worte, keine dämlichen Zahlen, und er war es nicht gewohnt, der einzige in der Klasse zu sein, der nicht begriff, was auf der Tafel stand. Darum zog Tom einen Ausdruck aus dem Drucker neben DAN. »Schau, ich zeig's dir.« Er zog das Papier in seinen Händen glatt. »Es ist einfacher, wenn man sich die Daten ausgedruckt ansieht.«

Jack gesellte sich zu ihnen.

Tom hielt den Ausdruck so, daß ihn beide sehen konnten. »So müßte es besser verständlich sein.«

»Sind das die Chromosomen?« Alex setzte seinen Zwicker auf und deutete auf die numerierten Überschriften.

»Ja, stell dir einfach vor, das ist eine Karte der Vereinigten Staaten; aber sie haben nur dreiundzwanzig Bundesstaaten. Die dreiundzwanzig Chromosomenpaare sind die Bundesstaaten, und die Gene sind die Städte in diesen Staaten. Innerhalb der

Gene hat man wiederum die Buchstaben, die wie einzelne Bewohner sind. Die Anordnung dieser Buchstaben legt fest, welche Proteine jedes Gen produziert. Und diese Proteine sind für den Aufbau und die Erhaltung unseres Körpers zuständig. Sie lassen das Haar wachsen. Verdauen die Nahrung. Heilen Verletzungen und so weiter. In dieser Datenübersicht sind nur Gene aufgeführt und auch davon nur die ungewöhnlichen. Verstehst du? Gene, die sich außerhalb oder am äußersten Rand eines gesunden Standardgenoms befinden.«

Er deutete auf das Kästchen mit »abnormen Genen«, das auf dem Ausdruck unter der Ziffer 20 aufgeführt war. »Gäbe es hier irgend etwas Auffälliges, wären die fraglichen Gene hervorgehoben. Aber wie ihr sehen könnt, bewegen sich alle Gene in diesem Chromosom im Rahmen des Normalen. Jedenfalls diejenigen, die nicht infolge der Korrosion auf der Nageloberfläche schadhaft geworden sind.« Er deutete auf den oberen Rand des Ausdrucks. »Wenn ihr hierher schaut, werdet ihr sehen, daß in den intakten Teilen des Genoms, also in denjenigen, die wir scannen konnten, keine wirklich ungewöhnlichen Gene waren. Nichts.«

»Du hoffst also, daß in den siebzig Prozent, die du nicht scannen konntest, irgendwelche auffälligen Gene sind?« fragte Jack.

»Ja.«

Jack wandte sich wieder dem Genescope zu, an dem sich Jasmine und Bob gerade die Zahnanalyse ansahen. »Und du meinst, an der vollständigen DNS aus dem Zahn wird das ersichtlich?«

»Vielleicht.«

Alex studierte den Ausdruck. »Woher weiß DAN, wo in diesem Buchstabensalat die Gene sind?

»Nur ein kleiner Prozentsatz der dreitausend Millionen Buchstaben menschlicher DNS codieren tatsächlich Gene mit einer Funktion. Die anderen, vor allem die sogenannten Intronen, bewirken anscheinend gar nichts. Jedes Gen wird von speziellen

Buchstabenkombinationen, den sogenannten Anfangs- und Endcodons, eingeklammert. Sie sagen DAN, wo er nachzusehen hat. Die meisten Gene fangen zum Beispiel mit der Aminosäure Methionin an. Das ist ATG. Jedesmal wenn also DAN ATG liest, weiß er, daß ein Gen beginnt. Umgekehrt zeigt TAG an, wo das Gen aufhört. Deshalb liest DAN nur die Buchstaben zwischen diesen Markierungen, die Buchstaben in den sogenannten Open Reading Frames. Den Rest ignoriert er als wirres Zeug.«

*»Analyse der Nazareth-Zahnprobe abgeschlossen«*, unterbrach ihn DANs Stimme. *»Ergebnisse verfügbar. Option ›Detaillierte Gensuche‹ ausgewählt.«*

»Die Probe ist in sehr gutem Zustand.« Die Erregung in Jasmines Stimme war unüberhörbar. »Praktisch perfekt.«

Zusammen mit den anderen wandte sich Tom wieder dem Bildschirm zu.

*»Keine Gene außerhalb oder am äußersten Rand des menschlichen Standardgenoms«*, verkündete DAN abrupt.

»Was?« entfuhr es Tom. Er konnte es nicht glauben.

Jasmine gab einen tiefen Seufzer von sich, ob vor Ärger oder Erleichterung, konnte er nicht feststellen.

Jack entfuhr ein leises, aber deutlich hörbares »Mist«.

Bob und Nora starrten stumm auf den Bildschirm.

Alex schüttelte den Kopf und runzelte die Stirn.

Tom sah sich den allgemeinen Überblick an. Die Genomanalyse hatte keinerlei ungewöhnliche Gene ergeben. Nichts. Das war nicht möglich. Das bemerkenswerteste an dem Zahngenom war, daß es zu perfekt war. Es stimmte fast genau mit dem fiktiven gesunden Standardgenom überein, mit dem alle untersuchten Genome verglichen wurden, ohne sich je mit ihm zu decken. Das Genom Christi, falls es wirklich seines war, war nur in einer Hinsicht abnormal. Es war zu normal. In seinem genetischen Aufbau war nicht der *geringste* Defekt zu erkennen. Aber ansonsten, nichts.

Dann brach Alex Carters Gelehrtenstimme das betretene

Schweigen. »Es ist wahrscheinlich eine dumme Frage, aber könnten die Gene, nach denen wir suchen, anders lautende Anfangs- und Endcodons haben? Welche, die DAN nicht erkennt?«

Ein Blick auf Jasmine verriet Tom, daß sie das gleiche dachte. Es *war* eine blöde Frage, eine, die kein Genforscher, der sich auch nur ein bißchen mit dem Genescope auskannte, stellen würde. Aber genau das war der Grund, warum er sie *nicht* als Blödsinn abtat.

»Aber wie wollen wir die neuen Anfangs- und Endcodons finden?« fragte Jasmine, als könnte sie seine Gedanken lesen.

»Wir könnten es mit einer Homologie versuchen«, schlug Bob Cooke vor. »Allerdings bräuchten wir dazu einen anderen DNS-Abschnitt mit den gleichen Genen.«

»Eine Homologie?« fragte Alex.

»Ja«, sagte Tom. »DAN kann zwei DNS-Abschnitte scannen und eine lange Buchstabensequenz zu finden versuchen, die in beiden identisch ist. Die Wahrscheinlichkeit, daß diese Sequenz ein Gen ist, wäre dann sehr hoch. Dann sehen wir uns die erste und die letzte Dreiergruppe von Buchstaben an, die man im Fachjargon Tripletts nennt, und schon haben wir die neuen Anfangs- und Endcodons!«

»Aber wir brauchen einen zweiten Abschnitt einer unterschiedlichen DNS, die eines oder mehrere dieser Gene enthält«, rief ihnen Jasmine in Erinnerung.

»Was war eigentlich mit diesem Genom, das du in IGOR gefunden hast, als du nach den Genen von Wunderheilern Ausschau gehalten hast?« Tom war bereit, alles zu versuchen. »Wie hieß er gleich wieder? Dieser Engländer, der letztes Jahr eingeäschert wurde; der rheumatische Arthritis mit den Händen lindern konnte.«

Jasmine rutschte zu dem PC auf dem Arbeitsplatz neben DAN weiter und gab ihm etwas über das Keyboard ein. »Anderson, stimmt's?«

»Ja, genau den meine ich. Mach mal eine beschleunigte Homologiestudie von ihm und dem Jesus-Genom.«

Jasmines Finger huschten über die Tastatur. »Okay. Ich habe DAN alle Daten eingegeben. Seine Antwort müßte uns in den nächsten fünf Minuten vorliegen.«

DAN brauchte nur viereinhalb Minuten, um ihnen mitzuteilen, daß beide Genome eine siebenundfünfzigtausend Buchstaben umfassende Sequenz gemeinsam hatten und daß die Anfangs- und Endcodons jeweils neun Buchstaben lang waren. GCCTGACCG öffnete den Reading Frame und TCGAGGTAC schloß ihn. In weniger als dreißig Sekunden hatte Jasmine DAN neu kalibriert, um das ganze Jesus-Genom nach Genen zwischen diesen Klammern zu durchsuchen.

Dann folgte eine Pause von mehreren Minuten, in der Tom von den anderen keinen Laut hörte, nicht einmal einen Atemzug.

Dann sprach DAN: *»Ein Gen außerhalb des Standardgenoms auf der Vaterkopie von Chromosom 7 gefunden.«*

Zahlen tanzten über den Bildschirm, und diesmal tanzten Toms Augen mit ihnen. Endlich bekam er Beweise für das zu sehen, was er bisher nur erhofft hatte.

DAN machte ein Geräusch, als räusperte er sich, bevor er wieder sprach.

*»Ein Gen außerhalb des Standardgenoms auf der Vaterkopie von Chromosom 10 gefunden.«*

Zwei Gene. Da waren zwei Gene. Er konnte es nicht erwarten, DAN zu fragen, wofür sie codierten, doch bevor er etwas sagen konnte, begann das Genescope zu brummen, als wälzte es ein besonders schwieriges Problem. Und als es wieder zu sprechen begann, bildete sich Tom ein, einen Anflug von Staunen in seinem blechernen Leierton mitschwingen zu hören.

*»Drittes Gen in Vaterkopie von Gen 18 gefunden. Keine weiteren Gene außerhalb des Standardgenoms.«*

Tom empfand tiefe Erleichterung und Freude. Seine Enttäuschung war schlagartig verflogen. Der Besitzer des Zahns hatte drei Gene, die die meisten, wenn nicht alle, anderen Menschen nicht hatten. Als er sich umblickte, fiel ihm Jasmines Gesichtsausdruck auf. Die anderen machten ähnlich schockierte Gesichter.

Es war Jack, der als erster sprach. »Was machen diese Gene? Sind sie die ganze Aufregung überhaupt wert?«

»Das werden wir gleich sehen.« Tom wandte sich dem Genescope zu und fuhr fort: »Bitte um Einschätzung der Funktion der neuen Gene.«

Das Brummen des Genescopes wurde tiefer, und die Lichter an dem eiförmigen Korpus begannen zu blinken. Dann stieg das Brummen wieder auf seine normale Tonhöhe. *»Provisorische Extrapolation der codierten Aminosäuren deutet darauf hin, daß das Gen auf Chromosom 7 für Proteine codiert, die DNS und Zellen reparieren können. Das Gen auf Chromosom 10 hat eine zellkontrollierende Funktion. Das dritte Gen auf Chromosom 18 ist zu komplex, um vorläufige Angaben über seine Funktion machen zu können. Hierbei handelt es sich nur um Schätzungen, die auf den zur Verfügung stehenden Daten basieren. Laborbestätigung erforderlich.«*

Bob Cooke sah Tom erwartungsvoll an. »Unglaublich. Das erste Gen kann DNS produzieren oder reparieren. Und das zweite kann das Zellwachstum kontrollieren. Vielleicht sind es intelligente Gene. Eines fungiert als Zellbeschleuniger, das andere bremst die Zellvermehrung. Beide zusammen könnten die Veränderungen im Rest des Genoms kontrollieren.«

»Wenn DANs Extrapolation richtig ist«, warnte Jasmine.

»Aber sicher ist sie das«, sagte Tom und tat ihre Bedenken mit einer wegwerfenden Handbewegung ab. »Wir müssen diese Ergebnisse im Labor nachprüfen, und außerdem müssen wir noch herausfinden, was das dritte Gen macht. Aber falls es sich um intelligente Gene handelt, die seine restliche DNS reguliert haben, würde es erklären, warum das Genom von Jesus so gesund war. Vielleicht verhalfen sie ihm zu einem besseren Immunsystem?«

»Einem, das er an andere weitergeben konnte?« fiel Bob mit einem aufgeregten Grinsen ein.

Tom lächelte. »Tja, das ist jetzt die große Frage. Das ist es, was wir im Labor herausfinden müssen.« Plötzlich mußte er an Ezekiel denken. »Jazz, können wir anhand dieser Gene in IGOR ein Gegenstück finden?«

Jasmine zuckte mit den Achseln. »Das müßte an sich gehen. Es wird zwar etwas dauern, die Datenbank auf die neuen Anfangs- und Endcodons umzukalibrieren, aber wir wissen ja bereits, daß Keith Anderson eins dieser Gene hatte. Wenn es also in IGOR ein Gegenstück gibt, finden wir vielleicht jemanden mit allen dreien.«

Tom ging zum Cyber-Sichtgerät am Schnabel des Genescopes. »Sehen wir uns die Gene mal genauer an. DAN, bitte eine visuelle Präsentation.« Er spürte, wie sich die anderen um ihn drängten, als er das Sichtgerät anlegte. Aber sobald seine Reise in den Cyberspace begann, verlor er keinen Gedanken mehr an sie. Zuerst sah er nur Dunkel, doch dann erschien unter ihm und um ihn herum die ganze Zelle. Die Chromosomen leuchteten wie ständig die Form verändernde Kontinente in den herrlichsten Farben. Obwohl er wußte, daß diese Farbenpracht eine Folge der magnetisierten Farbstoffe war, erschien ihm das, was er sah, keineswegs weniger eindrucksvoll und real.

»Chromosom 7«, verlangte er von DAN. »Und bitte Darstellung auf Chromosomenlevel.«

Sofort wurde das Bild, das sich ihm bot, noch farbenprächtiger. Er konzentrierte sich jetzt nur noch auf ein einziges Chromosom und den darin enthaltenen DNS-Strang. Es war schön. Sein Blick wanderte die regenbogenfarbene Wendeltreppe der Doppelhelix entlang. Die magnetisierten Farbstoffe hoben die verschiedenen Nukleotidpaare gegeneinander ab und bildeten die DNS-Stränge dreidimensional ab. Das neue Gen lag vor ihm ausgebreitet, und schon sein bloßer Anblick versetzte ihn in heftige Erregung. Das war ein Teil des Erbguts, das verantwortlich war für die Entwicklung des berühmtesten und einflußreichsten Menschen, der je gelebt hatte: Jesus Christus. Und er, ein Atheist, war der erste Mensch, der die genetische »Abnormität« zu sehen bekam, die mit zu seinem Schicksal beigetragen hatte.

»DAN, bitte weiter zu dem Gen auf Chromosom 10.« Die Bilder um ihn herum verschwammen und formierten sich neu. Jetzt befand er sich in der fluoreszierenden, vielfarbigen Doppelhelix und spazierte, umgeben von den Nukleotidpaaren des zweiten neuen Gens, wie auf einem hellerleuchteten Boulevard in ihr dahin. Er war *in* einem der Gene, die Jesus anders gemacht hatten als die übrigen Menschen. Er empfand etwas wie Ehrfurcht. Aber es war die Willkür der Natur, der er das Zustandekommen dieser Ausnahme von ihren Regeln zuschrieb.

Es war jedoch das dritte Gen auf Chromosom 18, das ihm endgültig die Sprache verschlug. Kein Wunder, daß DAN es als komplex bezeichnet hatte. Es war Hunderttausende von Basenpaaren lang, wesentlich länger als jedes, das er bisher gesehen hatte. Er konnte nur raten, welche Wunder die darin enthaltenen Informationen codierten. Plötzlich schwirrte sein Kopf von Fragen: Wie konnten sie diese Gene aufschlüsseln und sich nutzbar machen? Würden sie sich genauso verhalten wie normale Gene? Konnte er die normale rekombinante DNS-Technologie anwenden, um die von ihnen codierten Proteine in laborkontrollierten Bakterien zu produzieren? Konnte er ein Virus mit ihnen »laden« und sie einem Patienten auf direktem Weg einsetzen? Holly zum Beispiel? So viele Fragen. Aber es waren *gute* Fragen. Möglichkeiten. Endlich hatte er etwas, womit sich etwas anfangen ließ. Jetzt konnte er wenigstens etwas tun.

Plötzlich merkte er, daß er das Sichtgerät in Beschlag genommen hatte. Er setzte es ab, um jemand anderen durchsehen zu lassen. Obwohl seine Augen wie üblich einen Moment brauchten, um sich auf die reale Welt umzustellen, spürte er sofort, daß sich die anderen nicht mehr um ihn drängten. Überrascht drehte er sich um und sah sie verschwommen auf der anderen Seite von DAN um jemanden herumstehen. Seine Aufregung wich wachsendem Ärger. Sie hatten sich doch darauf geeinigt, niemandem außer den Mitarbeitern an Projekt Kana Zutritt zu diesem Teil der Mendel-Suite zu gewähren. Und gerade heute, jetzt, war das besonders wichtig.

Überrascht über die atemlose Stille, die über der Gruppe lag, ging er auf sie zu. Niemand sprach ein Wort. Seine Mitarbeiter standen im Kreis um den Eindringling herum und starrten ihn stumm an. Und als Tom endlich wieder richtig sehen konnte, bekam auch er große Augen. Der Eindringling hatte ihm den Rücken zugekehrt. Er war splitternackt.

Jasmine war an ihrem Keyboard und winkte Tom zu sich heran. Sie sah aus, als hätte sie einen Geist gesehen. Er drehte sich zu dem Fremden um, der nur noch wenige Meter von ihm entfernt war. Jasmine hatte tatsächlich einen Geist gesehen: den eines Zimmermanns aus Nazareth, der schon zweitausend Jahre tot war.

Jasmine gab der Gene-Imaging Software zwei weitere Befehle ein, und das gespenstisch lebensechte Hologramm von Jesus Christus begann sich auf dem Holo-Pad zu drehen.

# 3. Teil

# Die Gene Gottes

# 19 Boston. Beacon Hill.

Am 1. April, drei Uhr zwölf, fünfzehn Tage nach der Entdekkung der Nazareth-Gene, war im Hause Carter alles ruhig. Die Stille in Hollys Schlafzimmer wurde nur durchbrochen von ihrem ruhigen, regelmäßigen Atem. Auf ihrem Gesicht lag ein friedliches Lächeln, als sie, nichts ahnend von der bösartigen Geschwulst, die in ihr heranwuchs, ihre Träume träumte.

Dreiundzwanzig Tage waren vergangen, seit sich die erste Glia-Zelle in ihrem Hirn gegen sie gewandt hatte. Inzwischen hatte sie bereits zahllose Klone von sich produziert, alle mit der gleichen aufrührerischen DNS. Sogar während Holly schlief, ging die Revolte unermüdlich weiter, und sie breitete sich um einiges rascher aus, als DAN vorhergesagt hatte. Die gehorsamen Hirnzellen konnten nichts tun, um den Aufstand zu unterdrücken. Selbst das Immunsystem, die körpereigene Miliz zur Abwehr von Eindringlingen, ignorierte die Mutationen der Körperzellen und ließ sie ihrem Zerstörungswerk ungehindert nachgehen.

Erst vor zwei Tagen, als sie mit ihrer Patentante und ihrem Vater in »Krieg der Sterne 7« gewesen war, hatte sie zum erstenmal Kopfschmerzen und einen plötzlichen Schwindelanfall bekommen. Aber aus Angst, ihr Vater könnte den Computer dafür verantwortlich machen und ihr verbieten, damit zu spielen, hatte sie niemandem etwas gesagt. Statt dessen hatte sie beschlossen, in Zukunft nur noch abends ein paar Stunden damit zu spielen, damit ihre Kopfschmerzen wieder aufhörten. Aber das taten sie natürlich nicht. Sie wurden nur noch schlimmer.

Gerade als Holly vom letzten Sommer träumte, als Mama und Papa noch zusammengewesen waren und mit ihr auf dem rosafarbenen Sand der Horseshoe Bay auf Bermuda gespielt hatten, traten die rebellischen Zellen in das zweite Mutationsstadium der klonalen Entwicklung ein. Und wenn den Rebellen dieses genetischen Unabhängigkeitskrieges kein Einhalt geboten wurde, wenn ihnen gestattet wurde, sich innerhalb des begrenzten Raums von Hollys Schädel unbegrenzt zu vermehren, dann würde Toms Tochter nicht nur in ihren Träumen bald wieder mit ihrer Mutter vereint.

❖ ❖ ❖

Als Tom Carter am nächsten Morgen zur Arbeit fuhr, wußte er noch nichts von Hollys Zustand und würde erst bei ihrer nächsten monatlichen Gehirnuntersuchung in etwas mehr als einer Woche davon erfahren. In den fünfzehn Tagen seit der Entdeckung der Nazareth-Gene hatte er sich voll und ganz auf die Frage konzentriert, wie sich ihre Kräfte nutzbar machen ließen. Er hatte kaum Zeit gefunden, über die Bedeutung der Tatsache nachzudenken, daß er das Hologramm des wiederauferstandenen Jesus Christus gesehen hatte, geschweige denn, sich Sorgen zu machen, ob Hollys Erkrankung bereits in das nächste Stadium eingetreten sein könnte.

Als erstes überprüfte Tom an diesem Morgen im Crick-Labor mit Bob Cooke die Hybrid-Inkubatoren. Er nahm vier der transparenten Petrischalen vom obersten Bord und untersuchte die Kulturen darin sorgfältig. Bei dreien handelte es sich um *Streptomyces*-Bakterien, die in eines der drei neuen Nazareth-Gene geklont worden waren. Die Bakterien dienten gewissermaßen als Fabriken, die die neuen genetischen Informationen in die von ihnen codierten Proteine verwandelten. Die vierte Petrischale enthielt das gleiche Bakterium mit allen drei Genen zusammen.

»Irgendwelche Veränderungen?« fragte Bob Cooke.

»Nein, es ist genau wie bei den *E coli*. Wir haben zwar nicht unbedingt die gleichen Einschlußkörperchen, aber das Schema ist ähnlich. Haben Sie für alle Gefäße die gleichen Plasmide und Restriktionsenzyme genommen?«

»Ja.«

»Tja, das *naz 3*-Gen will sich immer noch nicht benehmen. Egal, für welches Protein es codiert: es will sich einfach nicht entwickeln.«

Bob Cooke griff nach der vierten Petrischale mit der Aufschrift *»Die Dreifaltigkeit – Streptomyces«* und runzelte die Stirn. »Aber wenn wir alle drei Gene zusammentun, kriegen wir das unbekannte Protein.«

»Ja, aber was macht es? Die menschlichen Zellkulturen zeigen, daß *naz 1* anscheinend für ein DNS-Reparaturprotein codiert, allerdings für kein besonders spektakuläres. Und das Protein des *naz 2*-Gens ist in begrenztem Umfang in der Lage, das Zellwachstum zu kontrollieren. Aber auch das ist nichts Neues. Was mich interessieren würde, ist, was es mit diesem vollkommen neuen Protein auf sich hat, für das alle drei zusammen codieren. An sich erweckt es nicht den Eindruck, als würde es irgend etwas bewirken.«

Bob Cooke griff nach seinen Aufzeichnungen, die auf der Laborbank neben ihm lagen. »Wenn wir dieses blöde *naz 3*-Gen bloß in isoliertem Zustand zum Wirken bringen könnten.«

»Vorausgesetzt natürlich, es bewirkt überhaupt was«, murmelte Tom.

»Wenn nicht«, sagte Bob, »dann wird es verdammt lange dauern, bis wir rausgefunden haben, was es im Gesamtzusammenhang tut. Wäre es da nicht vielleicht doch besser, wir versuchen, ein passendes Gegenstück zu finden?«

Tom stellte die Petrischalen mit den Kulturen ab und begann im Labor auf und ab zu gehen. Das wurde schwieriger, als er erwartet hatte. Er war sicher, daß seine Strategie grundsätzlich richtig war. Aber es sah so aus, als müßte er die Prioritäten anders setzen. Eines war von Anfang an klar gewesen: Wenn es in den Nazareth-Genen etwas gab, das heilende Kräfte besaß, dann mußte es in dem zusammengesetzten Protein zu finden sein, das alle drei zusammen bildeten. Das rätselhafte *naz 3*-Gen schien den anderen beiden besondere Eigenschaften zu verleihen und aus ihren für sich allein genommen irrelevanten Proteinen im Verbund mit ihm etwas Einzigartiges und potentiell Hochinteressantes zu machen. Um jedoch das extrem komplexe dritte Gen in isoliertem Zustand aufzuschlüsseln, bräuchte selbst DAN zu lange. Deshalb kamen, wie es inzwischen aussah, für sein weiteres Vorgehen nur folgende drei Möglichkeiten in Frage.

Die erste war, das Protein im Labor zu züchten. Wenn sie die drei Gene in Bakterien einsetzten, würden die Bakterienzellen die von den Genen codierten Proteine produzieren. Und diese Proteine hoffte Tom dann nach gewissen Modifikationen wie ein Heilserum injizieren zu können.

Die zweite war, alle drei Gene auf direktem Weg in lebende Tiere einzusetzen, um feststellen zu können, welche Wirkung sie auf einen lebendigen Organismus hatten und welche Proteine sie in vivo produzierten.

Von der dritten Möglichkeit wollte er nur im äußersten Notfall Gebrauch machen, wenn die ersten zwei zu nichts führten oder zu lange dauerten. Das hätte bedeutet, daß er einen lebenden Menschen finden mußte, der einen voll funktionsfähigen Satz dieser Gene besaß. Tom nahm an, daß er dann die natürlich auftretenden Gene in situ untersuchen könnte. Und wenn er dann noch immer nicht herausbekam, wie sie funktionierten, dann würde er die betreffende Person überreden müssen, von ihren Heilkräften Gebrauch zu machen und sie zur Rettung Hollys einzusetzen. Ursprünglich war das die unattraktivste Option gewesen, aber wenn er die momentane Lage richtig einschätzte, war sie auf dem besten Weg, an die erste Stelle vorzurücken.

Die erste Möglichkeit hatten sie bereits bis zum Gehtnichtmehr durchgespielt. Alle Gene waren einzeln und gemeinsam in *E coli, Saccharomyces Cerevisiae, Streptomyces* und sogar in menschlichen Zellkulturen getestet worden. Aber jedesmal hatte sich das *naz 3*-Gen geweigert, sein Protein zu produzieren, und wenn alle drei Gene, die der respektlose Kalifornier *Die Dreifaltigkeit* getauft hatte, kombiniert wurden, bildeten sie immer dieses mysteriöse zusammengesetzte Protein, das jedoch in dieser im Labor hergestellten Form keinerlei Wirkung zeigte.

Bei Option Nummer zwei war bisher ebenfalls nicht viel herausgekommen, auch wenn sie noch verschiedene Tests durchführen mußten. Jedenfalls hatte die Dreifaltigkeit an den Mäusen oder den lebenden Tumorzellen, denen sie mit Hilfe eines Virusvektors eingesetzt worden war, bisher noch keine Wirkung gezeigt. Links von ihm, in dem Kühlschrank mit der gläsernen Frontscheibe, konnte er das Gestell mit den Seren sehen, die seine Mitarbeiter entwickelt hatten; sie alle dienten dem Zweck, die drei Gene in die Stammzellen eines Organismus einzuschleusen. Aber die Gene schienen nicht das geringste zu bewirken, wenn sie sich festgesetzt hatten.

Sollten sich diese Seren bei späteren Tests nicht doch noch als wirksam erweisen, sah es so aus, als hätte Bob Cooke recht und als müßten sie Option drei den Vorzug geben. Sie mußten jemanden finden, der bereits einen funktionierenden Satz Gene hatte; dann konnten sie sie entweder in vivo untersuchen, oder sie mußten die betreffende Person bitten, Holly direkt zu heilen. Tom griff nach dem Telefon und wählte Jasmines Nummer unten in der IT-Abteilung. Sie nahm beim zweiten Läuten ab.

»Jazz.«

»Hi, ich bin's, Tom. Wie kommst du mit der Suche voran?«

Eine Pause. »Nicht besonders. Ein paar Leute, und ich meine wirklich nur ein paar, haben *eins* dieser Gene: entweder *naz 1* oder *naz 2*. Aber niemand hat alle drei. Bisher ist mir auch noch niemand mit *naz 3* untergekommen. Big Mother gibt ständig mehr Analysen ein, aber ich habe schon die meisten von IGORs bisherigen Eingaben durch, und uns gehen langsam die Kandidaten aus.«

»Wie viele Analysen speichert Big Mother?«

»Wie üblich. Eine von fünf.«

»Dann sieh zu, daß es ab sofort fünf von fünf sind. Von jetzt an möchte ich jeden überprüft haben, der sich irgendwo auf der Welt einer Genescope-Analyse unterzieht.«

»Jeden? Was ist los? Macht dein geheimnisvoller Ezekiel Druck?«

»Nein, wir haben noch drei Wochen Zeit, bis er nervös wird.« Tom erinnerte sich, wie aufgeregt der alte Mann gewesen war, als er ihm die Proben zurückgegeben und von der Entdeckung der drei Gene erzählt hatte. Daraufhin hatte Ezekiel zwar wissen wollen, bis wann sie ein passendes Gegenstück gefunden hätten, aber er hatte ihn nicht gedrängt, schon vor Ablauf der fünfwöchigen Frist mit Ergebnissen aufzuwarten. »Es sind meine anderen Optionen, die mich unter Druck setzen, Jazz. Wir treten immer noch auf der Stelle. Wie es im Moment aussieht, bist du unsere letzte Rettung.«

»Oh, vielen Dank, da geht es mir schon gleich viel besser. Aber mach dir lieber nicht zu große Hoffnungen. Es könnte Jahre dauern, bis sich jemand, der alle drei Gene hat, analysieren läßt und in IGOR gespeichert wird; immer vorausgesetzt, so jemanden gibt es überhaupt.«

»Was ist eigentlich mit den achtzig Prozent der Genome, die unser Mutterhirn nicht in IGOR gespeichert hat?«

Ein Seufzen. »Sie sind auf eine Reihe privater Datenbanken verteilt. In sie einzudringen ist gegen das Gesetz.«

»Nur, wenn es jemand merkt.«

Jasmine versuchte schockiert zu klingen, aber Tom entging die Aufregung in ihrer Stimme nicht. »Sie sind *extrem* gut gesichert.«

»Willst du damit sagen, es geht *überhaupt* nicht? Oder daß dafür ein *Genie* nötig ist?«

Ein sprödes Lachen. »Dr. Carter, hat Ihnen eigentlich schon mal jemand gesagt, daß Sie richtig charmant sein können, wenn Sie wollen?«

Jetzt war es an ihm zu schmunzeln. »Nein, Dr. Washington, ich kann Ihnen versichern, das hat mir noch niemand gesagt.«

Noch einmal eine Pause, bevor sie wieder ernster fortfuhr: »Wie geht's meinem Patenkind? Neulich im Kino kam sie mir ein bißchen still vor.«

»Ich weiß. Aber sie sagt, es fehlt ihr nichts.«

»Wann ist die nächste Untersuchung?«

»Ungefähr in einer Woche.«

»Glaubst du wirklich, du brauchst ein Gegenstück, um ihr helfen zu können?«

»Wir versuchen es weiterhin mit den anderen Möglichkeiten, aber im Augenblick sieht es nicht gut aus. Deshalb, ja.«

Ein Seufzen. »Ich werden sehen, was ich tun kann. Aber versprich mir eines, Tom.«

»Ja?«

»Daß du mich im Gefängnis besuchen kommst.«

❖ ❖ ❖

Er war ideal. Der Körperbau, die Größe, sogar die Gesichtsform stimmte haargenau. Und ein Einzelgänger war er auch. Schon zwei Wochen lang war Maria Benariac dem dunkelhaarigen Mann durch ganz Boston gefolgt, und inzwischen gab es keinen Zweifel mehr, daß er neu in der Stadt war und kaum Freunde hatte. Am dritten Tag war er im Zentrum in diesen Club gegangen, wo sie entdeckt hatte, daß er bisexuell war. Aber das war weiter kein Problem; er hatte nur oberflächliche Beziehungen. Alles deutete darauf hin, daß es niemanden gab, der ihn vermissen würde, wenn er eine Woche oder so nicht auftauchte. Selbst sein Telefon wurde, wie sie mit Hilfe des Abhörgeräts herausbekommen hatte, kaum benutzt. Und wenn es doch mal klingelte, ging er nie dran, sondern prüfte erst über den Anrufbeantworter, wer anrief.

Abgesehen von den unumgänglichen Veränderungen war er goldrichtig. Und sein Sexualverhalten erleichterte es ihr, vor sich zu rechtfertigen, was sie mit ihm vorhatte. Es machte ihn zum Sünder und damit in hohem Maß entbehrlich.

Maria war sehr vorsichtig, als sie ihm nach dem Verlassen des Gebäudes folgte. Ihre Recherchen hatten ergeben, daß er früher für das New York Police Department gearbeitet hatte; er mußte also etwas Erfahrung in solchen Dingen haben. Sie bemerkte den Polythenbeutel über seiner rechten Schulter und die Mütze in seiner rechten Hand. Offensichtlich war sein Bewerbungsgespräch erfolgreich verlaufen.

Wunderbar.

Wenn er den Job als Wachmann nicht bekäme, nützten ihr alle seine anderen Vorzüge nichts. Aber mit der Stelle war er ideal, ein Geschenk Gottes.

Er stieg in sein Auto, und sie folgte ihm in ihrem. Sie brauchte ihm nicht zu dicht hinterherzufahren; inzwischen kannte sie ihn gut genug, um sich denken zu können, was er tun und wohin er fahren würde. Er hatte sich in einem Wohnblock in der Nähe von Harvard ein Apartment gemietet. Als sie zehn Minuten später am GENIUS-Gelände vorbeifuhren, gestattete sie sich ein bitteres Lächeln. Fast konnte sie die Befriedigung schmecken, die es ihr verschaffen würde, den Wissenschaftler zu töten. Nur noch wenige Tage, und sie würde dieses Bedürfnis befriedigen können.

Als sie sich dem Haus näherten, in dem der Mann wohnte, stellte sie ihren Leihwagen einen Block davor ab und ging zu Fuß weiter. Bis sie den Eingang des roten Sandsteingebäudes erreicht hatte, war er bereits drinnen verschwunden. Sie versuchte die Tür zu öffnen, und wie gestern und am Tag zuvor war sie offen. Sie ging hinein und vergewisserte sich, daß sie allein war. Dann schlenderte sie auf die zwei Lifte zu, von denen nur noch einer funktionierte. In dem heruntergekommenen Mietshaus, in dem die Farbe von den Wänden blätterte, wohnten vorwiegend Studenten. Aber ein paar Tage war es hier schon auszuhalten. Zweifellos versuchte Bruder Bernhard immer noch, sie zu erreichen; sie hatte auf keine der drei Nachrichten, die er ihr in ihrer Londoner Wohnung hinterlassen hatte, reagiert. Hier würde Bernhard, oder wer immer von ihm beauftragt worden war, sie zu suchen, sie auf keinen Fall finden. Und wenn doch, wäre es schon zu spät.

Im dritten Stock überprüfte sie erst noch ihren Overall und den Inhalt ihres Werkzeugkastens, bevor sie den Gang zum Apartment des Mannes hinunterging. Nummer 30. Sie blieb stehen und klopfte.

Stille. Dann ein gedämpftes »Wer da?«. Sie hörte auf der anderen Seite leises Atmen und nahm an, daß er durch den Spion sah.

Sie hielt den Werkzeugkasten hoch und drehte sich um, damit das orangefarbene Logo auf dem Rücken ihres Overalls zu sehen war. Dazu brummte sie in ihrer tiefsten Arbeiterstimme: »Elektrizitätsgesellschaft, Sir. Hier und im Haus nebenan hat's ein paar gefährliche Stromstöße gegeben. Ich müßte mal Ihren Zähler und die Leitungen überprüfen. Reine Sicherheitsmaßnahme.«

Eine Pause. »Haben Sie einen Ausweis?« Das ärgerte sie. Warum waren die Menschen nur so mißtrauisch? dachte sie. Was für einen Grund konnte ein kräftiger junger Ex-Polizist haben, einem Angestellten der Elektrizitätsgesellschaft nicht zu trauen? Wovor konnte er sich fürchten?

Sie langte in ihren Overall und zog einen maschinengeschriebenen Brief heraus. »Ein Schreiben von meinem Boß hab' ich dabei. Mit dem Briefkopf der Gesellschaft. Langt das?« Sie steckte das Blatt durch den Briefschlitz. »Oder wollen Sie meinen Ausweis sehen?« Sie machte sich daran, ihren Werkzeugkasten zu öffnen und umständlich darin herumzukramen. So, als ob sie den Ausweis dort irgendwo weggesteckt hätte und jetzt zu finden versuchte.

Sie gab ein paar frustrierte Laute von sich, während sie in dem Kasten wühlte. Aber in Wirklichkeit wartete sie, und lauschte.

Sie konnte hören, wie auf der anderen Seite der Tür ein Blatt

Papier entfaltet wurde. Der Kerl war also noch nicht zum Telefon gegangen, um bei der Elektrizitätsgesellschaft anzurufen. Das war gut so.

»So was Blödes!« fluchte sie. »Ich weiß ganz sicher, er muß hier irgendwo sein. Wenn Sie wollen, kann ich ja später noch mal vorbeikommen, wenn ich ihn gefunden habe.«

Eine Pause. Fast glaubte sie hören zu können, wie es im Kopf des Mannes arbeitete, während der Brief wieder zusammengefaltet wurde. Das letzte, was dieser Typ wollte, war, daß sie noch mal aufkreuzte. Er wollte das, was sie zu tun hatte, hinter sich bringen.

Plötzlich ein Scharren. Schlösser schnappten auf, Ketten wurden ausgeklinkt. »Kommen Sie rein.« Der Mann öffnete die Tür und gab ihr das Schreiben zurück. Er hielt die Mütze immer noch in der Hand und sah sie stirnrunzelnd an. »Wie lange wird es schätzungsweise dauern?«

»Fünf, zehn Minuten. Ich werde mich beeilen.« Maria schloß die Tür hinter sich und folgte ihm zu einem Schrank neben der kleinen Küche.

Mit dem Rücken zu ihr, öffnete der Mann die Schranktür. »Der Zähler ist hier drinnen. Wenn Sie sonst noch Hilfe brauchen, rufen Sie mich einfach.«

»Danke.« Maria langte in ihren Werkzeugkasten und zog eine Plastiktüte und die halbautomatische Glock mit dem aufgeschraubten Schalldämpfer heraus. Bevor sich der Mann umdrehen konnte, stülpte sie ihm die Plastiktüte über den Kopf, hielt ihm die Waffe an die Schläfe und drückte zweimal ab. Selbst mit der Plastiktüte gab es die unvermeidliche Sauerei, aber sie hielt sich in Grenzen. Sie schleifte den Mann ins Bad, legte ihn in die Badewanne und drehte das kalte Wasser auf. Mit Eis konnte sie den Verwesungsprozeß der Leiche eine Woche hinauszögern, und danach war alles egal.

Sie hob die Mütze des Mannes auf, wischte zwei Blutflecken von ihrem schwarzen Schirm und setzte sie auf. Sie paßte gut. Sie hatte recht gehabt, dachte sie lächelnd. Er war goldrichtig.

# 20 Drei Abende später. GENIUS-Hauptquartier.

Wie alle menschlichen Gesellschaftsformen hat auch die Cyberwelt ihre eigene Subkultur. Gelangweilte, computerversierte Kids treiben sich auf der Suche nach einem Kick und nach Anerkennung auf den Cyberstraßen herum und versuchen in jedes System einzudringen, in das sie nur können. Diese sogenannten Hacker oder Cyberpunks sind auf dem elektronischen Highway unterwegs, unternehmen Spritztouren von einer Internet-Sehenswürdigkeit zur anderen und versuchen sich gegenseitig zu beweisen, daß sie der schärfste Computerfreak in Cybertown sind. Sie haben alle den gleichen Traum: irgendeine gefährliche Heldentat zu vollbringen; irgendeinen elektronischen Drachen zu töten und vom normalen Cyberpunk zum Cyberlord aufzusteigen.

Nur wenige schaffen das. Aber es gibt einige echte Legenden. Darunter den Hacker, der in die Datenbank der Federal Reserve des Finanzministeriums, in das Satellitenleitsystem der NASA und in die russische Kommandozentrale für strategische Atomwaffen eingedrungen war und jedes dieser Systeme vollkommen unter seine Kontrolle gebracht hatte. Zum Glück war der Hacker gutartig gewesen, denn er hatte die Behörden in allen drei Fällen über sein Eindringen in Kenntnis gesetzt und ihnen gezeigt, wie sie ihre Sicherheitsmaßnahmen verbessern könnten und auch sollten. Natürlich versuchten besagte Behörden trotzdem, den Hacker ausfindig zu machen und zur Rechenschaft zu ziehen, aber der hatte, indem er ständig die Schaltstellen wechselte und zwischen Netz- und Satellitenanschlüssen hin und her sprang, so geschickt seine Spuren verwischt, daß sie ihn nicht zu fassen bekamen. In der Cyberpunk-Szene war jedoch bekannt, wer es war. Es war einer von ihnen, ein Computerfreak mit dem User-Namen Razor Buzz.

Das lag jetzt zwölf Jahre zurück. Und danach war das Markenzeichen Razor Buzz aus dem Internet verschwunden, obwohl der Name weiter als einer der ganz Großen in Erinnerung geblieben war: ein echter Cyberlord.

Doch an diesem Abend machte Razor Buzz wieder einmal den Daten-Superhighway unsicher. Abgesehen von der Anonymität, die dieser Deckname bot, erhoffte sich das Alter ego des Hackers auch etwas von dem alten Selbstvertrauen, das mit den früher unter diesem Namen errungenen Triumphen einherging. Denn heute abend verstieß die Frau, die jahrelang darauf hingearbeitet hatte, nicht nur eine angesehene Wissenschaftlerin, sondern sogar Nobelpreisträgerin zu werden, wieder gegen das Gesetz.

Ohne den Blick von dem 20-Zoll-Bildschirm vor sich abzuwenden, nahm Dr. Jasmine Washington einen Schluck Diet Coke und biß in ein Stück Pizza. Fünfzehn Stunden hatte sie inzwischen in ihrem Büro im Ergeschoß der GENIUS-Pyramide gearbeitet. Ausnahmsweise war sie einmal nicht traurig, daß Larry verreist war. Sie liebte die nächtliche Stille, denn dann lief ihr Verstand immer zur Höchstform auf.

Außer dem bläulichen Leuchten des Bildschirms war der scharf umrissene Lichtkreis der Gelenkleuchte neben ihr die einzige Lichtquelle in dem kleinen, ordentlich aufgeräumten Büro. Nebenan, in dem völlig weißen, temperaturregulierten Raum, der das Kernstück der Abteilung für Informationstechnologie bildete, gab Big Mother ein sanftes, fast einlullendes Summen von sich, während in einem winzigen Teil ihres ungeheuer leistungsfähigen Gehirns die Daten sämtlicher Genescope-Analysen, die auf der Welt je durchgeführt worden waren, zusammengetragen und kollationiert wurden. Aber abgesehen vom leisen Ticken der Uhr auf dem Bildschirm, war sonst kein Laut zu hören. Mitternacht war längst vorbei, und Jasmine schien es, als läge außer ihr alle Welt in tiefem Schlaf.

Sie warf einen Blick auf ihre Notizen. Vor zwei Tagen war die Suche in allen historischen IGOR-Dateien abgeschlossen worden, ohne daß ein Gegenstück aufgetaucht war, und das, obwohl stündlich Daten von neuen Genescope-Analysen eingingen, die noch nicht in IGOR gespeichert waren. Doch jetzt suchte sie woanders. Sie war bereits in viele der leichter zugänglichen DNS-Datenbanken auf ihrer Liste eingedrungen; zum Beispiel in die von Krankenhäusern und kleinen Versicherungsgesellschaften auf der ganzen Welt. Um ein Gegenstück zu finden, hatte sie in jede dieser Datenbanken ihre komprimierte »intelligente Datei« eingeschleust, die nur die genetische Sequenz der Nazareth-Gene enthielt. Und jetzt war sie gerade mit einigen der größeren und schwieriger zu knackenden Datenbanken fertig geworden, darunter den DNS-Archiven des amerikanischen, britischen und französischen Militärs, die alle mit Software-Alarmsystemen und mit der zweiten Version der PREDATOR-Fahndungssoftware gesichert waren. Allerdings hatten diese Abwehrmaßnehmen einem Cyberlord nicht allzuviel Kopfzerbrechen bereiten können, und sie war froh, daß sie nichts von ihren Hackerqualitäten eingebüßt hatte. Sie war jedoch enttäuscht, daß sie nach der Durchsicht von fast zweihundert Millionen verschiedenen Genomen noch immer kein passendes Gegenstück gefunden hatte.

Sie streckte die Arme in die Höhe, erhob sich von ihrem Stuhl und ging mit steifen Beinen an die Glaswand der Pyramide. Draußen war es stockdunkel, nur die Sterne, die den klaren Himmel über ihr sprenkelten, und die schmale silberne Sichel des Mondes waren ganz schwach zu erkennen. Von der anderen Seite des Geländes drang der matte Lichtschein, der aus dem Pförtnerhaus am Haupttor kam, durch das Dunkel. Sie wußte, es war von zwei Wachmännern besetzt, die das Gelände auf ihren CCTV-Monitoren überwachten. Deshalb war sie in den zentralen Videoüberwachungscomputer eingedrungen und hatte für die Kamera, die sie überwachte, eine Endlosschleife eingespeichert. Daher sah jetzt jeder Wachmann, der ihren Arbeitsbereich beobachtete, ein leeres Büro und nicht die IT-Direktorin von GENIUS, die dort gerade verbotenerweise eine Datenbank nach der anderen knackte.

Sie kehrte zum Computer zurück und setzte sich wieder. Das Hologramm von Jesus zu sehen hatte ihr ziemliche Angst gemacht, und sie war sich dabei vorgekommen, als hätte sie wie ein Magier aus früheren Zeiten gegen seinen Willen einen Geist heraufbeschworen. Nachdem sie die Nazareth-Gene gefunden hatten, war sie die ganze Nacht und den größten Teil des folgenden Tages mit sich zu Rate gegangen. Sie wußte nicht, was sie tun sollte: Sollte sie Tom sagen, sie wolle bei Kana aussteigen, oder sollte sie weiter an etwas mitarbeiten, das geradezu weltumwälzende Züge anzunehmen versprach. Nach einigem altmodischen Beten war sie schließlich zu der Einsicht gelangt, daß sie weiter an dem Projekt mitwirken mußte, wenn diese Gene wirklich dazu beitrugen, Holly und vielleicht der ganzen Menschheit zu helfen. Und nun lag es an ihr, ein passendes Gegenstück zu finden. Tom und Holly waren auf sie angewiesen.

Sie sah ihre Notizen noch einmal nach den Datenbanken durch, die sie noch abfragen mußte. Sie hatte sie nach dem Grad der Schwierigkeit und der Gefährlichkeit geordnet. Es war ihr als das vernünftigste erschienen, zuerst auf möglichst unbedenklichen Wegen nach einem Gegenstück zu suchen und erst dann größere Risiken einzugehen, wenn sich dies als unerläßlich erwies. Schließlich wäre keinem von ihnen geholfen, wenn sie erwischt und verurteilt wurde. Trotzdem war ihr natürlich klar, daß die Erfolgsaussichten bei den größeren, besser geschützten Datenbanken höher waren. Unter diesen wiederum war die eindrucksvollste ein System mit Standort Paris, dem sie den Spitznamen »Das Schwarze Loch« gegeben hatte, weil es mit seinen mehreren Millionen Genomen nicht nur sehr umfangreich war, sondern auch durch die neue dritte Version des PREDATOR-Systems geschützt war. Damit war es genauso sicher wie ihr eigenes IGOR-System, das sie praktisch als unüberwindlich betrachtete. Jeder, der sich ohne eine entsprechende Genehmigung oder das erforderliche Können in das Schwarze Loch wagte, wurde einfach verschluckt. Mit anderen

Worten: Der Hacker konnte sich nicht mehr aus der Datenbank ausloggen, und gleichzeitig erfaßte das PREDATOR-System sein Signal und stellte in kürzester Zeit seine Herkunft fest. Razor Buzz hätte sich so einer Verlockung unmöglich entziehen können, aber die ältere, erfahrenere Dr. Jasmine Washington war sich der damit verbundenen Risiken deutlich bewußt. In das Schwarze Loch einzudringen kam für sie erst in Frage, wenn sie keine andere Wahl mehr hatte.

Sie führte den Cursor zur nächsten Datenbank auf ihrer Liste. Jeder, der sich auch nur ein bißchen mit Genetik auskannte, wußte von der Human-Genome-Diversity-Datenbank. Sie enthielt die Früchte des umstrittenen Projekts gleichen Namens. Anfang der neunziger Jahre von Luigi Luca Cavalli-Sforza von der Stanford University und von Kenneth Kidd aus Yale ins Leben gerufen, war das Human Genome Diversity Project ein Ableger des Human Genome Project. Es hatte sich zum Ziel gesetzt, die DNS und seltene Gene von über fünfhundert ethnischen Gruppen in entlegenen Teilen der Erde zu erfassen und zu archivieren. Viele von ihnen, darunter die Hadza Tansanias, die Yukaghir Sibiriens und die Onge der malaysischen Andamanen, waren kurz vor dem Aussterben.

Auf Widerstand gestoßen war dieses Projekts vor allem wegen des Vorwurfs, die westliche Wissenschaft messe der DNS dieser aussterbenden Völker größere Wichtigkeit bei als den Menschen selbst. Es gab im Westen eine Reihe bekannter Fälle, in denen vor allem die amerikanische Regierung versucht hatte, seltene Gene, die sich zur Bekämpfung von Krankheiten zu eignen versprachen, patentieren zu lassen. Diese Bemühungen wurden zwar vereitelt, doch wäre ihnen Erfolg beschieden gewesen, wären die beträchtlichen Gewinne der amerikanischen Regierung und den Pharmakonzernen zugeflossen, und nicht den eingeborenen »Besitzern« dieser Gene.

Dank des Genescopes war es nun allerdings den Projektleitern möglich, Richtlinien zu erlassen, die gewährleisteten, daß alle Einzelpersonen, die eine Blut- oder Gewebeprobe zur Verfügung stellten, namentlich erfaßt wurden; wenn also irgendwelche seltenen Gene entdeckt wurden, konnten diese der Person, der Familie und der Sippe, von der sie stammten, eindeutig zugeordnet werden. Und von den daraus erwachsenden Gewinnen profitierte dann die betreffende Person beziehungsweise Gruppe. Sobald man sich auf diese Verteilung der genetischen »Schürfrechte« geeinigt hatte, war der Widerstand gegen das Projekt abgeebbt, und alle Genome waren zur Einsichtnahme in der Human-Genome-Diversity-Datenbank gespeichert worden.

Jasmine klickte das Symbol an und sah, wie die Eingangsmaske nach ihrem Paßwort fragte. Den Grundaufbau des Systems erkannte sie sofort: eine Kibuki-2000-Hochleistungsdatenbank mit den obenerwähnten Sicherheitsvorkehrungen. Wie bei allen japanischen Produkten war Jazz beeindruckt vom Aufbau des Systems. Die Serie von Verknüpfungen, die den Zugang zur Datenbank sicherten, war straff programmiert, gut durchdacht und mit einer Reihe geschickt plazierter Software-Alarmsysteme durchsetzt.

Aber sie ließ sich nicht einschüchtern. Razor Buzz mochte vielleicht nicht mehr so aktiv gewesen sein wie in vergangenen Zeiten, aber sie hatte sich ständig über die neuesten Entwicklungen auf dem laufenden gehalten und sie im Grunde genommen sogar mit geprägt. Ihrer Erfahrung nach hatten gut durchdachte japanische Systeme immer einen verhängnisvollen Fehler. Gerade die Schönheit und Klarheit ihres Aufbaus war zugleich auch ihre Achillesferse.

Ganz automatisch streckte Jasmine die Hand nach einem Stück kalter Pizza aus und dachte beim Essen nach. Als sie fertig war, wischte sie sich mit dem Handrücken abwesend über den Mund und begann auf dem Keyboard zu tippen. Einen nach dem anderen trennte sie die unsichtbaren Stiche der Programmierung auf, mit denen der Programmierer die Datenbank zusammengenäht hatte, und mit jeder weiteren Sicherung, die sie außer Kraft setzte, erwiesen sich ihre Vermutungen als richtig.

Das war der Haken an diesem System. Es war *zu* gut durchdacht. Zu leicht durchschaubar.

Ganz im Stil der Razor Buzz von früher war sie in weniger als vierzig Minuten eingeloggt, surfte durch die Datenbank, importierte eine Kopie der Datei mit den Nazareth-Genen und suchte nach einem passenden Gegenstück zu den darin enthaltenen Gensequenzen.

Sie machte sich darauf gefaßt, eine Weile warten zu müssen, und griff nach der Diet Coke. Selbst mit ihrem leistungsstarken 100-Terrahertz-Rechner konnte es einige Zeit dauern, eine Datenbank dieser Größenordnung zu durchsuchen.

Doch die Anzeige »Gegenstück gefunden« leuchtete fast sofort auf.

So schnell, daß sie sich vor lauter Überraschung ihr T-Shirt und ihre Jeans mit Coke vollgoß.

»Mist.«

Ihr momentaner Ärger schlug rasch in gespannte Erwartung um, als sie sah, wie auf dem Bildschirm ein eingescanntes Foto mit einem Textteil daneben erschien. Wie auf einer Aufnahme aus einem Verbrecheralbum blickte ihr darauf das dunkle, von langen grauen Haaren eingefaßte Gesicht eines Mannes entgegen. Das Gesicht gefiel ihr; es war energisch und würdevoll, geradezu edel. Der Mann sah alt aus, schien aber in blendender körperlicher Verfassung zu sein; sein Oberkörper war nackt, seine Muskeln deutlich ausgeprägt. Sie ließ den Text neben dem Foto zur Hälfte abrollen. Der Mann war ein Wayuu-Indianer aus Carisal in Kolumbien. Sein Nachname war Puyiana, aber sein Vorname war nur mit Al angegeben. Ihr blieb das Herz stehen, als sie die Zeilen am unteren Bildschirmrand las.

*»Ihm werden Heilkräfte zugeschrieben«*, stand dort.

Al war Medizinmann. Weiter las Jasmine, daß Al Puyiana im Gegensatz zu den anderen Heilern dieser Region bei der Behandlung von Kranken nicht auf sein Wissen über die Heilwirkung heimischer Kräuter und Pflanzen zurückgriff, sondern ihnen *»die Hände auflegte«*. Der Wissenschaftler, der die Akte zusammengestellt hatte, gab zwar an, nicht zu verstehen, wie er das mache, merkte aber zugleich an, *»es deute vieles darauf hin«*, daß der Mann über eine *»echte Gabe«* verfüge.

Am oberen Bildschirmrand sah sie verschiedene Symbole, die weitere Informationen über den Mann anboten. Dasjenige, das sie am meisten interessierte, war das Symbol für »genetische Daten«, das die Übereinstimmung mit den Nazareth-Genen bestätigen würde. Allerdings würde es sich dabei um Gene handeln, die die Wissenschaftler vor ihr wegen der anders lautenden Anfangs- und Endcodons zweifellos übersehen hatten. Gerade als sie das Symbol anklicken wollte, sah sie, daß unter seinem Namen zwei Datumsangaben standen. Nicht nur sein Geburtsdatum. Das zweite lag etwas mehr als drei Monate zurück.

Sie wandte sich wieder dem Ausgangsbild zu und rollte den Text bis zum Ende ab.

»O nein«, flüsterte sie mit einem Anflug von echter Trauer um den Mann, den sie eben erst kennengelernt hatte. Al Puyiana mit dem starken Gesicht und den heilenden Händen war vor drei Monaten im hohen Alter von zweiundneunzig Jahren gestorben.

Sie überprüfte noch einmal die Übereinstimmung der genetischen Sequenz. Sie paßte aufs Haar. Der tote Mann hatte alle drei Nazareth-Gene in seinem Genom, jedes davon identisch mit der Sequenz, die sie in der Gewebeprobe von Christus entdeckt hatten. Sie kopierte seine Akte und seine Genanalyse und speicherte sie auf dem Back-up-System neben ihrem PC. Vielleicht enthüllte er sogar noch im Tod weitere Geheimnisse.

»Herrgott noch mal.« Feststellen zu müssen, daß sie drei Monate zu spät gekommen waren, war ganz schön frustrierend. Sie wollte schon Tom anrufen und ihm davon erzählen, tat es dann aber nach einem Blick auf die Uhr doch nicht. Fast halb zwei Uhr morgens. Sie wußte zwar, daß er heute abend länger hatte bleiben wollen, bezweifelte aber, daß er noch im Institut war. Vielleicht sollte sie auch nach Hause fahren und schlafen, aber dazu war sie zu aufgeputscht. Sie las den Text über den Wayuu-Indianer aus Carisal noch einmal. Die Worte *»ihm werden Heilkräfte zugeschrieben«* schienen ihr vom Bildschirm entgegenzuspringen, als wollten sie sich über sie lustig machen.

Mit einem tiefen Seufzer vergewisserte sie sich noch einmal, daß in dem System keine weiteren passenden Gegenstücke gespeichert waren, dann loggte sie sich systematisch aus und sorgte dafür, daß sie keine Spuren ihres Eindringens hinterließ. Wieder einmal hatte sie sich, wie früher so oft, in eine dunkle, scheinbar uneinnehmbare Festung gestohlen und anschließend unbemerkt wieder aus dem Staub gemacht, ohne daß die Wachen überhaupt mitbekommen hatten, daß ihre Verteidigungslinien durchbrochen worden waren.

Vielleicht tat sie das, was sie als nächstes tat, aus Frustration darüber, so kurz vor dem Ziel gescheitert zu sein. Oder weil sie zu überdreht war, um schon schlafen zu können. Oder weil es ihr einfach Spaß machte, wieder die rebellische Anti-Establishment-Razor Buzz zu sein. Egal, was der Grund dafür war, Dr. Jasmine Washington übersprang die lange Liste von DNS-Datenbanken, die entsprechend ihrem wachsenden Schwierigkeitsgrad angeordnet waren, und rückte gleich bis zur letzten Eintragung vor. Langsam wurde es Zeit, daß sich zeigte, ob Razor Buzz so was immer noch drauf hatte. Ob sich der Cyberlord in die dunkelste Festung von allen einschleichen konnte. In das »Schwarze Loch«.

❖ ❖ ❖

Eine halbe Stunde später hatten die GENIUS-Wachmänner im Pförtnerhäuschen am Tor Schichtwechsel. Die zwei Männer der Ablösung kamen zur Tür hereingestapft und tauschten ein paar obszöne Nettigkeiten mit ihren Kollegen aus.

Gus Stransky war schon fast sieben Jahre bei SHIELD, dem privaten Sicherheitsunternehmen, das für die Bewachung des

GENIUS-Geländes zuständig war. Bereits über Fünfzig, war er früher bei der Bostoner Polizei gewesen, bevor er wegen einer Schußverletzung im rechten Fußknöchel frühzeitig in Pension gegangen war. Trotz des Schichtdiensts mochte er seine Arbeit. Wenigstens hatte er dann etwas Ruhe von dieser Nervensäge von Ehefrau, Doris.

Die Anstellung bei GENIUS war eine Supersache. Das Unternehmen hatte Geld und verfügte über das beste technische Equipment, das es auf diesem Sektor gab. Alles, was er zu tun hatte, war, im Pförtnerhaus zu sitzen und die CCTV-Monitore auf irgendwelche Unregelmäßigkeiten hin zu überwachen. Und da seit der Sache in Schweden, wo auf Dr. Carter geschossen worden war, die Mannstärke der Wachmannschaften verdoppelt worden war, hatte er jetzt beim Dienst sogar Gesellschaft. Heute abend war sein Partner der Neue, ein dunkelhaariger junger Bursche namens Bart Johnson, der relativ groß und kräftig gebaut war. Bart war erst vor ein paar Tagen für den Dienst auf dem GENIUS-Gelände angestellt worden. Aber er schien ganz okay zu sein, und Gus war es gewöhnt, die Neuen zugeteilt zu bekommen. Sein Vorgesetzter sagte immer, er habe ein Händchen für sie.

Im Pförtnerhäuschen gab es zwei Reihen von CCTV-Monitoren. Eine zeigte Ansichten außerhalb der Pyramide, die fast das ganze Gelände einschließlich der Proteinproduktionshallen drüben auf der rechten Seite abdeckten. Die Bildschirme der anderen Reihe zeigten das Innere der Pyramide, wobei auf einem ständig das Foyer und die zwei dort sitzenden Wachmänner zu sehen waren. An sich genügte es, die beiden Monitorreihen von einem einzigen Mann überwachen zu lassen, aber heute abend übernahm Stransky die Monitore für außen und der Neue die für innen.

Mit einem kurzen Blick auf seine CCTV-Schirme stellte Stransky fest, daß alles in Ordnung zu sein schien. Er wandte sich seinem Partner zu. »Sind Sie verheiratet, Bart? Oder sind Sie glücklich?«

Johnson grinste. »Wahrscheinlich glücklich.«

Stransky beobachtete, wie sein junger Kollege auf die Monitore vor ihm starrte. Auf allen waren leere Büros zu sehen. Nur in der Klinik und im Crick-Labor schien jemand zu sein. Im Crick-Labor war Dr. Carter noch am Arbeiten. Es war nicht zu erkennen, was genau er dort tat, aber er schien in seine Arbeit vertieft an seinem Platz zu sitzen.

Johnson drückte auf den Knopf der Gegensprechanlage, der die Leitung zu den Wachmännern im Foyer der Pyramide freigab.

»Wie sieht's bei euch aus, Leute?« Einer der Wachmänner auf dem Bildschirm hob die rechte Hand und reckte den Daumen in die Höhe. »Alles soweit klar. Bist du das, Bart?«

»Aber sicher, Georgie Boy.«

»Ist der alte Gus bei dir?«

Johnson sah zu Stransky hinüber und grinste über dessen Stirnrunzeln. »Ja, der *alte* Gus ist hier. Wie geht's euch so?« »Sehr ruhig heute«, kam die knackende Stimme aus der Sprechanlage. »So ruhig, daß wir ein bißchen Abwechslung vertragen könnten.«

Stransky zog eine Packung Doublemint aus der Tasche und schob sich einen Streifen in den Mund. Als er Johnson einen anbot, schüttelte der nur den Kopf. Stransky steckte die Kaugummipackung in seine oberste Brusttasche zurück, lehnte sich zurück und schaltete systematisch seine Monitore durch. Die Proteinhallen waren innen wie außen verlassen. Wie das restliche Gelände. Nichts rührte sich.

Plötzlich spürte er, wie sein junger Partner zusammenfuhr. Als er sich zu ihm herumdrehte, sah er, wie er auf den Bildschirm starrte, auf dem Dr. Carter im Crick-Labor zu sehen war.

»Ist irgendwas?« fragte er unbeteiligt. Warum waren diese jungen Burschen nur so nervös und sahen überall gleich Gespenster?

Bart Johnson runzelte die Stirn. »Ich weiß nicht.« Er stand

auf, um seinen Platz frei zu machen. »Kommen Sie, Gus, und sehen Sie sich das mal an. Vielleicht werden Sie ja schlau daraus.«

Seufzend stand Stransky auf. Bekäme er einen Dollar für jedes Mal, wenn ihn ein Neuling bat, seinen erfahrenen Blick auf irgendeinen dämlichen Schatten oder Schmutzfleck auf dem Bildschirm zu werfen, bräuchte er nicht mehr zu arbeiten. Soviel stand fest.

Als er sich vorbeugte, um auf den Monitor zu sehen, machte ihm der junge Wachmann Platz. »Was soll da sein?« fragte Stransky. »Ich kann nichts sehen.«

»Ganz rechts unten. Es ist klein. Ganz klein.«

Stransky beugte sich weiter vor. Aber er sah nichts. Nur Dr. Carter, der sich, über eine Reihe von Glasgefäßen gebeugt, am Kopf kratzte. Was konnte Bart bloß meinen? Dann hörte er hinter sich ein leises metallisches Klicken. Erst schaltete er nicht, doch dann, wie bei einer Note eines lange vergessenen Lieds, erinnerte er sich wieder, was das Geräusch bedeutete.

Eine Schußwaffe, die gespannt wurde.

Mehr wütend als ängstlich drehte er sich um. »Was soll ... ?«

Mehr sagte er nicht, denn mit einem zweimaligen kurzen Zischen fuhr ihm eine sengende Hitze durch die Brust. Es war ein eigenartiges Gefühl. Nicht sosehr Schmerz als totale Atemlosigkeit. Völlig verdutzt faßte er sich an seine Uniformjacke. Sie war feucht und klebrig, und die Bildschirme vor ihm waren mit roten Spritzern übersät. Blut, dachte er ganz ruhig. *Sein* Blut. Verdammt, es hatte ihn erwischt. Da er sich schwach und schwindlig fühlte, setzte er sich auf den Stuhl und versuchte nach Luft zu schnappen, aber er bekam keine mehr. Er schaute auf und sah, daß ihn Johnson aufmerksam beobachtete. Irgendwie verstand er das nicht. Sein junger Partner hielt eine Pistole mit einem Schalldämpfer in der Hand. Erschöpft ließ sich Stransky in den Stuhl zurücksinken, um eine bequemere Haltung einzunehmen. Johnson sah ihn die ganze Zeit unverwandt an.

Als ihm alles vor den Augen zu verschwimmen begann, waren da nur noch zwei Gedanken, die ihm durch den Kopf gingen. Der eine war, daß er seine Frau Doris nie wiedersehen würde, und das machte ihn erstaunlich traurig. Und der andere war, daß ihm vorher nicht aufgefallen war, daß das eine Auge von Johnson blau und das andere braun war.

❖ ❖ ❖

Bevor Maria Benariac ihren Beutel öffnete, vergewisserte sie sich erst, daß Stranskys lebloser Körper nicht vom Stuhl fiel. Sie legte die Waffe hinein und sah nach den anderen Utensilien, die sie für heute abend mitgebracht hatte. Um die Nägel zu finden, hatte sie einen ganzen Tag gebraucht. In keiner Eisenwarenhandlung hatten sie welche gehabt, die lang und stark genug waren. Aber sie war überzeugt, die fünf, die sie schließlich in Charlestown aufgetrieben hatte, würden ihren Zweck erfüllen. Sie brauchte nur vier, aber ein Ersatznagel konnte nicht schaden. Der Schlegel war schwer genug, um die Nägel damit einschlagen zu können.

Stransky zu erschießen zählte im eigentlichen Sinn des Wortes nicht als Tötung. Ebensowenig wie die Ermordung Bart Johnsons, des neuen Wachmanns des SHIELD-Sicherheitsdiensts, von dem sie Uniform, Job und Identität geborgt hatte. Sie waren lediglich ärgerliche Hindernisse gewesen, die ihr bei der Durchführung ihrer heiligen Mission im Weg gestanden hatten.

Einen flüchtigen Augenblick lang dachte sie traurig an den Vater und ihren jüngsten Streit. Sie hoffte, wenn sie Dr. Carter das Handwerk gelegt hätte, würde der Vater einsehen, wie vorausschauend sie gehandelt hatte, und sie wieder in den Schoß der Gemeinschaft aufnehmen. Doch selbst wenn er das nicht täte, war sie der festen Überzeugung, in Einklang mit den Prinzipien des Zweiten Ziels zu handeln. Ihr Gott würde ihr schon sagen, wo sie als nächstes zuschlagen sollte, und dann würde sie eben ohne die leitende Hand des Vaters oder die tröstliche Gemeinschaft der Brüder auskommen müssen.

Sei es also, dachte sie. Sie war schon einmal wiedergeboren worden. Sie würde es wieder werden.

Sie drückte auf den Knopf der Sprechanlage und machte ihre ausgebildete Stimme so tief, wie sie konnte. »Hey, Jungs. Ich komme kurz rüber und bringe euch was. Okay?«

Auf dem Bildschirm war zu sehen, wie einer der Wachmänner im Foyer der Pyramide kurz nickte. »Kein Problem. Wir machen dir die Tür auf.«

»Das wäre nett«, sagte sie und schaltete die Sprechanlage wieder aus. Dann verließ sie ohne einen Blick auf Stranskys zusammengesackte Leiche das Pförtnerhaus.

Sie rückte ihre Mütze zurecht, als sie über den knirschenden Kies der Auffahrt ging. Die gläserne Pyramide schien wie ein futuristischer Tempel in den Himmel aufzuragen. Es war richtig, den Wissenschaftler in seiner eigenen Höhle zu töten. Sie hatte auf diesen Augenblick gewartet und sich eine ganze Woche Zeit dafür gelassen, aber nun war es endlich soweit. Sie spürte, wie ihre Erregung mit jedem Schritt zunahm, und mit jedem Schritt flüsterte sie eine Zeile ihres Credos:

»Ich bin Nemesis. Möge mein Schwert der Gerechtigkeit scharf sein …

Möge meine Rüstung der Rechtschaffenheit makellos sein …

Und möge mein Schild des Glaubens stark sein.«

Begleitet vom Knirschen ihrer Sohlen wiederholte sie die Zeilen wie eine Beschwörungsformel.

Sie brauchte keine fünf Minuten für den Weg, und kurz bevor sie den DNS-Sensor erreichte, öffnete sich die Tür, die in das beleuchtete Foyer führte. Dort saßen die beiden Wachmänner hinter ihren Monitoren und grinsten ihr zu. Marias Blick fiel auf den Schaltkasten hinter dem zweiten Wachmann; durch diesen Kasten liefen alle Telefonanschlüsse, die es in dem Gebäude gab.

»Hey, Kumpel, willkommen in unserer bescheidenen Behausung«, begrüßte sie George, der über die Sprechanlage mit ihr gesprochen hatte. »Was bringst du uns denn Schönes mit?«

Sie betrat das Foyer und tätschelte lächelnd ihren Beutel. »Ihr habt doch selbst gesagt, ihr könntet ein bißchen Abwechslung vertragen.«

Das Grinsen des Wachmanns wurde breiter. »Das kannst du laut sagen. Und wie soll die aussehen?«

Sie langte in den Beutel und legte die Finger um den Griff der zuverlässigen Glock. »Das werdet ihr gleich sehen.«

## 21 IT-Abteilung. GENIUS-Hauptquartier, Boston.

Keine vierzig Meter weiter, in der IT-Abteilung, war Razor Buzz wie in Trance damit beschäftigt, die Schutzwälle des Schwarzen Lochs zu durchbrechen. Flink und zielsicher huschten ihre Finger über das Keyboard, während ihr Blick auf die virtuelle Welt hinter dem Bildschirm geheftet blieb.

Die offizielle Datenbankbezeichnung am oberen Bildschirmrand hielt ihr ständig die Tragweite ihres Vorhabens vor Augen – und die Konsequenzen, wenn sie dabei erwischt würde. Genauso tat das auch der warnende Hinweis, der in der Mitte des Bildschirms rot aufleuchtete: PREDATOR V3-SCHUTZ AKTIVIERT. Die ersten drei Paßwortsperren der vermutlich sichersten DNS-Datenbank, die es gab, hatte sie bereits außer Betrieb gesetzt, und nun stand sie kurz davor, das vierte und letzte rote Licht auf Grün zu schalten – und das letzte Hindernis auf dem Weg zu den Dateien zu beseitigen.

Sobald sie in die eigentliche Datenbank eingedrungen wäre, würde sie das PREDATOR-System sofort entdecken und binnen einer Minute den Standort ihres Computers ausfindig machen. Sie hätte also lediglich sechzig Sekunden Zeit, um nach einem passenden Gegenstück zu suchen und sich wieder auszuloggen, ohne irgendwelche eigenen Dateien zurückzulassen. Brauchte sie auch nur einen Sekundenbruchteil länger, saß sie in der Falle und war nicht mehr imstande, zu verschwinden, so daß die Betreiber der Datenbank sie in aller Ruhe ausfindig machen konnten. Und das waren eindeutig keine Leute, mit denen sich Jasmine, oder auch Razor Buzz, anlegen wollte. Auf gar keinen Fall.

Plötzlich geriet der Bildschirm ins Flackern, als hätte es einen Stromstoß gegeben, und das letzte rote Licht am unteren Bildschirmrand wurde grün. Sie hatte die vierte Paßwortsperre überwunden.

So weit, so gut. Und es war ein gutes Gefühl, so weit zu kommen; ein *sehr* gutes sogar. Sie war tief in die komplexe Programmierung der Datenbank eingedrungen und hatte umfangreiche Teile davon neu programmiert, ohne das System selbst zu alarmieren.

Sie machte eine kurze Pause, um sich erst einmal wieder zu beruhigen, bevor sie den Cursor auf das Symbol führte, das als elektronisches »Sesam öffne dich!« fungierte und ihr Zugriff auf die Daten gewährte. Sobald sie es anklickte, begann der PREDATOR-Countdown, und eine zweite Gelegenheit bekäme sie dann nicht mehr.

Sie streckte die linke Hand aus und nahm ihre Uhr ab. Sie testete den digitalisierten Stimmalarm. *»Fünf Sekunden«*, sagte die monotone Stimme der Uhr. Mit einem zufriedenen Nicken stellte sie den Alarm der Uhr und legte sie neben das Keyboard. Dann wanderte ihre Hand wieder zur Maus zurück und führte den Cursor auf das Symbol für die Datei mit den Nazareth-Genen. Diese komprimierte Datei enthielt nur die genetische Sequenz mit den drei hybriden Genen. Jasmine hatte sie eingerichtet, um die Suche nach einem passenden Gegenstück zu beschleunigen. Wenn sie dieses Symbol sofort in die Datenbank importierte und auf »Suche« klickte, konnte die Datei in jedem der in der Datenbank gespeicherten Genome nach einer gleichlautenden Sequenz fahnden. Sie bewegte das Symbol in die Mitte des Bildschirms, um es möglichst schnell in die Datenbank importieren zu können.

Dann holte Razor Buzz tief Luft, drückte auf einen Knopf an der Seite der Uhr und klickte mit der Maus auf »Öffnen«.

Jetzt war sie in der Datenbank.

Mit blitzschnellen Fingerbewegungen setzte sie das Nazareth-Gene-Symbol in das Suchfenster ein und wählte »Schnellsuche.«

Im selben Moment schaltete sich das PREDATOR-System ein. Am oberen Bildschirmrand leuchtete eine rote Warnanzeige auf, und aus den Lautsprechern bellte eine elektronische Stimme: »*Suchvorgang aktiviert. Sie haben sechzig Sekunden Zeit, Ihren persönlichen Identifikationscode und Ihr Zugrifferlaubniszeichen einzugeben.*«

Gleichzeitig erschien in der rechten oberen Ecke des Bildschirms eine große Sechzig, die sofort rückwärts abzuzählen begann. 59, 58, 57 ...

Razor Buzz war sich des bevorstehenden Schweißausbruchs auf ihrer Stirn durchaus bewußt, aber sie ließ sich nicht aus der Ruhe bringen. Ohne sich von den rückwärts laufenden Zahlen ablenken zu lassen, blickte sie unverwandt auf den waagrechten weißen Streifen im Suchfenster in der Bildschirmmitte, der sich von links nach rechts langsam schwarz auffüllte. Die Prozentangabe darunter, die im Fünfertakt zunahm, zeigte an, wieviel von der Datenbank bereits durchsucht war.

Das Schwarz füllte jetzt ein Zehntel des weißen Streifens, und darunter stand »*10% der Datenbank durchsucht*«. Es schien eine Ewigkeit zu dauern, bis der schwarze Balken ein Stück weiterrückte und die Prozentangabe von 10% auf 15% umschaltete.

Währenddessen lief die Uhr in der rechten oberen Ecke unaufhaltsam weiter. 42, 41, 40 ...

Das Anwachsen des schwarzen Balkens erfolgte unregelmäßig. Von 15% zu 20% und 25% rückte er blitzschnell vor. Aber bis 30% brauchte er eine Ewigkeit.

32, 31, 30 tickte die Uhr.

»*Dreißig Sekunden*«, warnte die Uhr neben Razor Buzz.

Sie mußte sich dazu zwingen, den Blick weiter auf den Bildschirm gerichtet zu halten. Mit Hilfe der »Schnellsuche« würde sie zwar nur die gröbsten Details eines Gegenstücks erhalten, aber sie hoffte, auf diese Weise innerhalb der verfügbaren Zeit eine hundertprozentige Durchsuchung der Datenbank vornehmen zu können. Aber es wurde eng, sehr eng.

Siebzehn Sekunden.

Die Anzeige stand jetzt bei 78%.

Und dann war, urplötzlich, ein Gegenstück gefunden.

»Hallelujah«, hauchte sie und legte sofort los. Sie versuchte erst gar nicht, die gefundene Datei zu öffnen und anzusehen. Sie wählte sie bloß aus, kopierte sie und holte sie auf ihr Backup-System herüber. Dann entfernte sie das Symbol mit den Nazareth-Genen mit blitzschnellen Mausklicks und Cursorbewegungen aus dem Suchfenster und loggte sich aus.

Die Uhr auf dem Bildschirm kam bei 3 an.

*»Sechzig Sekunden«*, quäkte ihre Uhr.

Erst jetzt wischte sich Razor Buzz den Schweiß von der Stirn und gab einen tiefen Seufzer der Erleichterung von sich. Sie hatte, was sie wollte. Sie war ins Herz des Schwarzen Lochs vorgedrungen und unbemerkt wieder zurückgekehrt. Jetzt konnte ihr nichts mehr passieren.

Plötzlich flimmerte der Bildschirm, und das Hauptmenü erschien. Stirnrunzelnd stellte sie fest, daß der Modemanschluß unterbrochen worden war.

Sie griff nach dem Telefon und wählte die Nummer des Empfangs im Foyer. Nichts. Die Leitung war tot. Was war da los?

Sie stand auf, ging in den Computerraum und spähte durch die getönte Scheibe ins Foyer. Wo waren die Wachmänner? Keiner der beiden Schreibtische war besetzt. Seit dem Anschlag auf Tom galt es als Kündigungsgrund, beide Posten im Foyer oder im Pförtnerhaus gleichzeitig unbesetzt zu lassen. Sie ging auf den nächsten Schreibtisch zu.

Dann sah sie den schwarzen, tadellos geputzten Schuh.

Der Winkel, in dem er auf der anderen Seite unter dem

Schreibtisch hervorstand, war irgendwie merkwürdig. Ihre übermüdeten Hirnzellen brauchten eine Sekunde, bis sie merkten, daß zu dem Schuh ein Fuß gehörte. Während sie mit wachsendem Entsetzen um den Schreibtisch herumging, kam erst der Knöchel, dann das behoste Bein, dann sein nach links weggestreckter Zwilling und schließlich der ganze Körper von George, dem Wachmann, zum Vorschein. Sie mochte George; sie hatte beim Grillfest letzten Sommer auch seine Frau und seine zwei Söhne kennengelernt. Er starrte sie an, aber seine Augen blickten wie leere Computermonitore. Sein Hals und sein Brustkorb waren von drei sauberen Einschüssen durchlöchert, und über den Marmorboden zog sich eine Blutlache, die jetzt fast an ihren Zehen leckte.

Jasmine spürte erste Anzeichen einer Übelkeit, als sie über die Pfütze aus zähflüssigem Rot stieg, um an Georges noch warmem Handgelenk nach dem Puls zu tasten. Doch seine Augen hatten die Wahrheit gesprochen. In diesem Moment, als ihr richtig übel wurde, sah sie hinter dem anderen Schreibtisch die zweite Leiche liegen.

Einer Panik nahe, hielt sie sich die Hand vor den Mund und griff mit der anderen automatisch nach dem Telefon. Kaum hatte sie sich jedoch benommen den Hörer ans Ohr gedrückt, begann sie sich bereits für ihre Dummheit zu verfluchen. Auch dieser Apparat war tot. Denk nach, verdammt noch mal! Denk nach!

*Raus hier! Nichts wie weg! Schnell!* Kalt und ungebeten kamen die Befehle tief aus ihrem Innern. Und mit ihnen kam die Angst. Jetzt war sie nicht mehr nur schockiert über das, was den zwei Männern zugestoßen war; sie hatte plötzlich Angst, es könnte auch *ihr* zustoßen. Sie wandte sich von den blutigen Leichen und den Schreibtischen ab, und ohne weiter auf die CCTV-Monitore zu achten, konzentrierte sie sich ganz auf die Treppe zur Tiefgarage.

*Die Überwachungsmonitore.*

Obwohl ihn ihr Blick nur den Bruchteil einer Sekunde gestreift hatte, hatte sich der weiße Kittel auf einem der Bildschirme in ihre Netzhaut gebrannt. In der Hoffnung, sie hätte sich getäuscht, zwang sie sich, ihre Flucht aufzuschieben und noch einmal auf die Monitore vor dem Schreibtisch zu sehen. Jetzt bewegte sich die Gestalt, die auf dem Bildschirm mit der Aufschrift *Crick-Labor* zu sehen war.

Tom war noch hier.

Und im selben Augenblick wußte sie, daß der Prediger gekommen war, um ihn zu töten.

Zwei Stimmen waren plötzlich in ihrem Kopf. Eine schrie immer noch *Schnell weg!,* nur lauter und nachdrücklicher. *Lauf zu deinem Wagen!* rief sie. *Hol Hilfe! Mehr kann niemand von dir erwarten.* Die andere Stimme, sie war eigentlich nur ein Flüstern, sagte ihr, diese Hilfe kommt nicht mehr rechtzeitig; es liegt an *dir*, ihm zu helfen; ihn zu warnen.

»Aber was kann ich denn überhaupt tun?« sagte sie laut und sah auf ihre Füße hinab, die sie bereits zu der Treppe zur Tiefgarage trugen. In Sicherheit. Dann kam ihr ein Gedanke, und sie blieb stehen. Sie machte kehrt und ging zu Georges Leiche zurück. Sie versuchte, ihm nicht in die Augen zu sehen, als sie seinen Körper in seinem klebrigen Blut herumwälzte.

Die Pistolentasche war zu, die häßliche, schwarze Waffe noch da.

Mit zitternden Fingern öffnete sie die Lederlasche und prüfte das Magazin. Genau so, wie es ihr Bruder ihr beigebracht hatte. Durchgeladen. Sie entsicherte die Waffe und hielt sie in den Händen, spürte ihr Gewicht, erinnerte sich an den Machospruch ihres Bruders: *Zieh nur eine Waffe, wenn du auch bereit bist, Gebrauch von ihr zu machen.*

Wollte sie Gebrauch von ihr machen? War sie bereit, etwas zu tun, was sie sich geschworen hatte, nie zu tun? Eine Waffe auf jemanden zu richten und abzudrücken? Ihr Mund fühlte sich trocken an, und ihre Beine waren weich wie Pudding, als sie zum Lift ging.

*Nein!* warnte die Stimme in ihrem Kopf. *Nicht den Lift neh-*

*men! Sonst merkt der Prediger, daß du kommst. Niemand darf wissen, daß du hier bist. Nimm die Treppe!*

Sie drehte sich herum und rannte auf das Treppenhaus zu. Und als sie die Tür aufstieß, versuchte sie sich vorzustellen, sie wäre nicht mehr Jasmine, sondern die Razor Buzz von früher: ein Cyberlord, befreit aus der virtuellen Welt, um in der realen zuzuschlagen. Sie hatte eine Waffe, und sie hatte einen Grund.

Was wollte sie mehr?

*Mut*, dachte sie, *ich könnte viel mehr Mut gebrauchen.*

Dann holte sie tief Luft, versuchte das Zittern in ihren Beinen unter Kontrolle zu bekommen und stieg die dunkle Treppe hinauf.

❖ ❖ ❖

Einen Stock höher sah Tom dem Mann mit einem Seufzer in die Augen.

»Sag mir endlich, was mit dem dritten Gen los ist! Sag mir, was es macht!« Er hob eine Glasampulle mit dem Serum, das mit den neuen Genen angereichert war, hoch und hielt sie dem Mann unter die Nase. »Und sag mir auch, was das hier macht! Wie arbeiten diese drei Gene zusammen, verdammt noch mal? Los, sag's mir endlich!«

Doch der Mann sagte nichts, sondern blickte ihn nur unverwandt an. Vor Wut verpaßte Tom ihm einen Faustschlag, aber auch das verschaffte ihm wenig Befriedigung, weil seine Faust einfach durch ihn hindurchfuhr. Das war das Problem mit Hologrammen; sie gaben keine guten Gesprächspartner oder Punchingbälle ab.

Frustriert schüttelte Tom den Kopf und gähnte. Dann ging er zu DAN hinüber, der mit seinem »virtuellen Verstand« immer noch unzählige Prüfungen durchführte, um den gordischen Knoten des dritten Gens zu lösen. Er beugte sich vor und drückte auf zwei Tasten des Keyboards, worauf das Hologramm verschwand. Seit halb acht Uhr morgens, gestern morgen, überprüfte Tom nun schon die Ergebnisse und war immer noch keinen Schritt weitergekommen.

Er griff nach einer Petrischale, die in der ordentlichen Handschrift von Nora Lutz mit »*Naz 3 – E coli*« beschriftet war, hielt sie ans Licht und starrte sie eine Weile einfach nur an. Keine Proteine. Nichts. Genauso machte er es mit »*Dreifaltigkeit – E coli*«, das alle drei hybriden Gene zusammen enthielt. Ein völlig neues Protein war entstanden. Noch dazu eine ganze Menge davon. Aber was zum Teufel machte dieses Zeug?

*Vielleicht tun die Gene gar nichts*, stichelte sein übermüdetes Hirn. *Vielleicht gibt es gar nichts herauszufinden.* Tom sah auf die Uhr und ging zum Telefon. Vielleicht war Jasmine noch unten und versuchte ein Gegenstück zu finden. Es wäre nicht das erste Mal, daß sie die ganze Nacht durcharbeitete. Er griff nach dem Hörer und hielt ihn ans Ohr. Dann schüttelte er ihn und lauschte noch einmal. Das hatte ihm gerade noch gefehlt. Die Leitung war tot.

Er knallte den Hörer auf die Gabel und begann zum Lift zu gehen. Da sah er überrascht eine schemenhafte Gestalt in Uniform in der Tür stehen.

»George, sind Sie's? Was ist mit dem blöden Telefon los?«

»Alle Anschlüsse sind tot, Dr. Carter. Wir sind allein. Nur Sie und ich.«

Die tiefe Frauenstimme ließ ihm die Haare zu Berge stehen. »Was soll dieser Quatsch? Wer sind Sie?«

Die Gestalt trat in das helle Licht des Labors. »Sie wissen, wer ich bin.«

Tom erstarrte. Wie ein eisiges Band schnürte ihm die Angst die Brust zusammen. Der Mann war zwar kleiner als er, aber immer noch überdurchschnittlich groß. Er hatte eine athletische Figur mit breiten Schultern. Das Gesicht war auf eine konventionelle, fast nichtssagende Art schön, mit einem energischen Kinn, einer feingeschnittenen Nase und schön modellierten Wangenknochen. Nur die unheimliche Stimme und die auffallenden katzenartigen Augen, eines blau, eines braun, verrieten

Tom, daß er keinen Mann vor sich hatte, sondern eine Frau. Er erinnerte sich, diese Augen schon einmal gesehen zu haben. Beim Hologramm des Predigers. Und ohne den geringsten Zweifel wußte er, er hatte Olivias Mörderin vor sich.

Obwohl er sah, wie die Frau eine Schußwaffe aus einem Beutel zog, wich plötzlich alle Angst von ihm. An ihre Stelle trat eine Wut, wie er sie bisher nie gekannt hatte.

Ohne den Blick von der Frau zu lassen, tastete Tom hinter seinem Rücken nach dem Keyboard des Computers.

❖ ❖ ❖

Maria Benariac ging auf Carter zu und wog die Glock in ihrer Hand. Sie war jetzt leichter, nachdem sie acht Schuß verbraucht hatte, aber es waren immer noch neun übrig. Die Wachmänner im Foyer umzubringen war einfach gewesen, und damit nicht plötzlich eine Nachtschwester herumzuschnüffeln anfing, hatte sie den Kliniktrakt abgesperrt. Das hieß, sie hatte Carter ganz für sich allein.

Aus der Nähe waren seine Augen stahlblau. Zu ihrem Ärger zeigten sie weder Reue noch Angst. Aber das würde sich ändern, wenn sie die Nägel verwendete. Und wenn er tot war, würde sie ihre Nachricht in seinem Blut hinterlassen: *Mehrt man das Wissen, mehrt man das Leid. Prediger, Kap. 1, Vers 18.*

Sie richtete die schallgedämpfte Waffe auf seinen Kopf und lächelte. Ein wahrhaft rechtschaffener Augenblick. »Dr. Carter«, sagte sie, »der Lohn der Sünde ist der Tod.«

»Was ist meine Sünde?« kam es wie aus der Pistole geschossen, und seine Stimme verriet nur eine Regung: Wut.

Während sie mit der rechten Hand weiter die Pistole auf ihn richtete, legte sie mit der linken den Beutel auf den großen Tisch neben sich. »Was Ihre Sünde ist? Ich beobachte Sie schon eine ganze Zeit lang, Dr. Carter. Sehr genau. Ihre Sünde ist, daß Sie Gott werden wollen. Als ob es nicht gereicht hätte, sich an

Gottes Schöpfung zu schaffen zu machen, versuchen Sie das jetzt auch noch mit Gottes Sohn.«

»Damit *rette* ich Menschenleben. Wie viele Menschenleben hat der Prediger *genommen*?«

Der lächerliche Spitzname, den ihr die Zeitungen gegeben hatten, entlockte ihr ein Lächeln. Es gefiel ihr, daß er wußte, daß die Ermordung der anderen auf ihr Konto ging. »Nur diejenigen, die der Säuberung bedurften.«

»Der Säuberung? Sie meinen *Ermordung*. Wer hat entschieden, daß sie sterben müssen?«

Sie fegte alles vom Tisch. Flaschen, Glaskolben, Bechergläser zersprangen auf dem Boden. Ein seltsames weißes Gerät mit einem runden Gummipolster oben drauf und der Aufschrift *Omnigen* auf einer Seite fiel ihr fast auf den Fuß. Sie sah den Wissenschaftler abschätzend an. Wenn sie seine Arme nicht ganz ausstreckte, war der Tisch wahrscheinlich gerade groß genug. Einen nach dem anderen holte sie die Nägel aus dem Beutel und reihte sie ordentlich nebeneinander auf. »Gott hat entschieden, daß sie sterben sollen.«

»Welcher Gott?« entgegnete der Wissenschaftler düster. »Sie können die Verantwortung doch nicht einfach auf ihn abwälzen. Es gibt ihn nicht. Wir haben ihn nur geschaffen, um zu erklären, was wir nicht verstehen können, und jetzt, wo wir dank der Wissenschaft die Welt immer besser zu begreifen lernen, brauchen wir ihn nicht mehr. Ist das der Grund, warum Sie mich umbringen wollen? Oder töten Sie gern – und schieben Gott nur vor?«

Sie legte das Seil und den Schlegel neben die Nägel und versuchte ihre Wut zu unterdrücken. Sie wußte, wie wichtig es war, nicht die Beherrschung zu verlieren, aber dieser zornige, arrogante Mann vor ihr war nicht wie die anderen. Er hatte keinerlei Schuldgefühle oder Angst vor seinem Henker. Er klammerte sich hartnäckig an den irrigen Glauben, *recht* zu haben. Falls sie sich ihm gegenüber bisher noch einen letzten Rest gerechter Objektivität bewahrt hatte, war sie in diesem

Moment vollends verflogen. Mit einem Mal konnte sie ihn nicht mehr nur kühl als einen Schädling betrachten, der beseitigt werden mußte; mit einem Mal war er jemand, den sie haßte, die Personifizierung all dessen, was sie fürchtete und verabscheute.

»Eine Wahl lasse ich Ihnen«, sagte sie. »Welche Hand?«

Einen Moment wich die Wut in seinen Augen Verständnislosigkeit. »Wie bitte?« Dann fiel sein Blick auf die Nägel, und er fragte sich, wofür sie waren.

»Wie gesagt, ich beobachte Sie schon eine ganze Zeit lang. Ich weiß, was Sie vorhaben. Da Sie sich die Macht des Messias aneignen wollen, werden Sie wie Er sterben.« Sie richtete die Pistole auf seine linke Hand. »Ich werde Sie auf diesem Tisch festbinden und Ihnen durch jede Hand und jeden Fuß einen Nagel treiben.« Sie konnte sich ein Lächeln nicht verkneifen. »Ich muß für den ersten Nagel ein Loch machen. Eine Kugel wird es für uns beide einfacher machen. Welche Hand?«

Endlich Angst. In den wild leuchtenden Augen flackerte tiefe Angst auf. Gut. Doch nicht mehr so arrogant, Doktor Carter? Und dann, bevor er reagieren konnte, feuerte sie.

»Au!« schrie er vor Schmerz auf.

Es war geradezu komisch, wie er zuckend herumwirbelte und sich mit der rechten Hand seine verletzte linke hielt.

Der Anblick des sauberen Lochs in seiner Handfläche und des auf den Boden tropfenden Bluts erfüllte sie mit tiefer Genugtuung. Mit blassem Gesicht untersuchte der Wissenschaftler seine Wunde. Sie dachte, er würde sich übergeben. Doch als er den Kopf hob, sah sie keine Spur von Furcht mehr in seinen Augen, nur ein kaltes, arktisches Leuchten. »Sie sind ja völlig krank.«

Er war unglaublich. »Bereuen Sie immer noch nicht?« Sie wollte ihn brechen, bevor sie ihn exekutierte; er sollte ihre gerechte Wahrheit erkennen.

Doch er lachte. »*Bereuen*? Was? Daß ich Leben retten will?«

Sie trat vor, um ihm die Pistole an die Schläfe zu drücken.

Jetzt standen sie zwischen seinem Arbeitsplatz und dem Tisch. »Diese Leben zu retten ist nicht *Ihre* Aufgabe. Man ändert nicht, was Gott bestimmt hat, bloß weil man es kann. Die Menschen müssen sich die Erlösung verdienen. Der Herr, unser Gott, entscheidet, wer durch seine Wunder erlöst werden soll, nicht Männer wie Sie.«

Dr. Carter hatte Mühe, sich zu beherrschen, die Schmerzen in seiner linken Hand waren kaum auszuhalten. Er biß die Zähne zusammen. »Nur sind es nicht *Seine* gottverdammten Wunder«, zischte er, »es sind *unsere*. Wie das Feuer und die Fähigkeit zu fliegen. Außerdem, woher nehmen Sie sich das Recht zu entscheiden, was Er getan haben will ... woher wollen Sie seinen Willen kennen?«

»Er hat mich auserwählt.«

Carter lachte, ein lautes, irres Lachen. »Woher wissen Sie das? Haben Sie ihn gefragt?«

Langsam reichte es ihr. Dieser unerträgliche Wissenschaftler gab in keinem Punkt nach. Es wurde Zeit, ihn zur Vernunft zu bringen. Sie preßte den Pistolenlauf gegen seine Schläfe. »Legen Sie Ihre linke Hand auf den Tisch.« Sie machte sich auf Gegenwehr gefaßt, aber zu ihrer Überraschung verzog er das Gesicht und legte seine verletzte Hand mit der Fläche nach oben auf den Tisch. Dabei starrte er sie mit seinen blauen Augen die ganze Zeit herausfordernd an.

Mut hatte er. Sie nahm die Pistole in die linke Hand und griff nach dem ersten Nagel.

»Sind Sie Jesus einmal begegnet?« fragte er mit inzwischen überraschend ruhiger Stimme. Er schien an ihrer Antwort aufrichtig interessiert.

Sie achtete nicht auf ihn, sondern konzentrierte sich auf den Nagel. Sie hatte nur eine Hand frei. Deshalb mußte sie den Nagel so fest durch die Schußwunde stoßen, daß er im Holz stecken blieb, und ihn dann mit dem Schlegel tiefer einschlagen, um seine Hand an der Tischplatte zu fixieren. Wenn sie allerdings das Einschußloch verfehlte, konnte sie den Nagel nicht so tief in das Holz treiben, daß er die Hand nicht mehr wegziehen konnte.

Mit diesem Problem war sie so beschäftigt, daß sie übersah, wie er mit der anderen Hand nach dem Keyboard auf der Laborbank hinter sich tastete. Sie merkte nur, daß sich links von ihr plötzlich etwas bewegte. Eine Gestalt, die am Rand ihres Blickfelds auftauchte. Automatisch wirbelte sie herum und feuerte, aber die schemenhafte Gestalt zeigte nicht die leiseste Reaktion. Gebannt beobachtete sie, wie die geisterhafte Gestalt festere Umrisse annahm, bis schließlich, keinen Meter von ihr entfernt, ein »Mann« vor ihr stand.

»Nur zu«, hörte sie Carter wie aus weiter Ferne sagen. »Jetzt, wo er vor Ihnen steht, fragen Sie ihn doch, was er wirklich möchte, daß wir mit seinen Genen machen.«

Wie hypnotisiert von der Erscheinung stand sie reglos da. Der nackte Mann war glatt rasiert und hatte langes, braunes Haar. Eine Zeitlang starrte sie ihn nur an.

Und als sie schließlich die Lichter sah, die aus der runden Scheibe unter der Gestalt kamen, und merkte, daß es eine Art Projektion sein mußte, krachte ein Glaskolben auf ihren Kopf, und eine Hand versetzte ihr einen heftigen Stoß. Bevor sie betäubt auf dem Boden landete, riß sie noch den Arm hoch und gab drei Schüsse ab.

Sie brauchte ein, zwei Sekunden, um sich aufzusetzen und sich das Blut von der zerschnittenen Stirn zu wischen. Außer sich vor Wut wandte sie sich ihrer Beute zu. Sie würde kurzen Prozeß mit ihm machen. Egal, ob mit Kreuzigung oder ohne.

Aber er war verschwunden.

Sie drehte sich gerade noch rechtzeitig zur Tür, um ihn hinkend aus dem Raum laufen zu sehen. Sofort sprang sie auf und stürzte ihm hinterher. An der Tür wandte sie sich nach links und sah zu den Liften am anderen Ende des großen Hauptlabors. Da war er. Über den niedrigen Laborbänken und den summenden Geräten konnte sie seine hoch aufgeschossene Gestalt deutlich erkennen. Die Knieverletzung, die sie ihm in

Stockholm beigebracht hatte, behinderte ihn bei der Flucht. Trotz ihrer Wut mußte sie lächeln, sowohl über das Schauspiel, das sich ihr bot, wie über die höhere Gerechtigkeit, die nun zum Tragen kam. Dann hob sie ihre Waffe und zielte auf seinen Hinterkopf. Jetzt war Schluß mit diesem Spiel.

❖ ❖ ❖

»Mach schon, verdammt noch mal! Mach zu!« zischte Tom und versuchte mit letzter Willenskraft, die Lifte zu erreichen und zugleich die unsäglichen Schmerzen zu ignorieren, die seinen Körper durchzuckten wie Stromstöße. Wenn er es in Jacks Büro in der Spitze der Pyramide schaffte, hatte er vielleicht noch eine Chance. Dort gab es ein Handy, und in Jacks rechter unterer Schreibtischschublade lag ein Revolver.

Aber dazu war es wohl zu spät, denn plötzlich sah er in der dunklen Glaswand vor sich das Spiegelbild seiner Verfolgerin. Sie lief ihm nicht mehr hinterher, sondern hob bloß den Arm – und richtete ihre Waffe auf ihn. Verflucht, der Glaskolben, den er ihr auf den Kopf geschlagen hatte, hatte diese Teufelin nicht stoppen können, geschweige denn betäuben.

Er überlegte, ob er hinter einer der Laborbänke zu seiner Linken in Deckung gehen sollte, aber das hätte das Unvermeidliche nur hinausgezögert. Wenn sie auf ihn schoß, blieb er besser in Bewegung, anstatt hinter einem Möbelstück in Dekkung zu gehen. So bestand wenigstens eine, wenn auch geringe Chance, daß sie ihn verfehlte. Um ein möglichst kleines Ziel abzugeben, zog er den Kopf ein und zwang sein steifes Knie, ihn die letzten zehn Meter zum nächsten Lift zu tragen.

In diesem Moment sah er den im Glas gespiegelten Lichtblitz und hörte den Schuß.

Er stürzte zu Boden.

❖ ❖ ❖

Ein Glückstreffer. Als Jasmine die Augen wieder öffnete, merkte sie, wieviel Glück sie gehabt hatte.

Als sie die Treppe hochgekommen war, hatte sie sich wieder gefangen gehabt. Sie hatte zwar vor Angst fast in die Hosen gemacht, aber sie hatte sich wieder im Griff. Doch als sie vorsichtig die Tür zum Hauptlabor geöffnet und die Gestalt gesehen hatte, die Tom verfolgte, war sie wie angewurzelt stehengeblieben. Denn plötzlich war ihr mit erschreckender Deutlichkeit bewußt geworden, wen sie hier vor sich hatte: den Prediger.

Sie konnte sich nicht erinnern, jemals solche Angst gehabt zu haben. Diese Angst durchströmte sie in gewaltigen Wogen, die jeden Muskel ihres Körpers erstarren ließen.

Und dann blieb die Gestalt, die Tom verfolgte, mit dem Rücken zu ihr stehen und hob ganz ruhig eine Waffe.

Ohne lange zu überlegen, schüttelte Jazz ihre Starre ab, machte die Tür ganz auf und schlich in das Labor. Ihr Mund war so trocken, daß sie nicht einmal dann, wenn sie es gewollt hätte, »Keine Bewegung!« hätte rufen können. Sie nahm die Waffe in beide zitternden Hände und zielte auf den breiten Rücken des Predigers. Dann drückte sie, wie ihr das ihr Bruder gesagt hatte, ganz langsam den Abzug durch, und gleichzeitig tat sie das, was sie, wie ihr Bruder gesagt hatte, *auf keinen Fall* tun durfte: Sie drückte beide Augen zu.

Das Krachen des Schusses war ohrenbetäubend. Der Rückstoß verriß ihr die Schulter und schleuderte ihr die Hände fast ins Gesicht zurück. Und der stechende Korditgeruch, der ihr in die Nase stieg, verursachte ihr ein heftiges Würgen.

Du mußt noch viel üben, Razor Buzz.

Als sie die Augen aufschlug und durch den Rauch spähte, lag der Prediger reglos auf dem Boden. Doch wo war Tom? Schließlich sah sie ihren Freund drüben bei den Liften vom Boden aufstehen und sich die Kleider abklopfen. Er mußte hingefallen sein, schien aber unverletzt.

»Schnapp dir ihre Pistole, Jazz!« brüllte er und hinkte auf die am Boden liegende Frau zu.

Immer noch von einer Welle Adrenalin durchpeitscht, rannte Jasmine auf die reglose Gestalt zu und kickte ihre Waffe zu Tom, der sie mit der rechten Hand aufhob. Als sie dann auf die andere Frau hinabblickte, sah sie einen roten Streifen auf ihrem Kopf. Offensichtlich hatte die Kugel an dieser Stelle ihre Schädeldecke gestreift und sie betäubt. Einen Millimeter höher, und Jasmine hätte sie ganz verfehlt. Ein paar Millimeter tiefer, und das Hirn des Predigers wäre jetzt über den Fußboden verteilt. Der Gedanke an beide Möglichkeiten ließ die Übelkeit zurückkehren.

Bei näherem Hinsehen fiel ihr auf, daß mit dem Haaransatz der Frau etwas nicht stimmte. Er wirkte schief und faltig, wie eine hastig aufgesetzt Duschhaube. Erst nach einer Weile merkte sie, daß es sich bei dem kurzgeschorenen, extrem natürlich wirkenden Haar um eine Perücke handelte. Die Kugel mußte sie verrückt haben, und an den Stellen, wo das Haarteil verrutscht war, konnte Jasmine erkennen, daß die Kopfhaut der Frau kahl rasiert war. Sie spürte, wie ihr ein kalter Schauder den Rücken hinunterlief.

»Ein Meisterschuß, Jazz!« sagte Tom und richtete die Waffe mit beneidenswert ruhigen Händen auf die Frau.

»Nicht ganz.« Jasmine versuchte ihre weichen Knie unter Kontrolle zu bekommen. »Eigentlich habe ich zwischen ihre Schulterblätter gezielt.«

Tom lächelte und schloß sie in die Arme. Seine Augen leuchteten. »Also für mich bist du trotzdem eine wahre Meisterschützin, eine richtige Annie Oakley. Wenn du sie nicht getroffen hättest, hätte sie mich *haargenau* an der Stelle getroffen, auf die sie gezielt hat.«

Jasmines linkes Bein fing an zu zucken, denn wie die Wirkung des Adrenalinstoßes begann auch ihre Anspannung langsam nachzulassen. Als er sie losließ, sah sie das blutige Loch in seiner linken Handfläche. »Was ist mit deiner Hand passiert?«

Er hob die Schultern. »Alles nur halb so wild. Sagen wir mal so: Der Prediger hatte nicht vor, mich ich eines leichten Todes sterben zu lassen.«

»Sie ist also eindeutig der Prediger?«

»Ja. Du hast gerade einen von Amerikas meistgesuchten Verbrechern zur Strecke gebracht.« In seine Stimme schlich sich ein besorgter Unterton. »Alles okay mit dir?«

»Ja. Nur ein bißchen zittrig.« Sie sah auf die Gestalt am Boden hinab. Während sie das maskuline Profil betrachtete, mußte sie an das Hologramm der schönen Frau denken, das sie sich mit Special Agent Karen Tanner angesehen hatte. Das war nicht bloß unheimlich, das war noch wesentlich mehr als das. Sie wandte sich wieder Tom zu. »Kurz dachte ich schon, er ... sie hätte dich erwischt.«

»Da bist du nicht die einzige. Aber ich –«

Die Frau regte sich und öffnete ein Auge. In diesem Moment erkannte sie Jasmine von dem Hologramm wieder. Form und Farbe dieses Auges waren unverkennbar.

»Jazz, geh in Jacks Büro und fordere mit dem Handy Hilfe an. Ich kümmere mich so lange um unseren Gast.«

Jasmine nickte und wollte gerade zum Lift gehen, als Tom fragte: »Was ist mit George und den anderen Wachmännern passiert?«

Unschlüssig, wie sie es ihm beibringen sollte, drehte sie sich um. »Was im Pförtnerhaus war, weiß ich nicht.«

»Und im Foyer?«

Sie schüttelte bloß den Kopf. Tom starrte auf die wieder zu sich kommende Frau hinab. Und zum erstenmal, seit sie ihn kannte, sah Jasmine in seinen blauen Augen etwas, das ihr angst machte. In diesem Moment sah der Mann, der sich der Aufgabe verschrieben hatte, Menschenleben zu retten, so aus, als stünde er kurz davor, eines zu nehmen.

»Tom? Alles okay?«

Ohne sie anzusehen, murmelte er: »Es hat einmal jemand gesagt, Rache wäre eine primitive Art von Gerechtigkeit, auf die nur Tiere zurückgreifen. Aber das stimmt nicht. Tiere kennen das Bedürfnis nach Rache nicht. Das tun nur wir. Und jetzt verstehe ich, warum.« Als er sich darauf zu ihr umdrehte, sah Jasmine das ganze Ausmaß seiner Wut und seines Schmerzes und war froh, auf derselben Seite zu stehen wie er.

❖ ❖ ❖

Es war nicht Schmerz, was als erstes in Marias Bewußtsein drang, sondern Zorn. Sie hatte versagt, und als sie den Wissenschaftler mit ihrer eigenen Waffe über sich stehen sah, wurde ihr das ganze Ausmaß ihres Versagens bewußt. Irgend jemand mußte hinter ihr gewesen sein, als sie auf Dr. Carter gezielt hatte. Warum hatte sie sich nicht vergewissert, daß das Gebäude leer war, nachdem sie die Wachmänner umgebracht hatte? Warum hatte sie sich nur auf die Monitore verlassen, als sie nach oben geschlichen war, um sich den Wissenschaftler vorzunehmen? Ihr übermächtiger Wunsch, ihn zu töten, hatte sie wie einen Stümper vorgehen lassen.

Einen Augenblick überlegte sie, ob sie versuchen sollte, ihn zu überwältigen, aber sein Blick verriet ihr, daß er sie nur zu gern erschießen würde, wenn sie auch nur die leiseste Bewegung machte. Sie schämte sich so sehr, daß sie mit dem Gedanken spielte, es trotzdem zu versuchen. Zweimal hatte sie versagt, in Stockholm und jetzt hier. Sie hatte den Vater, die Bruderschaft und, was am schlimmsten war, sich selbst enttäuscht. Doch dann wurde ihr klar, daß ihre Chancen, alles wieder in Ordnung zu bringen, um so größer waren, je länger sie am Leben blieb.

»Sie haben wirklich großes Glück, Dr. Carter.«

»Ja, vielleicht sollten Sie mich doch nicht töten«, erwiderte er ohne einen Anflug von Humor.

Sie lächelte. Wie es schien, hielt der Teufel seine schützende Hand über ihn, und aus ihr unerfindlichen Gründen ließ Gott ihn gewähren. »Gott stellt uns alle auf die Probe«, sagte sie, ohne den Blick von ihm abzuwenden.

»Sieht ganz so aus, als ob Sie das Glück verlassen hätte. Jedenfalls war das Ihre letzte Chance. Wenn Ihnen Ihr Schöpfer das nächste Mal etwas mitteilen will, wird er es wahrscheinlich persönlich tun.«

»Es ist noch nicht vorbei«, sagte sie.

Er lachte. Ein bitteres Lachen. »Für Sie schon.«

## 22 Die Höhle des Heiligen Lichts. Südjordanien.

Ezekiel sah in die schönen Augen des jungen Mädchens. Als es ihn aufgeregt anlächelte, lächelte er zurück. »Hab keine Angst, mein Kind«, flüsterte er, als er nach dem uralten Dolch mit der rasiermesserscharfen Klinge griff. »Es ist ganz schnell vorbei.«

Er zog ihren rechten Arm so zu sich heran, daß er über der Zinnschale auf dem Altar lag, und schob behutsam den Ärmel ihres Gewands hoch. Dann fuhr er mit der Spitze des Zeremonialdolchs vorsichtig über ihren Unterarm, damit sich die Haut an die Berührung des Stahls gewöhnen konnte. Er spürte, wie sich der Arm des Mädchens verkrampfte, als die kalte Schneide kitzelnd darüberglitt. Dann hielt er einen Moment inne und schnitt mit einer geübten Bewegung in ihren Arm. Jetzt zeigten ihre Augen Schmerz, und sie biß sich auf die Lippen, aber sonst ließ sie sich nichts anmerken. Als der fadenartige rote Einschnitt sieben Zentimeter lang war, setzte er die Klinge ab und brachte quer über dem ersten Schnitt zur Vollendung der Kreuzform einen zweiten an. Danach legte er den Dolch neben die Zinnschale und drehte den Unterarm des Mädchens herum, so daß der Schnitt nach unten zeigte. Behutsam knetete er ihren Arm, damit Blut in die Schale tropfte. Bis es zu gerinnen begann, zählte er acht kostbare, weinrote Tropfen. Das genügte.

Er tauchte den Zeigefinger seiner linken Hand in die rubinrote Flüssigkeit und malte damit ein rotes Kreuz auf ihre glatte Stirn.

»Dein Blut ist sein Blut«, sagte er feierlich. »Dein Körper ist sein Körper.«

Ihre Stimme zitterte vor Ergriffenheit. »Ich gebe ihm mein Fleisch, auf daß er meine Seele erlöse.«

Er nickte ermutigend. »Möge er erlöst werden.«

Inzwischen lächelte ihn das Mädchen viel entspannter an. »Auf daß er die Gerechten erlöse.« Bruder Haddad, der als Vorsteher des Heiligen Lands für die Initiierte zuständig war, bestrich ihren kreuzförmigen Schnitt mit der Narbensalbe, und das jüngste Mitglied der Bruderschaft entfernte sich, um wieder Platz zu nehmen.

Die Höhle hallte wider von einem kollektiven Seufzer der Erleichterung, der sowohl von den anderen neunzehn Initiierten an dem großen Tisch kam wie auch von den Bruderschaftsmitgliedern, die der Zeremonie im hinteren Teil der Höhle beiwohnten. Die erste Blutzeremonie war immer die nervenaufreibendste.

Ezekiel begrüßte den nächsten Kandidaten, einen jungen Mann aus Jerusalem, und bat ihn, seinen Arm über die Schale zu halten. Als er die Blutzeremonie vollzog, dachte Ezekiel, wie schön die zwölf Männer und acht Frauen in ihren weißen Gewändern aussahen. Ein guter Grundstock, um die Bruderschaft in die Zukunft zu führen. Die meisten waren Kinder von Brüdern oder deren guten Freunden, die von klein auf beobachtet worden waren. Etwa zwanzig dieser Verwandten wohnten der Zeremonie im hinteren Teil der Höhle bei und dachten dabei sicher an den Tag zurück, an dem sie selbst initiiert worden waren.

Als sich die dritte Initiierte vom Tisch erhob, vortrat und den Arm ausstreckte, mußte Ezekiel De La Croix daran denken, wie sein Vater ihn mit achtzehn aus seiner Heimatstadt Damaskus hierher gebracht hatte. Er erinnerte sich auch, wie schwer die Erwartungen auf ihm gelastet hatten, die sein Vater, ein Mitglied des Inneren Kreises, in ihn gesetzt hatte. Selbst damals schon war Ezekiel auf den Tag vorbereitet worden, an dem er einmal die Führung der Bruderschaft übernehmen sollte.

Obwohl zu dieser Zeit nur Männer als vollwertige Mitglieder aufgenommen worden waren, hatten damals sechzig und mehr Initiierte an den Blutzeremonien teilgenommen. Den heutigen Jugendlichen fehlte es an Eifer und Disziplin. Bei immer wenigeren stand zu erwarten, daß sie ihr Leben ganz in den Dienst der Bruderschaft stellen würden.

Dennoch hatte er den Initiierten gerade zwei Stunden lang einen allgemeinen Überblick über die Regeln der Bruderschaft, ihre Geschichte und ihr Erstes Ziel gegeben. Darüber hinaus hatte er sie auf die Verpflichtungen hingewiesen, die damit einhergingen: daß von jedem einzelnen von ihnen erwartet wurde, sich in dem von ihm gewählten Betätigungsfeld in eine Position hochzuarbeiten, in der er der Bruderschaft nach besten Kräften dienen konnte. Sie wußten, daß bereits auf der ganzen Welt Brüder und Schwestern in Kirchen, Banken und Krankenhäusern, bei den Streitkräften, der Polizei und den Medien in wichtigen Positionen saßen. Und alle hielten sich bereit, um nötigenfalls auf der Stelle dem Ruf der Bruderschaft, nein, dem ihres Messias zu folgen.

Das einzige, was ihnen Ezekiel und die anderen Angehörigen des Inneren Kreises verschwiegen hatten, war das Zweite Ziel. Davon wußten nur die sechs Mitglieder des Inneren Kreises und die zwei Agenten.

Das Mädchen, das jetzt vor Ezekiel stand, erinnerte ihn an die junge Maria Benariac, an die Tochter, die er nie gehabt hatte. Von dem Moment an, in dem er zum erstenmal ihre betörenden Augen gesehen hatte, war ihm klar gewesen, daß sie etwas Besonderes war. Und die Kindheitslügen, von denen ihm die nachtragende Mutter Clemenza erzählt hatte, hatten ihn sogar noch mehr in dem Glauben bestärkt, daß Maria in gewisser Weise auserwählt war. Die Behauptungen, die sie, noch keine acht Jahre alt, aufgestellt hatte, mochten vielleicht die Phantasien eines einsamen Kindes gewesen sein. Sogar die ältere Maria hatte sie als solche abgetan, indem sie behauptete, sich nicht mehr an sie erinnern zu können. Aber dennoch hatten diese »Lügen«, so unglaublich sie für ein Kind gewesen sein mochten, von ihrer visionären Kraft gezeugt.

Als Ezekiel nun die Haut des Mädchens vor ihm aufritzte, beobachtete er abwesend, wie es gegen seine Tränen ankämpfte. Maria hatte bei ihrer Blutzeremonie nicht mit der Wimper gezuckt, sondern ihn nur mit unverhohlenem Stolz angestrahlt, als die Klinge über ihren Arm gefahren war. Inzwischen bedauerte er den Streit mit ihr. Er hatte gewußt, sie würde heftig reagieren, wenn sie von der Abmachung mit Carter erfuhr. Dennoch überraschte ihn, daß Maria auf keine von Bruder Bernhards Nachrichten reagiert hatte. Das sah ihr gar nicht ähnlich.

Ezekiel versuchte sich einzureden, sie würde ihm und der Bruderschaft trotz ihrer radikalen Ansichten letztlich immer treu ergeben bleiben. Er war sicher, sie würde sich bald bei ihm melden, und dann würden er und Bernhard entscheiden, was mit ihr geschehen sollte.

Während Ezekiel den nächsten Initiierten, einen jungen Mann aus Beirut, für die Zeremonie fertig machte, wanderten seine Gedanken zu Dr. Carter. Alle Angehörigen des Inneren Kreises waren begeistert gewesen, als der Wissenschaftler die Proben zurückgebracht und ihnen von den drei seltenen Genen erzählt hatte. Nun brauchten sie nur noch zu warten, bis sich der Wissenschaftler wieder bei ihnen meldete und ihnen von seinen Fortschritten bei der Suche nach einem Gegenstück berichtete. Nach Meinung von Helix müßten sie es, falls es in einer der DNS-Datenbanken gespeichert war, binnen Wochen, vielleicht sogar Tagen, finden. Ezekiel wurde plötzlich von einer solchen Erregung ergriffen, daß er seinen Arm abstützen mußte, als er in den des jungen Mannes schnitt.

Der Rest der Blutzeremonie nahm fast eine ganze Stunde in Anspruch. Und die ganze Zeit über durchströmte ihn die wärmende Gewißheit, daß sie ihrem Ziel ganz nahe waren. Nicht mehr lange, und er hätte seine Aufgabe zu ihrem Ende gebracht, und die Prophezeiung erfüllte sich.

Erst bei seiner Abschlußansprache merkte er, daß ihm Bernhard aus dem hinteren Teil der Höhle zuwinkte. Als er sah, daß auch Helix heftig zu gestikulieren begann, konnte er seine Erregung kaum mehr im Zaum halten. Sie mußten neue Nachrichten bekommen haben. Er beendete die Ansprache rasch und übergab die Leitung der Zeremonie an Bruder Haddad.

Nebenan, in einer der angrenzenden Höhlen, zog er sich mit den beiden Brüdern in einen ruhigen Winkel zurück.

»Irgendeine Nachricht von Carter?« fragte er aufgeregt. »Hat er den Messias gefunden?«

Bernhard sah kurz Helix an, dann senkte er betreten den Blick. »Nein, Vater. Nicht ganz. Die Nachricht betrifft eigentlich mehr Nemesis.«

»Maria? Haben Sie sie gefunden? Wo ist sie?«

»Es waren nicht wir, die sie gefunden haben, Vater«, antwortete Bernhard leise. »Es war das FBI.«

»Was?« Ezekiels freudige Erregung war mit einem Schlag verflogen.

»Laut Aussagen unserer Quellen«, erklärte Helix, »hat sie versucht, den Wissenschaftler zu töten. Aber eine seiner Mitarbeiterinnen hat sie daran gehindert. Maria befindet sich jetzt in Haft.«

»In Haft?«

»Sie wurde als der Prediger überführt«, fuhr Helix fort. »Und wegen der erdrückenden Fülle von Beweisen, die gegen sie vorliegen, wird ihr schon in wenigen Wochen der Prozeß gemacht. Wenn sie, woran es eigentlich keinen Zweifel geben kann, schuldig gesprochen wird, droht ihr die Todesstrafe.«

»Die Frage ist jetzt, was wir ihretwegen unternehmen«, sagte Bernhard.

Helix machte eine Pause. »Können wir uns darauf verlassen, daß sie uns nicht verrät? Oder müssen wir sie zum Schweigen bringen?«

»Auf keinen Fall wird sie uns verraten«, entgegnete Bernhard. »Wir haben sie ausgebildet. Was sie auch sonst für Fehler haben mag, Verrat zählt nicht dazu.«

»Sehr richtig«, bekräftigte Ezekiel.

Helix hüstelte verlegen. »Bei allem Respekt, Vater, aber Sie haben sich schon einmal in ihr getäuscht. Sie haben auch nicht für möglich gehalten, daß sie versuchen könnte, den Wissenschaftler entgegen Ihren Anweisungen zu töten.«

Ezekiel De La Croix wandte sich seinem Meister des Ersten Ziels zu. »Bruder Helix, Sie kennen Maria nicht. Sie hat sich unseren Anweisungen widersetzt, weil sie fest davon überzeugt war, das Richtige zu tun. Sie mag vielleicht übereifrig, ja sogar dogmatisch sein. Aber das Letzte, was sie täte, wäre, uns an die Behörden zu verraten. Sie wird uns gegenüber loyal bleiben und ihre Strafe auf sich nehmen.«

Helix hob die Schultern. »Dann brauchen wir uns also nicht mehr weiter um Maria zu kümmern? Und können uns ausschließlich auf Dr. Carter konzentrieren?«

Ezekiel gefiel nicht, wie die zwei Ziele nun kollidiert waren. Er empfand persönliches Bedauern für Maria, aber wichtiger war: Die Bruderschaft hatte ihren zuverlässigsten Agenten verloren. Wenigstens war Carter nicht ums Leben gekommen, sonst wären beide Ziele gefährdet worden. Er nickte Helix zu. »Ja, wir werden Maria den amerikanischen Gerichten überlassen und uns ganz auf Carter konzentrieren. Doch wenn er uns kein Gegenstück liefert, werde ich persönlich dafür Sorge tragen, daß ihn Gomorrah erledigt. Und mit ihm alle anderen an Projekt Kana Beteiligten.«

❖ ❖ ❖

**GENIUS-Klinik. Vier Tage später.**

Mit dem aufgeschlagenen Krankenblatt des Patienten vor sich stand Tom gut gelaunt in der GENIUS-Klinik. Selbst die Schmerzen in seiner verbundenen Hand waren einigermaßen erträglich. Dem zufolge, was ihm Karen Tanner gestern gesagt hatte, würde der Prediger dank der Beweise, die das FBI vorliegen hatte, in wenigen Monaten seine letzte Predigt halten. Vor dem Henker.

Endlich schien sich das Glück zu seinen Gunsten zu wenden. Die Mörderin seiner Frau war der Justiz überstellt, und sie hatten ein Gegenstück gefunden. Allein die Akte über Al Puyiana zu lesen, den indianischen Heiler mit den gleichen Genen wie der Messias, hatte ihm ungeheuren Auftrieb gegeben. Die DNS des Toten mochte ihm vielleicht genausowenig weiterhelfen wie die Nazareth-Gene, aber zumindest deutete alles darauf hin, daß er über echte Heilkräfte verfügt hatte. Das alles verlieh seinem utopischen Projekt mehr Gewicht und Plausibilität. Und nicht zuletzt machte auch noch Hank Polanski den Eindruck, als besserte sich sein Zustand.

»Und, Doc?« fragte der junge Mann, der aufrecht in seinem Bett saß. »Wie mache ich mich?«

Tom Carter konnte kaum glauben, daß dies derselbe Hank Polanski sein sollte, der erst vor wenigen Monaten blaß und mit eingesunkenen Augen hier eingeliefert worden war, um sich einer Gentherapie zu unterziehen. Neben ihm stand Schwester Lawrence und überwachte den Tropf, der in seinem Arm steckte. Der Schlauch kam aus einem Infusionsbeutel mit roter Flüssigkeit, der von einem Gestell neben dem Bett hing.

»Sie machen gute Fortschritte, Hank«, sagte Tom schließlich.

»Das können Sie laut sagen, Doc. Ich fühle mich schon viel besser.«

Tom lächelte, als er das Krankenblatt las. Es ging aufwärts

mit Polanski. Er zog eine Röntgenaufnahme heraus und zeigte sie ihm. »Die Tumore in Ihren Lungen haben nicht nur aufgehört zu wachsen, sondern beginnen bereits, sich zurückzubilden. Ihre drei Metastasen sind alle abgestorben.«

»Es hat sich also gelohnt, diese fünfzehnprozentige Chance zu ergreifen?«

»Bisher auf jeden Fall, Hank. Aber wir müssen Sie noch sorgfältig überwachen. Endgültig grünes Licht werden Sie erst in Jahren bekommen. Jedenfalls bessert sich Ihr Zustand zusehends.«

Polanski lachte. »Das will ich doch meinen. Schließlich bin ich noch am Leben. Wenn das keine Besserung ist?«

Tom lächelte, sagte aber nichts mehr. Hank Polanski stand zwar nicht mehr mit einem Bein im Grab, doch obwohl sich die Überlebenschancen des jungen Mannes erheblich erhöht hatten, war er noch keineswegs außer Gefahr. Er verabschiedete sich von seinem Patienten und schickte sich zum Gehen an. Als er auf dem Weg zum Ausgang der Station kurz nach den anderen Kranken sah, dachte er an Projekt Kana und gestattete sich ausnahmsweise einmal, ins Träumen zu geraten. Wären sie vielleicht bald in der Lage, jeden Hank Polanski und jede Holly dieser Welt zu retten, wenn es ihnen gelang, sich die Kräfte in diesen Genen zunutze zu machen? Er ließ den Blick über die anderen Betten wandern und stellte sich vor, die Klinik müßte geschlossen werden, weil es keine Patienten mehr gab.

Wenn Jasmine nur den Namen identifizieren könnte, der zu dem Gegenstück gehörte, das sie im Schwarzen Loch gefunden hatte. Er wünschte sich, das Gegenstück aus der Pariser Datenbank wäre durch einen Namen oder sonstige Personalangaben identifiziert und nicht bloß durch die Karteinummer 6699784. Außerdem wünschte er sich, Jasmine könnte das ganze Genom kopieren und nicht bloß die Sequenz, die mit den Nazareth-Genen übereinstimmte. Dann hätten sie nämlich mit Hilfe der Genie-Software wenigstens das Aussehen der betreffenden Person rekonstruieren können.

Aber zumindest wußte er, daß es ein lebendes Gegenstück gab und in welcher Datenbank es gespeichert war. Jetzt war es nur noch eine Frage der Zeit, bis sich Jasmine wieder in das Schwarze Loch schleichen konnte und den zu der Karteinummer gehörenden Namen herausfand. Den Namen von Hollys Erlöser und der Bruderschaft.

»Tom?«

Er drehte sich um und sah Alex auf sich zukommen. Plötzlich war er nicht mehr so guter Laune. Ohne daß sein Vater ein weiteres Wort sagte, wußte Tom, was nun käme. Alex hatte Holly heute zu ihrer monatlichen Untersuchung ins Massachusetts General gebracht. Und seine bedrückte Miene ließ keinen Zweifel daran, daß die Tests positiv ausgefallen waren. Tom hatte zwar gewußt, daß sich DANs Prophezeiung bewahrheiten würde, aber jetzt, wo sie Realität geworden war, schockierte ihn ihre Exaktheit doch.

❖ ❖ ❖

Am selben Abend las Holly die Zeitungsmeldungen von der Festnahme des Predigers und sagte Tom, wie gigantisch sie es fand, daß ihr Dad und ihre Patentante Helden waren. Bei dieser Gelegenheit erwähnte sie auch, eher beiläufig, zum erstenmal ihre Kopfschmerzen und die damit einhergehenden Schwindelgefühle. Sie erzählte ihm, sie ließen nicht nach, obwohl sie aufgehört hatte, mit ihrem Computer zu spielen. Er hörte ihr zu, ohne etwas dazu zu sagen, und gab ihr dann zwei Schmerztabletten.

Ein paar Stunden zuvor hatte Tom den Schatten auf den Röntgenaufnahmen vom Gehirn seiner Tochter untersucht. Die Untersuchungen hatten an den Tag gebracht, daß Hollys Krebs nicht nur ausgebrochen war, sondern auch mit alarmierender Geschwindigkeit zu wachsen begonnen hatte. Damit waren sie jetzt sogar noch dringender darauf angewiesen, daß Jasmine das Gegenstück, das sie gefunden hatte, identifizieren konnte.

Denn ganz egal, was bei Kana herauskam und *wann*, Holly konnte nicht so lange warten. Deshalb mußte ihr jetzt unbedingt gesagt werden, was mit ihr los war und was nötig war, um ihr zu helfen. Er hatte schon unzähligen Patienten beigebracht, daß sie an einer tödlichen Krankheit litten – wie er hoffte, auf eine menschliche und mitfühlende Art. Aber so etwas seinem eigenen über alles geliebten Kind sagen zu müssen war etwas anderes, und wieder einmal wünschte er sich, Olivia wäre hier, um ihm beizustehen.

Am nächsten Tag ging er nach dem Frühstück mit seiner Tochter in den Garten. Es war ein klarer Frühlingsmorgen Mitte April, und der Rasen war noch naß vom Tau. Die Tulpenzwiebeln, die Olivia letzten Herbst gepflanzt hatte, waren inzwischen voll erblüht, eine Farbenpracht aus Rot und Gelb. In der Luft lag eine Frische, die Leben und Verjüngung verhieß.

Am anderen Ende des Gartens machte sich der Gärtner an den Rosen zu schaffen. Er sah auf und lächelte unter seiner verblichenen Boston-Red-Sox-Baseballkappe hervor.

»Morgen.«

»Morgen, Ted«, antworteten Holly und Tom wie aus einem Mund.

Ted, schon lange in Rente, hatte Olivia fast sieben Jahre lang einmal wöchentlich im Garten geholfen. Aber seit Olivias Tod kam er fast jeden Tag vorbei, um dafür zu sorgen, daß im Garten alles so wurde, wie sie es gemeinsam besprochen hatten. Tom hatte oft versucht, ihn für seine Arbeit zu bezahlen, aber Ted hatte sich standhaft geweigert. Er nahm dann immer seine Mütze ab, kratzte sich den kurzgeschorenen, ergrauten Kopf und sagte mit einem traurigen Lächeln: »Trotzdem vielen Dank, Dr. Carter, aber in meinem Alter habe ich sonst nicht viel zu tun. Und außerdem ist das meine Art, Olivia nahe zu bleiben. Können Sie das verstehen?«

Das verstand Tom. Aber er wußte auch, daß der Witwer Marcy Kellys Gesellschaft zu schätzen wußte.

Tom hielt Holly an der Hand, als sie mit ihm ans andere

Ende des Gartens ging. Der Saum ihrer überweiten Jeans war feucht vom taunassen Gras.

»Weißt du, wovon deine Kopfschmerzen kommen, Hol?« fragte Tom.

Sie trat mit ihren leuchtfarbenen Turnschuhen nach dem nassen Rasen. »Nicht vom Computer?«

»Nein, Holly, nicht vom Computer.«

Die Stirn nachdenklich in Falten gelegt, blickte sie zu ihm hoch. Diesen Ausdruck sah er nicht zum erstenmal an ihr. »Wovon kommen sie dann?«

Tom blieb stehen und ging neben ihr in die Hocke. Hollys hellbraune Augen beobachteten ihn jetzt ganz genau.

Er lächelte sie an. »Zuallererst, Holly, hab keine Angst. Wir werden die Kopfschmerzen wegbekommen, und du wirst wieder gesund. Ist das klar?«

»Ja, Papa«, antwortete sie ruhig. Aus ihrem Blick sprach ein solches Vertrauen, daß es ihm einen Stich ins Herz versetzte.

»Du warst doch gestern mit Opa bei dieser Untersuchung, ja?«

»Mhm.«

»Und du weißt, daß dabei untersucht wird, ob in deinem Kopf alles in Ordnung ist. Nun, bei der Untersuchung war wieder alles bestens. Bis auf eine winzige Beule.«

Holly runzelte verständnislos die Stirn. »Eine Beule?«

»Ja, kannst du dich vielleicht noch erinnern, wie ich mir bei Opa an der Speisekammertür den Kopf angestoßen habe und diese Riesenbeule hatte?«

Ein zaghaftes Lächeln. »Und Mama dich immer Klotzkopf genannt hat?«

Tom spielte den Beleidigten. »Ihr habt mich damals *alle* Klotzkopf genannt.«

Das Grinsen wurde breiter. »Nein, Opa hat dich ›Nashornschädel‹ genannt.«

»Jedenfalls, deine Beule ist ein bißchen anders, weil sie innen ist. Meine Beule hat weh getan, weil sie wie ein großer blauer

Fleck war. Aber deine tut weh, weil sie auf dein Gehirn drückt. Davon bekommst du manchmal Kopfschmerzen und fühlst dich schwindlig.«

Holly runzelte die Stirn, nickte dann aber langsam. »Wovon habe ich diese Beule bekommen?«

»Also, im Fall meiner Beule war ich selbst daran schuld, weil ich mir den Kopf am Türrahmen angestoßen habe. Aber du kannst nichts für deine Beule. Du hast einfach großes Pech gehabt. Mit den Zellen in deinem Kopf ist irgendwas schiefgelaufen, und deshalb ist diese Beule entstanden.«

»Warum?«

»Stell dir einfach mal vor, die Zellen in deinem Körper sind wie Schulkinder, die sich benehmen müssen, damit der Körper gesund bleibt. Aber ab und zu gehorchen einige dieser Kinder ohne bestimmten Grund dem Lehrer oder ihren Eltern nicht mehr. Und dann stören sie alle anderen Kinder und sorgen für ein ziemliches Durcheinander in unserem Körper ...«

»Und wir werden krank?«

»Richtig.«

»Wann geht die Beule wieder weg?«

»Tja, von allein wird sie nicht weggehen, Holly. Und weil sie in deinem Kopf ist, ist es auch nicht einfach, sie wegzukriegen. Aber mach dir keine Sorgen, wir schaffen das schon. Zuerst bekommst du Medikamente, damit die Schwellung zurückgeht und diese unartigen Kinder nicht noch mehr Unruhe stiften können. Und dann müssen wir die Beule vielleicht rausnehmen.«

»So ungefähr, wie wenn man die bösen Kinder von der Schule schmeißt?«

»Genau. Aber du mußt sehr tapfer sein. Die Behandlung ist nicht sehr angenehm. Und du mußt längere Zeit im Krankenhaus bleiben.«

Holly legte den Kopf auf die Seite. Genau wie Olivia, wenn sie angestrengt über etwas nachgedacht hatte. »Kriege ich diese ganzen Behandlungen von *dir*?« fragte sie schließlich.

»Wenn du möchtest. Es werden andere helfen, aber ich werde dein Doktor sein.«

»Und ich kann in diesem besonderen Krankenhaus bei dir in der Arbeit bleiben?«

»Sicher.«

Sie nickte erst, nachdem sie sich das eine Weile durch den Kopf hatte gehen lassen. Sie schien nicht nur keine Angst zu haben, sondern sogar richtig gespannt zu sein. Sie hatte ihn schon oft in der Arbeit besucht. Und war in die Klinik mitgekommen, um die Patienten kennenzulernen. Jetzt schien sie sich auf eine sonderbare Art darauf zu freuen, einer dieser besonderen Patienten, denen er so viel Zeit widmete, zu werden. Dieses absolute Vertrauen erleichterte es ihm, es ihr zu sagen, aber zugleich dachte er mit Entsetzen an die sehr reale Möglichkeit, dieses Vertrauen zu enttäuschen.

»Es wird nicht leicht werden«, sagte er noch einmal. Sonst hatte er immer das Bedürfnis, den Patienten Mut zu machen, wenn er ihnen die schlechte Nachricht überbracht hatte, aber in Hollys Fall neigte er eher dazu, ihren Optimismus zu dämpfen.

Sie fragte: »Können mich dort Jennifer und Megan besuchen kommen?«

»Sicher.«

»Und kann ich weiter den Computer benutzen?«

»Selbstverständlich kannst du das. So lange du willst. Wir sorgen auf jeden Fall dafür, daß du die besten Computerspiele bekommst, die Jazz finden kann.«

Wieder dachte Holly nach und nickte dann. »Und dich werde ich auch öfter sehen?«

»Ganz bestimmt. Wann immer du willst. Tag und Nacht. Ich bin immer für dich da.«

❖ ❖ ❖

**Strafanstalt Boston. Eine Woche später.**

Vierundzwanzigster April. Maria befand sich noch keine zwei Wochen in Haft, aber sie fand es bereits unerträglich. Das lag jedoch nicht am Prozeß und dem zu erwartenden Todesurteil, und selbst die Verhöre durch Karen Tanner empfand sie als willkommene Abwechslung. Was sie so schrecklich fand, war das Gefühl, anderen vollkommen ausgeliefert zu sein. In ihrer Zelle war es ihr nicht möglich, das Licht anzulassen, richtig zu trainieren oder sich den Kopf zu rasieren. Das einzige, was verhinderte, daß sie endgültig verrückt wurde, war ihre Konzentration auf ein einziges Ziel: hier herauszukommen und Dr. Carter zu töten.

Ihre Fußfesseln scheuerten, als sie in den Verhörraum schlurfte, um mit ihrem teuren Anwalt zu sprechen. Sie nahm gegenüber Hugo Myers Platz und betrachtete sein aufgetürmtes silbergraues Haar und den dazu passenden silbergrauen Anzug. Der Anwalt war Mitte Vierzig und sah aus wie ein Komparse aus einer Fernsehshow, aber angeblich verstand er etwas von seinem Geschäft. Auch wenn er bisher nichts anderes getan hatte, als ihr zu erklären, wie *wenig* er für sie tun konnte, wenn sie nicht mit ihm kooperierte. Er hatte sich bereits wenige Stunden nach ihrer Festnahme mit ihr in Verbindung gesetzt und ihr seine Dienste für keine andere Gegenleistung angeboten als die damit einhergehende Publicity. Sie hatte nicht einmal ihr Konto bei der Chase Manhattan Bank angreifen müssen, das sie für genau solche Notfälle angelegt hatte.

Die Aufseher befestigten ihre Handschellen an dem Ring auf dem Tisch vor ihr. Darüber konnte sie nur lächeln. Sie war zwar völlig hilflos, aber wenigstens brachten sie ihr noch Respekt entgegen.

Nachdem er sie begrüßt hatte, begann Hugo Myers wieder mit derselben Frage, die er ihr schon die ganze Woche gestellt hatte; mit derselben Frage, die ihr auch Special Agent Karen Tanner gestellt hatte.

»Also«, begann er und richtete seine gräulich schimmernden Augen mit so viel Aufrichtigkeit, wie man für Geld kaufen konnte, auf sie. »Haben Sie sich schon überlegt, ob Sie sich auf den Deal einlassen wollen?«

»Wie stellen Sie sich das vor? Ich habe dem FBI doch schon gesagt, ich habe keine Ahnung, wovon sie überhaupt reden.«

Hugo Myers zog eine makellose Augenbraue hoch und legte seine gespreizten Finger in Form eines Dreiecks aneinander. »Hören Sie, Maria. Für den Fall, das FBI sollte sich beim letzten Gespräch mit Ihnen nicht klar genug ausgedrückt haben, lassen Sie mich sicherheitshalber noch einmal ein paar Dinge klarstellen. Scotland Yard hat dem FBI Ihr Londoner Apartment gezeigt. Sie haben dort sowohl Ihre ungewöhnliche Waffensammlung als auch die Perücken und Schminkutensilien gesehen. Aber was noch wichtiger ist: Sie haben diese ordentlich aufgereihten Ordner gelesen, in denen sich äußerst detaillierte Unterlagen über die Mordopfer der letzten dreizehn Jahre befinden.

Des weiteren haben sie Ihren Spezialfüllhalter sowie die Aussage des einzigen Mannes aus Ihren Akten, der noch am Leben ist. Dieser Dr. Carter ist ein angesehener Wissenschaftler und er hat zu Protokoll gegeben, daß Sie zweimal versucht haben, ihn umzubringen und beim ersten Versuch seine Frau getötet haben. Diese Aussage wird von seiner Kollegin Dr. Washington bestätigt, einer ebenfalls hochrenommierten Wissenschaftlerin. Na schön, es hat Sie zwar niemand gesehen, als Sie die vier Wachmänner bei GENIUS umgebracht haben, aber die Kugeln stammen aus Ihrer Waffe.

Morgen wird in einem FBI-Labor Ihre DNS analysiert. Und wenn Ihr genetisches Profil mit der DNS übereinstimmt, die am Tatort des Fontana-Mordes gefunden wurde, kann Ihnen das FBI die Prediger-Morde anhängen. Sind wir also soweit klar? Ich bin Ihr Verteidiger, und sogar ich finde, es sieht ziemlich schlecht für Sie aus. Grundsätzlich kann ich Ihnen jetzt schon sagen: Wenn wir uns auf keinen Handel einlassen, wandern Sie auf den elektrischen Stuhl. Aufgrund der umfangreichen Unterlagen, die man in Ihrer Wohnung gefunden hat, geht das FBI davon aus, daß Sie Hilfe erhalten haben müssen. Sie sind sogar fest davon überzeugt, daß Sie für jemanden arbeiten. Und wenn Sie dem FBI sagen, von wem Sie diese Unterlagen haben, ist die Staatsanwaltschaft durchaus zu Zugeständnissen bereit.«

»Aber ich habe für niemanden gearbeitet. Nur für Gott.«

Sichtlich um Fassung bemüht, biß Hugo Myers die Zähne zusammen und nickte langsam. »Maria, haben Sie schon mal den Slogan gehört: ›Lassen wir den Verbrecher zahlen, nicht den Steuerzahler‹? Das ist das Motto für die Verbrechen-2000-Initiative des Präsidenten. Seine Kampfansage gegen die Kriminalität hat ihm viele Wählerstimmen eingetragen, und die Gouverneure der meisten Bundesstaaten haben sie übernommen. Ist Ihnen bewußt, daß seit März des Jahres 2000 achtundneunzig Prozent der Mordprozesse im Schnellverfahren abgewickelt worden sind? Mit anderen Worten: Sie haben weniger als zwei Wochen gedauert. Ihr Prozeß beginnt übermorgen und wird spätestens nach zehn Tagen zu Ende sein.

Was Sie jedoch ganz besonders interessieren sollte, ist die Neuregelung, was das Warten in der Todeszelle angeht. Die Liberalen haben es von jeher als unmenschlich gebrandmarkt, zehn Jahre oder länger auf eine Hinrichtung warten zu müssen, und die extreme Rechte jammert schon lange, was es kostet, diese ›toten‹ Leute am Leben zu halten. Deshalb sind jetzt alle glücklich. Seit vor zwei Jahren das neue Gesetz verabschiedet wurde, darf die Länge des Aufenthalts in der Todeszelle siebenunddreißig Tage nicht überschreiten. Das ist Gerechtigkeit à la McDonald's. Schnell, preiswert und überall gleich. Und die Leute sind begeistert.« Myers machte eine Pause und sah sie wieder mit seinen grau schimmernden Augen an.

»Wenn Sie nicht kooperieren, können Sie in zwei Monaten tot sein. Sagen Sie endlich, für wen Sie arbeiten, und ich kann wahrscheinlich lebenslänglich für Sie herausholen.«

Maria runzelte die Stirn. Auf keinen Fall würde sie die Bruderschaft an diese Ungläubigen verraten. Egal, wie schwach Ezekiel gewesen sein mochte, war die Bruderschaft die einzige Familie, die sie je gehabt hatte, und sie stellte nach wie vor die einzige Möglichkeit dar, die Gerechten zu beschützen und den Neuen Messias zu finden. Sie zu verraten würde ihr nicht helfen, Dr. Carter unschädlich zu machen. Stumm rief sie ihren Gott um Beistand an.

»Was ist, wenn ich auf nicht schuldig plädiere?« fragte sie und ergötzte sich an der Wirkung, die diese Frage auf ihren frustrierten Anwalt hatte.

Myers verdrehte die Augen, und seinen dünnen Lippen entfuhr ein Seufzer. »Sind Sie denn unschuldig? Trotz aller Beweise?«

»Unschuldig? Vor Gott, vollkommen.«

»Falls morgen Ihre DNS-Analyse positiv ausfällt, werden Sie aber vor dem Staat Massachusetts nicht so dastehen.«

»Ich dachte, Sie sollten mich verteidigen. Und mir nicht nur erklären, was eventuell passieren könnte. Wenn Sie diesen publicityträchtigen Fall nicht übernehmen wollen, kann ich mir jederzeit einen anderen Anwalt nehmen.«

Ein resigniertes Zucken der gepolsterten silbergrauen Schultern. »Also nicht schuldig, hm?«

»Ich war nie die Schuldige. Gewiß nicht so schuldig wie die, die ich ermordet haben soll. Außerdem ist mir ziemlich egal, wie das Gericht entscheidet.«

»Na, Gott sei Dank«, sagte Hugo Myers mit einer Stimme, so trocken wie Zunder. »Wenn Sie nämlich auf nicht schuldig plädieren, sind Ihre Chancen freizukommen ungefähr so hoch wie die, zum Präsidenten gewählt zu werden.«

❖ ❖ ❖

**IT-Abteilung. GENIUS-Hauptquartier.**
**Eine Woche später.**

Warum konnte eigentlich nie etwas einfach gehen? dachte Jasmine eine Woche später, während sie nach der Diet Coke auf ihrem Schreibtisch langte. Sie drückte sich die eiskalte Dose an die Stirn. Ihr waren die Ideen ausgegangen. Egal, was sie anstellte, sie konnte in der einen Minute, die sie zur Verfügung hatte, nicht mehr Daten aus dem Schwarzen Loch herausholen als die Karteinummer und einen kleinen Teil des Genoms.

In den drei Wochen seit Marias Verhaftung hatte sie alle Hände voll damit zu tun gehabt, ihre Aussage zu Protokoll zu geben und sich das Fernsehen vom Leib zu halten. Dabei war ihr Larry eine große Hilfe gewesen. Was unerwünschten Ruhm und lästiges Medieninteresse anging, kamen ihm seine Kontakte als Filmproduzent sehr zugute. Er hatte einen seiner PR-Spezialisten aus Hollywood als ihren und Toms Pressesprecher angeheuert, damit er das gesamte Medieninteresse an der »dramatischen Rettung Dr. Tom Carters« und der »Festnahme des gefürchteten Predigers durch zwei Nobelpreisträger« abschmetterte. Nachdem ihr also auf diesem Weg Luft vor den Medien verschafft worden war, fand sie auch endlich wieder Zeit, um über die jüngsten Entwicklungen nachdenken zu können.

Einmal abgesehen von der Geschichte mit dem Prediger, ging Jasmine die ganze Zeit ein Gedanke nicht aus dem Kopf. Nachdem sie mittlerweile jede DNS-Datenbank, die es auf der Welt gab, nach passenden Gegenstücken durchsucht hatte, gab es, einschließlich des vor kurzem verstorbenen Al Puyiana mit Sicherheit *zwei* Personen mit identischem Ergbut. Das waren zwei von fünfhundert Millionen Menschen. Hieß das, es gab auf der ganzen Welt, ausgehend von einer Gesamtbevölkerung von etwa viereinhalb Milliarden, insgesamt neunzehn Menschen mit den gleichen Genen wie der Messias sie gehabt hatte? Die wenigen Auserwählten waren also zwar extrem rar, ein verschwindend geringer Prozentsatz, aber schwerlich einzigartig. Welcher von ihnen war dann der *richtige* Messias, wenn es überhaupt einer von ihnen war?

Jasmine hatte schwere Glaubenskämpfe durchgestanden. Am Ende sagte sie sich, Christi Einzigartigkeit sei spiritueller Natur gewesen und er habe diese drei Gene lediglich zufällig besessen. Sie wußte, daß sie das Problem damit elegant umging, aber sie war dieser Frage ja auch ganz bewußt ausgewichen, indem sie sich voll in ihre Arbeit gestürzt und versucht hatte, die Identität des Gegenstücks aus dem Schwarzen Loch zu lüften.

Sie sah auf den Bildschirm vor sich. Inzwischen war es ihr zwar noch mehrmals gelungen, in das Schwarze Loch einzudringen und sich Zugang zu Datei Nr. 6699784 zu verschaffen, aber die sechzig Sekunden, die ihr das PREDATOR-System ließ, hatten nicht genügt, um das ganze Genom herauszuholen. Sie hatte versucht, andere Abschnitte der Sequenz zu stehlen, aber bei jedem neuen Anlauf hatte sie immer nur Zugang zu der Sequenz erhalten, die sie bereits besaß. Auf gar keinen Fall hatte sie genug von dem Genom, um das Aussehen des Gegenstücks zu rekonstruieren, und ohne die Geschlechtschromosomen konnte sie nicht einmal bestimmen, ob es sich um einen Mann oder eine Frau handelte.

Sie öffnete die Dose und nahm einen Schluck. Abwesend tippte sie auf ein paar Tasten und rief IGOR auf. Sie hatte sich die letzten Eintragungen, die Big Mother dort vorgenommen hatte, schon mindestens eine Woche lang nicht mehr angesehen. Ohne sich viel dabei zu denken, klickte sie das Symbol an, das die Nazareth-Gene enthielt, und setzte es in das IGOR UPDATE-Fenster ein, um dann auf dem Bildschirm den Befehl *»Passende Sequenz suchen«* anzuklicken. Erst im letzten Moment merkte sie, daß sie gar nicht das Symbol mit den Nazareth-Genen importiert hatte, sondern das Icon mit der unvollständigen Sequenz Nr. 6699784.

»Mein Gott.« Sie war sogar noch müder von dem Bildschirm, als sie gedacht hatte. Sie bewegte die Maus, aber bevor sie das

Symbol für »*Rückgängig machen*« anklicken konnte, leuchtete plötzlich »*Gegenstück gefunden*« auf dem Monitor auf.

»Was?« Das konnte doch gar nicht möglich sein. Nr. 6699784 war vor Wochen, Monaten, vielleicht sogar Jahren analysiert worden. Dagegen handelte es sich bei den neuesten IGOR-Eintragungen um Analysen, die in den letzten paar Tagen vorgenommen worden waren. Entsetzt wurde ihr klar, was möglicherweise passiert war. Sie klickte sofort das Symbol mit den Nazareth-Genen an und setzte es in das IGOR UPDATE-Fenster ein. Sie überkreuzte die Finger und sah auf den Bildschirm.

Und wartete.

Wieder leuchtete »*Gegenstück gefunden*« auf.

Rasch wählte sie das identische Genom aus und öffnete es. Wenige Sekunden später erschienen drei Fotos mit dem Gesicht der betreffenden Person auf dem Bildschirm; linkes Profil, Vorderansicht und rechtes Profil. Unter den Fotos standen ein Name und verschiedenen Personalangaben. Der Titelzeile am oberen Bildschirmrand war zu entnehmen, daß es sich um dieselbe Person handelte, die sie im Schwarzen Loch aufgespürt hatte. Aber sie nahm von all dem kaum Notiz, als sie auf das Gesicht vor sich starrte, ein Gesicht, das sie nur zu gut kannte.

❖ ❖ ❖

Drüben im Kliniktrakt wußte Tom nicht, ob er froh oder deprimiert sein sollte. Heute morgen würde Hank Polanski die Klinik verlassen, um das Ende seiner erstaunlichen Heilung zu Hause abzuwarten. Tom entging nicht, daß die anderen sechs Patienten aus dem Erfolg neuen Mut schöpften. Er hätte sich nur gewünscht, einer von ihnen, der Neuzugang, wäre nicht Holly gewesen.

Hank Polanski ging von einem Patienten zum anderen, um sich zu verabschieden und ihnen alles Gute zu wünschen. Er schien sich schmerzlich bewußt zu sein, wie glücklich er sich schätzen konnte, aus diesem exklusiven Club ausscheiden zu dürfen und nicht bis an sein Lebensende Mitglied bleiben zu müssen.

»Dann mach's mal gut, Holly«, sagte Hank Polanski, als er zu ihrem Bett kam. Sie wirkte blaß, und von der ersten Strahlentherapie war ihr bereits der größte Teil ihrer blonden Haare ausgegangen. »Du wirst bald wieder okay sein.«

»Tschüß, Hank.« Holly lächelte tapfer und klatschte mit der Handfläche gegen seine.

»Und wenn ich mal mit meinen alten Doom-Spielen nicht mehr weiterkomme, weiß ich in Zukunft, an wen ich mich wenden kann«, sagte der Fünfundzwanzigjährige mit einem breiten Grinsen.

»Aber klar«, erwiderte Holly und versuchte ihr erschöpftes Lächeln zu halten.

Als Hank Polanski schließlich zu Tom kam, hatte er Tränen in den Augen. Der junge Mann wollte etwas sagen, überlegte es sich dann aber anders. Er ergriff nur Toms Hand und schüttelte sie kräftig. »Danke, Doc. Danke für alles.«

Tom klopfte ihm lächelnd auf die Schulter. »Dafür bin ich doch da, Hank. Es ist mir ein Vergnügen, ein echtes Vergnügen, Sie wieder gesund und munter zu sehen.« Das kam von Herzen. Während Hank Polanski und seine Mutter die Station verließen, um mit einem Leben fortzufahren, das sie bereits verloren geglaubt hatten, wandte Tom seine Aufmerksamkeit wieder Holly zu.

Karl Lambert, der zu GENIUS abgestellte NIH-Neurochirurg, hatte zu einem sofortigen Lasereingriff geraten, aber die Gehirnuntersuchung hatte ergeben, daß Hollys Tumor in einem besonders schwer zugänglichen Bereich lag. Ein winziger Ausrutscher mit dem Laser und eine Lähmung oder Schlimmeres konnte die Folge sein. Daher hatte sich Tom dafür entschieden, vorerst nur zu versuchen, das Wachstum des Tumors zu verlangsamen, um auf diese Weise Zeit zu gewinnen, bis Jasmine das Gegenstück identifizierte und die Arbeit an Projekt Kana fortgesetzt werden konnte. Diese Verzögerungstaktik erforderte eine Strahlenbehandlung und eine medikamentöse Therapie.

Doch selbst wenn diese griffen, konnten sie den Krankheitsverlauf bestenfalls verlangsamen. Irgendwann müßte er auf jeden Fall operieren. Aber wenigstens gewann er dadurch Zeit, um weiter mit Kana sein Glück zu versuchen.

Er trat hinter die Abschirmwände und setzte sich zu ihr aufs Bett. »Wie geht's, Holly?«

Das tapfere Lächeln, das sie für Hank Polanski aufgesetzt hatte, verflog, und statt dessen traten ihr Tränen in die Augen. »Warum kann ich nicht auch wie Hank nach Hause, Papi?«

Tom spürte, wie sich sein Herz zusammenkrampfte. Holly hatte extrem schlecht auf die Strahlentherapie reagiert. Ihr war sehr übel davon geworden. Und es gab sonst keine Kinder auf der Station, die ihr Gesellschaft hätten leisten können. Nun war auch noch der muntere Hank Polanski weg.

»Bei Hank hat es auch einige Zeit gedauert, bis er wieder gesund geworden ist, Holly«, tröstete er sie. »Und dich müssen wir auf jeden Fall noch zur Beobachtung hier behalten. Außerdem wollen wir doch dafür sorgen, daß du die richtige Behandlung kriegst.«

»Aber ich finde es schrecklich hier.« Ihre hellbraunen Augen wirkten verletzt und enttäuscht, und über ihre Wangen rollten dicke Tränen. »Wenn Mami noch hier wäre, dürfte ich bestimmt nach Hause.« Hollys schmale Schultern wurden von heftigem Schluchzen geschüttelt, als sie ihr Gesicht im Kopfkissen vergrub und schrie: »Ich will wieder gesund werden. Ich hasse krank sein. Ich hasse, hasse, hasse es.«

Tom beugte sich vor und streichelte ihren Nacken. So blieb er schweigend sitzen, bis ihr Schluchzen langsam nachließ und ihr Atem wieder regelmäßiger ging. Dann beugte er sich über sie und küßte sie auf die Wange. »Holly, es wird dir bald wieder besser gehen. Die Tabletten, die dir die Schwester vorhin gegeben hat, müssen jeden Augenblick zu wirken beginnen.«

Er stand auf, sagte Holly, er werde bald wiederkommen, und

ging in Richtung Foyer. Bevor er jedoch die Tür erreichte, kam Jasmine mit hochrotem Gesicht und einem Computerausdruck in der Hand in die Station gestürzt.

Sie packte Tom am Arm und zog ihn durch die immer noch hin und her schwingende Tür in das leere Wartezimmer. Sobald sie dort allein waren, drückte sie ihm den zusammengefalteten Ausdruck in die Hand und zischte: »Ich weiß jetzt, wer unser Gegenstück ist.«

»Was? Das ist ja großartig!«

»Sieh dir lieber erst mal das da an.«

Hastig faltete er das Blatt Papier auseinander. Als er das Gesicht darauf sah, weiteten sich seine Augen.

Jasmine murmelte sarkastisch: »Dein Freund Ezekiel wird aus allen Wolken fallen, oder?«

Tom sagte nichts. Ihm fehlten die Worte. Er war so erschrocken, daß er nur fassungslos auf das Papier starrte.

# 23 GENIUS-Hauptquartier.

Als die Limousine auf das GENIUS-Gelände fuhr, drehte Ezekiel De La Croix an dem Rubinring an seinem Finger. Er empfand eine ungute Mischung aus freudiger Erwartung und nervöser Besorgnis. Würden seine Gebete zu guter Letzt doch noch erhört werden?

Die Pyramide aus getöntem Glas mißfiel ihm, sobald er sie sah. Sie war all das, was die Höhle des Heiligen Lichts nicht war: aufdringlich, modern, hell und anmaßend. Sie unternahm nicht einmal ansatzweise einen Versuch, sich in ihre natürliche Umgebung einzufügen. Im Gegensatz zur Höhle der Bruderschaft, die im Lauf von Jahrhunderten aus einem vorhandenen Raum geschaffen worden war, war dieses Gebilde einfach auf den grünen Rasen des GENIUS-Geländes geklatscht worden,

Ausdruck des von Unsicherheit zeugenden und vergeblichen Wunsches des Wissenschaftlers, Gottes Schöpfung zu beherrschen.

De La Croix hatte nicht hierherkommen wollen, und die ungewöhnliche Bitte Dr. Carters, ihm eines seiner Haare zur Verfügung zu stellen, hatte ebenfalls nicht dazu beigetragen, seine Bedenken zu zerstreuen. Aber der Wissenschaftler hatte sich geweigert, ihm am Telefon irgendwelche Einzelheiten über das Gegenstück zu nennen, so daß er gezwungen gewesen war, ihm diesen Besuch abzustatten. »Es ist besser, wir besprechen das unter vier Augen«, hatte ihm Dr. Carter vor zwei Tagen gesagt. »Wenn Sie herkommen, werden Sie auch sicher verstehen, warum.«

Er hatte nicht nur kein gutes Gefühl, den heidnischen Tempel seines Feindes zu betreten, sondern ihn beschlich auch der Verdacht, es könnte sich um eine Falle handeln. Falls Maria ihn und die Bruderschaft verraten hatte, konnten ihn die Behörden am besten festnehmen, wenn sie ihn mit Dr. Carters Hilfe auf amerikanischen Boden lockten. Als er diesen Verdacht im Inneren Kreis geäußert hatte, war er jedoch als höchst unwahrscheinlich abgetan worden. Wären sie wirklich verraten worden, hätten die Behörden längst die Höhle durchsucht. Dennoch hatte er sich von Bruder Helix eine kurze Einführung in die wissenschaftlichen Hintergründe des Problems geben lassen und war vorsichtshalber allein nach Boston gereist. Sollte es doch eine Falle sein, würde sie nur ihm zum Verhängnis, und Bruder Helix könnte zusammen mit Bruder Bernhard die Geschicke der Bruderschaft leiten.

Als die Limousine, die ihn am Logan Airport abgeholt hatte, vor dem Haupteingang hielt, wartete Dr. Carter bereits auf der gekiesten Auffahrt. Neben ihm stand eine junge Schwarze mit einem feingeschnittenen Gesicht und einer Afrofrisur. Das war vermutlich Dr. Washington.

Als er ausstieg, wurde er von seinen Gastgebern kurz begrüßt und rasch in das Gebäude geführt. Es war ein Samstag, und in dem mit Marmor ausgekleideten Foyer herrschte Grabesstille. Trotz seiner Abneigung gegen das Äußere des Gebäudes konnte er nicht umhin, von der luftigen Eleganz seines Innern beeindruckt zu sein. Ganz besonders angetan hatte es ihm das zwei Meter hohe Hologramm mit der Doppelhelix aus vielfarbiger DNS, das sich in der Mitte des Foyers zur Spitze der kristallenen Pyramide emporschraubte. Die Schönheit seiner vielfältigen, irisierenden Farben stand in auffälligem Gegensatz zur weißen Reinheit der Heiligen Flamme. Als sie der gläserne Lift in die nächste Etage hochbrachte, war er erstaunt, wie hell und geräumig das Innere der Pyramide war.

Nachdem sie aus dem Lift gestiegen waren, kamen sie zu einer Glastür, in die *Mendel-Suite – Zutritt nur für Berechtigte* graviert war. Hier wurde er Bob Cooke und Nora Lutz vorgestellt. »Beide haben bei der Analyse der Nazareth-Gene mitgewirkt«, erklärte Dr. Carter. »Sie wollten Sie kennenlernen.«

»Sind Sie das ganze Kana-Team?« Ezekiel deutete auf die vier.

»Ja, ich wollte so wenige Mitarbeiter wie möglich in das Projekt einbeziehen.«

»Sehr vernünftig«, sagte Ezekiel mit einem beifälligen Nikken. Das würde später einiges einfacher machen, dachte er. »Wirklich sehr vernünftig.«

Darauf führten ihn der Wissenschaftler und seine Mitarbeiter durch die Tür in eine fremdartige Szenerie voller Glaskolben, fleckenlos weißer Laborbänke, summender Apparate, blinkender Lichter und warnender Botschaften:

*Vorsicht! Ansteckungsgefahr.*

*Achtung! 180 Grad. Wärmeschutzhandschuhe erforderlich.*

*Ethidiumbromid – Hautkontakt vermeiden.*

Eine feindliche Umgebung, kalt und unnatürlich. Eine schöne, neue Welt, mit der er nichts zu tun haben wollte. Er war froh, als Dr. Carter ihn schließlich durch eine andere Tür führte, auf der »Francis-Crick-Konferenzsaal« stand. Hier fand er einen vertrauten Besprechungstisch und Stühle vor, eine Projektionsleinwand und ein eigenartiges Gerät, das wie ein mechanischer Schwan in einer Ecke stand. Davor lagen zwei runde schwarze Scheiben auf dem Boden.

Er nahm neben Bob Cooke Platz und bedankte sich für den Kaffee, den Dr. Washington vor ihn hinstellte.

»Zuallererst, vielen Dank für Ihr Kommen, Mr. De La Croix«, begann Dr. Carter. »Sie werden gleich verstehen, warum ich Sie um ein Haar gebeten habe. Aber zuerst wollen wir Ihnen vorführen, was wir herausgefunden haben.« An diesem Punkt übernahm Dr. Washington und erläuterte ihm während der nächsten halben Stunde, wie das schwanenähnliche Genescope funktionierte.

Ezekiel hörte aufmerksam zu. Einen Großteil der grundlegenden Dinge hatte ihm bereits Bruder Helix erklärt, aber irgendwie war es doch überzeugender, es hier zu hören, in diesem hellen, sterilen Raum, im Schatten des seltsamen Schwans. Er war entsetzt über die Macht dieser Leute.

Als Dr. Washington endete, sagte er nichts, sondern beobachtete nur staunend, wie das Bild eines dreißigjährigen Mannes vor ihm erschien. Zuerst wunderte er sich nur, wie es möglich war, ein scheinbar körperliches, dreidimensionales Bild in der Luft entstehen zu lassen, doch dann stellte er erschrocken fest, daß der junge Mann mit der kleinen, drahtigen Gestalt er selbst vor sechzig Jahren war. Nicht ohne einen Anflug von Traurigkeit betrachtete er den Geist seines jüngeren Ich. Eines Mannes, den er vor Jahren gekannt hatte, der aber schon lange nicht mehr existierte.

»Das Hologramm zeigt die betreffende Person in dem Alter«, führte Dr. Washington aus, »in dem die Zelle ihrem Körper entnommen wurde. Allerdings ist DAN in der Lage, alle Daten so zu extrapolieren, daß die Person in jedem beliebigen Alter abgebildet werden kann. Hier wurde das Gerät auf etwas über dreißig Jahre eingestellt.«

»Das ist ja unglaublich«, sagte Ezekiel ruhig. Er gelangte mehr denn je zu der Überzeugung, daß Carter gefährlich war. »Wirklich unglaublich.«

Darauf erklärte ihm Carter, daß das Genescope in der DNS aus dem Zahn von Jesus drei neue Gene entdeckt hatte, und beschrieb die Eigenschaften der Gene *nazareth 1* und *nazareth 2* und des in seiner Wirkung scheinbar undurchschaubaren dritten Gens. Im Anschluß daran erläuterte Carter, weshalb er aufgrund der Schwierigkeiten bei der Aufschlüsselung der Wirkweise dieser Gene inzwischen ebenfalls versuchte, einen Menschen zu finden, der die gleichen Gene hatte wie der Messias. Doch bevor Ezekiel hier nachhaken konnte, erschien auf der anderen runden Scheibe eine zweite Gestalt. Sie war größer als sein Hologramm und hatte langes braunes Haar und ein schmales, intelligentes Gesicht. Aus ihren braunen Augen sprach eine Weisheit, die ihn zutiefst berührte.

Dr. Carter sagte: »Das ist Jesus Christus im Alter von etwas über dreißig Jahren; also etwa im gleichen Alter wie Ihr Hologramm. In dem Alter, in dem er angeblich gekreuzigt wurde.«

Einen Moment lang saß Ezekiel De La Croix in sprachlosem Schweigen da und wußte nicht, was er empfinden sollte. Abscheu, daß dieser Atheist das Bild des Herrn rekonstruiert hatte? Oder Freude, daß er nach dem Gründer der einzige Führer der Bruderschaft war, der das Antlitz des ersten Messias gesehen hatte? »Das können Sie doch nicht bloß mit Hilfe des Pulvers aus seinem Zahn gemacht haben«, sagte er schließlich.

»Doch«, antwortete Carter leise. »Genau so, wie wir es mit Ihrem Haar gemacht haben.«

Die Tatsache, *daß* er sehen konnte, was er sah, verblüffte Ezekiel fast ebensosehr wie das, *was* er sah. Carter hatte es geschafft, der Sonne noch näher zu kommen als Dädalus. Er machte sich an der Essenz Gottes selbst zu schaffen. Obwohl aus Carters Verhalten ehrfürchtige Zurückhaltung sprach, haßte ihn Ezekiel in diesem Moment. Auf einmal verstand er, warum Maria so unnachgiebig gewesen war in ihrem Wunsch, dem maßlosen Treiben dieses Mannes Einhalt zu gebieten. Carter hatte nicht nur eine der verbotenen Früchte vom Baum der

Erkenntnis gepflückt, er hatte gleich alle Äpfel von seinen Zweigen genommen.

Trotz dieses Gedankens verzog De La Croix keine Miene und konzentrierte sich ganz auf den Grund seines Hierseins. »Was ist mit dem Gegenstück? Sie haben gesagt, Sie hätten eines gefunden.«

In dem kurzen Schweigen, das darauf eintrat, tauschten Dr. Washington und Carter besorgte Blicke aus, bevor der Wissenschaftler sagte: »Wir haben eine lebende Person mit den gleichen Genen gefunden. Nur gibt es da ein Problem.«

Der Ton, in dem Carter das sagte, überraschte ihn. »Ein Problem? Wie meinen Sie das? Können Sie ihn nicht finden?«

»Nein, wir wissen ganz genau, wo die Person ist«, erwiderte Carter. »Aber die Sache hat trotzdem einen Haken.«

»Vielleicht lassen Sie mich Ihnen dazu vorher noch ein paar Dinge erklären«, schaltete sich an dieser Stelle Jasmine Washington ein und rutschte mit ihrem Stuhl näher an das schwarze Mikrophon am Tischende. »Ich habe das Gegenstück in der DNS-Datenbank von Interpol gefunden. Das ist eine Datenbank mit Standort in Paris. Sie enthält an sich nicht so ungeheuer viele Daten, sondern fungiert mehr als Verteiler für die ihr weltweit angegliederten Datenbanken. Scotland Yard, das FBI und alle anderen größeren internationalen Fahndungsbehörden sind daran angeschlossen. Ihr Inhalt ist streng geheim und sehr gut geschützt, denn wenn man sich einmal im Innern der Datenbank befindet, hat man Zugriff auf jede Person, über die irgendwo auf der Welt eine Polizeiakte existiert.

Aus Sicherheitsgründen sind deshalb sämtliche in diesem System gespeicherten Genome nur durch eine Karteinummer gekennzeichnet. An sich habe ich das Gegenstück schon vor drei Wochen gefunden, aber ich konnte den Namen, der zu dieser Karteinummer gehört, nicht herausbekommen. Doch dann wurde letzte Woche die DNS dieser Person noch einmal analysiert. Und diesmal wurde das Ergebnis nicht nur an die Pariser Datenbank, sondern auch an IGOR weitergeleitet, weil ich unserem Zentralrechner Anweisung erteilt hatte, jede DNS-Analyse, die mit einem unserer Lizenz-Genescopes durchgeführt wird, in IGOR zu speichern.«

»Dann haben Sie also das Gegenstück«, sagte Ezekiel stirnrunzelnd. »Und wo liegt nun das Problem?«

»Das Problem hängt damit zusammen, was für Erwartungen Sie haben.«

»Wie meinen Sie das?«

»Bei den Personen, die in dieser Datenbank gespeichert sind, handelt es sich ausnahmslos um mutmaßliche oder verurteilte Verbrecher.«

Stille.

Einen Augenblick lang war Ezekiel wie betäubt, doch je mehr er darüber nachdachte, desto einleuchtender erschien es ihm. War Christus nicht auch verhaftet worden? War der erste Messias etwa nicht wie ein Schwerverbrecher hingerichtet, gekreuzigt worden?

»Der erste Messias wurde ebenfalls als Verbrecher hingestellt«, sagte er, »und doch war er ein rechtschaffener Mensch.«

Jasmine Washington räusperte sich und forderte den Computer über das Mikrophon auf: »Personalangaben bitte!«

Inzwischen ging Ezekiels Atem wieder ruhiger, aber sein Magengeschwür schmerzte noch immer. Er setzte sich zurück und beobachtete, wie auf dem Monitor langsam ein Bild erschien.

»Das ist unser Gegenstück«, sagte Jasmine Washington ruhig.

»Nein!« hörte sich Ezekiel hervorstoßen, als das Gesicht schließlich deutlich zu erkennen war. Er hatte nur einen Gedanken, als er auf den vergrößerten Zeitungsausschnitt starrte, der auf dem Bildschirm erschien: Es mußte sich um einen schrecklichen Irrtum handeln. Das war nicht möglich. Die Säure in seinem Magen wallte so heftig auf, daß er nach seinen weißen Pillen griff.

»Ich weiß, es ist ein ziemlicher Schock«, sagte Dr. Carter rasch. »Und ich bin nicht minder entsetzt darüber als Sie. Aber die Gene stimmen total überein, und sie stellen im Moment unsere einzige Möglichkeit dar, eine wirksame Therapie zu entwickeln. Wir haben vor, uns Blutproben zu beschaffen, sie zu untersuchen und dann zu versuchen, aus den Genen ein Serum zu entwickeln. Des weiteren werden wir uns um eine Genehmigung bemühen, die Person gründlich untersuchen zu dürfen, um vielleicht so feststellen zu können, wie diese Gene in einem lebenden Organismus wirken. Selbstverständlich werden wir Sie über alles, was wir dabei herausfinden, auf dem laufenden halten. Aber ich hoffe, Sie verstehen jetzt, warum ich es für nötig hielt, Sie hierher zu bitten und Ihnen das Gegenstück persönlich zu präsentieren.«

Ezekiel war nur zu einem schwachen Nicken imstande. Er verstand es besser, als Dr. Carter ahnen konnte. Er spürte, daß ihn der Wissenschaftler ansah, aber er konnte, er wagte nicht, ihm in die Augen zu sehen. Statt dessen hielt er den Blick weiter auf den Bildschirm gerichtet, wie hypnotisiert von dem eingescannten Zeitungsausschnitt aus der gestrigen Ausgabe des »Boston Globe«. Die dicke Schlagzeile lautete: »HÄLT DER PREDIGER SEINE LETZTE PREDIGT?« Und darunter, in kleineren Lettern: *»Todesurteil inzwischen unausweichlich.«* Darunter war ein grobkörniges Foto einer großen, kräftig gebauten Frau, die in ein Polizeiauto geschoben wurde. Ihre intensiven Augen blickten direkt in die Kamera, der einst kahlrasierte Schädel war von flaumigen Stoppeln bedeckt.

Ezekiel fühlte sich plötzlich an seinen Pontius-Pilatus-Alptraum erinnert, in dem er tatenlos mit ansah, wie der Messias, dessen Rettung er sein Leben gewidmet hatte, hingerichtet wurde. Und ein heftiger Schauder durchlief seinen müden, alten Körper.

❖ ❖ ❖

**Oberster Gerichtshof von Massachusetts.**
**Drei Tage später.**

»Möchte sich die Angeklagte bitte zur Urteilsverkündung erheben«, sagte Richterin Sancha Hernandez und wandte sich von den Geschworenen ab und Maria Benariac zu. Maria mochte die Richterin nicht. Sie erinnerte sie an die Kröte aus dem korsischen Waisenheim. Wie Mutter Clemenza war Richterin Hernandez eine dickbusige Matrone mit einer tiefen Stimme und einer großen Brille. Und wie die Oberin hatte die Richterin harte, kalte Augen, die sich jetzt tief in die ihren bohrten.

Richterin Hernandez hatte hartnäckig jeden von Hugo Myers' Versuchen unterbunden, das Verfahren dazu zu nutzen, der Verschwörungstheorie nachzugehen, Maria stünde im Sold einer Regierungsbehörde. Die Medien mochten ihm die Version von der in den Diensten der CIA stehenden Killerin vielleicht abgekauft – und dann ihrerseits weiterverkauft – haben, aber nicht Richterin Hernandez. Und sie hatte auch dafür zu sorgen gewußt, daß sie ihm die Geschworenen nicht abkauften. Sie hatte sich strikt auf den Kernpunkt des Verfahrens konzentriert, und es war kein Tag vergangen, an dem sie nicht mit selbstgerechtem Eifer ihre Meinung dazu kundgetan hatte:

»In diesem Verfahren geht es darum festzustellen, ob die Angeklagte der zweiundvierzig Morde auf amerikanischem Boden schuldig ist oder nicht. Unsere Aufgabe ist es hier *nicht*, Spekulationen darüber anzustellen, was, wenn es denn tatsächlich so gewesen sein sollte, die Beweggründe derer gewesen sein könnten, die die Angeklagte *unter Umständen* für besagte Morde bezahlt haben. Das ist Thema eines anderen Ermittlungs- und Gerichtsverfahrens. Ist das *klar*?«

Schon bald hatte es keinen Zweifel mehr gegeben, daß die Richterin dem Staatsanwalt die Arbeit nicht nur erleichtert, sondern sie praktisch überflüssig gemacht hatte. Wie Hugo

Myers Maria gewarnt hatte, war die Beweislast erdrückend. Die Übereinstimmung mit der DNS, die an den Rosen in Fontanas Wohnung gefunden worden war, war unwiderlegbar. Und die Verbindung zu den anderen Morden in den Vereinigten Staaten hatten neben den verräterischen, mit dem Blut der Opfer geschriebenen Bibelzitaten die Waffen und die Akten in ihrer Wohnung hergestellt. Aber was endgültig den Ausschlag gegeben hatte, waren die Ermordung der GENIUS-Wachmänner und die Aussagen Dr. Carters und Dr. Washingtons gewesen. Das Plädoyer der Anklage war mehr oder weniger überflüssig. Dem exzellenten, aber auf verlorenem Posten stehenden Hugo Myers die harten Fakten zu präsentieren hatte genügt, um sie verurteilen zu können.

Als Maria den kleinen, asiatisch aussehenden Mann mit einem Blatt Papier in den Händen nervös vor seine Mitgeschworenen treten sah, wußte sie bereits, wie das Urteil ausfallen würde.

»Im Anklagepunkt des Mordes ersten Grades an Sly Fontana befinden die Geschworenen Maria Benariac ... *Schuldig im Sinne der Anklage*«, verkündete der Sprecher der Geschworenen und sprach damit die Worte in Marias Kopf nach. Und dann, wie eine Ahnengalerie des Bösen, wurden der Reihe nach die Namen der anderen Opfer verlesen: Helmut Kroger, der Waffenhändler; Santino Luca, der Mafiaboß; Bobby Dooley, der korrupte Fernsehprediger. Und jedesmal schloß der Sprecher der Geschworenen mit den gleichen fünf Worten ... *Schuldig im Sinne der Anklage*.

Als der Sprecher bei Olivia Carters Name anlangte, drehte sich Maria nach den Zuschauerbänken um und suchte den Blick des Wissenschaftlers. Carter saß zwischen seinem Partner Jack Nichols und Dr. Washington. Sie waren bisher nur einmal im Gerichtssaal gewesen, um als Zeugen auszusagen. Da sie erwartete, Dr. Carter würde nun triumphieren, lächelte sie ihn herausfordernd an, doch zu ihrer Überraschung war sein Gesicht müde und eingefallen, seine blauen Augen stumpf. Eigenartig, daß er ausgerechnet jetzt, wo sie zum Tod verurteilt werden sollte, wie der Unterlegene aussah. Als sie ihm dagegen die Waffe an den Kopf gehalten hatte, war er stark und ungebrochen gewesen.

Als das Urteil verkündet wurde, ging die plötzlich aufkeimende Erregung wie ein Lauffeuer durch die Reihen der Reporter und Zuschauer, um sich aber ebenso schnell wieder zu legen. Dieses Urteil war keine Überraschung. Professionell bis zum bitteren Ende, legte Hugo Myers seiner Mandantin in einer ermutigenden Geste die Hand auf die Schulter, als hätte er je eine Chance gehabt. Doch Maria schenkte ihm keine Beachtung und wandte sich laut an die Richterin und die Geschworenen: »Vor Gott bin ich unschuldig.«

Durch die Reihen der Zuschauer ging erneut ein aufgeregtes Raunen, bevor ihnen die Richterin mit ihrem Hammer Schweigen gebot und mit der Verkündung von Marias Strafe fortfuhr.

Maria bekam nicht alles von Richterin Hernandez' langer Rede mit; was jedoch hängenblieb, waren Schlagworte wie *sadistische Mörderin, Gefahr für die Gesellschaft, Exempel statuieren, Verbrechen 2000, Todesstrafe*. Das einzige Detail, das sie bewußt registrierte, war der Termin. Myers hatte ihr erklärt, daß die Verbrechen-2000-Initiative mit den kostspieligen und »unmenschlichen« Aufschubsgesuchen Schluß gemacht hatte, da diese zur Folge gehabt hatten, daß ein Verurteilter oft bis zu zehn und zwanzig Jahren in der Todeszelle hatte verbringen müssen. Trotzdem hoffte sie, ihre Hinrichtung würde nicht zu früh erfolgen. Schließlich mußte sie nach wie vor Gottes Willen in die Tat umsetzen. Sie mußte Carter und sein Projekt Kana stoppen.

Als die Richterin den Hinrichtungstermin bekanntgab, brauchte Maria einen Moment, um zu begreifen, wie wenig Zeit ihr noch blieb. Und als die zwei Wachbeamten auf sie zukamen, um sie in ihre Zelle zurückzubringen, blickte sie sich noch einmal nach Carter um.

Mit einem herausfordernden Grinsen hob sie ihre mit Handschellen aneinandergeketteten Arme und deutete auf ihn. »Diejenigen, die Seiner Rache entgangen sind, haben das Unausweichliche nur aufgeschoben«, übertönte sie den Lärm im Saal. »Denn ihr Urteil wurde bereits von einem höheren Gericht als diesem gefällt.« Er sollte wissen, daß es noch keineswegs vorbei war, daß sie immer noch hinter ihm her war. Doch zu ihrer Verwunderung verzog Dr. Carter keine Miene. Kein Triumph, keine Angst, keine Wut, nichts. Das verstand sie nicht. Er hatte doch gerade gehört, wie die Mörderin seiner Frau zum Tode verurteilt worden war und in weniger als vier Wochen hingerichtet werden sollte. Trotzdem sah er sie, ohne eine Spur von Genugtuung, mit versteinerter Miene an.

In diesem Moment, dachte Maria, sah er mehr wie ein Verurteilter aus als sie.

❖ ❖ ❖

Tom hielt den Blick unverwandt auf Marias stoppeligen Kopf gerichtet, als sie abgeführt wurde. Während rings um ihn alle aufstanden und gingen, blieb er, ohne sich durch den Lärm und die Hektik stören zu lassen, auf dem harten Holzstuhl in der zweiten Reihe der Zuschauergalerie sitzen und dachte nach.

Schon die ganze letzte Woche, seit Jasmine herausgefunden hatte, wer das Gegenstück war, hatte Tom verzweifelt versucht, einen Sinn hinter all dem zu entdecken. Und als er sich nun erneut darüber den Kopf zerbrach, sah er sich wieder vor dieselben Fragen gestellt: *Wie um alles in der Welt soll ich mich damit abfinden, daß die Mörderin meiner Frau möglicherweise die Retterin meiner Tochter ist? Wo soll da der tiefere Sinn liegen? Warum konnte es nicht dieser Indianer oder sonst ein anständiger Mensch sein?*

Da hatten sie nun die ganze Welt nach einem Menschen abgesucht, der die drei seltensten Gene besaß, die es gab: Gene, die vor zweitausend Jahren in einem Mann aufgetreten waren, an dessen Rechtschaffenheit keinerlei Zweifel bestanden. Und nun waren diese Gene, die unzählige Menschenleben zu retten versprachen, nicht in einem Menschen von ähnlich visionärer Kraft und Größe gefunden worden, sondern in einer brutalen Mörderin.

Bisher hatte Tom die Lotterie der Natur immer als gegeben hingenommen, aber das war selbst für ihn zuviel. Das sah eher nach böser Absicht aus. Kein Wunder, daß der alte Ezekiel De La Croix so schockiert gewesen war. Er hatte sein ganzes Leben der Aufgabe gewidmet, den Neuen Messias zu finden, und nun entpuppte der sich als eine irre Fanatikerin, die glaubte, sie sei auf dieser Welt, um Menschen zu töten; nicht, um sie zu erlösen.

Was hatte Maria gleich wieder zu ihm gesagt, als sie überwältigt worden war? »Gott stellt uns alle auf die Probe.«

Er senkte den Kopf und sah auf die abgewetzten Stellen im Holzfußboden hinab. Es gelang ihm nicht, dem allem irgendwelche positiven Seiten abzugewinnen. Er hatte die Blutproben von Marias ärztlicher Untersuchung bekommen und sogar den ausführlichen Untersuchungsbericht gelesen, aber er hatte darin keine weiteren Hinweise auf ihre Gene gefunden. Und ohne ihre Hilfe würde er auch keine mehr finden.

Natürlich bestand immer noch die Aussicht, daß IGOR noch eine der achtzehn anderen Personen auf der Welt erfaßte, die alle drei Nazareth-Gene besaßen. Aber die Aussicht, daß das bereits in den nächsten paar Wochen geschehen würde, war verschwindend gering. Es gab keinen Zweifel: Maria war seine einzige Chance, Holly zu helfen.

»Komm, Tom«, sagte Jasmine leise und legte ihm die Hand auf die Schulter. »Damit wir der Presse aus dem Weg gehen können, hat Jack dafür gesorgt, daß wir den Ausgang durch die Amtszimmer nehmen können.«

Er stand auf und ließ sich von ihr durch den Saal führen. Und wieder dachte er an das mysteriöse, aber anscheinend unbrauchbare Serum, das er aus allen drei Nazareth-Genen entwickelt hatte, und an die Risiken der Hirnoperation, der sich

Holly unweigerlich unterziehen müßte. In seinem Mund breitete sich ein bitterer Geschmack aus. Abgesehen von der Möglichkeit, Maria zu bitten, seine Tochter zu heilen, waren das im Moment seine einzigen Optionen.

Als sie am Zeugenstuhl vorbeikamen, tauchte von links Jack auf.

»Tom, es ist noch keineswegs alles verloren.«

Er wandte sich seinem Freund zu und schüttelte den Kopf. »Ich weiß nicht, Jack.«

Ohne einen ablenkenden Hoffnungsschimmer schien die Zukunft wie ein offenes Buch vor ihm zu liegen. Das Projekt Kana war tot. Und der Tod wartete auch auf Holly.

# 24 GENIUS-Klinik.

Am 12. Mai, vier Tage nach Marias Verurteilung, verlor Holly plötzlich auf ihrer linken Körperseite jedes Gefühl. Der Anfall dauerte über zwei Stunden. Tom entging nicht, daß ihr das mehr angst machte als das Unwohlsein und die Schmerzen, die sie bisher hatte erdulden müssen. Obwohl die medikamentöse und die Strahlentherapie das Wachstum des Tumors verlangsamt hatten, wurde er immer noch mit beängstigender Schnelligkeit größer. Inzwischen war der Druck, den er auf ihr Gehirn ausübte, so groß, daß er bereits zu motorischen Störungen führte. Steroide dämmten zwar die Schwellung und die dadurch hervorgerufenen Anfälle ein, konnten aber dennoch nichts an der Tatsache ändern, daß sich die Auswirkungen des Tumors weiter verschlimmerten.

Er trat jetzt in das vierte und letzte Stadium der klonalen Entwicklung ein. Die wichtigen Gene auf Chromosom 9 waren inzwischen ebenso verlorengegangen wie eine komplette Kopie von Chromosom 10. Die Wachstumsrate war fast dreimal so schnell wie DANs optimistischste Schätzung von einem Jahr und befand sich eher in Einklang mit seiner pessimistischsten. Ursprünglich hatte Tom die düsterste Prognose ignoriert und sich gesagt, er würde schon eine Möglichkeit finden, ein Maximum an Zeit herauszuschinden. Doch wie es aussah, schien im Moment wirklich alles schiefzugehen.

Er kämpfte wieder einmal gegen seinen alten Feind, den Krebs, und wieder einmal unterlag er ihm. Nur diesmal war das Schlachtfeld seine Tochter. Seine erste Sorge mußte Hollys Wohlbefinden gelten, und zwar noch vor dem Kampf gegen ihre Krankhkeit. Die Behandlung, die sie jetzt von ihm bekam, machte sie schwach und krank. Und das, ohne ihr zu helfen.

Das Dilemma, vor das sich Tom, der Vater, und Tom, der Arzt, gestellt sahen, lief inzwischen auf eine erschreckend simple Entscheidung hinaus. Er mußte ihr entweder helfen, am Leben zu bleiben, oder helfen zu sterben. Und alles dazwischen vergessen.

❖ ❖ ❖

»Eine Wahnsinnsgraphik.« Jasmine saß neben Hollys Bett und sah auf den Computer im Schoß ihres Patenkinds. Die Kriegerkönigin wurde gerade von einem zweiköpfigen Troll gefressen. »Über den sechsten Level kommst du nicht hinaus, wie?«

Seit dem letzten Anfall waren zwei Tage vergangen, und Holly saß aufrecht in ihrem Bett und genoß einen ihrer seltenen guten Tage. »Ich schaffe es zwar, in die Burg reinzukommen und alle Orcs und den blauen Drachen zu töten. Aber wenn ich wieder rausgehe, erwischt mich jedes Mal der Troll oder die große Seeschlange im Burggraben. Jedes Mal.«

»Hast du schon alle Zaubertränke aus den Geheimverstekken geholt?«

»Ich glaube schon. Und die versteckten Waffen und die Zusatzrüstung auch. Aber ich muß unverwundbar werden. Und in der Burg gibt es keinen Zaubertrank.«

»Hast du schon überall nachgesehen?«

»Überall.«

»Und alles versucht?«

»Ja.«

Jasmine grinste. »Auch mit Mogeln?«

Holly hob resigniert die Schultern. »Das geht nicht. Es weiß doch jeder, daß Wrath of Zarg das einzige Computerspiel ohne Mogelcodes ist.«

»Du meinst wahrscheinlich, ohne *bekannte* Mogelcodes.« Jasmine wußte, daß jeder Spieleprogrammierer Abkürzungen einbaute, die einem zu unbegrenzter Feuerkraft oder Unverwundbarkeit oder neuen Leben verhalfen, wenn man eine bestimmte Tastenkombination drückte. Im Fall der meisten Spiele, wie Doom oder Dark Forces, hatten hartnäckige Spielefreaks diese Tastenkombinationen herausbekommen und im Internet weitergegeben. Aber Holly zufolge hatte es noch niemand geschafft, die Mogelcodes von The Wrath of Zarg herauszubekommen. »Rück doch mal zur Seite. Und gib mir den Laptop.«

Holly rutschte auf die Seite, und Jasmine setzte sich neben sie. Holly grinste, als sie ihr den Computer gab. »Meinst du, du kriegst sie raus?«

»Mhm. Ich bin zwar nicht die gute Fee aus dem Märchen, aber ich bin etwas, was dem ziemlich nahekommt: die gute Fee aus dem Cyberspace.«

Holly kicherte. »Was wetten wir, daß du sie in einer Stunde nicht findest?«

Razor Buzz' Finger huschten bereits über die Tastatur. »Hey, willst du mich vielleicht beleidigen? Wir reden hier von *Minuten*.«

Holly legte kurz den Kopf auf die Seite, als dächte sie nach. »Okay. Sagen wir, zehn Minuten? Wetten, daß du sie in zehn Minuten nicht findest?«

Jasmine hörte auf zu tippen. »Gut, worum wetten wir?«

Holly sah erst sie, dann den Bildschirm an und machte große Augen. »Du hast es schon?«

Mit einem bescheidenen Achselzucken gab ihr Jasmine den Laptop zurück. »Klar, war ja auch nicht weiter schwer. Für Unverwundbarkeit mußt du auf N*PAIN drücken. Versuch's mal.«

Holly gab den Code ein, und tatsächlich konnte der Troll der Kriegerkönigin nichts mehr anhaben. »Irre.« Drei Minuten später sah sie mit einem triumphierenden Grinsen auf. »Siebter Level. Wenn das Jennifer und Megan hören.«

Jasmine lachte. »Benutze es bloß nicht die ganze Zeit, sonst wird es schnell langweilig. Um es auszuschalten, mußt du nur auf Steuerung und P drücken. Okay?«

»Ja, vielen Dank, Jazz. Das ist echt super. Aber wie hast du das gemacht?«

Jasmine legte Holly die Hand auf die Schulter. »Irgendeinen Weg gibt es immer, Hol. Genau wie dein Vater immer zu mir gesagt hat. Und ab und zu immer noch sagt. Es ist zwar meistens nicht der naheliegendste oder populärste und manchmal nicht einmal der korrekte Weg. Aber wenn du etwas wirklich willst, gibt es immer einen Weg.«

Schwester Beth Lawrence kam aus dem Operationssaal. »Doktor Washington, könnten Sie kurz zu Doktor Carter kommen? Er ist im Untersuchungszimmer.«

»Sicher.« Sie stand auf und drückte Hollys Arm. »Viel Glück bei Level acht.«

❖ ❖ ❖

Als sie das Untersuchungszimmer betrat, sahen sich Tom und Dr. Karl Lambert auf dem Monitor vor ihnen eine Reihe von Computertomographien an. Lambert war ein Neurochirurg von den National Institutes of Health in Maryland. Er war zu GENIUS abgestellt worden, um den Ideenaustausch zu fördern und dafür zu sorgen, daß bei GENIUS keine Patienten für rein kommerzielle Zwecke mißbraucht wurden. Er war ein kleiner, rundlicher Mann mit einem freundlichen Gesicht, rotgelocktem Haar und intelligenten Augen. Jasmine wußte, Tom mochte und schätzte ihn, da sie beide an der Johns Hopkins University studiert hatten.

Karl Lambert deutete auf den gelben Schatten auf der farbigen Tomographie. »Ich finde nach wie vor, mit einer Operation haben wir noch am ehesten eine Chance.«

Tom schüttelte den Kopf. »Aber sieh doch mal, wo der Tumor ist, Karl. Ich würde mich nicht trauen, da ranzugehen. Du etwa? Das Risiko ist zu groß.«

»Ich weiß, aber so hätte sie wenigstens eine Chance.«

»Daß das Unvermeidliche hinausgeschoben wird?«

»Es würde ihre Schmerzen lindern, Tom.«

»Oder sie umbringen.« Tom ließ die Schultern hängen. »Aber wahrscheinlich hast du recht.«

Als sich Jasmine räusperte, sahen beide Männer von der Computertomographie von Hollys Gehirn auf. Tom wirkte blaß und ausgelaugt. Er versuchte verzweifelt herauszufinden, was für Holly das beste wäre, aber er wußte einfach nicht mehr weiter. »Hi, Jazz, danke, daß du gekommen bist. Ich wollte dich nur wegen Holly um Rat fragen.«

Lambert sah auf seine Uhr. »Ich muß euch beide jetzt leider allein lassen. In zehn Minuten habe ich eine Operation.« An der Tür drehte er sich noch mal um. »Ich halte nach wie vor eine Laseroperation für zwingend. Und je früher, desto besser.« Er lächelte Jasmine zu und ging.

»Und was willst du jetzt tun, Tom?« fragte sie.

Er ging im Raum auf und ab. »Ich weiß nicht. Du hast ja gehört, was Karl gesagt hat. Und er hat recht. Medikamentös und mit Strahlentherapie können wir nur das Wachstum bremsen und ihre Schmerzen lindern. Aber irgendwann muß der Tumor entfernt werden. Einfach nur, um den Druck auf ihr Gehirn zu verringern. Allerdings befindet er sich an einer so unzugänglichen Stelle, daß er praktisch inoperabel ist.«

»Was ist mit Kana? Dem Serum?«

»Kana kannst du vergessen. Das Serum wirkt nicht.«

Sie holte tief Luft. »Und was ist mit Maria Benariac? Dem Prediger?«

»Der Prediger?« entgegnete Tom steif. »Kommt überhaupt nicht in Frage.«

Seit Jasmine herausgefunden hatte, daß Maria Benariac die gesuchten Gene hatte, hatte sie mit Tom kein einziges Mal über sie gesprochen. Sie hatte immer noch ihre Schwierigkeiten damit, daß es auf der Welt möglicherweise neunzehn Menschen gab, die die gleichen Gene hatten wie der Messias, gar nicht zu reden davon, daß einer von ihnen ein kaltblütiger Mörder war. Und da es für Tom zu schmerzhaft gewesen war, über dieses Thema zu sprechen, hatten sie es einfach wie einen Todesfall in der Familie unausgesprochen im Raum stehen lassen. Inzwischen war diese Frage jedoch zu wichtig geworden, um sie weiter zu verdrängen, und nachdem er diese ganze Geschichte schon mal angefangen hatte, sollte er sich ihr vielleicht auch langsam stellen.

»Aber wenigstens versuchen könntest du es doch«, sagte sie.

»Sie hat Olivia umgebracht, Jazz.«

»Aber Holly könnte sie das Leben retten.«

Er schnaubte. »Ja klar.«

»Komm schon, Tom, du könntest eine Art Handel mit ihr machen.«

»Das kann doch nicht dein Ernst sein?«

»Und ob es das ist. Viel anderes wird dir ja wohl auch kaum übrigbleiben. Willst du denn nicht wenigstens herausfinden, ob diese Frau sie retten *könnte*?«

Er hob niedergeschlagen die Schultern.

Mit einem plötzlichen Anflug von Ärger sagte sie: »Es ist doch sonst nicht deine Art aufzugeben.«

»Ich gebe nicht auf. Ich bin nur realistisch und versuche herauszufinden, wie ich es Holly möglichst leicht machen kann.«

»*Quatsch!* Du selbst hast mal gesagt, realistisch sein und aufgeben ist das gleiche. Du warst dein ganzes Leben lang nie realistisch. Eher das Gegenteil. Jack ist realistisch. Bis zu einem gewissen Grad auch ich. Aber du bist immer schon losgeprescht und hast das Unmögliche versucht. Hör also nicht ausgerechnet jetzt damit auf!«

Tom sah sie gequält an. »Du verstehst das nicht, Jazz. Wie soll ich denn ...«

»Hör zu, du hast dieses Projekt Kana angefangen. Ich wollte nichts damit zu tun haben, weil ich Angst davor hatte, wohin das Ganze führen könnte. Aber ich habe dir vertraut und mich von dir zum Mitmachen überreden lassen, weil ich glaubte, damit Holly zu helfen, auch wenn dadurch so ziemlich alles auf den Kopf gestellt wurde, woran ich glaube. Schon die ganze Zeit, seit diese Geschichte läuft, versuche ich mit meinem Gewissen so etwas wie die Quadratur des Kreises, nur um nicht verrückt zu werden. Und jetzt kneifst du, bloß weil du plötzlich auf was gestoßen bist, was für *dich* schwer zu schlucken ist. Willkommen im Club der Zweifler und Ratlosen, mein Lieber. Und erzähl mir bloß nicht, ich würde das nicht verstehen. Dann geh doch zu deiner Tochter, und sag ihr das. Sag Holly, es ist dir *unangenehm*, Maria zu bitten, ihr zu helfen.« Sie holte tief Luft; in ihrem Kopf hatte sich alles zu drehen begonnen, so sehr hatte sie sich in ihre Tirade hineingesteigert. Sie stieß mit ihrem Zeigefinger nach seiner Brust. »Und noch was, Tom. Du solltest besser schnell damit aufhören, dir so furchtbar leid zu tun, weil nämlich Holly nicht die einzige ist, deren Tage gezählt sind. Maria wird auch nicht mehr allzu lange unter uns weilen.«

Damit wirbelte sie herum und stürmte aus dem Raum.

❖ ❖ ❖

Maria wachte in kalten Schweiß gebadet auf. Sie öffnete in ihrer Zelle im Todestrakt die Augen, konnte aber nichts sehen. Nur undurchdringliches Schwarz. Ihr fiebriges, halb waches Gehirn bildete sich ein, unter ihrem Bett Ratten über den Boden huschen zu hören. Sie war wieder das sechsjährige Mädchen, das in den Keller des Waisenheims gesperrt worden war, weil es gelogen oder sonst etwas Böses getan hatte, das sie nicht verstand.

Die panische Angst, die ihr in der drückenden Dunkelheit die Brust zusammenschnürte, war genau so, wie sie sie in Erinnerung hatte. Sie sehnte sich nach jemandem, der sie tröstete und ihr die Angst nahm. Aber am meisten von allen vermißte sie den Vater. Ein schrecklicher Zweifel begann an ihr zu nagen. Dieser Zweifel betraf jedoch nicht die Tötungen, denn sie waren gerecht gewesen. Nein, er betraf ihren Entschluß, sich Ezekiel und der Bruderschaft zu widersetzen.

Was war, wenn Ezekiel tatsächlich nicht gewollt hatte, daß sie Carter ermordete? Welcher Teufel hatte sie geritten zu glauben, sie wüßte besser als er selbst, was er wollte? Und das, obwohl der Vater der Mann war, von dem sie alles gelernt, dem sie alles zu verdanken hatte. Vielleicht war es richtig gewesen, daß Ezekiel auf Helix gehört und sich Carter für die Zwecke der Bruderschaft zunutze zu machen versucht hatte, um ihn erst danach endgültig aus dem Weg räumen zu lassen. War es ihr etwa gelungen, den Wissenschaftler aufzuhalten? Und selbst wenn es richtig gewesen wäre, es zu versuchen: Wie wollte sie in dieser Zelle Gottes Pläne in die Tat umsetzen?

Das ganze Selbstvertrauen, das ihr während des Prozesses Halt gegeben hatte, war verflogen. Hatte Gott vielleicht gar nichts mit ihr vor? Waren die Gefängnisstrafe und das Todesurteil vielleicht gar keine Probe, sondern eine Strafe? Hatte Gott sich vielleicht den Vater als Werkzeug ausgesucht, um den Neuen Messias zu finden *und* Carter das Handwerk zu legen? Hatten Ezekiel und Helix vielleicht recht gehabt, und sie hatte sich von Grund auf getäuscht?

Würde sie einsam und verlassen sterben müssen, ohne Vergebung zu finden?

Während ihr diese Fragen durch den Kopf jagten, kratzten ihre Nägel so lange an den alten Verschorfungen und Narben auf ihrem rechten Oberschenkel, bis eine warme Nässe ihren

Fingern verriet, daß Blut floß. Doch in dieser Finsternis verschaffte ihr das keine Erleichterung. Es schien, als könnte all die Angst, Schuld und Einsamkeit auch durch noch so viel vergossenes Blut nicht aus ihrem Körper gespült werden. In der Helligkeit und dem hektischen Getriebe hinter den unsichtbaren Zellenwänden hatte sie bereits aufgehört zu existieren. Sie war in dieser drei mal fünf Meter großen Zelle im Todestrakt ausgesetzt worden, die einzige, völlig von der Außenwelt abgeschnittene Bewohnerin einer trostlosen Welt, in der nur Dunkelheit und Verzweiflung herrschten.

Die erste Träne benetzte ihre Wange, als ihr bewußt wurde, daß selbst in den schlimmsten Momenten ihrer Kindheit immer klar gewesen war, daß die gefürchteten Aufenthalte im Keller ein Ende nehmen würden. Aber diesmal war sie für immer eingesperrt, ganz allein mit ihren Zweifeln und Gewissensbissen. Erst der Tod würde sie in zweiundzwanzig Tagen erlösen.

Sie wünschte sich nur, den Vater vorher noch einmal zu sehen.

❖ ❖ ❖

Am anderen Ende der Welt, in Damaskus, schlief Ezekiel De La Croix nicht besser. Um fünf Uhr siebenunddreißig stand er auf und ging von seinem Schlafzimmer auf den Balkon, wo er die Kühle der glatten Fliesen unter seinen bloßen Füßen genoß. Grau hob sich in der Ferne die Skyline von Damaskus gegen das staubige Orange des Morgengrauens ab. Die Sonne würde erst in einer Stunde aufgehen, aber die nach Jasmin duftende Luft war bereits warm. Er reckte mit schmerzenden Schultern die Arme in die Höhe und gähnte zweimal, froh über die schwache Brise, die durch sein weißes Baumwollnachthemd fuhr und seine Haut kühlte.

Letzte Nacht hatte er wieder von Pontius Pilatus geträumt. Aber diesmal waren es Marias Hände gewesen, in die er die Nägel getrieben hatte. Und das Hologramm seines jüngeren Ich hatte ihm mißbilligend dabei zugesehen. Der Traum war ihm sehr nahegegangen, aber nicht so nahe wie die Erinnerungen: die Erinnerungen an die Geschichten, die ihm vor Jahren in Korsika erzählt worden waren.

Seit Dr. Carter ihm mitgeteilt hatte, daß Maria die Gene besaß, hatte Ezekiel über der Frage, ob sie die Auserwählte war, heftige Kämpfe mit sich ausgetragen. Seine erste Reaktion war gewesen, es einfach zu leugnen und es auf einen technischen Mangel der Apparaturen des Wissenschaftlers oder auf einen Trick des Teufels zurückzuführen. Wie konnte Nemesis der neue Messias sein?

Als er Helix und Bernhard am nächsten Tag in der Höhle davon erzählt hatte, waren beide entsetzt gewesen. Ähnlich wie er hatte Bernhard ärgerlich behauptet, es müsse irgendein Trick sein. Helix hatte anders reagiert. Er war lange still geblieben, bevor er schließlich erklärte, er halte es für möglich, ja sogar für wahrscheinlich, daß sie tatsächlich auserwählt sei. Schließlich hatte Ezekiel die beiden entlassen, damit sie sich noch einmal in aller Ruhe mit dem Problem befaßten und überlegten, was zu tun sei. Dann hatte er für heute ein Treffen des gesamten Inneren Kreises einberufen, um über ihr weiteres Vorgehen zu entscheiden.

Ezekiel sah auf die Uhr. Es würde mehrere Stunden in Anspruch nehmen, sich fertig zu machen und zur Höhle des Heiligen Lichts zu kommen. Zumindest war er nach dieser ruhelosen Nacht zu einer Entscheidung gelangt.

Er dachte an die junge Frau in Mutter Clemenzas Büro, eigentlich noch ein halbes Kind, das Opfer einer Religion, die es nicht nur versäumt hatte, sie zu beschützen, sondern sie sogar mißbraucht hatte. Als Maria schließlich zur neuen Nemesis ernannt worden war, hatte sie getan, was vorher noch kein Agent getan hatte. Um ihrer Rolle als Rächerin noch besser gerecht zu werden, hatte sie ihr Aussehen verändern lassen.

Er erinnerte sich noch gut an den Tag, an dem sie um die radikale Operation gebeten hatte; wie sie Platz genommen und erklärt hatte, sie betrachte sich als eine Gefangene ihres Aussehens. Wie ein Schmetterling, der eine Raupe werden wollte, hatte sie sich danach gesehnt, ihre bunten Flügel abzulegen und dafür die Freiheit der Unscheinbarkeit zu erlangen.

Bei seinem ersten Treffen mit Mutter Clemenza hatte er der Oberin schwere Vorhaltungen gemacht, nicht verhindert zu haben, daß die ihrer Obhut anvertrauten Mädchen von Pater Angelo mißbraucht worden waren. Und er hatte sie unumwunden für Schwester Delphines Selbstmord verantwortlich gemacht. Zu ihrer Rechtfertigung, warum sie Marias Behauptung, vergewaltigt worden zu sein, in den Wind geschlagen hatte, hatte ihm die Oberin daraufhin von Marias früheren »Lügen« erzählt. »Als kleines Kind hat sie immer gelogen«, hatte die Oberin gesagt. »Alle haben sie gelogen.«

Erst jetzt wurde ihm zum erstenmal bewußt, daß Marias frühe »Lügen« nicht nur die Phantasien eines einsamen Kinds gewesen waren, sondern vielleicht der Wahrheit entsprochen hatten. Er konnte sich immer noch an sie erinnern, kleine Wunder in sich selbst: der tiefe Sturz, die Bienenstiche, die Diabetes und mindestens noch sechs andere. Je länger er darüber nachdachte, desto mehr schien mit einem Mal alles einen Sinn zu ergeben.

Er drehte sich um und ging durch das Schlafzimmer ins Bad, und als er am Sekretär vorbeikam, nahm er eine weiße Tablette aus dem silbernen Döschen neben dem Foto seiner Frau. Im Innersten seines Herzens war er fest davon überzeugt, daß der Neue Messias gefunden worden war. Doch wie sollte er sie retten, bevor sie wieder gekreuzigt wurde? Und wie sollte er sich der Unterstützung der anderen versichern, damit sie ihm halfen, sie zu erlösen, damit sie ihrerseits die Gerechten erlösen konnte?

❖ ❖ ❖

Als Tom mit einem letzten Blick auf seine schlafende Tochter die Klinik verließ, mußte er wieder an Jasmines Worte denken. Sie hatte natürlich recht; er konnte es sich nicht leisten, sich selbst zu bemitleiden. In gut einer halben Stunde wollte er sich mit Karen Tanner treffen. Dank Jacks Vermittlung hatte sie sich bereit erklärt, ihm in ihrem Büro im JFK Building die für den Fall relevanten Akten zu zeigen. Und wenn er sie gesehen hätte, plante er, auch selbst ein paar Ermittlungen anzustellen.

Er ging gerade auf die Treppe zur Tiefgarage zu, als ihn Bob Cookes Ruf aus seinen Gedanken riß. Der sonst so entspannte Kalifornier eilte auf ihn zu. »Tom! Warten Sie!«

Er drehte sich um und lächelte zwei neuen GENIUS-Mitarbeitern zu, die ihn im Vorübergehen mit einem respektvollen »Guten Morgen, Dr. Carter« grüßten.

»Ich habe ... schon überall ... nach Ihnen gesucht«, stieß Bob atemlos hervor und stützte sich wie ein ausgepumpter Sprinter auf den Knien ab.

»Na ja, jetzt haben Sie mich ja gefunden. Was gibt's?«

»Die Mäuse ...«

»Was ist mit ihnen?«

Immer noch völlig außer Atem, versuchte Bob etwas zu sagen, schüttelte dann aber den Kopf und packte Tom am Ellbogen. »Kommen Sie!« Er zog Tom in Richtung Lift. »Ich zeige es Ihnen.«

Eine Etage höher, im Mäuselabor, stand Nora Lutz vor zwei Käfigen. Sie sah immer wieder zwischen den Aufzeichnungen auf ihrer Klemmtafel und den Käfigen hin und her und schüttelte den Kopf.

»Was ist denn passiert, Nora?« fragte Tom und deutete auf Bob. »Unser Surfer kriegt ja kein Wort mehr heraus.«

»Die Mäuse«, sagte Nora.

»Was ist mit ihnen?«

Nora deutete auf die Käfige vor sich. »Sie sind metastasenfrei.«

Tom sah seine Mitarbeiterin ungläubig an. »Was? Geheilt, meinen Sie?«

Nora zuckte die Achseln, als könnte sie es selbst nicht glauben. »Wie es aussieht, hat das Dreifaltigkeitsserum sie alle von ihrem Krebs geheilt.«

»Alle Mäuse sind geheilt?« Tom wollte seinen Ohren nicht trauen.

»Nein, nicht alle. Das ist ja das Komische. Erinnern Sie sich noch, daß wir für die ersten Tests einzelne, isolierte Mäuse genommen haben und daß das Dreifaltigkeitsserum kein einziges Mal gewirkt hat?«

Tom nickte ungeduldig.

»Na ja, für den letzten Test haben wir Gruppen von zwei oder drei Mäusen in einen Käfig gesteckt. Und diese Mäuse wurden alle von ihrem Krebs geheilt.«

»Und die einzeln untergebrachten Mäuse?«

»Denen geht es nicht besser als denen aus den Kontrollgruppen. Sie sind immer noch krank.«

»Welcher Unterschied besteht zwischen den beiden Gruppen?«

Wieder ein verständnisloses Achselzucken Noras. »Keiner. Außer daß die Kranken solo in ihren Käfigen waren und die Geheilten zu zweit oder zu dritt.«

»Demnach wissen wir also nicht, warum sie geheilt wurden?«

»Nein, noch nicht«, sagte Bob. »Aber wir wissen, daß es kein Zufall sein kann. Die Resultate sind zu konsistent.«

Tom ging auf den Käfig zu, vor dem Nora Lutz stand, und sah die drei gesunden Mäuse an, die noch vor wenigen Tagen sichtlich krank gewesen waren. »Das ist ja großartig. Aber trotzdem bringt es uns nur weiter, wenn wir herausbekommen, wie es dazu gekommen ist.«

Bob grinste und sagte: »Das versuchen wir gerade festzustellen.«

Tom sah auf die Uhr. Einen Moment überlegte er, ob er Karen Tanner anrufen und das Treffen verschieben sollte. Aber außer dem, was Nora und Bob ohnehin übernehmen würden, gab es eigentlich nichts, was er hier tun konnte. Er schickte sich an zu gehen. »Ich muß leider los, aber ich helfe euch, wenn ich zurückkomme.«

»Wohin so eilig?« fragte Bob.

»Ich versuche auch gerade etwas festzustellen.«

❖ ❖ ❖

Die Mitglieder des Inneren Kreises waren bereits um den riesigen Tisch versammelt, als Ezekiel De La Croix in der Höhle des Heiligen Lichts eintraf. Die Spannung, die über dem Raum lag, als ihr leises Flüstern verstummte, ließ sich fast mit Händen greifen. Alle standen auf, als er auf den Tisch zuschritt. Die Flamme vor dem Altar war fast einen halben Meter höher als sonst und brannte weißer und heller als je zuvor.

Als ersten begrüßte er Bruder Haddad. »Möge er erlöst werden.«

»Auf daß er die Gerechten erlöse«, erwiderte der Vorsteher des Heiligen Lands den Gruß. Seine schweren Augenlider waren dunkler als sonst, als er zum rituellen Gruß Ezekiels Hände ergriff.

Dann begrüßte Ezekiel die übrigen Mitglieder des Inneren Kreises: den hochgewachsenen, grauhaarigen Bruder Luciano, den Vorsteher der Bruderschaft im christlichen Abendland; den fahlhäutigen Bruder Olazabal, Vorsteher der Neuen Welt; und zum Schluß die Meister des Ersten und Zweiten Ziels. Alle machten düstere Gesichter, und außer Bruder Helix wichen alle seinem Blick aus.

Er begann mit einer kurzen Zusammenfassung der wichtigsten Punkte. In groben Zügen umriß er die Ziele von Projekt Kana und die Abmachung mit Dr. Carter; Marias Versuch, den Wissenschaftler zu ermorden; ihre Festnahme und Verurteilung. Zum Schluß erinnerte er sie an Dr. Carters entscheidende Entdeckung, daß Maria Benariac, ihnen unter dem Namen Nemesis bekannt, die gleichen drei seltenen Gene besaß wie der Messias, was nichts anderes hieß, als daß sie der Neue Messias war. Den letzten Punkt stellte Ezekiel als eine unbestreitbare Tatsache hin. Und an diesem Punkt wurden auch die ersten Einwände laut.

Es überraschte ihn keineswegs, daß Bruder Bernhard als erster das Wort ergriff.

»Dabei kann es sich nur um ein Versehen handeln«, erklärte der beleibte Bruder unverblümt. »Oder um einen Trick. Nemesis kann unmöglich der Auserwählte sein. Sie und ich, Vater, kennen sie über fünfzehn Jahre. Wir hätten etwas gemerkt.«

»Warum?« fragte Ezekiel ruhig.

»Vater, sie ist ein Killer, kein Erlöser. Sie war ein hervorragendes Instrument des Zweiten Ziels, aber mit Sicherheit nicht der Gegenstand des Ersten.«

»Warum nicht?« antwortete Ezekiel wieder mit einer Gegenfrage.

»Sie ist eine Mörderin.«

»Ein ausgebildeter Killer«, fiel Haddad vom anderen Ende des Tisches mit ein.

»Von *uns* ausgebildet«, rief ihnen Ezekiel in Erinnerung. »Und alle ihre Säuberungen waren gerecht, von *uns* sanktioniert. Wer sagt uns, der Neue Messias wird ein harmloser Fernsehprediger sein und nicht eine von Gott gesandte Geißel, die den Tod seines Sohnes rächt?«

»Aber sie erfüllt keines der alten Kriterien«, warf Bruder Olazabal ein.

Ezekiel runzelte finster die Stirn. Daraus ging eindeutig hervor, daß sie sich, zweifellos auf Betreiben Bernhards, in seiner Abwesenheit abgesprochen hatten. »Welche Kriterien? Meinen Sie die drei von unserem Gründer genannten Merkmale?«

Der sonst so stille Luciano antwortete: »Ja, dort heißt es unmißverständlich, der Neue Messias muß rechtschaffen, im richtigen Alter und ein *Mann* sein.«

»Das waren doch nur grobe Anhaltspunkte. Maria ist zwar kein Mann, aber rechtschaffen ist sie unbedingt; so rechtschaffen, daß sie sich unserem bequemen Kompromiß mit dem Wissenschaftler widersetzt hat. Und was das Alter angeht, weiß ich zwar ihr genaues Geburtsdatum nicht, aber es dürfte ziemlich genau auf den Tag fallen, an dem sich vor fünfunddreißig Jahren die Flamme verändert hat. Und vergessen Sie vor allem nicht, sie besitzt die seltenen Gene unseres Herrn Jesus Christus. Und nicht zuletzt weiß ich, daß sie als kleines Mädchen über außergewöhnliche Fähigkeiten verfügte.«

»Aber für diese Fähigkeiten haben wir keine Beweise«, rief Bernhard. »Und ich sage noch einmal, ich kenne sie über fünfzehn Jahre. Ich kann nicht glauben, daß sie es sein soll. Ich hätte es gemerkt.«

Ezekiel seufzte. Er konnte ihnen zwar befehlen, sich seinem Spruch zu beugen, aber das wäre sehr unbefriedigend. Dieser Punkt war für die Bruderschaft von so entscheidender Bedeutung, daß sie unbedingt von der Notwendigkeit, Maria zu retten, *überzeugt* sein mußten.

An diesem Punkt ergriff der Meister des Ersten Ziels das Wort.

»Bruder Bernhard«, begann Helix gelassen. »Haben Sie irgendeinen Beweis, daß Maria *nicht* die Auserwählte ist?«

Bisher hatte sich Helix immer nur schweigend den einzelnen Sprechern zugewandt und ihnen aufmerksam zugehört, und seine Augen waren dabei durch die Gläser seiner runden Nickelbrille unnatürlich vergrößert erschienen. Doch jetzt richtete er sich direkt an Bruder Bernhard, und Ezekiel konnte sehen, wie sich die zahllosen Kerzen, die die Höhle erhellten, in seinen dicken Brillengläsern spiegelten.

»Natürlich nicht«, entgegnete Bernhard.

»Aber Sie sind fest davon überzeugt, daß sie nicht der Neue Messias sein kann?«

Bernhard verschränkte die Arme über der Brust. »Ja.«

»Sind Sie absolut sicher?«

»Ja. So sicher sich jemand nur sein kann.«

»Sie werden also ruhig schlafen können, wenn Maria in drei Wochen hingerichtet wird? Sie werden nicht von Zweifeln geplagt werden, ob wir nicht vielleicht nach zweitausend Jahren des Wartens den Neuen Messias während unserer Wache ... während *Ihrer* Wache haben sterben lassen? Sie werden diese Verantwortung also auf sich nehmen, weil Sie ganz sicher sind, daß sie es nicht sein kann? Ist das richtig?«

Bernhard sagte nichts, aber er nickte. Ezekiel konnte sehen, daß die anderen nervös auf ihren Sitzen hin und her rutschten.

»Ich beneide Sie um Ihre Gewißheit«, sagte Helix leise.

»Ich kenne Maria über fünfzehn Jahre«, wiederholte Bruder Bernhard. »Sie kann nicht auserwählt sein.«

Helix nickte bedächtig. »Sie hätten es vorher gemerkt?«

»Genau.«

»Obwohl sie es nicht einmal selbst wußte? Es immer noch nicht weiß?«

Schweigen.

Um seiner Argumentation größeren Nachdruck zu verleihen, machte Helix eine Pause, bevor er fortfuhr: »Vergessen Sie bitte die Prophezeiung nicht. Diesmal wird der Messias nichts von seiner oder ihrer Berufung wissen. Es liegt an uns, den Mitgliedern der Bruderschaft, ihn zu finden und ihn über seine Bestimmung in Kenntnis zu setzen. Und ihm dann zu helfen, sie zu erfüllen.«

»Ja, aber Maria wird hingerichtet werden.«

»Dann sollten wir das vielleicht zu verhindern versuchen.«

Bernhard lachte und sah Ezekiel an, aber der Vater schwieg. Er begnügte sich damit, seinen Standpunkt von Helix durchfechten zu lassen.

»Aber«, protestierte Bernhard und wandte sich hilfesuchend an die anderen, »die Bruderschaft kann nicht auf die bloße Möglichkeit hin, Maria könnte die Auserwählte sein, ihre ganze Existenz aufs Spiel setzen, um sie zu retten.«

»Da bin ich anderer Meinung«, widersprach Helix ihm ruhig. »Der einzige Grund, warum es uns überhaupt gibt, ist doch, daß wir alles daransetzen sollen, den Neuen Messias zu retten. Nur darum sind wir hier.«

»Das finde ich auch«, platzte Bruder Luciano heraus, der seine Meinung offensichtlich geändert hatte. »Was haben wir schon zu befürchten, wenn wir sie zu retten versuchen?«

Bernhard bedachte ihn mit einem finsteren Blick.

Haddad blinzelte mit seinen hängenden Lidern. »Mit Sicherheit wäre es wesentlich schlimmer, den Neuen Messias sterben zu lassen, als selbst auf die Gefahr hin, daß Maria nicht die Auserwählte ist, die Bruderschaft ihretwegen in Schwierigkeiten zu bringen. Sollten wir demnach nicht doch versuchen, sie zu retten? Einfach, um ganz sicherzugehen?«

Als Bernhard von einem der Anwesenden zum anderen blickte, spürte er, daß sich die Stimmung gegen ihn gekehrt hatte. »Sie wollen also im Zweifelsfall zu ihren Gunsten entscheiden?«

Die anderen nickten.

Ezekiel wählte seine Worte mit Bedacht, als er zu sprechen begann. »Bruder Bernhard, sind Sie immer noch fest davon überzeugt, daß sie nicht der Neue Messias sein kann? Es ist ganz wichtig, daß wir in dieser Sache geschlossen vorgehen, zumal wir dabei ganz besonders auf Ihre Erfahrung angewiesen sind. Haben Sie wirklich nicht den geringsten Zweifel?«

Der dicke Meister des Zweiten Ziels setzte sich behäbig zurück und versuchte, so gut es ging, sein Gesicht zu wahren, bevor er zögerlich nickte. »Ja, natürlich habe auch ich meine Zweifel. Die Möglichkeit besteht, gewiß.«

»Es freut mich, daß Sie unsere Bedenken teilen«, sagte Ezekiel feierlich. »Doch was mir am meisten Sorgen macht, ist, wie wir in dieser Angelegenheit vorgehen sollen.«

»Es wird bestimmt eine schwierige Operation«, sagte Bernhard stirnrunzelnd.

»Glauben Sie, wir schaffen es?« fragte Helix respektvoll, mit Sicherheit auf ein Zeichen Ezekiels hin.

Bernhard nickte weise. »Mit Hilfe unserer amerikanischen Brüder werden wir, glaube ich, bestimmt einen Weg finden. Doch was soll aus Carter werden?«

Ezekiel griff in sein Gewand und zog ein Stück Papier heraus. Darauf standen vier Namen, und der oberste war der Tom Carters. »Sobald der Wissenschaftler seine Schuldigkeit getan hat, kann die Gerechte Tötung wie geplant vonstatten gehen. Sie können Gomorrah unverzüglich Bescheid geben.« Er reichte den Zettel Bruder Bernhard. »Laut Aussagen Dr. Carters handelt es sich bei diesen Personen um das gesamte Kana-Team. Sie sind ihrer Arbeit unter Ausschluß der Öffentlichkeit nachgegangen, und außer ihnen ist niemand in die Sache eingeweiht. Töten Sie sie alle, und die Blasphemie von Projekt Kana ist für immer aus der Welt geschafft. Das ist, was Maria, unser Messias, wollte.«

Bernhard nickte. »Gut. Ich werde mich noch heute mit Gomorrah in Verbindung setzen. Und sobald dieses Treffen vorüber ist, werde ich unverzüglich die nötigen Schritte zu Marias Rettung einleiten.« Damit wandte er sich von Vater Ezekiel ab und blickte den Tisch hinunter. »Bruder Olazabal, ich brauche die Namen aller amerikanischen Brüder in führenden Positionen.«

»Sie sollen sie bekommen«, entgegnete der Vorsteher der Bruderschaft in der Neuen Welt.

Darauf richtete Ezekiel das Wort an alle drei Vorsteher. »Wenn einem von Ihnen noch irgendwelche Ideen kommen, wenden Sie sich damit bitte an Bruder Bernhard. Ansonsten kehren Sie in Ihre Sprengel zurück und teilen den Brüdern mit, daß die Zeit des Suchens und Wartens vermutlich vorüber ist. Bereiten Sie sie darauf vor, den Neuen Messias zu salben, sobald der Ruf an sie ergeht. Denn schon in Kürze wird Maria vielleicht als Erlöserin der Menschheit unter uns weilen.«

Sie sahen ihn mit großen Augen an und nickten zustimmend.

»Gut«, schloß Ezekiel. »Falls es sonst keine Fragen mehr gibt, würde ich vorschlagen, wir machen uns an die Arbeit. Mir kommt die Aufgabe zu, unserem Neuen Messias die Kunde zu überbringen.«

Er stand auf, überkreuzte die Arme und sagte:

»Möge *sie* erlöst werden.«

Darauf erhoben sich auch die anderen, überkreuzten die Arme und antworteten wie aus einem Munde: »Auf daß *sie* die Gerechten erlöse.«

# 25 Korsika.

Carter sah in der FBI-Akte auf dem Beifahrersitz die Adresse nach und blickte dann wieder nach vorn auf die gewundene Straße. Als er in dem gemieteten Peugeot-Cabrio um die nächste Kurve bog, wurde er mit dem ersten Blick auf den Turm belohnt, der die Dächer der Ortschaft überragte.

Das Mittelmeer rechts unter ihm erstrahlte in zartroten Apricottönen, während die sterbende, überreife Sonne in den Horizont auslief. Im Rückspiegel konnte er die mittelalterliche Zitadelle von Calvi sehen, die über den terracottagedeckten Häusern entlang der großen sandigen Bucht aufragte.

Der Tag neigte sich seinem Ende zu, aber die Luft war noch mild, und Tom Carter war froh über das offene Verdeck. Es war ein herrliches Gefühl, die Wärme der Sonne beim Fahren auf der Haut zu spüren. Da mußte er plötzlich an Olivia denken, und er spürte, wie ihn tiefe Traurigkeit berührte.

Vor drei Tagen hatte ihm Karen Tanner vom FBI alles erzählt, was sie über die Mörderin wußte, und ihm Kopien der wichtigsten Unterlagen gegeben. Zuerst war er ziemlich niedergeschlagen gewesen, denn alles, was Karen Tanner sagte, und alles, was er in den Unterlagen las, deutete vor allem auf eines hin: daß Maria Benariac bestens dafür ausgebildet war, Leben zu *nehmen*. Dagegen hatte er nicht den geringsten Hinweis darauf entdeckt, sie könnte den Wunsch, geschweige denn die Fähigkeit haben, Leben zu *retten*. Das hatte zu seinem Entschluß geführt, weiter in ihre Vergangenheit zurückzugehen.

Karen Tanner hatte ihn bereits gewarnt, der Prediger sei an keinem Handel irgendwelcher Art interessiert. Trotzdem hatte Tom gestern Gouverneur Lyle Mellish besucht, um abzuklären, mit welchen Konzessionen er sie möglicherweise ködern könnte. Lyle Mellish, schon viele Jahre mit Tom befreundet, war so direkt, wie ein Politiker nur sein konnte. Zugute kam Tom sicherlich auch, daß er den Enkel des Gouverneurs von zystischer Fibrose geheilt hatte. Auf die Frage, wie hoch die Wahrscheinlichkeit denn sei, daß Marias Todesurteil aufgeschoben oder in lebenslänglich umgewandelt würde, hatte Mellish unmißverständlich erklärt, das Todesurteil sei unwiderruflich und könne nur noch durch ein Wunder aufgehoben werden. »Sie müssen das so sehen, Tom«, hatte Mellish gesagt. »Ich habe dieses Amt nicht zuletzt deshalb inne, damit ich mit drastischen Strafen gegen die Kriminalität vorgehe. Das ist es, was die Leute von mir erwarten. Da kann ich es mir nicht leisten, bei einem der berüchtigtsten Killer der letzten Jahre Milde walten zu lassen, oder?«

»Würde es Ihnen denn Ihre Wählerschaft danken«, hatte Tom darauf ganz ruhig gefragt, »wenn Sie dazu beitrügen, noch gefährlichere Killer aus dem Verkehr zu ziehen? Wie zum Beispiel Krebs, Herzinfarkte und möglicherweise auch viele andere Krankheiten?«

Da war Mellish sofort hellhörig geworden. »Das hängt ganz davon ab. Könnten Sie das vielleicht etwas genauer erklären?«

Was Tom ihm darauf in groben Zügen von den heilkräftigen Genen erzählt hatte und daß Maria Benariac sie besaß, versetzte Mellish sichtlich in Aufregung.

»Was genau wollen Sie?« hatte er schließlich gefragt, nachdem er einige Male auf und ab gegangen war.

»Ich will ungehinderten Zugang zu ihr und, wenn nötig, eine Genehmigung, Tests mit ihr durchzuführen.«

»Mehr nicht?«

»Außerdem müßte ich ihr etwas anbieten können, um sie zur Mitarbeit zu bewegen.«

»Woran haben Sie da gedacht?«

»Etwa ihr Todesurteil in eine lebenslängliche Haftstrafe umzuwandeln?«

»Sie haben vielleicht Nerven, Tom. Diese Frau hat Olivia umgebracht.«

Ein scharfes Einatmen von Luft. »Ich weiß. Aber *etwas* muß ich ihr anbieten. Sonst wird sie keinen Anlaß sehen, mir zu helfen.«

Eine Pause. »Um eine Umwandlung ihrer Todesstrafe zu rechtfertigen, müßte sie schon etwas sehr Spektakuläres machen. *Vor* der Urteilsvollstreckung.«

»Wenn sie zum Beispiel einen todkranken Patienten heilen würde?«

Ein Nicken. »Das müßte reichen.«

»Gut. Mehr verlange ich nicht.«

Mit dieser Zusage des Gouverneurs in der Tasche hatte er die nächste Maschine nach Paris genommen und dann hierher: nach Calvi in Korsika.

Wieder lenkte er den Peugeot um eine Kurve und sah zum erstenmal das graue gotische Bauwerk unter dem hoch aufragenden Turm ganz. Unwillkürlich lief ihm ein kalter Schauder den Rücken hinunter. Eine Mischung aus Colditz und Norman Bates' Haus in »Psycho«. Kein anheimelnder Ort, an dem jemand gern seine Kindheit verbracht hätte.

Das große Tor stand offen, aber auf dem Anstaltsgelände war niemand zu sehen. Er fuhr die Auffahrt zum Hauptgebäude hinauf. Die hohen, dunklen Fenster waren zerbrochen, und das Gestrüpp hatte sich nicht nur der gekiesten Auffahrt bemächtigt, sondern kroch auch die Wände hinauf. Vor den großen Glastüren rechts von dem imposanten Eingangsportal stand neben einem Haufen Ziegelsteinen und einem Stapel mit Gerüstteilen ein gelber Schaufellader. Einer nagelneuen Bautafel zufolge eröffnete hier im Sommer 2004 das Hotel Napoleon.

Das Waisenheim war vor ungefähr fünf Jahren geschlossen

worden, doch die Leute bei Europcar, wo er den Peugeot gemietet hatte, hatten ihm gesagt, eine alte Frau, die früher etwas mit dem Heim zu tun gehabt hatte, lebte noch dort. Sie kümmerte sich um den Garten und durfte dafür weiter auf dem Gelände wohnen. Der Mann am Europcar-Schalter hatte sich ein paarmal an die Schläfe getippt und Tom gewarnt, Madame Leforget sei ein bißchen »wirr«.

Wirr oder nicht, im Moment schien sie nicht hier zu sein. Enttäuscht hielt Tom an und sah sich um. Was hatte er eigentlich erwartet? Daß er hier vorfuhr und sie über den Hof gehen sah? Bald würde es dunkel werden. Am besten, er fuhr nach Calvi zurück und kam morgen wieder. Auf der Suche nach einer Stelle zum Wenden fuhr er weiter die Auffahrt entlang. Auf der linken Seite war eine Lücke in den Bougainvilleen, hinter der sich ein schmaler Weg um das Haus schlängelte. Wenn er schon mal hier war, konnte er ihn sich ja mal genauer ansehen.

Er stellte den Wagen ab und ging auf dem überwucherten Weg zu Fuß weiter. Der stechende Geruch der Macchia und der Bougainvilleen verstärkte noch die Wirkung des langen, unheimlichen Schattens, den das dunkle Haus warf. Hinter dem Haupthaus befanden sich eine Reihe von Schaukeln und ein kleiner gepflegter Garten, der von einem hüfthohen weißen Zaun umgeben war. Irgend etwas daran kam ihm seltsam vor, bis er merkte, daß sowohl die Schaukeln wie der Garten im Gegensatz zu dem Dschungel ringsum sauber gepflegt waren. Der frische rote Lack der Schaukeln glänzte in der untergehenden Sonne, und der weiße Zaun, der gepflegte Rasen und die dicht bepflanzten Beete des kleinen Gartens bildeten eine Insel der Ordnung in diesem Meer der Vernachlässigung.

Madama Leforgets Präsenz war hier noch deutlich zu erkennen.

Auf ein Geräusch hin drehte Tom sich um. Unter einer kleinen Baumgruppe stand eine etwa siebzigjährige Frau und sah ihn stumm an. Sie war gedrungen, mit einem schlaffen Körper und einem hängenden runden Gesicht. Ihre Augen hinter den großen Brillengläsern waren wie winzige Knöpfe, die tief in ihren fleischigen Höhlen saßen, ihr Mund eine skeptische Linie, eingeklammert von schweren Hängebacken. Zu beiden Seiten ihres Gesichts hingen dünne graue Haare herab, und ihr dunkles, formloses Kleid sah aus wie eine Nonnentracht. Die starren Knopfaugen schienen ihn aufmerksam zu beobachten.

»Madame Leforget?« fragte er.

Die Frau stand nur da und sagte nichts.

Tom ging auf sie zu und stellte sich in seinem angestaubten Französisch vor, dann erklärte er hastig, er sei nicht gekommen, um hier herumzuschnüffeln oder etwas zu beschädigen, sondern um sie zu besuchen.

*»Pourquoi?«* fragte die Frau schließlich.

Tom erklärte ihr die Sache mit dem Waisenheim und daß er jemanden zu finden versuchte, der sich noch an ein Mädchen erinnerte, das hier etwa von 1968 bis 1985 gelebt hatte.

Die Frau schien eine Weile über die Frage nachzudenken, bevor sie sagte: »Es waren so viele Kinder.« Plötzlich wurde ihre Stimme traurig. »Und jetzt sind sie alle verschwunden – *Elles sont disparues* – Aber wenn sie zurückkommen, sind der Garten und der Spielplatz hergerichtet ... und sie sind hier sicher.«

Tom nickte langsam. »Der Garten ist wirklich sehr schön.«

Die Frau bedachte ihn mit einem zornigen Blick. »Und *sicher*. Hier kann ihnen nichts passieren.«

Tom sank der Mut. An Madame Leforgets wildem Blick konnte er sehen, daß die alte Frau mehr als nur ein bißchen wirr war. Es sah nicht so aus, als würde er hier etwas Neues erfahren.

Er beschloß, zurück zu seinem Wagen zu gehen. »Entschuldigen Sie bitte die Störung, Madame. Ich wollte mich nur nach einem Mädchen namens Maria Benariac erkundigen.«

Die Veränderung war unglaublich. Von einem Moment auf den anderen klärte sich ihr Blick, und ihre Haltung wurde aufrecht. »Maria?« sagte sie mit einer Stimme, die von weit her zu kommen schien. »Es war meine Schuld, wissen Sie? Ganz allein meine Schuld.«

»Was war Ihre Schuld?«

Sie wirkte plötzlich furchtbar elend. »Pater Angelo. Schwester Delphine. Ich habe es nicht geglaubt, wissen Sie. Ich dachte, die Mädchen würden lügen. Ich dachte, Maria wäre eine Lügnerin. So hübsch, so klug und so raffiniert.«

»Kannten Sie Maria gut?«

»Alle Nonnen können sich an sie erinnern.«

Er sah wieder ihr kuttenartiges Gewand an. »Waren Sie hier Nonne?«

Ein kurzes, trauriges Lachen. »Ich war einmal die Oberin. Vor vielen Jahren. Bis zu diesen schrecklichen Vorkommnissen und meinem Zusammenbruch. Sie versuchten mich dazu zu bewegen, von hier fortzugehen, aber ich bestand darauf zu bleiben, sozusagen als Buße.«

»Wären Sie bereit, mir von Maria zu erzählen? Wie sie war?«

Einen Moment lang starrte sie ihn mit ihren verunsichernden Augen an, bevor ihr schuldbeladener Verstand zu einer Entscheidung kam. »Kommen Sie«, sagte sie schließlich. »Seien Sie mein Beichtvater.«

❖ ❖ ❖

Das Pförtnerhaus, in dem sie wohnte, war bescheiden, aber erstaunlich gemütlich, und Tom wurde aufgefordert, im Wohnzimmer Platz zu nehmen. Im Handumdrehen standen ein Teller Fischsuppe, Croûtons mit Ratatouille und geriebenem Käse und ein Glas Rotwein vor ihm auf dem Tisch, und schließlich setzte auch sie sich ihm gegenüber und begann, von dem kleinen Mädchen namens Maria Benariac zu erzählen.

»Die Nonnen wußten nie so recht, ob sie nun ein Engel oder ein Teufel war. Sie war schön und sehr klug, aber sie war eine fürchterliche Lügnerin. Oder zumindest dachte ich das. Das arme Kind wurde oft bestraft.« Ein trauriges Kopfschütteln. »*Ich* habe sie oft bestraft.«

Tom nahm einen Schluck Wein. »Warum hielten Sie sie für eine Lügnerin?«

Sie hob die Schultern. »Vieles von dem, was sie sagte, war schwer zu glauben. Aber es passierten viele Dinge, in die sie irgendwie verwickelt war; gute wie schlimme.«

»Was für Dinge?«

»Also, am Ende, als sie älter wurde, waren es schreckliche Dinge. Sie behauptete, Pater Angelo, ein angesehener Geistlicher, hätte sie vergewaltigt. Ich dachte, sie lügt. Bis Schwester Delphine Selbstmord beging und der Pater ...« Sie brach mitten im Satz ab.

»Was war mit dem Pater?«

»Er kam unter schrecklichen Umständen ums Leben.«

»War Maria schuld an seinem Tod?«

Die ehemalige Nonne zuckte die Achseln. Die Frage hatte sie offensichtlich nicht erschreckt.

»Sie sagten, es wären auch ein paar gute Dinge um sie herum passiert«, fragte er, ohne sich große Hoffnungen zu machen.

»Oh ja. Das war, als sie noch sehr klein war. Da gibt es viele Geschichten, so phantastisch, daß ich mir damals ganz sicher war, es könnten nur Lügen sein, teuflische Lügen.« Ihr Blick wurde glasig, als er in die Vergangenheit zurückkehrte. »La grande tombée«, flüsterte sie zu sich selbst. Doch ihr Blick war wieder auf Tom gerichtet. »Es war in einer klaren Juninacht, und ich wurde plötzlich wegen eines Mordsspektakels draußen auf der Auffahrt wach. Ich rannte nach draußen und sah vier der kleineren Mädchen, die älteste acht, die jüngste etwa sieben, schreiend vor dem Eingangstor stehen. Es war den Mädchen strengstens verboten, nachts die Schlafsäle zu verlassen, deshalb wurden sie bestraft. Maria erklärte, sie dürfte nicht bestraft werden, weil sie nur nach draußen gegangen sei, um den anderen Mädchen zu helfen. Haben Sie den Turm auf dem Dach des Waisenheims gesehen?«

Tom nickte.

»Nun, Maria behauptete, die anderen Mädchen seien vom Dachbalkon gefallen, und sie sei nach unten gelaufen, um ihnen zu helfen. Natürlich sagten die anderen Mädchen, sie seien gar nicht auf dem Balkon gewesen. Das war nämlich streng verboten. Außerdem hatten die Mädchen keinerlei Verletzungen. Bei einem Sturz aus dieser Höhe hätten sie eigentlich tot sein müssen.«

»Und?« fragte Tom wie gebannt.

Ein Kopfschütteln. »Wegen ihrer Lüge habe ich Maria noch strenger bestraft als die anderen. Erst viel später gab eines der Mädchen zu, sie seien wegen einer Mutprobe zu dem Balkon hochgegangen. Und der Hausmeister entdeckte eine Lücke in den morschen Bodenbrettern, durch die sie hätten gefallen sein können.«

»Sie glauben also, Maria hat doch die Wahrheit gesagt? Daß sie die Mädchen geheilt hat?«

Ein Achselzucken. »Das war nicht der einzige Vorfall dieser Art. Da waren noch viele andere. Mit den Bienen war es das gleiche.«

»Mit den Bienen?«

Clemenza Leforget schenkte sich Wein nach. »Eines Nachmittags machten die Mädchen einen Ausflug nach Corse. Als sie zurückkamen, wurden Maria und Valérie zu mir geschickt, weil sie ein Nest mit wilden Bienen aufgescheucht hatten. Anscheinend waren sie zu einem Bach in der Nähe gegangen, und Maria hatte das Nest mit Steinen beworfen. Der Bauer, dessen Weiden dort waren, war außer sich, weil die Bienen über seine Schafe hergefallen waren. Maria behauptete, Valérie sei von den Bienen angegriffen worden und hätte Hunderte von Stichen abbekommen. Aber sie hätte sie geheilt.«

»Was hat Valérie gesagt?«

»Sie hat Marias Behauptungen bestätigt, aber ich dachte, das täte sie nur, damit ich Nachsicht mit Maria hätte und ihr die Strafe erließe. Außerdem war ich auf beide wütend, daß sie so etwas Dummes getan hatten. Valérie war gegen Bienenstiche allergisch, wissen Sie? Laut Aussagen der Ärzte hätte bei ihr schon ein einziger Stich tödliche Folgen haben können. Natürlich ließ ich Valérie untersuchen, und ich war nicht im geringsten überrascht, daß der Arzt nicht einen einzigen Stich feststellen konnte. Entweder war sie kein einziges Mal gestochen worden, oder Maria hatte das Gift unwirksam gemacht. Sie können sich bestimmt denken, welche Variante ich für glaubhafter hielt. Aber da war auch noch etwas wirklich Eigenartiges, was ich damals einfach verdrängt habe.«

»Was war das?«

»Der Doktor sagte, Valérie könnte nicht nur unmöglich von einer Biene gestochen worden sein, sondern hätte auch keine Allergie mehr. Sie war irgendwie davon geheilt.«

Tom schwieg eine Weile. Er sah die Frau nur aufmerksam an. »Warum haben Sie ihr nicht geglaubt?«

»Ich haßte sie. Maria war so schön. Und klug. Es fehlte ihr an Bescheidenheit. Sie mußte eine Lektion erteilt bekommen. Und als sie dann auch noch damit ankam, sie könnte andere heilen, war das Maß voll; das war pure Blasphemie.«

»Gibt es noch andere solche Geschichten?«

»Ja, viele. Und eine ist darunter, von der ich ganz sicher weiß, daß sie wahr ist; egal, was ich damals darüber dachte. Maria wurde zur Strafe oft in den Keller gesperrt. Sie hatte furchtbare Angst vor der Dunkelheit, und einmal, als sie noch sehr klein war, klammerte sie sich an die Nonne, die sie einschloß, und flehte sie an, sie nicht in den Keller zu sperren. Maria versprach der Nonne, alles zu tun, wenn sie ihr die Strafe erließe. Natürlich glaubte ihr die Nonne nicht, aber sie hatte Mitleid mit ihr und schickte sie ins Bett. Etwa eine Woche später mußte die Nonne, die ihr Leben lang zuckerkrank gewesen war, zu einer Routineuntersuchung, und dabei stellte sich heraus, daß sie geheilt war.«

»Und Sie sind sicher, es war Maria, die sie geheilt hat?«

»Ganz sicher.«

»Woher wollen Sie das wissen?«

Clemenza verzog das Gesicht. »Weil ich diese Nonne war.«

»Und trotzdem haben Sie ihr nicht geglaubt?«

»Nein. Ich konnte es nicht. Und ich wollte es nicht. Ich führte es lediglich auf einen Zufall zurück.« Sie rang die Hände. »Aber hätte ich ihr damals geglaubt, hätte ich sie vor Pater Angelo beschützen können. Und ihre Gabe vielleicht sogar fördern.« Plötzlich sah sie ihn mit einem gequälten Blick an. »Wissen Sie, wo sie jetzt ist?«

Da Clemenza eindeutig keine Ahnung von Marias Lage hatte, beschloß er, sie nicht mit diesem Wissen zu belasten. »Ja.«

»Eines Tages werde ich sie um Verzeihung bitten.«

Eine Weile versuchte Tom schweigend, sich ein Urteil über die Frau zu bilden, die ihm gegenüber saß. Sie mochte zwar psychisch labil sein, aber warum sollte sie einem wildfremden Menschen diese phantastischen Geschichten erzählen, es sei denn, sie waren wahr? Er hatte ihr nicht einmal gesagt, daß er wissen wollte, ob Maria heilen könne oder nicht.

»Wie, glauben Sie, Maria hat alle diese Heilungen vollbracht?« fragte er schließlich.

»Das weiß ich nicht.«

»Aber wie *erklären* Sie es sich?«

Ein Achselzucken. »Ich bin kein Arzt, und ich bin auch keine Nonne mehr, aber ich habe die letzten zwanzig Jahre ständig darüber nachgedacht. Ich habe eine ganz einfache Theorie. Ich glaube, Maria hatte von Gott eine besondere Gabe bekommen. Eine Gabe, die sie an andere weitergeben konnte. Es war gewissermaßen, als hätte sie eine gute Krankheit, mit der sie andere Menschen anstecken konnte.«

Tom lächelte, als er der alten Frau in die Augen sah.

»Hört sich das sehr dumm an?« fragte sie.

»Nein, für mich nicht. Überhaupt nicht. Aber warum haben Sie die Vergangenheitsform benutzt? Sie haben gesagt, sie *hatte* diese Gabe.«

Mutter Clemenza lächelte traurig und schenkte ihm Wein nach. »Ich glaube, schuld daran war, daß ich sie immer wegen ihrer ›Lügen‹ bestrafte, wenn sie erzählte, was sie getan hatte. Jedenfalls hat sie meines Wissens nach diesem Zwischenfall mit den Bienen niemanden mehr geheilt. Nach ihrem achten Geburtstag. Ich glaube, sie weiß nicht einmal mehr selbst, wozu sie einmal in der Lage war.«

❖ ❖ ❖

**Am selben Abend.**
**Im Norden von Boston.**

In dieser Nacht drehte sich Bob Cooke im Schlaf auf die andere Seite. In seinen Träumen war er nicht in seinem Apartment im Norden von Boston, sondern wieder zu Hause in Kalifornien, und die Brandung war gigantisch. Er liebte seine wissenschaftliche Arbeit und fand es großartig, mit dem berühmten Tom Carter zusammenzuarbeiten, aber egal, wie aufregend und wichtig seine Arbeit war, es gab doch Zeiten, in denen er sich danach sehnte, alles aufzugeben und wieder auf den Wellen zu reiten.

Das Geräusch weckte ihn, gerade als er hinter der letzten großen Welle herpaddelte. Ja, dachte er in seinem halbwachen Zustand, im August würde er an die Westküste zurückkehren und mal wieder richtig einen draufmachen. Vielleicht auch ein paar richtig spektakuläre Surfs hinlegen.

Wieder dieses Geräusch.

War da unten jemand? Es hörte sich an, als käme es aus der Küche. Doch dann, so plötzlich wie es begonnen hatte, hörte das Geräusch wieder auf.

»Hey, Dawn! Hast du das gehört?« flüsterte er der Frau an seiner Seite zu.

»Was?« murmelte sie verschlafen und drückte ihren schnukkeligen Hintern gegen seinen Unterleib.

»Ich bilde mir ein, ich hab' da eben was gehört.«

Sie bewegte ihre weichen Pobacken, und ihre Hand glitt hinter ihren Rücken, um nach seinem anschwellenden Penis zu tasten.

»Gehört habe ich nichts«, murmelte sie. »Aber gefühlt hab' ich schon was.«

»Wahrscheinlich habe ich es mir nur eingebildet«, sagte er, fasziniert von dem, was ihre Hand mit ihm anstellte.

»Sei mal nicht so bescheiden. Was ich da spüre, bilde ich mir nicht nur ein.«

Er lachte leise im Dunkeln. »Ich hab' doch den Lärm gemeint.«

»Welchen Lärm?« Sie stöhnte. »Wenn du mit dem Ding da gleich machst, wofür es gedacht ist, werde *ich* gleich etwas Lärm machen.«

Als sie ihn sich einführte, schloß er die Augen und fiel mit seinen Hüften in ihren Rhythmus ein. Und als sie ihn auf den Rücken drehte und sich auf ihn setzte, so daß ihre Brüste über sein Gesicht strichen, dachte er: Ein paar Dinge gibt es doch, die noch besser sind als deine wissenschaftliche Arbeit und Surfen.

Eine halbe Stunde später waren dann sie eng aneinandergeschmiegt wieder eingeschlafen. Wären sie nur noch zehn Minuten länger wach geblieben, hätten sie vielleicht das Gas gerochen, das aus der sorgfältig aufgeschnittenen Leitung in der Küche entwich. Und hätten vielleicht auch die primitive, aus einem Streichholz, etwas Sandpapier und einer Metallfeder gebaute Vorrichtung entschärfen können, die daneben angebracht war.

❖ ❖ ❖

**Am nächsten Morgen.**
**Charlestown.**

Nora Lutz legte das letzte Stück Toast neben das Glas mit schottischer Marmelade, die ihre Mutter so gern mochte. Dann goß sie Tee in die Tasse, in die sie die Milch natürlich schon zuvor gegeben hatte; denn anders trank ihre Mutter den Tee seit ihrer Englandreise 1978 nicht mehr. Schließlich stellte sie die Schüssel mit den kleieangereicherten Getreideflocken zusammen mit dem kleinen Krug kalter Milch in die noch freie Ecke des Tabletts. Als alles zu ihrer Zufriedenheit war, nahm sie das Tablett, verließ damit die Küche ihrer Maisonettewohnung und stieg, nachdem sie zwei ihrer Katzen ausgewichen war, die ausgetretene Treppe zum Zimmer ihrer Mutter hinauf.

Es hatte einmal eine Zeit gegeben, in der sie mit der Krankheit ihrer Mutter gehadert hatte. Aber das war schon Jahre her, als sie noch in den Dreißigern gewesen war und ein Leben zu opfern gehabt hatte. Jetzt, mit fünfundvierzig Jahren, drehte sich ihr ganzes Leben, einmal abgesehen von ihrer Mutter, um ihre Arbeit bei GENIUS. Die Gelegenheit, bei Projekt Kana mitarbeiten zu dürfen, war ein Geschenk des Himmels gewesen; dieses wichtige Projekt hatte ihre Unzufriedenheit mit sich und der Welt wieder zurechtgerückt. Und da machte es auch nichts, daß ihre Mutter nicht verstand, oder guthieß, was sie tat. Carter und die anderen wußten ihre Arbeit zu schätzen, und das war das einzige, was zählte. Projekt Kana und alles, was es versprach, war für sie die ideale Fluchtmöglichkeit vor den klaustrophobischen Forderungen und der emotionalen Erpressung der Frau, die sie von ganzem Herzen liebte, auch wenn sie sich manchmal insgeheim wünschte, sie möge still dahinscheiden.

Auf der fünften Stufe hielt sie einen Moment inne und sprach stumm die Worte, die ihre Mutter für gewöhnlich in diesem Moment rief. »Nora, ist das Frühstück schon fertig?« Unweigerlich kamen diese sechs Worte, sobald sie ihren Aufstieg begann.

Aber heute blieben sie aus. Keine Forderungen, keine Bitten, keine Klagen. Nicht einmal das leiseste Geräusch. Nur Stille.

Erst als sie den ersten Treppenabsatz erreichte, fühlte sie sich bemüßigt, selbst zu rufen: »Mom, Frühstück ist fertig. Ich habe den Tee genau so gemacht, wie du ihn magst. Okay?«

Stille.

»Mom?«

Unwillkürlich setzte sie ihren Aufstieg rascher fort. Sie konnte sich nicht erinnern, daß ihre Mutter jemals verschlafen hatte. Plötzlich befürchtete sie das Schlimmste und bereute sofort, jemals an den Tod ihrer Mutter gedacht zu haben. Auf dem nächsten Treppenabsatz rief sie noch einmal: »Mom, fehlt dir auch nichts? Antworte endlich und hör auf mit diesem Unsinn.« Immer noch nichts. Inzwischen rannte sie fast und verschüttete etwas Tee auf den Toast und die Frühstücksflocken. Da wird Mutter aber gar nicht begeistert sein, dachte sie, als sie mit dem Ellbogen die Tür aufdrückte.

»Mom, aufwachen!«

Im selben Moment ließ sie das Tablett fallen und schlug die Hände vor den Mund. Sie wollte schreien, aber vor Entsetzen blieb sie stumm.

Der Grund für ihre Reaktion war nicht nur der verdrehte Körper, der mit einem Kissen über dem Kopf reglos auf dem Bett lag, sondern auch der dunkelhaarige Mann mit den rauchgrünen Augen, der plötzlich neben ihr auftauchte, ihr die Hände auf den Mund drückte und eine Injektionsnadel in den Arm stach.

❖ ❖ ❖

**Back Bay. Boston.**

Wenige Augenblicke später griff Jasmine Washington im Bostoner Stadtviertel Back Bay nach ihren Autoschlüsseln und beugte sich über Larry, der Orangensaft trinkend auf der sonnigen Terrasse saß. »Bis heute abend«, sagte sie und küßte ihn.

Larry legte die »Variety«, die er gerade gelesen hatte, auf den Tisch und gab ihr ebenfalls einen Kuß. »Viel Spaß bei der Arbeit. Und grüß Holly von mir.«

»Mach ich.«

Sie küßte ihn noch mal, und als sie zur Garage ging, rief ihr Larry hinterher: »Wann kommst du zurück?«

»Dürfte nicht allzu spät werden.«

»Was möchtest du essen?«

Sie stieg in ihren BMW 325i, öffnete das Verdeck und startete den Motor. Dann stieß sie rückwärts auf die Straße hinaus, in die strahlende Morgensonne, und sah zu Larry hoch, der sich über das Terrassengeländer beugte. Sie warf ihm eine Kußhand zu, ließ den Motor aufheulen, schrie: »Denk dir was Schönes aus!« und brauste mit einem lauten Juchzer los.

Hätte Larry ihr nicht hinterhergerufen und sie abgelenkt, hätte sie in der Garage vielleicht die Pfütze unter ihrem BMW gesehen: die Pfütze, bei der es sich, wie Larry später feststellte, um Bremsflüssigkeit handelte.

# 26 Todestrakt. Staatsgefängnis von Massachusetts.

Nach einer Nacht voller Verzweiflung war Maria Benariac soweit, das Unausweichliche zu akzeptieren. Binnen weniger Tage hatte sie ihre Ängste wieder in den Griff bekommen. Es würde kein Gnadenerlaß, kein göttliches Eingreifen, keine Vorsehung in Kraft treten, um ihr zu einer Gelegenheit zu verhelfen, den Wissenschaftler unschädlich zu machen. Soviel war ihr inzwischen klargeworden, und sie hatte sich gezwungen, sich damit abzufinden.

Sie aß ihr Frühstück langsam von dem schlichten weißen Teller und versuchte der Konsistenz und dem Geschmack der Eier und der Bratkartoffeln das äußerste an lustvollen Empfindungen abzugewinnen.

Die klickenden Absätze der sich nähernden Wärterin störten ihr Frühstück und sie blickte verärgert auf. Und als die stämmige Frau vor den Gitterstäben ihrer Zelle erschien, sah Maria sie stirnrunzelnd an und sagte: »Ich bin noch nicht fertig. Es ist noch nicht mal die Hälfte der Zeit um ...«

Die Frau betrachtete sie prüfend. »Kein Grund zur Aufregung, Predigerfrau, kein Mensch will dir dein Essen wegnehmen. Ich bin nur hier, um dir zu sagen, daß du Besuch hast.«

Maria stöhnte. Hugo Myers nahm seine Anwaltspflichten eindeutig zu ernst. Sie hatte nicht damit gerechnet, daß er sie noch einmal besuchen käme. Nachdem keine Aussicht auf eine Begnadigung bestand, hatte es auch wenig Sinn, mit ihrem Verteidiger zu sprechen. »Wissen Sie zufällig auch, was mein schlauer Anwalt will?« fragte sie, ohne mit einer Antwort zu rechnen.

»Anwalt?« Die Wärterin lachte. »Du kriegst doch nicht von deinem Anwalt Besuch. Der Typ ist so ziemlich das genaue Gegenteil von dem, was man sich unter einem Anwalt vorstellt. Nee, der möchte dir geistlichen Beistand leisten.«

❖ ❖ ❖

Maria Benariac spürte eine winzige Blume der Freude in sich aufkeimen, als sie die zwei Wärter in Handschellen aus ihrer Zelle in Block B des Todestrakts holten und auf dem weiß gefliesten Korridor an der Hinrichtungskammer vorbei ins Sprechzimmer führten.

Als Ezekiel De La Croix aufstand und sie anlächelte, war sie so gerührt, daß sie ihn am liebsten umarmt hätte. Doch sie sah ihm nur stumm in seine dunklen Augen. Die Wärter setzten sie an den Stahltisch und befestigten ihre Handschellen an dem Metallring in seiner Mitte. Als sie so festgekettet war, zogen sie sich an die Tür zurück. Der größere der beiden Wärter sagte zu Ezekiel: »Das hier ist ein abhörsicherer Raum für Anwälte und Seelsorger. Nichts von dem, was hier gesprochen wird, kann mitgehört oder aufgezeichnet werden. Aber auf keinen Fall dürfen Sie die Gefangene berühren.« Er deutete auf einen großen Knopf an der Wand. »Wenn Sie fertig sind oder wenn Sie etwas wollen, klingeln Sie einfach.«

»Danke«, sagte Ezekiel, als die Wärter den Raum verließen und die Tür hinter sich abschlossen.

Erst als sie allein waren, begann Maria zu sprechen. »Vater, es tut mir leid. Bitte verzei –« Doch bevor sie mehr sagen konnte, legte Ezekiel den Zeigefinger an seine Lippen. Dann ging er um den Tisch und blieb neben ihr stehen. Lange stand er nur da und sah sie an, ohne ein Wort zu sprechen. Sie wollte ihn schon fragen, was denn los sei, doch da spürte sie, daß er etwas sagen wollte, und sie hielt ihre Zunge im Zaum.

Plötzlich merkte sie, daß er Tränen im Gesicht hatte. Er gab noch immer keinen Laut von sich, aber es war nicht zu übersehen. Der Vater weinte.

Bevor sie etwas sagen konnte, kniete er vor ihr nieder und senkte den Kopf. Als er schließlich zu sprechen begann, tat er es so leise, daß sie ihn nicht hören konnte, und als er seine Worte lauter wiederholte, begriff sie sie nicht.

»Mögest *du* erlöst werden«, sagte er mit mehr Nachdruck.

Sie runzelte die Stirn. »Was meinen Sie damit?«

Immer noch mit geneigtem Kopf und gesenktem Blick, sagte Ezekiel: »Dr. Carter hat bei Projekt Kana ein Gegenstück gefunden ...«

»Und?«

»Er hat die Person identifiziert, die die Gene des Messias hat.

Dieselbe Person, die geboren wurde, als die Heilige Flamme ihre Farbe veränderte. Dieselbe Person, die als Kind die gleichen heilenden Kräfte wie der Messias besaß.« Erst jetzt hob Ezekiel den Kopf, und seine schwarzen Augen bohrten sich in die ihren. »Diese Person bist *du*, Maria. Du bist der Neue Messias. *Du* bist die Auserwählte.«

Einen Moment saß sie wie versteinert da und sah ihm in die Augen. Ihr Verstand war außerstande, das Gehörte zu verarbeiten. Es war mehr als nur ein Schock für sie; sie nahm die Enthüllung, die ihr Ezekiel gerade gemacht hatte, wie eine unbeteiligte Zuschauerin zur Kenntnis.

*Konnte das möglich sein? Konnte das wahr sein?*

Trotz aller Fassungslosigkeit hatte ein winziger Teil ihrer selbst, ein Teil tief in ihrem Innern nicht den leisesten Zweifel. *Du hast immer gewußt, daß du auserwählt bist,* schien eine Stimme zu sagen. *Jetzt weißt du, wofür.*

»Mögest du erlöst werden«, sagte Ezekiel noch einmal.

Dieses Mal zögerte Maria nur ganz kurz, bevor sie erwiderte: »Auf daß ich die Gerechten erlöse.«

Danach erhob sich Ezekiel und nahm wieder Platz. »Nachdem du nun deine Bestimmung kennst, gibt es vieles, was ich dir erzählen muß. Und es gibt auch viel für uns zu tun.«

Maria, die immer noch nicht fassen konnte, wie sich plötzlich alles von Grund auf geändert hatte, war vor allem froh, wieder in der Gunst des Vaters zu stehen. Sie rang sich ein Lächeln ab, beugte sich so weit vor, wie ihre Handschellen es zuließen, und hörte sich an, was er zu sagen hatte.

❖ ❖ ❖

In dieser Nacht schlief Maria kaum. Verflogen war ihre tiefe Verzweiflung, und sogar ihre stoische Resignation. Statt dessen mußte sie ständig an all die Dinge denken, die Ezekiel ihr erzählt hatte, insbesondere an die Geschichten aus ihrer Kindheit, die sie längst vergessen hatte.

War das nicht nur Einbildung gewesen? War das tatsächlich passiert? Mit einem Mal kehrten all die Empfindungen und Erinnerungen wieder zurück, die sie als die Phantasien eines unglücklichen Kindes verdrängt hatte. Jede Geschichte, die ihr Ezekiel erzählt hatte, weckte und bestätigte Erinnerungen, von denen sie immer angenommen, und auch immer gesagt bekommen hatte, sie seien Ausgeburten ihrer Phantasie.

Sie schlug die Augen auf, blickte herausfordernd in das Dunkel der Zelle und zwang sich, sich an all das zu erinnern, was sie bisher zu vergessen versucht hatte. Am besten konnte sie sich an die Angst und Erschöpfung erinnern, die sie empfunden hatte, als sie um die blutüberströmten Mädchen, die vom Turm des Waisenheims gefallen waren, herumgegangen war und versucht hatte, ihren reglosen Körpern wieder Leben einzuhauchen. Auf ihrer Gefängnispritsche durchlebte ihr Körper noch einmal den dumpfen Schmerz und das Ausströmen von Energie, das sie empfunden hatte, als sie die Mädchen umarmte, und die tiefe Erschöpfung, in die sie danach fiel. Doch am besten konnte sie sich an ihre Erleichterung erinnern, als sich die Mädchen der Reihe nach vom Boden erhoben hatten.

Schicht um Schicht hatten Ezekiels Enthüllungen die Patina der Vergangenheit und ihrer eigenen Verdrängung abgetragen, bis die darunter verborgenen Bilder und Empfindungen, von der Zeit unangetastet, wieder zum Vorschein kamen.

Ezekiel hatte ihr alles über seinen Besuch in Dr. Carters Labor erzählt und wie ihm der Wissenschaftler dort die Besonderheit ihres Erbguts erklärt hatte. Außerdem hatte er sie davon in Kenntnis gesetzt, daß Gomorrah inzwischen beauftragt worden war, Dr. Carter und seine Mitarbeiter unschädlich zu machen. Als sie ihm daraufhin zu verstehen gegeben hatte, sie wolle Dr. Carter persönlich beseitigen, hatte Ezekiel nur mit den Achseln gezuckt. Und was noch wichtiger war, im Inneren Kreis war man noch zu keiner Entscheidung gekommen, *wie* man sie hier am besten herausholen sollte. Und sie hatte nur noch fünfzehn Tage Zeit.

Der Gedanke an ihre bevorstehende Hinrichtung rückte ihr sofort wieder ihre besonderen Fähigkeiten ins Bewußtsein. Sie erfüllten sie mit einem Gefühl von Macht, das weit über den Kitzel hinausging, den sie bei den Gerechten Tötungen verspürt hatte. Vor allem die Geschichte mit den Bienenstichen ging ihr nicht mehr aus dem Kopf; sie war ihr nicht nur lebhafter in Erinnerung geblieben, sondern hatte sie auch auf eine Idee gebracht: eine Idee, die sie vor Aufregung zittern ließ.

Sie fragte sich, ob sie zu diesen Wunderheilungen immer noch imstande wäre. Sie versuchte sich zwar an die Zeit zu erinnern, als sie ihre Kräfte noch besessen hatte, aber es gelang ihr nicht. Alles, woran sie sich erinnern konnte, waren ihre Angst und Verzweiflung, ständig für ihre »Lügen« bestraft zu werden. Trotzdem war sie sicher, wenn sie es nur zuließe, würden ihre Kräfte schon irgendwie zurückkehren.

Sie hatte immer das Gefühl gehabt, auserwählt zu sein. Und jetzt merkte sie, daß ihrem Leben ein Plan zugrunde lag und daß es falsch gewesen war, an ihrem Glauben zu zweifeln. Es packte sie wie ein Fieber. Ein Leben zu nehmen waren die Menschen immer schon imstande gewesen; das wußte gerade sie besser als die meisten. Aber nur Gott war in der Lage, auch Leben zu geben. Wenn sie also diese Fähigkeit besaß, was war sie dann? Ein wahres Kind Gottes?

Sie erhob sich von ihrer Pritsche und begann, von wilder Freude erfüllt, in der dunklen Zelle auf und ab zu gehen. Sie konnte den Morgen kaum erwarten. Inzwischen wußte sie, was sie zu tun hatte; ohne jeden Zweifel. Sie hoffte, der Vater würde morgen wieder kommen, damit sie ihm von ihrem Plan erzählen konnte. Wenn sie hier herauskommen wollte, brauchte sie seine Hilfe, und die der Bruderschaft; *ihrer* Bruderschaft. Sie lächelte in der nun friedlichen Dunkelheit.

Es gab so viel vorzubereiten.

❖ ❖ ❖

Ezekiel De La Croix kam am nächsten Tag nicht wieder. Aber am Nachmittag bekam Maria Benariac von jemand anderem Besuch.

Ohne zu ahnen, daß Ezekiel am Tag zuvor auf demselben Stuhl gesessen hatte, wartete Tom Carter allein in dem kahlen Sprechzimmer des Staatsgefängnisses. Sein blaues Hemd und das Baumwollsakko waren verknittert, und vor Müdigkeit hatte er Kopfschmerzen und dunkle Ringe unter den Augen. Abwesend sah er sich in dem deprimierenden Raum mit den schmutzig weißen, fensterlosen Wänden und der harten Neonbeleuchtung um. Er war in Gedanken ganz woanders und wußte nicht einmal mehr, warum er überhaupt hierhergekommen war.

Gestern abend war er halb frustriert, halb erwartungsvoll aus Korsika zurückgekehrt. Er hatte zwar gewußt, daß Maria in der Lage war, Holly zu helfen, war aber alles andere als überzeugt gewesen, daß sie es auch tun würde, ganz egal, was er ihr als Gegenleistung anbot. Am Logan Airport war er förmlich durch die Zollabfertigung gerauscht und hatte dann in der Ankunftshalle fieberhaft nach dem GENIUS-Chauffeur Ausschau gehalten, den er angefordert hatte; er hatte es kaum erwarten können, Holly wiederzusehen.

Zu seiner Überraschung war jedoch Jack, flankiert von zwei Polizisten, ihn abholen gekommen. Beim Anblick des finsteren Gesichts seines Freundes war sein erster Gedanke, Hollys Zustand hat sich weiter verschlechtert oder noch Schlimmeres. Die Erleichterung, als seine Befürchtungen zerstreut wurden, war jedoch nur von kurzer Dauer.

»Was? Eine Explosion in Bob Cookes Wohnung? Wie geht es ihm?«

Jack schüttelte den Kopf. »Er ist tot, Tom. Und seine Freundin und der alte Mann einen Stock tiefer auch.«

»Tot?« Tom hatte es nicht fassen können und konnte es auch jetzt noch nicht.

Und dann, nach dem Abklingen des ersten Schocks, war ihm

die Frage durch den Kopf geschossen: »*Hat er vor seinem Tod noch das Rätsel mit den Mäusen gelöst?*« Kaum hatte er diesen Gedanken gedacht, hatte er ihn schuldbewußt sofort wieder verdrängt, aber trotzdem spukte er ihm weiter durch den Kopf.

Es war nicht bei der Nachricht von Bob Cookes Tod geblieben. Nein, das wahre Ausmaß der Tragödie war ihm erst bewußt geworden, als er erfuhr, daß Nora Lutz angeblich ihre Mutter tot in ihrem Bett gefunden hatte und daraufhin an einem Herzinfarkt gestorben war.

»Nora und an einem Herzinfarkt sterben?« wiederholte er ungläubig, was Jack ihm gerade mitgeteilt hatte. »Nora war doch kerngesund, und ihre Mutter schon jahrelang schwer krank. Ihr Tod wäre für Nora alles andere als überraschend gekommen ...«

Und zum Schluß, auf der Fahrt zum GENIUS-Gelände, hatte Jack ihm auch noch von Jasmines Autounfall erzählt.

»Oh nein! Bitte sag mir, daß wenigstens sie überlebt hat!«

Ein erschöpftes Kopfschütteln von Jack begleitete die Antwort. »Das läßt sich noch nicht sagen.«

Dann war ihm mit einem Mal alles klargeworden. Entsetzlich klar.

»Wenn du mich fragst«, hatte Jack gesagt, »versuchen die Leute, die hinter Maria Benariac stehen, immer noch Projekt Kana zu stoppen. Und das heißt, du bist ungeachtet der Tatsache, daß der Prediger inzwischen hinter Gittern sitzt, immer noch Ziel eines Mordanschlags.«

Danach war Tom eine Zeitlang an dem Punkt gewesen aufzugeben. Nicht, weil sein Leben in Gefahr war – das war schon lange nichts Neues mehr für ihn –, sondern weil seine besessenen Bemühungen, seine Tochter zu retten, so viele andere Menschen das Leben gekostet hatten. Er stand nicht mehr nur allein auf der langen Liste von Menschen, die das Mißfallen irgendeines wahnsinnigen Fanatikers erregt hatten und nun der Reihe nach aus dem Weg geräumt wurden. Nein, hier hatte er es mit Leuten zu tun, die nicht nur sein Projekt um jeden Preis stoppen wollten, sondern auch *jeden*, der daran beteiligt war. Und jetzt hatten diese Leute wegen etwas, das *er* tat, Menschen getötet: *seine Freunde*. Und das alles nur, weil er sich in seiner egoistischen Sturheit in den Kopf gesetzt hatte, seine Tochter zu retten, koste es, was es wolle. Ging es ihm denn wirklich nur darum, Holly zu retten? Oder waren seine verzweifelten Bemühungen nur ein Vorwand für seinen fanatischen Kreuzzug, der nur eines zum Ziel hatte: der Natur eine Lektion zu erteilen? Und den Krebs aus der Welt zu schaffen und mit ihm all die anderen hinterhältigen Fallen, die uns Mutter Natur stellte, um uns vor Augen zu führen, wie hilflos wir trotz all unseres technischen Fortschritts waren? Versuchte er in Wirklichkeit nicht bloß, die Natur zu bezwingen und das Gleichgewicht der Kräfte zu unseren Gunsten zu verschieben, ganz gleich, welchen Preis die Menschen um ihn herum dafür bezahlen mußten?

Ging es ihm denn in Wirklichkeit nicht genau darum? hatte er sich gefragt, als Jack den Wagen auf das GENIUS-Gelände steuerte. Erst als er die Klinik betreten und in Hollys vertrauensvolle Augen geblickt und aus ihrer Zuversicht wieder neuen Mut geschöpft hatte, war es ihm gelungen, diese Dämonen, die seine Selbstzweifel schürten, zum Schweigen zu bringen. Erst an diesem Punkt war ihm die Reinheit seiner Bemühungen bewußt geworden: die schlichte Erkenntnis, daß er nur alles in seiner Macht Stehende unternahm, um seine Tochter zu retten. Nicht mehr und nicht weniger.

Wenn es ihm gelang, anderen das Leben zu retten, so war das ja schön und gut. Aber diese Aufgabe, diese *Bürde* wurde bereits von den anderen Projekten getragen, an denen sowohl bei GENIUS als auch in zahllosen anderen Instituten auf der ganzen Welt gearbeitet wurde. Alles, worum es bei Kana ging, und alles, was ihn interessierte, war, das Leben seiner Tochter zu retten. Falls ihm der Tod derer, die umgebracht worden waren, weil sie an seinem Projekt mitgearbeitet hatten, überhaupt etwas sagen sollte, dann höchstens, daß er den einmal eingeschlagenen Weg zu Ende gehen mußte. Und wenn ihn irgend jemand daran zu hindern versuchte, dann war nicht er der Böse, der der Natur ins Handwerk pfuschte, sondern *diese* Leute, die den natürlichen Wunsch eines Vaters, seiner Tochter zu helfen, zu vereiteln versuchten.

Als er jetzt im Wartezimmer des Todestrakts saß und den näher kommenden Schritten lauschte, war ihm sehr deutlich bewußt, daß seine Situation alles andere als natürlich war. Immerhin war er hier, um mit der Mörderin seiner Frau über die Rettung seiner Tochter zu verhandeln.

Als Maria von zwei Wärtern in den Raum geführt wurde, fielen Tom zwei Dinge auf. Das erste war, wie abgeklärt sie wirkte. Das war keine gewöhnliche Insassin des Todestrakts. Kein gewöhnlicher Mensch konnte wenige Tage vor seinem sicheren Ende so gelöst sein. Andererseits, rief er sich ins Gedächtnis, war der Prediger alles andere als ein gewöhnlicher Mensch. Das zweite, was ihm auffiel, war der Umstand, daß sie nicht sonderlich überrascht schien, ihn zu sehen. Wenn überhaupt etwas, schien sie ein wenig enttäuscht, daß er nicht jemand anderer war. Einen flüchtigen Augenblick lang fragte er sich, wer.

Solange die Wärter damit beschäftigt waren, ihre Handschellen an dem Ring auf dem Tisch zu befestigen, wechselte er kein Wort mit ihr. Doch als sie ihre Rufen-Sie-uns-wenn-Sie-was-brauchen-Leier herunterbeteten und auf den Knopf neben der Tür deuteten, lächelte ihn Maria an. Es war ein triumphierendes, bemitleidendes Lächeln.

Als die Wärter gegangen waren, machte Maria noch immer keine Anstalten, etwas zu sagen. Ihr Haar war nachgewachsen und bedeckte ihren Kopf mit einem feinen Flaum. Wären da nicht ihre Augen gewesen und ihr unnatürlicher Körperbau, hätte sie fast etwas Rührendes, wenn nicht sogar Verletzliches gehabt, ähnlich einem frisch ausgeschlüpften Küken. Er hatte sich seine Worte sehr genau zurechtgelegt, bevor er hierher gekommen war, doch als er sie nun vor sich sitzen sah, schienen sie ihm mit einem Mal nicht mehr angemessen, weshalb er ihr ohne Umschweife von Projekt Kana zu erzählen begann und daß es ihnen gelungen war, eine Person mit den gleichen Genen wie Jesus Christus zu finden. Zu seiner Überraschung zeigte Maria keinerlei Reaktion. Und selbst als er ihr darauf eröffnete, *sie* sei diese Person, nahm sie es mit schockierender Gelassenheit auf.

»Was halten Sie von dem, was ich Ihnen gerade erzählt habe?« fragte er sie schließlich, damit sie endlich etwas sagte. Aber sie zuckte nur die Achseln, als hätte er sie gefragt, welche Sorte Eis sie am liebsten mochte.

»Finden Sie denn, was ich Ihnen gerade gesagt habe, nicht ... interessant?« drang er weiter in sie. »Und finden Sie nicht, daß diese Tatsache keineswegs einer gewissen Ironie entbehrt?«

»Sicher«, sagte sie auf ihre lässige Art. »Aber was ich wirklich interessant finde, ist, daß Sie hergekommen sind, um mir das zu erzählen. Ich habe Ihnen doch gesagt, es ist noch nicht vorbei.«

Tom biß sich auf die Lippe. Am liebsten hätte er ausgeholt und ihr in ihr selbstgefälliges, gehässiges Gesicht geschlagen. Was hatte sein Vater immer gesagt, wenn er ihm, dem kleinen Sohn, eine Geistergeschichte erzählt hatte?

*»Eine Hexe ist die einzige Frau, die man schlagen darf.«*

*»Und eine Teufelin?«*

*»Die auch. Aber da ist es noch mal anders. Bei einer Teufelin muß man so fest zuschlagen, daß sie nicht mehr aufsteht. Denn wenn die noch mal über dich herfällt, kannst du dich auf was gefaßt machen ...«*

Tom versuchte Ruhe zu bewahren. Ganz offensichtlich hatte Maria bereits über ihre Gene Bescheid gewußt. So abgebrüht konnte niemand sein. Aber wer könnte es ihr erzählt haben? Dann kam es ihm. Ezekiel mußte sich mit ihr in Verbindung gesetzt haben, um sich seinen Neuen Messias aus nächster Nähe anzusehen. Der alte Herr hatte ihr von ihren Genen erzählt. Von ihm wußte sie bereits alles. Tom fragte sich flüchtig, welchen Eindruck sie wohl auf Ezekiel gemacht hatte. Für die hehren Pläne der Bruderschaft mußte die Person des Predigers kein geringerer Schock gewesen sein als für seine Pläne in Hinblick auf Holly.

Er holte tief Luft und entschied, daß es nur eine Möglichkeit gab, die Sache anzupacken: sich strikt an die Fakten zu halten. Wenn sie half, half sie, und wenn nicht ...

»Miß Benariac«, begann er, so sachlich er konnte. »Unter allen Menschen, deren Genome wir bisher analysiert haben, und das sind mehr als fünfhundert Millionen, haben wir nur drei gefunden, die diese drei mutierten Gene besitzen. Zwei dieser Personen sind bereits tot; eine war ein kolumbianischer Indianer, und die andere war natürlich Jesus von Nazareth. Sie sind die dritte. Außer den besonderen Genen haben Sie noch etwas gemeinsam: Sie alle waren in einer bestimmten Phase ihres Lebens in der Lage, Krankheiten zu heilen.« Er machte ein Pause, um auf eine Reaktion zu warten. Als keine kam, fuhr er fort: »Ich glaube, Sie besitzen diese Gabe noch, und ich möchte Ihnen helfen, sie sich nutzbar zu machen.«

Jetzt studierten ihn diese ungewöhnlichen Augen sehr aufmerksam. Das Lächeln war noch immer nicht verflogen. »Warum?«

Er hatte nächtelang wach gelegen und überlegt, was die beste Antwort auf diese Frage wäre; die Antwort, die eine Mörderin veranlassen könnte, Holly zu helfen. Doch schließlich war er zu der Überzeugung gelangt, daß er gar keine andere Wahl hatte, als ganz ehrlich mit ihr zu sein. Er griff in die Innentasche seines Sakkos und zog ein Foto von Holly heraus. Er hatte es letzten Sommer auf den Bermudas aufgenommen: Holly, wie sie in ihrem roten Badeanzug auf dem rötlich-weißen Sand der Horseshoe Bay in die Kamera winkte. Als er das Foto vor Maria auf den Tisch legte, tat er dies in der Hoffnung, sie könnte spontan Zuneigung zu Holly fassen und ihr unabhängig von ihm helfen. Schließlich war sie eine Frau ...

»Ich möchte, daß Sie ihr das Leben retten«, sagte er.

»Wer ist sie?«

»Meine Tochter Holly.«

Maria nickte und sah sich das Foto aufmerksam an. Sie hob es mit ihrer rechten gefesselten Hand hoch und schien es mit der linken zu streicheln. »Sie hat Ihr Kinn«, sagte sie lächelnd, als sähe sie sich das Familienfotoalbum an. Als sie dann aufblickte, bemerkte er für einen Sekundenbruchteil etwas Verletzliches in ihrem Blick: eine tiefe Sehnsucht.

Dann kamen die Fragen.

»Lieben Sie sie sehr?«

Er nickte. »Sehr.«

»Weiß sie, wie sehr Sie sie lieben? Sagen Sie es ihr?«

»Ja, sie weiß es.«

»Weiß sie, was Sie tun, um ihr zu helfen? Weiß sie, daß Sie hierher gekommen sind?«

»Nein, ich habe ihr nichts von Ihnen erzählt.«

»Was fehlt ihr?«

»Sie hat einen Gehirntumor.«

»Wie lange hat sie noch? Länger als ich?«

»Das weiß ich nicht. Ich hoffe es.«

»Und Sie möchten, daß ich ihr helfe.«

»Wenn Sie es können.«

»Oh, ich glaube schon, daß ich es *kann.*« Sie lehnte sich zurück.

*Wirklich?* dachte Tom. Das überraschte ihn. Er hatte nicht damit gerechnet, daß sie sich ihrer Kräfte bewußt wäre, und vor allem nicht, daß sie sich ihrer so sicher sein könnte. Ihn überkam wieder die gleiche frustrierte Erregung, die ihn gestern bei der Ankunft auf dem Flughafen befallen hatte. Aber er verzog weiterhin keine Miene. Als er schließlich mit seinem Angebot herausrückte, versuchte er es so beiläufig und unbeteiligt wie möglich zu tun. »Ich habe mit dem Gouverneur gesprochen. Wenn Sie ihr helfen, kann ich Ihre Todesstrafe umwandeln lassen.«

Marias selbstgefälliges Grinsen wurde breiter. »In lebenslänglich? Leben für Leben. Ist es so?«

Er hob die Schultern. »Wenn Sie so wollen.«

Maria sah von Hollys Foto zu Tom und wieder zurück auf das Foto. »Finden Sie, Holly ist arm dran?« fragte sie schließlich.

Diese Frage brachte ihn etwas aus dem Konzept, aber er hielt sich weiter daran, ehrlich zu antworten. »Insofern, als sie in ihrem Alter schon Krebs bekommen hat, auf jeden Fall.«

»Das finde ich nicht«, sagte Maria ruhig. Und als er sie Hollys Bild studieren sah, bildete er sich ein, so etwas wie Wehmut, fast Neid in ihrem provozierenden Gesicht zu bemerken. »Ich finde, sie kann sich sehr glücklich schätzen. Sie hat Eltern, die sie lieben ...«

»Von denen nur ein Teil noch am Leben ist«, platzte Tom wütend heraus, bevor er sich selbst daran hindern konnte.

Maria ließ sich durch nichts anmerken, daß sie es gehört hatte. »Sie hat sich vom Tag ihrer Geburt an geliebt und gewollt gefühlt.«

»Das stimmt«, sagte Tom, der seine Gefühle unter Kontrolle zu halten versuchte und wollte, daß Maria Zuneigung zu Holly faßte. »Wenn ihr niemand hilft, muß sie in wenigen Monaten, vielleicht sogar Wochen, sterben. Und sie ist vollkommen unschuldig.«

Darüber mußte Maria lächeln. »Niemand ist *vollkommen* unschuldig, Dr. Carter. Aber Sie wollen, daß ich sie von ihrer Krankheit heile? Daß ich von ihr abwende, was ihr von Gott bestimmt ist, weil Sie es für ungerecht halten? Und weil Sie sie lieben?« Sie hörte sich verständnisvoll, sogar mitfühlend an.

Er nickte.

»Und als Gegenleistung«, fuhr sie fort, »heilen Sie mich von meiner tödlichen Krankheit und verhindern, daß ich in elf Tagen eines frühzeitigen Todes sterbe?«

Wieder nickte er und versuchte dabei, um sie nicht zu provozieren, eine möglichst neutrale Miene aufzusetzen.

Sie sah ihn an und legte dabei den Kopf auf die Seite, als lauschte sie auf etwas. »Dazu wären Sie bereit, obwohl Sie mich *nicht* für unschuldig halten?«

»Ja.«

Als sie sich darauf zu ihm vorbeugte, wäre er am liebsten zurückgewichen. Doch statt dessen zwang er sich, sich ihr so weit zuzuneigen, daß man sie für zwei Liebende hätte halten können, die sich bei einem Abendessen im Kerzenlicht Zärtlichkeiten zuflüstern. Er konnte die Teerseife auf ihrer Haut und die Pfefferminzzahnpasta in ihrem Atem riechen.

»Obwohl ich kaltblütig Ihre Frau erschossen habe?« fuhr sie fort, ihre Lippen nur wenige Zentimeter von seinen entfernt. »Und versucht habe, Sie zu töten?«

»Ja.«

»Das alles würden Sie tun, um Ihre Tochter zu retten?«

»Ja, und mehr. Werden Sie ihr helfen?«

Maria schwieg, aber das Lächeln kehrte wieder auf ihre Lippen zurück. Tom versuchte, aus diesem Lächeln klug zu werden, forschte nach irgendwelchen Anzeichen von Großherzigkeit. Aber ihre Miene war unergründlich. Maria blickte auf ihre Handschellen hinab und schien kurz ihre Hände zu betrachten, als wären sie etwas, das nicht zu ihr gehörte. Als sie wieder aufsah, war das Lächeln verflogen, und an seine Stelle war ein Ausdruck eisiger Ablehnung getreten.

»Nein, Dr. Carter. Ich werde Ihrer Tochter nicht helfen. Das ist das letzte, was ich tun würde.«

# 4. Teil

# Das Wundergen

# 27 Operationssaal der GENIUS-Klinik. Eine Woche später.

Jasmine Washington saß auf einem der blauen Polsterstühle im Wartezimmer des Operationssaals der GENIUS-Klinik. Als sie sich unter dem Gips ihres gebrochenen linken Arms kratzte, war sie zwar sicher, in ihrem Leben schon mal stärkere Schmerzen gehabt zu haben, konnte sich aber nicht erinnern, wann. Bei dem Unfall hatte sie sich einen Bruch des linken Schlüsselbeins und der Speiche zugezogen, und ihre ganze linke Körperhälfte war von blauen Flecken überzogen. Natürlich war sie zu schnell gefahren; wozu hatte man schließlich einen Sportwagen? Bloß hatte ihr vorher noch nie jemand die Bremsschläuche zerschnitten. Sie war nur froh, daß der Lastwagen, auf den sie vor dem Seven Eleven geprallt war, gestanden hatte, und Gott sei Dank waren keine Fußgänger in der Nähe gewesen, als sie ihn auf den Gehsteig geschoben hatte.

Doch, alles in allem, konnte sie von Glück reden. Das Begräbnis von Nora Lutz hatte vor zwei Tagen in Boston stattgefunden, während Bob Cookes Leiche nach Kalifornien geflogen worden war. Schon der bloße Gedanke an den Tod ihrer beiden Kollegen und an die Tatsache, wie knapp sie dem eigenen entgangen war, ließ sie erschaudern. Und wenn sie an das dachte, was gleich eine Tür weiter passieren würde, merkte sie, wie glücklich sie sich *wirklich* schätzen konnte.

Seit die Frau in der Todeszelle es vor einer Woche abgelehnt hatte, Holly zu helfen, war viel passiert. Zum einen hatte sich Hollys Zustand dramatisch verschlechtert. Und falls Bob Cooke das Rätsel gelöst haben sollte, warum ein Teil der Mäuse geheilt worden war und der andere nicht, dann hatte er dieses

Wissen mit ins Grab genommen. Nach Hollys letzten zwei Anfällen war Tom keine andere Wahl mehr geblieben, als sie zu operieren, und sei es nur, um den Druck zu verringern, den der Tumor auf ihr Gehirn ausübte. Denn ihr Krebs war von einer Aggressivität, wie sie Tom oder Karl Lambert, der Neurochirurg, selten beobachtet hatten.

Jasmine hörte, wie die Schwingtür aufging, und sah Alex Carter müde in das Wartezimmer kommen. Toms Vater wirkte wesentlich älter als sonst, und zum erstenmal fand sie, daß ihm jedes seiner achtundsechzig Jahre anzumerken war. Er sah sich mit einem verlorenen Blick um und lächelte erleichtert, als er sie neben dem Kaffeeautomaten sitzen sah. Er winkte und kam auf sie zu.

»Wie geht es ihr?« fragte er und setzte sich neben sie. »Haben sie schon angefangen?«

Sie schüttelte den Kopf. »Sie sind noch dabei, Holly in der Klinik für die Operation fertig zu machen.« Jasmine hob ihren gesunden Arm und deutete mit dem Daumen auf die Wand hinter sich. »Aber Tom und Karl Lambert sind schon seit einer Stunde im OP, um alles für die Operation vorzubereiten. An sich müßten sie jeden Augenblick anfangen.«

»Richtig, richtig«, murmelte Alex und spielte in seinem Schoß nervös mit den Händen. Er wirkte zutiefst besorgt, und plötzlich fiel Jasmine ein, daß er das alles nicht zum erstenmal durchmachte. Er hatte bereits seine Frau an dieser Krankheit leiden sehen.

»Karl Lambert ist ein phantastischer Chirurg«, sagte sie und legte ihm die Hand auf die Schulter. »Und wie gut Tom ist, wissen Sie ja selbst. In besseren Händen könnte sie gar nicht sein.«

Als sich Toms Vater daraufhin ihr zuwandte, versuchte er zwar zu lächeln, doch seinem Blick war anzusehen, er wußte, daß dies das Ende war, oder zumindest der Anfang davon. Plötzlich mußte Jasmine heftig blinzelnd gegen ihre Tränen ankämpfen, Tränen, die nicht zuletzt auch durch Enttäuschung und Wut ausgelöst wurden. Nach allem, was sie durchgemacht, und nach all den Kollegen, die sie verloren hatte, waren nun Kana und die durchaus reelle Chance, Holly zu helfen, von einer Mörderin zunichte gemacht worden: von derselben Mörderin, die den Stein überhaupt erst ins Rollen gebracht hatte. Sie fand keinen Trost in dem Wissen, daß Maria Benariac in vier Tagen hingerichtet würde. Sie sah darin nichts als bedauerliche und sinnlose Vergeudung.

Alex stand auf und ging zum Kaffeeautomaten. »Möchtest du auch was?« fragte er. Nur zu offensichtlich wollte er irgend etwas tun.

»Ja, gern. Koffeinfreien, schwarz, ohne Zucker.«

Die Schwingtür zur Klinik ging wieder auf, und in dem Glauben, Holly würde hereingebracht, zuckten ihre Köpfe herum. Aber es war Jack Nichols. Verlegen, als käme er sich fehl am Platz vor, strich er sich über seine Narbe. »Ich dachte nur, ich schaue mal kurz vorbei, was sich hier so tut. Irgendwie konnte ich mich nicht so recht auf meine Arbeit konzentrieren, weil ich ständig an Tom und Holly denken mußte ...«

»Ich weiß«, sagte Jasmine.

»Kaffee?« fragte Alex am Automaten.

Jack setzte ein schiefes Grinsen auf, so, als wollte er sagen: Wäre es nicht toll, wenn sich mit einer Tasse Kaffee alles wieder richten ließe. »Ja, bitte. Mit viel Milch und vier Zucker.«

Alex wollte schon seinen Kommentar zu dieser Bestellung abgeben, als die Tür wieder aufschwang und Holly von zwei Gestalten in grünen Kitteln auf einer Bahre hereingeschoben wurde. Sie lag auf dem Rücken, und ihr haarloser Kopf wurde von einer Klammer gehalten. *Der kleinste Ausrutscher des Laser,* schossen Jasmine plötzlich Toms Worte über die Risiken der Operation durch den Kopf. *Und eine Lähmung oder Schlimmeres wäre die Folge.* Doch als sie die ängstlich hin und her zuckenden Augen ihres Patenkinds sah, fragte sie sich, ob der Tod wirklich schlimmer war. Ob überhaupt etwas schlimmer war als dies.

Als die Bahre vor dem Eingang zum OP stehenblieb, standen

Jasmine und Alex auf und gingen auf Holly zu. Jasmine streckte die Hand aus, und Holly ergriff wie ein Neugeborenes ihren Zeigefinger. Mit Alex machte sie es mit der anderen Hand genauso. Jack Nichols stellte sich ebenfalls zu ihnen.

»Bis bald«, sagte Jack und formte mit Daumen und Zeigefinger einen Kreis.

Holly versuchte zu lächeln und ließ Jasmines Finger los, um das Okay-Zeichen zu erwidern.

»Alles Gute, Hol«, sagte Jasmine und versuchte ihre Stimme möglichst zuversichtlich klingen zu lassen.

»Bestimmt geht es dir schon bald wieder besser.« Alex lächelte traurig und streichelte Hollys Wange. »Dafür wird dein Papa schon sorgen.«

Die Tür des Operationssaals ging auf, und Tom Carter kam heraus. Karl Lambert, wie Tom in typischem Chirurgengrün, folgte ihm dichtauf. Tom hatte die Gesichtsmaske noch um seinen Hals baumeln, so daß Jasmine den Schmerz in seiner Miene ganz deutlich sehen konnte, als er sich über seine Tochter beugte und sie auf die Stirn küßte. »Hab keine Angst, Holly, ja?« sagte er unendlich zärtlich. »Ich bin die ganze Zeit bei dir. Bist du bereit?«

»Ja, Dad«, flüsterte Holly. Im selben Moment wich die Anspannung aus ihren Zügen, und die Angst in ihren Augen wurde schwächer.

Tom küßte sie noch einmal, bevor er sich wieder aufrichtete. »Dann wollen wir mal.«

Jasmine beobachtete, wie die Bahre in die blendendweiße Helle des OP geschoben wurde. Das letzte, was sie von ihrem Patenkind sah, bevor die Tür zuschwang, war, wie sie von vier Beschützern in Grün umringt wurde. Und sie, die vom Glauben abgefallene Baptistin, bekreuzigte sich und betete zu ihrem Gott.

❖ ❖ ❖

Fünfzehn Meilen weiter schritt Ezekiel De La Croix im Sprechzimmer des Staatsgefängnisses von Massachusetts auf und ab, während sein Messias, Maria Benariac, in Handschellen an dem Tisch neben ihm saß.

»Es tut mir leid, daß ich nicht früher wiederkommen konnte«, entschuldigte er sich. »Aber es gab noch einiges vorzubereiten, um dich hier rausholen zu können.«

»Aber ich habe Ihnen doch gesagt, ich habe einen besseren Plan und brauche dafür Ihre Hilfe.« Maria trommelte mit den Fingern einer angeketteten Hand auf den Stahltisch.

Ezekiel hatte sich immer noch nicht daran gewöhnt, Befehle von der Frau entgegenzunehmen, der er so lange Befehle erteilt hatte. Die letzte Woche war er vor allem damit beschäftigt gewesen, die anderen Angehörigen des Inneren Kreis zu drängen, ihren Fluchtplan zu perfektionieren. Zu diesem Zweck hatte er sich sogar damit abfinden müssen, daß der immer noch skeptische Bruder Bernhard von Maria einen Beweis verlangte, daß sie wirklich die Auserwählte war. Und nachdem nun endlich ein praktikabler Plan ausgearbeitet und Bernhards Bedenken ausgeräumt waren, wollte Maria plötzlich, daß er alles wieder abblies. Sie hätte sich seinen Vorschlag zumindest anhören können, und außerdem bezweifelte er, daß ihr Plan besser war. Trotzdem, sie war der Neue Messias und mußte als solcher für gut befinden, was sie ihr vorschlugen. Sobald sie aus dem Gefängnis befreit und in der Heiligen Flamme gesalbt war, hatte er seine Aufgabe erfüllt und konnte sich zur Ruhe setzen. Schon der bloße Gedanke an den Augenblick, in dem die Last der Verantwortung von seinen Schultern genommen würde, entlockte ihm ein tiefes Seufzen.

»Nun gut.« Er stellte sein Pillendöschen auf den Tisch und schob sich eine der weißen Magentabletten in den Mund. Er hoffte, ihr Plan wäre zumindest durchführbar. »Dann erzähl mir mal, was du vorhast.«

Maria bedeutete ihm, er solle ihr gegenüber Platz nehmen. Dann sah sie nach links und nach rechts, als fürchtete sie, jemand könnte mithören, und beugte sich vor. Und als sie schließlich zu sprechen begann, tat sie das so leise, daß er mit dem Kopf ganz nahe an den ihren heranrücken mußte, um verstehen zu können, was sie sagte. Er konnte seine Ungeduld nur mit Mühe im Zaum halten, als sie ihm ihren Plan darzulegen begann, und hörte erst mehr aus Pflichtgefühl als aus wirklichem Interesse zu. Doch je ausführlicher sie ihm in gemessenem Flüstern erklärte, was sie plante, desto aufmerksamer lauschte er ihren Ausführungen. Als sie schließlich geendet hatte, stand sein Mund vor Staunen weit offen. Ihr Plan war genial. Aber ließ er sich wirklich in die Tat umsetzen? Die Risiken waren immens.

Eine Weile saß er nur stumm da und sah in ihre verschiedenfarbigen Augen.

»Aber woher willst du wissen, daß es wirklich klappt?« brachte er schließlich hervor. »Wie willst du dir da so sicher sein?«

Marias Gesicht strahlte vor Zuversicht, als sie ihn anlächelte. »Vertrauen Sie mir!«

»Das tue ich, bloß ...«

»Bin ich etwa nicht der Neue Messias?«

»Schon, aber ...«

Maria schüttelte ihre Handschellen und bedeutete ihm, näher zu kommen. »Halten Sie meine Hand.«

Er rührte sich nicht von der Stelle.

»Haben Sie keine Angst.«

Erst jetzt kam er zögernd ihrer Aufforderung nach. Er spürte, wie ihre Finger sich um die seinen schlossen und fest zudrückten. Gleichzeitig sah er, wie sie die Augen schloß und blaß wurde; so, als hätte sie starke Schmerzen. Dann spürte er in seiner Hand eine seltsame Wärme, die seinen Arm hochstieg und sich in seinem Oberkörper ausbreitete, als wäre seine Haut mit Liniment eingerieben worden. Dann ließ sie plötzlich seine Hand los, und über ihre Lippen legte sich ein mattes Lächeln.

»Das verstehe ich nicht«, sagte er und griff nach dem Pillendöschen, das er neben ihren angeketteten Händen auf den Tisch gelegt hatte.

»Lassen Sie sie«, sagte sie ruhig.

»Was?«

»Die Tabletten. Sie brauchen sie nicht mehr.«

Er fuhr zusammen und sah sie wortlos an. Das war nicht möglich. Und doch, die Magenschmerzen waren weg; sie hatten nicht nur wie sonst nachgelassen, sondern waren *völlig* verschwunden.

Obwohl sie über sein fassungsloses Staunen lächeln mußte, entging ihm nicht, daß sie fast genauso verblüfft war wie er.

»Glauben Sie jetzt, daß mein Plan klappen kann?« fragte sie.

Er nickte stumm. Jetzt bekam der zweifelnde Bruder Bernhard seinen Beweis.

»Gut«, sagte sie. »Und jetzt gehen Sie. Sie haben noch viel zu erledigen.«

❖ ❖ ❖

Tom beobachtete, wie Karl Lamberts Hand den Laser führte, der das kranke schwarze Gewebe entfernte, das den Rest des Gehirns angriff: des Gehirns seiner Tochter.

Ein Teil von ihm wollte, daß er den Laser selbst hielt, statt bei der Operation nur zu assistieren. Doch der vernünftigeren Hälfte seines Ich war durchaus bewußt, daß er ein Sicherheitsrisiko wäre, und das selbst ohne seine verletzte linke Hand. Er hatte immer den Standpunkt vertreten, ein guter Arzt müsse in der Lage sein, jeden chirurgischen Eingriff mit klinischer Neutralität vorzunehmen, aber inzwischen war ihm klargeworden, daß das nicht ging. So sehr er sich auch bemühte, Holly als einen anonymen Patienten und sonst nichts zu sehen, wollte es ihm nicht gelingen. Sie war seine über alles geliebte, verletzliche Tochter, und schon bei dem bloßen Gedanken, sie operieren zu müssen, begannen ihm die Hände zu zittern.

Um den Operationstisch waren vier Monitore angebracht. Von den dreien, die Hollys Lebensfunktionen aufzeichneten, war der mittlere ein EKG, das mit seinem tröstlich regelmäßigen Piepen die Herztöne wiedergab. Auf dem vierten Bildschirm war in Großaufnahme Hollys Gehirn zu sehen, in dem Karl Lamberts Mikrolaser die dunklen Tumorzellen wegschnitt. Diese Bildschirme wurden von Oberschwester Lawrence und Schwester Fran Huckleberry überwacht. Am Kopfende des Tisches, etwa einen Meter von Karl Lambert und Tom entfernt, stand der Anästhesist Tim Fuller.

Obwohl Tom als Assistent von Karl fungierte, konnte er nicht viel mehr tun als zusehen. Der Eingriff war so diffizil, daß sogar ein Paar Hände schon zu viel erschien. Er versuchte sich damit zu trösten, daß Karl Lambert ein hervorragender Chirurg war, einer der Besten seines Fachs. Dennoch war er sich nur zu deutlich bewußt, daß Holly, selbst wenn sie die Operation überlebte, dadurch höchstens ein paar Monate Zeit gewinnen würde. Wieder einmal fragte er sich, ob es das wirklich wert war. Nur, um das Leiden und die Traurigkeit zu verlängern?

Er hatte immer noch Mühe zu akzeptieren, daß Maria Benariac lieber starb, als Holly zu retten. Es war so sinnlos. Was erhoffte sie sich von ihrer Hinrichtung in vier Tagen? Er dachte an die vielen Geschichten, die ihm Mutter Clemenza über die junge Maria erzählt hatte. Und er erinnerte sich auch an Marias selbstbewußte Behauptung, sie könnte Holly helfen: wenn sie wollte. Welch furchtbare Vergeudung.

*Piep, Piiiep, Piii...iep, Pii...iiii...iii...iep.*

Er starrte auf das EKG und spürte, wie sein eigenes Herz stehenblieb. Die Linie war gerade. Hollys Herz hatte aufgehört zu schlagen.

Plötzlich schien die Zeit still zu stehen. Als Karl Lambert von seinen Händen aufblickte, war sein sonst so ruhiger Blick besorgt. Er mußte in gesundes Gewebe geschnitten haben: in lebenswichtiges Hirngewebe, das Hollys Organismus in einen Schockzustand versetzt hatte. Während Tom den Defibrillator auflud, um Hollys Herz wieder zum Schlagen zu bringen, trug Schwester Lawrence das Kontaktgel auf. Hollys linkes Bein begann heftig zu zittern, und kurz darauf wurde ihre ganze linke

Seite von heftigen Zuckungen geschüttelt. Tom konnte sie nur unter Aufbietung aller Kräfte niederhalten, um die Elektroden auf ihre Brust drücken und ihrem Herzen den erforderlichen Stromstoß versetzen zu können. Er versuchte zu vergessen, daß es seine Tochter war, die er da unter sich liegen hatte, und versuchte auch, nicht an das Trauma zu denken, das diese Prozedur für ihren zarten Körper bedeutete. Er konzentrierte sich nur noch auf das, was nötig war, um sie am Leben zu erhalten.

Der erste Stoß zeigte keine Wirkung. Die Linie auf dem EKG blieb gerade.

Tom wartete, bis der Defibrillator wieder aufgeladen war, dann drückte er ihn wieder auf Hollys Brust. Ihr ganzer Körper zuckte, und einen Augenblick lang bildete er sich ein, die Linie verformte sich zu einem Zacken, aber er täuschte sich. Sie blieb schnurgerade.

Der dritte Stoß. Nichts.

Dann der vierte.

Tom schien es, als dehnten sich seine verzweifelten Bemühungen, sie ins Leben zurückzuholen, ins Unendliche, aber in Wirklichkeit war in zweiundneunzig Sekunden alles vorüber. Um Punkt elf Uhr neun stand für jeden am Operationstisch fest, daß sie nichts mehr tun konnten.

Holly Carter war tot.

Dann passierten zwei Dinge mit Tom. Das erste war, daß er ein gräßliches Aufheulen wie von einem zu Tode verwundeten Tier hörte und lange nicht merkte, daß es aus seiner Kehle kam. Das zweite war, daß ihm blitzartig eine Idee kam, die so naheliegend war, daß er noch einmal aufschreien mußte.

Bevor ihn jemand trösten konnte, rief er: »Nichts anrühren!« und stürmte aus dem OP. Ohne sich um Jasmine, Alex und Jack zu kümmern, die im Wartezimmer saßen, rannte er in Richtung Crick-Labor davon.

❖ ❖ ❖

*Wenn ein Körper stirbt, tut er das in mehreren Phasen. Wenn das Herz aufhört, Blut zu pumpen, oder die Lungen aufhören, Sauerstoff aufzunehmen, oder das Hirn aufhört zu funktionieren, dann ist der Körper naturgemäß klinisch tot. Doch ein Körper ist eine Ansammlung von Zellen, und nicht alle Zellen sterben sofort ...*

❖ ❖ ❖

Statt den besetzten Lift zu nehmen, eilte Tom, so schnell es sein verletztes Bein zuließ, die Treppe hinauf, riß die Tür zur ersten Etage auf, drängte sich an einem der Virologen vorbei, der gerade die Mendel-Suite betrat, und lief durch das große Hauptlabor. Ohne sich um die erstaunten Blicke der Wissenschaftler zu kümmern, die über ihre Laborbänke gebeugt saßen, steckte er seine Hand in den Sensor der Sicherheitstür zum Crick-Labor und wartete ungeduldig darauf, daß sie aufging.

Fast sofort glitt sie leise zischend zur Seite, und Tom stürzte durch das verlassene Labor auf den Kühlschrank zu, in dem sich die dreizehn Ampullen mit Dreifaltigkeitsserum befanden. Hektisch riß er die Tür auf und nahm eine der Glasampullen heraus. Dann zog er die Schublade unter der Laborbank daneben heraus und suchte hastig nach einer Spritze. Er riß die Schutzhülle ab, steckte die Spritze auf die Ampulle und füllte den Kolben. Damit die Luftblasen entwichen, klopfte er gegen die Spritze und drückte auf den Kolben. Dann zog er seinen linken Ärmel hoch, verdrehte ihn zu einer Aderpresse, damit die Venen in seinem Unterarm stärker hervortraten, stieß sich die Nadel in den Arm und drückte auf den Kolben.

❖ ❖ ❖

Als Jasmine Jack und Alex in den Operationssaal führte, hatte sie genausowenig eine Ahnung, wo Tom hingelaufen war, wie die anderen. Sie hatte überlegt, ob sie ihm folgen sollte, doch

Alex hatte sie mit dem Hinweis zurückgehalten, Tom wolle jetzt sicher allein sein.

Karl Lambert sah ebenso blaß aus wie das restliche Operationsteam. Zwar versuchte er sie mit einer halbherzigen Geste aus dem OP zu scheuchen, gab aber schnell auf. Er säuberte die Inzision in Hollys Kopf und breitete ein steriles grünes Tuch darüber.

Als Jasmine auf Holly hinabsah, waren ihre Augen geschlossen, als schliefe sie nur, und auch sonst wirkte sie seltsam friedlich. Jasmine verspürte einen unwiderstehlichen Drang, sie zu berühren und ins Leben zurückzuholen.

Dennoch faßte sie ihr Patenkind nicht an. Sie weinte auch nicht, obwohl ihr Herz die gleiche kalte Trauer zusammenschnürte, die sie auch beim Tod ihres Bruders und Olivias ergriffen hatte. Sie weinte auch nicht, als sie den tiefen Schmerz im Gesicht von Alex sah. Erst als sie die kleine Träne aus Jack Nichols linkem Auge rollen und der Linie seiner Narbe zu seinem Mund hinunter folgen sah, weinte sie. Den abgebrühten Ex-FBI-Mann diese eine Träne vergießen zu sehen, führte ihr das ganze Ausmaß der Tragödie vor Augen.

Plötzlicher Lärm ließ sie alle herumfahren. Die Schwingtür flog auf, und Tom stürmte in den OP. Der linke Arm seines grünen Kittels war hochgekrempelt, in seinen Augen lag ein fiebriger Glanz. Ohne irgend jemandem Beachtung zu schenken, blieb er am Operationstisch stehen und blickte auf seine Tochter hinab. Jasmine beobachtete, wie die Anspannung einen Moment aus seinen Augen verschwand und einer unendlichen Zärtlichkeit wich. Dann beugte er sich über Holly und schlang die Arme um sie, als wollte er sie hochheben. Aber er hob sie nicht hoch, sondern blieb über den Tisch gebeugt und drückte seine tote Tochter nur an sich.

Toms Gesicht konnte Jasmine nicht sehen, da es nach unten gewandt war, aber Hollys bleiches Antlitz war über seiner Schulter deutlich zu erkennen. Über der Schulter, die plötzlich heftig zu zucken begann, während Tom seine Tochter noch fester an sich preßte.

Alex Carter legte seinem Sohn tröstend die Hand auf den Rücken, zog sie aber bei der ersten Berührung so ruckartig zurück, als hätte er einen glühendheißen Ofen angefaßt. Aber als er sich zu den anderen umdrehte, spiegelte sich in seiner Miene kein Schmerz wieder, nur Verblüffung.

Und dann sah Jasmine etwas, was sie ihr ganzes Leben lang nicht mehr vergessen sollte. Es ging alles so schnell, daß sie erst nicht sicher war, ob sie es wirklich gesehen hatte und ob es, wenn doch, etwas zu bedeuten hatte.

Holly blinzelte.

Um zu sehen, ob auch die anderen es bemerkt hatten, drehte sich Jasmine zu ihnen um. Doch Jack und die Ärzte entfernten sich bereits, um Tom seinem Kummer zu überlassen. Selbst Alex hatte gedankenversunken den Blick zu Boden gesenkt. Niemand außer ihr konnte Hollys Gesicht sehen.

Und dann gingen Hollys Augen auf.

Entweder wurde Jasmine verrückt, oder hier geschah tatsächlich ein Wunder. Mit angehaltenem Atem blickte sie sich noch einmal um. Doch die anderen standen immer noch in stummer Trauer herum und achteten nicht auf sie.

Dann lächelte Holly sie schläfrig an und sagte: »Könnte ich bitte ein Glas Wasser haben, Jazz?«

Und da geschah etwas, was Jasmine in ihrem ganzen Leben noch nie passiert war.

Sie fiel in Ohnmacht.

## 28 Vier Tage später. Staatsgefängnis von Massachusetts.

Maria war guter Dinge, als sie ihr letztes Frühstück aß. Ungeachtet der Tatsache, daß für Mitternacht ihre Hinrichtung angesetzt war, hatte sie sich noch nie so euphorisch und lebendig gefühlt. Die Eier schmeckten wie von einem französischen Spitzenkoch zubereitet, und die Milch war frischer und kälter als jede, die sie bisher getrunken hatte. Jeder ihrer Sinne war so geschärft, daß sie selbst die alltäglichsten Dinge des Lebens mit kindlicher Entdeckerfreude erfüllten. Das Blau ihrer Gefängniskluft war plötzlich von einer Kornblumenreinheit, die den Wunsch in ihr weckte, schon früher Kleider in dieser Farbe getragen zu haben. Und die neue Zelle, in die man sie unmittelbar vor ihrer Hinrichtung gebracht hatte, war voller neuer Wunder. Fast den ganzen gestrigen Nachmittag hatte sie sich die Zeit damit vertrieben, jeden noch so kleinen Unterschied zwischen ihrer neuen und ihrer alten Zelle zu registrieren. Was ihr jedoch die größte Freude und Genugtuung bereitete, war die einfache, aber überwältigende Kraft, die in jeder Zelle ihres Körpers steckte.

Sie war die Auserwählte. Das wußte und akzeptierte sie jetzt. Sie war mit den Genen Gottes gesegnet und hatte nun Macht über Leben und Tod. Nun hatte sie von nichts und niemandem mehr etwas zu befürchten. Schon bei der bloßen Erinnerung an das Gespräch mit Vater Ezekiel verspürte sie ein elektrisierendes Prickeln. Als sie seine Hand berührt und sein Magengeschwür geheilt hatte, hatte sie gespürt, wie die Energie – *die Kraft* – aus ihrem Körper in den seinen geströmt war. Die Erschöpfung, die darauf von ihr Besitz ergriffen hatte, war nichts gewesen im Vergleich zu der freudigen Erkenntnis, daß ihr die Kraft ihrer halb vergessenen Kindheitstage unvermindert erhalten geblieben war.

Das Gespräch mit Dr. Carter hatte ihr ähnliche Genugtuung bereitet. Die Tötungen durchzuführen war immer mit einem gerechten Kitzel verbunden gewesen. Es hatte etwas Urtümliches und Reines, ein Leben zu *nehmen*, aber nicht einmal bei ihren berauschendsten Exekutionen hatte sie ein ähnliches Lustgefühl empfunden wie in dem Moment, als sie Dr. Carters Bitte abgelehnt hatte. Sie hatte festgestellt, daß ein Leben zu nehmen eine Sache war, aber ein Leben zu verweigern eine andere. Es war praktisch wie Töten. Die Macht zu besitzen, Leben zu *geben*, und dann zu entscheiden, nicht von ihr Gebrauch zu machen, ließ sich mit nichts vergleichen, was sie bisher erlebt hatte. Es war, als ... als ... als wäre sie ein Gott.

Sie hörte das inzwischen vertraute Klicken der Absätze ihrer Wärterin den Gang herunterkommen. Ihr Seelsorger war zu seinem letzten Besuch eingetroffen.

❖ ❖ ❖

Neun Minuten später blickte sie im Sprechzimmer in Vater Ezekiels müdes, aber gespanntes Gesicht.

»Ist alles vorbereitet?« fragte sie.

Er nickte. »Als dein Seelsorger werde ich zusammen mit den Zeugen und dem Gefängnisdirektor an deiner Hinrichtung teilnehmen. Dank der weitreichenden Kontakte der Bruderschaft war es uns möglich, dafür zu sorgen, daß die richtigen Leute Dienst haben und die erforderlichen Maßnahmen ergriffen werden können.« Eine Pause. »Bist du immer noch sicher, es wird klappen?«

Maria fand Ezekiels Besorgnis rührend. »Haben Sie Vertrauen, mein Vater.«

»Ich habe Vertrauen in dich, mein Kind, ich habe nur Angst, daß nach so langem Warten ...« Er verstummte. »Es ist nur, daß mir eine ... *konventionellere* Rettungsaktion lieber gewesen wäre.«

»Aber können Sie sich eine bessere Möglichkeit vorstellen, die letzten Zweifel auszuräumen, wer ich bin? Auf diese Weise kann ich beweisen, daß ich wahrhaftig die Auserwählte bin.«

Ezekiel zuckte widerstrebend die Achseln und spielte mit seinem Rubinring. »Da hast du vermutlich recht.«

»Ich weiß, daß ich recht habe. Wird Dr. Carter der Hinrichtung beiwohnen?« Je weniger Dr. Carter sie mit dem Vater in Verbindung bringen konnte, desto besser.

»Ich glaube nicht«, sagte Ezekiel De La Croix. »Nur zwei Verwandte der gerecht Getöteten haben einen Teilnahmeantrag gestellt, aber Carter ist nicht unter ihnen. Er ist zu sehr damit beschäftigt, sich um seine sterbende Tochter zu kümmern. Doch selbst wenn er kommen sollte, würde das unseren Plan nicht gefährden. Wahrscheinlich weiß er sogar, daß ich dein Seelsorger bin. Aber er denkt, ich hätte dich erst kennengelernt, nachdem sich herausstellte, daß du die Gene hast. Schließlich ist es doch nur verständlich, daß ich nach zweitausend Jahren des Wartens dem Neuen Messias während seiner letzten Tage nahe sein möchte.«

Sie nickte. Wahrscheinlich hatte er recht.

Der Vater erhob sich von seinem Stuhl. »Ich sollte jetzt lieber gehen und mich vergewissern, daß alle nötigen Maßnahmen eingeleitet worden sind ...« Er zögerte kurz und spielte an dem Ring an seinem Finger herum. Mit einem Mal schien er sie nur widerstrebend verlassen zu wollen. »Es kann sein, daß ich vor der Hinrichtung keine Gelegenheit mehr habe, mit dir zu sprechen ...« Seine sonst so unergründliche Miene war plötzlich wie eine Leinwand voller intensiver Gefühle. Wie Wolkenschatten, die über eine Landschaft ziehen, sah sie darauf Schmerz, Bedauern, Hoffnung, Angst und Liebe. Ja, *Liebe zu ihr* kolorierte die Konturen des greisen Gesichts. Er ging um den Tisch herum und blieb über ihr stehen. Diesmal kniete er nicht vor ihr nieder, sondern bückte sich und umarmte sie. Dann tat er etwas, was sie so überraschte und rührte, daß ihr Tränen in die Augen traten; er küßte sie auf ihre linke Wange.

Sie wünschte sich, sie könnte die zärtliche Umarmung erwidern, doch die Handschellen verwehrten es ihr. Sie blinzelte gegen ein paar aufmüpfige Tränen an, als sie ihn in ihr Ohr flüstern hörte:

»Mein Kind, ich bin *so* froh, daß ich dich rechtzeitig gefunden habe.« Und bevor sie etwas erwidern konnte, richtete er sich rasch auf, und seine Miene war wieder ohne jede Emotion. »Ich muß jetzt fort.«

Er ging zur Tür und drückte auf den Klingelknopf. »Mögest du erlöst werden«, sagte er zum Abschied.

Ein mattes Lächeln legte sich über ihre brennenden Augen. »Auf daß ich die Gerechten erlöse und die Gottlosen strafe.«

Als die Wärter hereinkamen, wartete der Vater, bis man ihre Handschellen vom Tisch gelöst und sie zur Tür geführt hatte. Dann sah er sie lächelnd an und ging hinaus.

Draußen auf dem weiß gekachelten Gang wandte sie sich der Tür links zu, die zum Wartezimmer für die Besucher des Todestrakts führte und zum strahlenden Sonnenschein der Welt draußen. Für gewöhnlich führten die Wärter sie rasch nach rechts, den langen Korridor hinunter, an der Hinrichtungskammer vorbei, zurück zu ihrer Zelle. Aber aus irgendeinem Grund blieben sie heute stehen und ließen sie zusehen, wie der Vater durch den weißen Tunnel gebückt dem Licht entgegenging.

Sie wollte sich schon aus eigenem Antrieb abwenden, als sie sah, wie er plötzlich die Schultern straffte und abrupt stehenblieb. Zuerst dachte sie, er wollte sich umdrehen und noch etwas zu ihr sagen, aber statt dessen blickte er durch die verstärkte Glasscheibe in der Tür zum Warteraum für die Besucher. Als die Tür aufging, stand eine hoch aufgeschossene Gestalt dahinter. Sie war nur fünfzehn Meter entfernt, aber von draußen fiel so viel Licht herein, daß sie nicht erkennen konnte, wer es war. Dann beugte sich die Gestalt vor und schüttelte dem Vater die Hand. Sie beobachtete, wie der Vater mit der kaum zu erkennenden Person sprach. Ezekiel schien es nicht erwarten zu können, nach draußen zu kommen, und dennoch dauerte das Gespräch ein paar Minuten, ehe er nickte, der Person die Hand schüttelte und in das helle Sonnenlicht trat.

Die Wärter machten keine Anstalten, sie abzuführen. Als die Tür hinter dem Vater zufiel und einen Teil des Lichts zurückhielt, erkannte sie die Gestalt. Dr. Carter. Ganz offensichtlich kam er, um sie zu besuchen, und das ärgerte sie seltsamerweise. Sie wollte ihn sehen, wenn sie hier herauskam, wenn sie ihn für alles, was er getan hatte, büßen lassen konnte; aber nicht jetzt, wo sie noch nicht so weit war. Etwas in ihr freute sich jedoch auch auf die Gelegenheit, ihn zu reizen.

Sie wartete, daß er auf sie zukäme, aber er stand nur da, fünfzehn Meter entfernt, und spielte mit einem zusammengefalteten Blatt Papier in seiner linken Hand. Irgendwie wirkte er vollkommen verändert, wie ein ganz anderer Mensch als der Mann, der sie vor erst elf Tagen besucht hatte. Er war leger gekleidet, in einer verwaschenen Jeans und einem blauen Polohemd, aber die Veränderung hatte nichts mit seiner Kleidung zu tun. Dann lächelte er sie an, und sie wußte, woran es lag. Das Lächeln war nicht eigentlich arrogant, nur zuversichtlich. Es ließ ihn jünger wirken, fast auf eine jungenhafte Art gutaussehend. Der Unterschied, merkte sie, bestand darin, daß er glücklich war, und das fand sie seltsamerweise ärgerlich. Jedenfalls war es etwas, das sie nicht erwartet hatte.

Sie beobachtete, wie er sich zu der Tür umdrehte und den Wärter dahinter bat, sie zu öffnen. Wieder platzte die Lichtflut herein, und als sich die Tür wieder schloß, sah sie neben Dr. Carter eine zweite, kleinere Gestalt stehen, kleiner noch als Vater Ezekiel. Es war ein Mädchen mit einer roten Baseballkappe. Das Kind hielt die Hand des Wissenschaftlers, doch erst als ihr das Mädchen wie auf dem Foto, das sie gesehen hatte, zuwinkte, erkannte Maria seine Tochter in ihr, die todkranke Holly Carter.

Das verstand Maria nicht. Das Mädchen hätte dem Tod nahe sein müssen, wenn nicht sogar schon gestorben. Aber abgesehen davon, daß sie unter ihrer Kappe keine Haare auf dem Kopf hatte, wirkte sie gesund, *kerngesund*.

*Was hatte das zu bedeuten? Was war passiert?*

Bevor Maria sich einen Reim auf das Ganze machen konnte, ging die Tür wieder auf, ließ das blendende Licht herein, und das Mädchen verschwand. Erst jetzt begann Dr. Carter auf sie zuzugehen. Wie auf ein geheimes Zeichen hin führten die Wärter sie zurück in das Sprechzimmer und befestigten ihre Handschellen wieder am Tisch.

❖ ❖ ❖

Als Tom Carter den Raum betrat und Maria Benariac gegenüber Platz nahm, empfand er keinen Haß. Sie war dem Tod geweiht, während Holly gerettet worden war. Das war mehr als genug für ihn. Der Mensch, der ihm am meisten leid tat, war der alte Ezekiel De La Croix, und sein Mitgefühl für ihn war nur noch größer geworden, als er ihn eben gebückt aus dem Todestrakt hatte kommen sehen. Er stellte sich vor, er selbst hätte sein ganzes Leben lang nach jemandem gesucht, nur um ihn schließlich in der Todeszelle zu finden, wo er ihm in wenigen Tagen für immer genommen würde.

Tom war heute hierhergekommen, weil er es nicht ertragen konnte, Maria könnte in dem Glauben sterben, sie habe gesiegt. Es war ihm ein echtes Bedürfnis, ihr klarzumachen, daß ihr mörderischer Fanatismus und ihre Rachsucht letztlich umsonst gewesen waren. Außerdem wollte er ihr von den Genen erzählen, den wundervollen Genen, die seine Tochter gerettet hatten.

Er erinnerte sich an das letzte Mal, als er auf diesem Stuhl gesessen hatte, und selbst jetzt noch konnte er den metallenen Geschmack der Angst und der Wut schmecken, den er damals im Mund gehabt hatte. Aber diesmal hatte er von Maria Benariac nichts zu befürchten. Er lehnte sich zurück, spielte mit dem Blatt Papier in seiner Hand und wartete.

»Was ist mit Ihrer Tochter passiert?« fragte sie im nächsten Augenblick.

»Sie ist gestorben«, antwortete er.

»Aber ich habe sie doch eben gesehen ...«

Tom nickte. »Ja, Sie haben Holly gesehen.«

»Das verstehe ich nicht. Sie haben doch eben selbst gesagt, sie ist tot.«

»Sie *war* tot. Aber jetzt ist sie es nicht mehr.«

Er konnte den entsetzten Ausdruck in Marias Gesicht sehen.

»Was ist passiert?« fragte sie.

»Ich habe die Gene benutzt.«

»*Sie* haben die Gene benutzt. *Meine* Gene?«

»Nein, die Originalgene. Die des Messias. Aber ich hätte auch Ihre nehmen können.«

Inzwischen hatte Maria Benariac aufgehört, sich zu verstellen, und ihre Miene spiegelte eine seltsame Mischung von Gefühlen wider. Er sah Wut und Verbitterung darüber, daß er mit dem Projekt Kana zum Erfolg gekommen war. Aber er konnte auch etwas anderes in ihren Augen erkennen: Erregung.

»Aber wie haben Sie sie benutzt?« fragte sie.

Tom entfaltete das Blatt Papier, mit dem er gespielt hatte. Die Handschrift war deutlich lesbar.

»Also, was die Frage angeht, *wie* sie wirken, gibt es einen Punkt, der Sie bestimmt interessieren dürfte.«

Er beugte sich mit dem Zettel über den Tisch, und Maria drehte automatisch ihre angeketteten Hände mit den Handflächen nach oben, als hielte sie eine Almosenschale. Als er das Blatt Papier in ihre Hände legte, bemerkte er eine kreuzförmige Narbe auf der blassen Haut ihres Unterarms. Es war eindeutig eine alte Narbe, aber der wulstige Charakter des Narbengewebes verriet seinem Chirurgenauge, daß ihr der Schnitt mit einem großen Messer oder Dolch beigebracht worden war, nicht mit einem Skalpell. Aus angeborener Neugier wollte er sie schon danach fragen, ließ es aber bei dem Gedanken an ihre gewalttätige Vergangenheit lieber.

Statt dessen wartete er darauf, daß sie las, was auf dem Zettel stand. »Leider habe ich es nicht mit Blut geschrieben. Aber ich dachte, der Prediger wüßte ein kleines Bibelzitat zu schätzen. Wissen Sie, woraus es ist?«

»Natürlich«, zischte sie ohne Zögern. »Apostelgeschichte, Kapitel 20, Vers 35.«

Er lächelte in sich hinein. »Ja. Hätte mich auch gewundert, wenn nicht. Es ist eine der christlichen Lehren, die ich am meisten bewundere.«

Sie zuckte ärgerlich die Achseln. »Ich verstehe trotzdem immer noch nicht. Was soll das damit zu tun haben, wie die Gene wirken?«

Ohne sich zur Eile drängen zu lassen, lehnte sich Tom weiter zurück und suchte nach den passenden Worten. Und in diesem Moment sah er in ihren Augen, wie tief ihr Haß war.

Sie sagte: »Sie glauben, Sie haben gesiegt. Nicht?« Aber sie war eindeutig der festen Überzeugung, daß dem nicht so war. Selbst jetzt noch versuchte sie so zu tun, als würde sie gleich einen letzten Trumpf aus dem Ärmel schütteln.

Er dachte an Olivia, Bob Cooke, Nora Lutz und all die anderen, die hatten sterben müssen, und schüttelte den Kopf. »Ich habe nicht das Gefühl, gesiegt zu haben. Jedenfalls nicht gegen Sie, weil ich gar nicht wirklich gegen Sie gekämpft habe. Ihr Kampf mag vielleicht gegen mich und die meinen gerichtet gewesen sein, aber mein Kampf galt ganz anderen Mördern, Mördern, die wesentlich gefährlicher sind als Sie.«

Maria biß so fest die Zähne zusammen, daß er sehen konnte, wie sich auf beiden Seiten ihres Gesichts die Muskeln spannten.

»Sagen Sie mir endlich, was dieses Zitat mit den Genen zu tun haben soll«, verlangte sie noch einmal und deutete mit dem Finger auf das Blatt Papier. »Sagen Sie mir, was das da mit *meinen* Genen zu tun haben soll.«

»Also gut, ich werde es Ihnen verraten.« Und nachdem er sich geräuspert hatte, machte er sich daran, es ihr zu erklären.

Marias Reaktion auf seine Ausführungen überraschte ihn. Statt wütend zu werden, wie er erwartet hatte, schien sie vollkommen konsterniert. Ihre bisherige Überheblichkeit schien mit einem Mal verflogen, und einen Augenblick lang glaubte er sogar, Angst aus ihrem Blick sprechen zu sehen. Nicht einmal als er aufstand und zur Tür ging, um auf den Knopf zu drücken, blickte sie auf. Die Wärter, die kamen, um sie abzuführen, mußten sie buchstäblich von ihrem Stuhl heben. Und sie starrte die ganze Zeit wie gebannt auf den Zettel, den er ihr dagelassen hatte.

*Geben ist seliger denn Nehmen.*

Jetzt verstand sie, was das Zitat bedeutete, aber Tom begriff immer noch nicht, warum sie seine Enthüllungen so erschreckt hatten. Was sollte das, was er ihr gerade erzählt hatte, noch groß ändern? Sie würde in wenigen Stunden hingerichtet. Es war ja nicht so, daß sie noch lange zu leben hatte.

# 29 **Hinrichtungskammer.**

Mitternacht rückte näher, und Maria Benariac gingen Dr. Carters Worte nicht mehr aus dem Kopf.

Der Wissenschaftler muß gelogen haben, versuchte sie sich einzureden, als ihr der Gefängnisarzt ein Antihistaminikum injizierte. Sie war so in Gedanken versunken, daß sie sich gar nicht der Ironie bewußt wurde: Der Arzt machte sich Sorgen, sie könnte die Gifte nicht vertragen, die er ihr später injizieren würde.

*Aber ich habe doch mit eigenen Augen gesehen, daß Holly lebt,* dachte sie, *und der Wissenschaftler kann nichts von meinem Plan gewußt haben; also muß es stimmen.* Zuerst war sie nicht nur wütend, sondern auch froh gewesen, als sie Holly gesehen hatte, denn es hatte ihr bestätigt, daß ihr Plan aufgehen würde. Doch als ihr der Wissenschaftler die Wirkung der Gene erklärte hatte, war ihre Begeisterung verflogen. Je länger sie darüber nachdachte, was er ihr erzählt hatte, desto mehr wuchs ihre Besorgnis, ihr Plan könnte *nicht* funktionieren.

Während die Wärterinnen sie für den Fall, daß sie sich beim Sterben entleerte, eine Windel anziehen ließen, überlegte sie fieberhaft, ob es noch andere Möglichkeiten gab. Dr. Carter hatte zugegeben, nicht *genau* zu wissen, wie die Gene wirkten; er konnte sich also getäuscht haben. Das hieß, ihr Plan war nicht *unbedingt* zum Scheitern verurteilt. Wenn nur der Vater hier wäre, um ihr zu raten.

Bloß, wie hätte er ihr überhaupt helfen können? Falls der

Wissenschaftler recht hatte, war es zu spät, um auf einen anderen Plan zurückzugreifen. Sie mußte den Tatsachen ins Auge sehen. Die Würfel waren gefallen, und ihr blieb nur noch zu hoffen, daß sich Dr. Carter getäuscht hatte.

Ihr Kopf schwirrte nur so von diesen Gedanken, als die Wärter sie den weißen Korridor zur Hinrichtungskammer hinunterführten. Doch als die Tür aufging und sie den Raum sah, in dem sie sterben sollte, wurde ihr Kopf einen Moment vollkommen leer.

Die weiße Kammer, nicht größer als drei mal fünf Meter, wurde beherrscht von einem schwarzen gepolsterten Tisch in Form eines Kreuzes. Die beiden Arme und der Hauptteil des leicht gekippten Tisches waren mit dicken Lederriemen zum Anschnallen des Verurteilten versehen. Neben jedem Arm stand ein Gestell, an dem ein Schlauch befestigt war, der in einen freistehenden Chromkasten von der Größe eines Fernsehapparats führte. Auf jedem der beiden Kästen befand sich eine Reihe von Injektionsnadeln, mit denen dem Verurteilten durch einen Schlauch drei verschiedene Gifte in die Arme gespritzt wurden. Für den unwahrscheinlichen Fall, daß eines davon nicht wirkte, standen zwei Infusionstropfs bereit.

Man hatte ihr erklärt, die Gifte würden hinter der Trennwand aus Plexiglas eingespritzt, die den Verurteilten von den Zeugen trennte. In diesem Raum gab es zwei Telefone. Um zu gewährleisten, daß eine Begnadigung auch noch in letzter Minute rechtzeitig eintreffen konnte, war eines davon direkt mit dem Büro des Gouverneurs verbunden. Traditionsgemäß stand der Gefängnisdirektor neben diesem Telefon und wartete noch drei Minuten über den auf Mitternacht festgesetzten Hinrichtungstermin hinaus, bevor er die Anweisung zur Vollstreckung gab. Seit der Verbrechen-2000-Initiative des amerikanischen Präsidenten war diese Maßnahme jedoch kaum mehr als ein sinnentleertes Ritual, denn seit dem 8. Februar des Jahres 2000 war in keinem Todestrakt der Vereinigten Staaten mehr ein Verurteilter in letzter Minute begnadigt worden.

Marias Blick glitt über die Zeugen, die hinter der Trennscheibe standen, und blieb schließlich auf der eingefallenen Gestalt Vater Ezekiels haften. Er trug einen schlichten schwarzen Anzug, der lose an seinem knochigen Körper hing und keinerlei Konzessionen an den modischen Zeitgeschmack machte. Ihr war bis zu diesem Moment nie wirklich aufgefallen, wie alt er aussah, doch heute nacht war seinem faltigen Gesicht jedes seiner sechsundneunzig Jahre anzusehen. Trotzdem hatte er für sie etwas Zeitloses. Er war einfach der Vater; der Mann, der ihr mit seinem Rat zur Seite getreten war, als alle Welt sich von ihr abgewandt hatte. Wie sehr sie sich jetzt wünschte, mit ihm sprechen zu können, ihm von ihren Zweifeln zu erzählen und von ihren Ängsten. Sie war sicher, er würde ihr Mut machen.

Aber sie konnte nicht mit dem Vater sprechen. Sie mußte Vertrauen haben und ihr Golgatha allein auf sich nehmen.

Als die Wärter sie zum Tisch führten, versuchte sie plötzlich verzweifelt, durch die Plexiglasscheibe Ezekiels Blick aufzufangen und ihn zu warnen, daß etwas schiefgehen könnte. Doch er lächelte sie bloß mit einem komplizenhaften Grinsen an; es hätte nicht viel gefehlt, und er hätte ihr aufmunternd zugezwinkert.

*Sie verstehen nicht,* wollte sie ihm zurufen. *Es könnte scheitern.* Als die Wärter den Tisch senkrecht stellten und sie daran festzuschnallen versuchten, setzte sie sich zur Wehr.

»Es ist etwas schiefgegangen«, schrie sie und versuchte, einen der Wärter zurückzustoßen und auf die Trennscheibe zuzustürzen. »Sie sollen aufhören. Ich bin noch nicht bereit.«

Ezekiels verständnislosen Blick trübte plötzliche Besorgnis. Doch der Gefängnisdirektor und die anderen Zeugen sahen weiter mit ungerührten Gesichtern zu, wie die vier erfahrenen Wärter sie gegen den Tisch drückten. Jeder Mann war dafür zuständig, ein Bein beziehungsweise einen Arm festzuschnallen. Zuerst wurden ihre Beine am Tisch festgemacht, dann ihre Arme und schließlich ihr Oberkörper und ihr Kopf. Zum Schluß wurde der Tisch wieder in eine waagrechte Lage gebracht. Dann brachte der Gefängnisarzt an jedem ihrer ausgestreckten Arme einen Schlauch mit einer Injektionsnadel an und befestigte über ihrem Herz die Elektrode, die anzeigte, wann sie klinisch tot war.

Als die schlichte weiße Uhr über der Trennscheibe elf Uhr achtundfünfzig anzeigte, wurde ihr die volle Tragweite von Dr. Carters Worten bewußt. Jetzt war es zu spät, um sich noch etwas vorzumachen. Wenn seine Theorie stimmte, war sie nicht nur dem Tod geweiht, sondern hatte ihr ganzes Leben sinnlos vertan. Abgesehen davon, daß es ihr nicht gelungen war, Carter unschädlich zu machen, hatte sie es auch versäumt, von ihrer Gabe zu heilen Gebrauch zu machen, denn anstatt auch Leben zu retten, hatte sie ihr ganzes Leben der Aufgabe gewidmet, in Gottes Namen zu töten.

Jetzt hatte sie nur noch eines, woran sie sich klammern konnte: die Lehre des ersten Messias, der zu Vergebung und Güte aufgerufen hatte; die Lehre des Mannes, der gestorben war, auf daß alle bereuten und ewiges Leben erlangten.

Als sie jetzt auf dem Kreuz lag und darauf wartete, daß das Gift in ihre Venen strömte, holte sie tief Atem und sprach ein stummes Gebet.

»Vergib mir, Vater, denn ich habe gesündigt.«

❖ ❖ ❖

Ezekiel De La Croix versuchte, nicht nach seinem Rubinring zu greifen, aber seine aufsässigen Finger folgten ihren eigenen Befehlen. Haben Sie Vertrauen, hatte Maria gesagt, aber er war dennoch nervös. Marias unübersehbares Entsetzen, als sie von den Wärtern in die Hinrichtungskammer gebracht worden war, hatte ihn heftig bestürzt. Am Morgen war sie noch voller Zuversicht gewesen und hatte alle seine Bedenken zerstreut. Doch als er sie jetzt durch die Trennscheibe beobachtete, wirkte sie plötzlich zutiefst verängstigt und von heftigen Zweifel geplagt. Er konnte ihr wildes Aufbäumen erst verstehen, als er sich die

Angst vor Augen hielt, die selbst die zuversichtlichste Seele im Angesicht des Todes empfinden mußte. Hatte nicht auch Christus am Kreuz einen Moment der Verzweiflung durchlebt, als er glaubte, Gott habe ihn verlassen?

Ezekiel blickte von dem Neuen Messias, der auf dem kreuzförmigen Tisch festgeschnallt war, zu der Uhr hoch. Elf Uhr neunundfünfzig. Jetzt war nicht der Moment, um schwach zu werden. Die Nacht der Angst und der Zweifel würde bald zu Ende gehen und dem Tag eines strahlenden Neubeginns weichen.

Die anderen Zeugen und der Arzt sahen den Gefängnisdirektor an. Die nächsten Minuten schienen eine Ewigkeit zu dauern, aber um Punkt null Uhr drei wandte sich der Gefängnisdirektor von den stumm gebliebenen Telefonen ab und nickte dem Arzt zu.

Ohne Zögern wurde der Knopf gedrückt und der Prozeß eingeleitet, der Maria Benariacs Leben beenden würde. Zuerst wurde Sodiumthiopental, ein Barbiturat, das sonst zur Narkose diente, in den Schlauch geleitet. Dann kam eine massive Dosis Pavulon, die, allein verabreicht, in etwa zehn Minuten zum Tod führte. Zur Beschleunigung dieses Prozesses folgte dann noch eine gleich hohe Dosis Kaliumchlorid. Dadurch wurde der Herzschlag gestoppt, so daß der Tod binnen zehn Sekunden eintrat.

Gespannt hielt Ezekiel nach irgendwelchen Reaktionen Ausschau, die das Eindringen des Gifts in Marias Körper anzeigten. Aber alles, was er sehen konnte, war, daß sie die Augen schloß und dann, ein paar Sekunden später, ein letztes Mal tief Atem holte.

Um null Uhr vier sah der Arzt auf seine Monitore und erklärte die Verurteilte für tot.

Maria Benariac war gestorben.

Ezekiel senkte den Kopf und sprach stumm ein kurzes, aber inbrünstiges Gebet für ihre Seele und ihre sichere Wiederkehr. Die nächsten Stunden würden kritisch werden. Nun gab es für die Bruderschaft kein Zurück mehr; jetzt konnten sie sich keinen Fehler mehr erlauben. Er war so in seine Gedanken vertieft, daß er nicht merkte, wie der Fotograf hereinkam, um das offizielle Foto von den Zeugen der Hinrichtung zu machen. Als sich Ezekiel abrupt herumdrehte, um den Raum zu verlassen, konnte er nur noch die Hand heben, um seine Augen gegen das Blitzlicht abzuschirmen. Kurz gegen die Blendung anblinzelnd, tat er die Entschuldigungen des Fotografen mit einer knappen Handbewegung ab und schritt rasch auf den Ausgang zu. Er mußte sich beeilen. Es gab noch viel zu tun.

❖ ❖ ❖

*Die Zellen der verschiedenen Körperteile sterben zu unterschiedlichen Zeitpunkten. Es gibt Berichte über Leichen, deren Haare und Fingernägel noch mehrere Stunden, ja sogar Tage nach ihrem Tod weiterwuchsen. Ähnlich den fanatischen japanischen Soldaten, die sich auf einsamen Pazifikinseln noch Jahre nach Beendigung des Zweiten Weltkriegs versteckt hielten, merken die Gene in diesen entlegenen Körperzellen nicht immer, daß die große Entscheidungsschlacht bereits verloren ist und sie sich ergeben sollten. Statt dessen kämpfen sie weiter, so lange sie können, bis selbstverständlich auch sie irgendwann sterben.*

❖ ❖ ❖

**Leichenschauhaus.**

Der jüngere der beiden Männer rieb sich ständig die schweißnassen Handflächen an seinem Overall, während er darauf wartete, daß der Lift mit der Leiche des eben hingerichteten Häftlings nach unten kam. Inzwischen arbeitete Lenny Blaggs zwar schon fast einen Monat hier unten, aber von diesen Leichen bekam er immer noch eine Gänsehaut. Mit toten Körpern zu arbeiten war in Ordnung, sogar mitten in der Nacht. Das hatte er auch vorher gemacht, als er noch im Krankenhaus gewesen war. Aber tote Mörder und Sexualverbrecher waren eine andere Sache. Irgendwie war das alles unwirklich, wie in einem Roman von Stephen King.

Über ihm setzte ein leises Rumpeln ein. Der Lift kam mit seiner Fracht nach unten.

Sein Boß Calvin Jetson zog geräuschvoll an einer Zigarette. »Da kommt der Todesexpreß.«

»Wenn Sie weiter so rauchen, werden Sie auch bald damit verfrachtet.« Lenny wedelte den Rauch beiseite, obwohl ihm der Geruch einer Marlboro insgeheim lieber war als der von Formaldehyd und Tod – selbst wenn es Leute gab, die das für dasselbe hielten.

»Ich hab keine Angst vor dem Tod«, sagte Calvin Jetson mit einem breiten Grinsen in seinem grauen, nach Sonne gierenden Gesicht. »Der Tod und ich, wir sind alte Kumpel.«

Es gab ein kurzes Scheppern, dann gingen außen am Lift die Lichter an, und die Tür öffnete sich.

Jetson zwinkerte Lenny zu. »Heute abend wird uns eine große Ehre zuteil, mein junger Freund. Heute abend verarzten wir hier unten eine richtig üble Type; niemand geringeren als den berühmten Prediger.«

»Na, super«, sagte Lenny und half, die Bahre aus dem Lift zu schieben.

»Weißt du, was diese Prediger-Tante mit ihren Opfern gemacht hat, nachdem sie sie umgebracht hat?« fragte Jetson, dessen Zigarette wie durch einen geheimen Zauber an seiner Unterlippe klebte. »Sie hatte einen Füller mit einer speziellen Feder, und die hat sie …«

»Ich will das nicht wissen, also bitte verschonen Sie mich mit Ihren Geschichten, ja?«

Jetson lachte. »Aber sicher, Lenny, mein Junge. Ist doch aber kein Grund, gleich so hochzugehen. Hey, kannst du mal nach hinten gehen und das ganze Zeug holen, dann machen wir die Leiche hier im Licht sauber. Wir wollen doch nicht, daß du vor Angst in die Hosen machst.«

»Ich hab' keine Angst«, protestierte Lenny, als er in den hinteren Teil des Raumes ging, um die Reinigungsmittel, Chemikalien und den Kübel für die schmutzigen Windeln zu holen.

»Das hat doch niemand behauptet, Lenny, mein Junge«, hörte er Jetson hinter sich beschwichtigend rufen. »Das hat doch kein Mensch behauptet.«

Lenny zog sich einen kleinen Wagen heran und schob ihn zum Vorratsschrank. Gerade als er die Reinigungsmittel herausnehmen wollte – er stellte fest, daß sie langsam ausgingen –, bildete er sich ein, einen leichten Luftzug zu spüren, eine Veränderung der Raumtemperatur, als würde eine Tür geöffnet. Er führte das jedoch auf seine Einbildung zurück und packte die Chemikalien und das andere Zeug auf den Wagen, um ihn zu dem Durchgang zu schieben, der in den vorderen Teil des Raumes führte. Als er darauf zuging, wartete er auf einen von Jetsons »kleinen Witzen«, aber diesmal sagte sein Chef ausnahmsweise nichts.

»Wir müssen neue Reinigungsmittel bestellen«, sagte Lenny, als er den Wagen durch den Durchgang schob. »Ich hole ein paar ...«

Der Anblick von Jetson schnitt ihm das Wort im Mund ab. Sein Boß stand nur da, direkt vor ihm, und starrte ihn an, mit einem Gesicht, das sogar noch blasser war als sonst. Seine Lippen bewegten sich, aber es kam kein Laut heraus. An seiner Unterlippe hing ein erloschener Zigarettenstummel, und seine Augen traten fast aus ihren Höhlen. Das war eine schauspielerische Leistung, die er Calvin Jetson gar nicht zugetraut hatte. Der Mann hatte eine Mordsangst.

»Jetson? Was haben Sie denn, Jetson?«

Plötzlich veränderte sich Jetsons Gesichtsausdruck. Er sah Lenny an, als ginge ihm plötzlich ein Licht auf. »Das warst du, stimmt's?« Jetson schien langsam seine Fassung wiederzugewinnen, aber seine Stimme hörte sich immer noch so verstört an, daß Lenny mulmig wurde. »Das war eine echt starke Nummer. Wahnsinn, wie hast du das gemacht? Ich hab' mich doch nur eine Sekunde umgedreht, Mann. Allerhöchstens zwei.«

»Was ist denn passiert?«

Mit zitternden Fingern steckte sich Jetson eine frische Marlboro an und nahm einen tiefen Zug. »Jetzt laß endlich den Scheiß, Junge. Du hast mich drangekriegt, okay? Aber wie? Ich habe mich nur eine Sekunde umgedreht. Nur eine lausige Sekunde.«

»Ich hab' keine Ahnung, wovon Sie eigentlich reden«, sagte Lenny, dem vor Angst der Magen schmerzte.

Darauf trat Jetson zur Seite, und Lenny begriff, was das ganze Theater sollte.

Maria Benariacs Leiche war verschwunden.

# 30 Boston. Beacon Hill.

Als Tom Carter am Morgen nach der Hinrichtung aus tiefem, erholsamem Schlaf erwachte, hätte Maria Benariac seinen Gedanken nicht ferner sein können. So gut hatte er seit Stockholm nicht mehr geschlafen. Er langte mit geschlossenen Augen über das Bett und wollte bereits die Hand wieder zurückziehen – *Wirst du denn nie lernen, daß Olivia nicht mehr da ist?* –, als er ihre Schulter berührte. Er schlug sein linkes Auge halb auf und lächelte die zierliche Gestalt an, die in einem weiten roten T-Shirt neben ihm lag. Holly.

Die Freude darüber, wie sie gestern nacht in sein Bett gekrochen kam, war eine gewisse Entschädigung für seinen täglichen Schmerz über Olivias Abwesenheit. Holly war hier, und es ging ihr gut.

Eine Zeitlang lag er bloß da und sah sie in dem schwachen

Licht, das die Vorhänge durchließen, an. Ihre Augen waren geschlossen, ihre Lippen leicht geöffnet, und ihr Brustkorb hob und senkte sich mit jedem regelmäßigen Atemzug. Ihr Haar war immer noch sehr kurz, aber es wuchs schneller nach, als er es für möglich gehalten hatte, und selbst die Narbe an ihrem Kopf verheilte mit einer Schnelligkeit, die Karl Lambert vor ein Rätsel stellte.

Er streckte die Hand aus und streichelte zärtlich ihre Stirn. Bei der CAT-Untersuchung, die man erst vor zwei Tagen bei ihr gemacht hatte, war nicht die leiseste Spur eines Tumors festgestellt worden. Auch ihr Genom machte mittlerweile wieder einen völlig normalen Eindruck, und alle Defekte schienen auf wunderbare Weise beseitigt.

Er sprang aus dem Bett und zog die Vorhänge zurück. Die Junisonne, die darauf durch die großen Sprossenfenster hereinfiel, überzog seinen Schlafanzug mit Quadraten aus Licht. Die Wärme fühlte sich gut an durch den Baumwollstoff und vertrieb die frostige Kälte der alptraumhaften letzten Monate.

Er holte vor dem offenen obersten Fenster tief Luft und reckte die Arme in die Höhe, wie eine Katze, die sich vor einem Feuer räkelte. Der Garten unter ihm sah wunderschön aus: das Grün des Rasens, das Rot der Rosen, das Gelb der Ringelblumen; die Farben erschienen ihm leuchtender denn je.

»Papa, wie spät ist es?«

Er drehte sich um und sah, wie Holly sich gähnend aufsetzte und die Augen rieb. »Fast acht. Vergiß nicht, um neun kommt Jazz zum Frühstück.«

»Larry auch?«

»Nein. Er ist noch in L. A., diesen Film drehen. Wann kommen Jennifer und Megan vorbei?«

Holly kroch aus dem Bett. Als sie auf der Bettkante saß, begann sie sich an der Narbe auf ihrem Kopf zu kratzen. »Sie wollten so um halb zehn vorbeikommen.«

»Habt ihr schon was vor?«

»Nein, einfach nur ein bißchen rumhängen.«

Tom lachte und schüttelte den Kopf. Da war dieses kleine Mädchen, das eigentlich tot sein sollte und für das jeder der letzten fünf Tage ein Geschenk war, und alles, was sie an diesem traumhaften Morgen wollte, war, mit ihren zwei besten Freundinnen ein bißchen »rumhängen«.

»Was ist da neulich eigentlich passiert, Papa?« Plötzlich war ihre Stimme sehr ernst.

Er ging zum Bett und setzte sich neben sie. »Wobei?«

»Bei der Operation.«

Er zögerte. Das war das erste Mal, daß sie in den fünf Tagen, seit es passiert war, auf die Operation zu sprechen kam. Er hatte dieses Thema bisher ganz bewußt nicht angeschnitten, sondern gewartet, daß sie von sich aus damit ankam. »Wir haben dich gesund gemacht.«

»Mama hat mir gesagt, *du* hast mich gesund gemacht.«

»Mama? Wann?«

Holly lehnte sich gegen ihn und nahm eine bequeme Haltung ein. »In meinem Traum. Als ich bei der Operation geschlafen habe. Das war richtig irre. Es war, als würde ich aufwachen, obwohl ich weitergeschlafen habe. Ich war auf einem Bahnsteig, und du hast mich in einen Zug gesetzt. Und als der Zug wegfuhr, hast du mir mit diesen ganzen anderen Leuten zum Abschied hinterhergewinkt. Es waren alle da: Alex, Jazz, Jack, Jennifer, Megan – alle.«

»Wohin ist der Zug gefahren, Holly?«

»Zu Mama. Du hast gesagt, du würdest später nachkommen.«

»Im Ernst? Und was war weiter?«

»Na ja, ich war irgendwie traurig, weil du nicht mitgekommen bist, aber auch froh, Mama zu sehen. Und dann war Mama plötzlich neben mir im Zug. Sie hat mir erklärt, sie wäre da, um dafür zu sorgen, daß ich auch da ankomme, wo ich hin will. Es war toll, sie wiederzusehen; sie sah genauso aus wie immer; wie sie gelächelt hat und gelacht – alles. Sie hat gefragt, wie es dir geht, und ob du dir wegen uns beiden große Sorgen machst. Da habe ich gesagt, es ginge dir gut und du wolltest bald nachkommen. Und dann, gerade als der Zug anfing, langsamer zu fahren, begann sie zu lächeln und zu weinen, beides gleichzeitig.

Sie hat gesagt, ich würde nicht mit ihr aussteigen. Du hättest mich gesund gemacht und würdest mich zurückholen. Darüber war ich eigentlich nicht so besonders traurig, weil ich wußte, eines Tages würde ich sie wiedersehen, und außerdem wollte ich zurückkommen und dich sehen. Und dann weiß ich nur noch, daß ich aufgewacht bin und Jazz ansah und schrecklichen Durst hatte.«

»Das ist ja vielleicht ein Traum«, sagte Tom.

Holly verdrehte den Kopf. »Und wie hast du mich gesund gemacht?« fragte sie ruhig und sah ihn mit ihren wachen Augen an.

Er seufzte. Das zu erklären würde nicht einfach werden. Er war sich selbst noch nicht ganz sicher, wie es gegangen war.

Schließlich sagte er: »Ich habe dich mit einer besonderen Medizin gesund gemacht.«

»Was war das für eine Medizin?«

»Das Besondere an dieser Medizin ist, daß sie nicht bei der Person wirkt, die krank ist. Deshalb mußte ich sie nehmen, um dich gesund machen zu können.«

»*Du* hast die Medizin nehmen müssen, um *mich* gesund zu machen?«

Tom nickte. Er erinnerte sich an seinen Geistesblitz nach der Operation, der ihn veranlaßt hatte, sich die Gene selbst zu injizieren. Schon die ganze Zeit hatte er sich gefragt, warum nur die mit dem Serum behandelten Mäuse geheilt wurden, die zu zweit oder dritt in einen Käfig gesperrt waren, während die einzeln untergebrachten Mäuse nicht gesund wurden. Und dann war ihm plötzlich im entscheidenden Moment die Erkenntnis gekommen, daß sich die Mäuse gegenseitig geheilt hatten, daß die Nazareth-Gene nicht *in* ihrem Wirt wirkten, sondern *durch* ihn.

»Du mußt das so sehen, Holly. Diese Medizin verleiht dem, der sie nimmt, die Kraft, jemand anderen gesund zu machen. Man kann sie nicht einnehmen, um sich selbst gesund zu machen, sondern nur um andere gesund zu machen.«

Darüber dachte Holly eine Weile nach, bevor sie nüchtern nickte und »Aha!« sagte. Doch als sie danach vom Bett aufstand, machte sie nicht den Eindruck, als hätte sie verstanden, was er ihr gerade gesagt hatte.

»Hast du das wirklich begriffen?« fragte er deshalb.

Sie hob zaghaft die Schultern, so, als unterhielten sie sich über einen Film. »Klar, das ist wahrscheinlich wie ein cooles Computerprogramm, das bei dem Computer, in dem es installiert ist, überhaupt nichts macht. Aber bei denen, mit denen er gekoppelt ist, macht es die irrsten Sachen.«

Tom nickte und sagte: »Ja, so ungefähr.«

»Hört sich eigentlich ganz einfach an«, sagte Holly und schickte sich an, ins Bad zu gehen. Und dann, gerade als sie zur Tür hinausging, fragte sie ganz beiläufig: »Und warum hast du dann diese Medizin nicht schon vorher genommen?«

Tom stöhnte auf und warf sein Kopfkissen nach ihr. »Weil es nicht ganz so einfach war, kleiner Klugscheißer.«

❖ ❖ ❖

Die zwei Polizisten, die das Haus bewachten, hatten es sich in ihrem Streifenwagen bequem gemacht. Sie hatten wieder einmal eine lange, langweilige Nacht hinter sich und sahen beide auf die Uhr. In einer halben Stunde mußte ihre Ablösung kommen. Mit Unterbrechungen bewachten sie das Haus jetzt schon sechs Monate, seit Mrs. Carters Begräbnis im Dezember. In dieser ganzen Zeit war nichts passiert, und obwohl es keiner von beiden aussprach, dachten beide, ihre Anwesenheit diente mehr zu Dr. Carters Beruhigung als zu seinem Schutz.

Bill, der größere von beiden, rieb sich müde die Augen. »Also ohne jede Frage, Lou. Ali war der Größte. Mit Abstand.«

Sein Partner Lou biß achselzuckend von seinem Roggenbrot mit Pastrami ab. »Die größte Klappe hatte er auf jeden Fall. Aber der größte Boxer war er deshalb noch lange nicht. In seiner Glanzzeit hätte ihn Tyson mit links fertiggemacht.«

Ein Lachen. »Tyson? Tyson wäre doch gar nicht an ihn rangekommen. Ali wäre einfach um ihn rumgetänzelt.«

Die zwei Polizisten vom Boston Police Department schenkten der kräftig gebauten Gestalt mit der Boston-Red-Sox-Baseballkappe, die gerade die Auffahrt zum Haus der Carters hochging, kaum Beachtung. Es war nichts Ungewöhnliches daran, daß Ted am Samstagmorgen schon so früh nach dem Garten sah.

»Wir reden hier nicht vom Tanzen«, brummte Lou. »Sondern vom Boxen. Für eine tuntige Pirouette mag Ali ja der richtige Mann gewesen sein. Aber in einem richtigen *Fight* hätte ihn Tyson in Null Komma nichts auf die Bretter geschickt.«

Die beiden Polizisten waren so in ihre Unterhaltung vertieft, daß vermutlich selbst dann keiner seinem Partner gegenüber etwas erwähnt hätte, wenn ihm aufgefallen wäre, daß Ted heute etwas größer wirkte und aufrechter ging als sonst.

❖ ❖ ❖

Im Wintergarten von Tom Carters Haus stellte Jasmine Washington ihre Kaffeetasse ab und sah Tom über die Reste des Frühstücks hinweg stirnrunzelnd an. »Diese Gene setzen also chemische Substanzen frei, die durch Berührung weitergegeben werden? Aber beim Wirt selbst wirken diese chemischen Substanzen nicht?«

Tom hob die Schultern. »So sieht es jedenfalls aus.«

Jasmine schüttelte den Kopf und beobachtete, wie Holly vom Tisch aufstand. Als sie an ihr vorbeiging und ihr mit erhobenem Arm eine Handfläche entgegenreckte, klatschte sie mit ihrer Hand dagegen.

»Dann mal los, Holly.«

Während ihr Patenkind in den Garten hinausging, fragte sie Tom: »Und du bist sicher, sie ist wieder vollkommen gesund?«

»Es geht ihr blendend. Den Untersuchungen zufolge sogar besser denn je.«

»Und alles nur wegen der Nazareth-Gene«, sagte sie.

*Nur weil du sie berührt hast,* dachte sie.

Als Tom darauf über den Tisch langte, um ihnen beiden Kaffee nachzuschenken, ertappte sich Jasmine dabei, wie sie seine Hand ansah, *eine der zwei Hände, die Holly von den Toten erweckt hatten.* Sie bekam eine Gänsehaut. War es ihr schon schwer genug gefallen zu akzeptieren, daß die Mörderin Maria mit den heilenden Genen geboren worden war, konnte sie sich jetzt kaum leichter damit abfinden, daß Tom Carter sie ebenfalls besaß. Eines stand allerdings inzwischen fest: Diese Gene entschieden nicht darüber, wer der Messias war; sie bedeuteten nicht einmal, daß ihr Besitzer gut war. Die Nazareth-Gene waren lediglich eine seltene Gottesgabe, die das christliche Dogma vom freien Willen des Menschen auf eine schwere Probe stellte. Bloß weil man über die Gabe verfügte, unendlich viel Gutes tun zu können, hieß das noch lange nicht, daß man auch davon Gebrauch machen mußte. Wie im Fall Maria Benariacs konnte man sich trotzdem dafür entscheiden, zu töten, statt Leben zu retten. Was für eine Ironie, dachte Jasmine grinsend, daß ausgerechnet der Atheist Tom Carter die heilende Kraft dieser Gene erschlossen und sie mit Hilfe seiner Wissenschaft dazu benutzt hatte, der Lotterie der Natur ein Schnippchen zu schlagen und sich die Gene selbst anzueignen.

»Und was tut dieses mysteriöse dritte Gen deiner Meinung nach nun eigentlich?« fragte sie und trank einen Schluck Kaffee.

»Ich bin nicht sicher.« Tom hielt inne, um seine Gedanken zu sammeln. »Aber soviel ich DANs ursprünglicher Analyse entnehmen kann, ist *naz 3* ein Kontrollgen, das die anderen zwei Nazareth-Gene aktiviert und steuert. Des weiteren deuten diese Daten darauf hin, daß das Gen in Wechselbeziehung mit einer Gruppe anderer Gene steht. Es scheint insgesamt *drei* Schlüsselfunktionen zu erfüllen.« Tom stellte die Thermoskanne mit Kaffee ab und begann sie an seinen Fingern abzuzählen. »Die erste ist eine Auslöserfunktion; es stellt vermutlich eine Verbindung zu Genen her, die Emotionen und Gedanken steuern, damit der Wirt *entscheiden* kann, wann die Nazareth-Gene zum Einsatz kommen sollen und wann nicht. Die zweite ist eine Kontrollfunktion; es *aktiviert* die Gene *naz 1* und *naz 2* und *befähigt* sie, schadhafte DNS zu reparieren beziehungsweise so zu regulieren, daß sie sich optimal auf die beschädigten Zellen des Empfängers auswirken. Und drittens schließlich übernimmt das Gen eine Transportfunktion; es *überbringt* die optimierten genetischen Instruktionen vom Wirt zum Empfänger und sorgt dafür, daß ihre heilende Wirkung im ganzen Körper verteilt wird. Ich vermute, daß es sich dabei um ein pheromonartiges Agens handelt, das durch die Haut ausgeschieden wird und die Heilinstruktionen durch Berührung überträgt.«

»Aber wie das genau funktioniert, weißt du noch nicht?«

»Nein. Und höchstwahrscheinlich wird es auch noch Jahre dauern, bis wir die Funktion dieser Gene bis ins kleinste verstehen. Ich weiß allerdings, der Wirt muß *wollen*, daß es passiert, und auf einer bewußten oder emotionalen Ebene daran *glauben*, daß es passieren kann.«

Jasmine lächelte und nahm einen Schluck Kaffee. »Das hört sich ja ganz nach richtig altmodischem Glauben an. Eine echte Gottesgabe.«

Tom zuckte nur die Achseln. »Vielleicht hast du recht. Zumindest ist diese Gabe insofern einmalig, als sie die einzige ist, die ich kenne, die man weggeben muß, um etwas davon zu haben.«

Jasmine prostete ihm mit ihrer Tasse zu. »Na, wer sagt's denn? Geben ist seliger denn Nehmen.«

Tom lachte. »Besser hätte ich es auch nicht ausdrücken können.«

An dieser Stelle kam Holly mit der neuesten Ausgabe des

»Boston Globe« in den Wintergarten. »Die Zeitung ist gekommen.« Sie warf sie auf den Tisch und ging wieder zur Tür.

»Sind deine Freundinnen noch nicht hier?« rief ihr Tom hinterher und griff träge nach der Zeitung, um kurz die Schlagzeilen auf der Titelseite zu überfliegen.

»Sie kommen erst in einer halben Stunde«, sagte Holly und öffnete die Tür. »Ich warte im Garten.« Sie sah nach draußen und hob ihre schmalen Schultern. »Ich hab' gar nicht gewußt, daß Ted dieses Wochenende doch hier ist. Ich dachte, er wollte mit Marcy nach Martha's Vineyard fahren.«

»Okay, Hol«, murmelte Tom, als seine Tochter in den Garten hinausging. Aber Jasmine konnte sehen, daß er kaum zugehört hatte, weil er stirnrunzelnd auf die Zeitung starrte. Plötzlich wurde er blaß. »Verdammt!«

»Was? Was ist denn, Tom?«

❖ ❖ ❖

Tom Carter blieb fast das Herz stehen, als er auf die Titelseite der Zeitung sah. Der erste Artikel befaßte sich mit der Handelsmission des Präsidenten in China, aber darunter stand unter der Rubrik *Neueste Nachrichten* die Schlagzeile *»Jagd auf den Prediger«*. Eines der zwei Fotos darunter war eine kurz nach ihrer Verurteilung aufgenommene Profilaufnahme von Maria Benariac; das andere war das offizielle Foto der Zeugen ihrer Hinrichtung. Er konnte Ezekiel De La Croix darauf erkennen, aber das war nicht der Grund, warum er so schockiert war.

In dem Artikel stand, Marias Leiche sei aus dem Leichenschauhaus verschwunden, obwohl sie hingerichtet und offiziell für tot erklärt worden sei. Seine Bestürzung nahm noch zu, als er las, wie sie hingerichtet worden war: mit einer Todesspritze.

Was hatte ihm da Mutter Clemenza in Korsika gleich wieder für eine Geschichte erzählt?

*Maria hat das Gift der Bienen neutralisiert.* War das nicht, was die Nonne gesagt hatte? *Sie hat das Gift neutralisiert.*

Gleichzeitig fiel ihm wieder ein, wie schockiert Maria gewesen war, als er ihr erzählt hatte, wie die Gene wirkten.

Verdammt, sie hatte vor, von den Toten aufzuerstehen.

»Was hast du denn, Tom?« fragte Jasmine noch einmal und beugte sich vor.

Er reichte ihr die Zeitung. »Diese Hexe ist anscheinend auf ihren Besen gestiegen und weggeflogen.«

Jasmine las den Artikel mit offenem Mund. »Was hat das zu bedeuten?«

»Begreifst du denn nicht? Sie hatte alles sorgfältig geplant. Sie wollte sich mit einer Todesspritze hinrichten lassen, mit *Gift*. Und dann wollte sie mit Hilfe ihrer Heilkräfte das Gift in ihrem Körper neutralisieren und sich wieder zum Leben erwecken. Sie *wußte*, sie kann Gift neutralisieren, weil sie es schon mal bei jemand anderem gemacht hat.«

»Unglaublich. Aber bei ihr selbst funktioniert es doch gar nicht, oder? Und wer sollte ihr außerdem helfen, aus dem Gefängnis zu kommen?«

»Keine Ahnung.« Tom drehte sich um und sah in den Garten hinaus. Holly beugte sich gerade über ein Tulpenbeet und roch an den Blumen. Ein Stück weiter ging Ted auf den Schuppen im hinteren Ende des Gartens zu. Er hatte wie gewohnt seine Boston-Red-Sox-Mütze auf, aber irgend etwas an seiner Haltung war anders. Er ging nicht so gebückt wie sonst. Und größer wirkte er auch. Tom beobachtete, wie er die Tür des Schuppens öffnete und hineinging.

*Was hatte Holly vorhin gesagt? »Ich hab' gar nicht gewußt, daß Ted dieses Wochenende doch hier ist. Ich dachte, er wollte mit Marcy nach Martha's Vineyard fahren.«*

Allerdings.

Plötzlich durchlief es ihn eiskalt, mehr aus Wut denn Angst. Er griff über den Tisch und packte Jasmine am Arm. Sie sah überrascht von der Zeitung auf.

»Stell jetzt keine Fragen, Jazz«, stieß er hervor. »Du gehst jetzt einfach zur Haustür raus zu den Polizisten, die auf das

Haus aufpassen. Sag ihnen, Holly und ich sind in Gefahr. Los, sofort!«

»Warum? Was ...?«

»Das da draußen ist nicht Ted. Geh endlich!«

Holly war inzwischen zehn Meter vom Haus entfernt und ging auf den Schuppen zu. Neben der Tür lehnte ein Spaten.

Um die Person im Schuppen nicht auf sich aufmerksam zu machen, wagte Tom nicht, nach Holly zu rufen. Statt dessen stürmte er aus dem Wintergarten und rannte über den Rasen auf sie zu. Inzwischen hatte sie den Schuppen fast erreicht.

Trotz seines verletzten Beins lief Tom, so schnell er konnte.

In diesem Augenblick öffnete sich die Tür des Schuppens. Tom war noch drei Meter davon entfernt, zwei Meter von Holly. In der Türöffnung wurde eine Hand mit einer Pistole sichtbar.

»Holly!« schrie er. »Komm zurück!«

Verwirrt und mit angsterfüllten Augen drehte sich Holly zu ihm um. Gut. Wenn sie Angst hatte, lief sie schneller.

»Zurück ins Haus!« brüllte er. »Lauf! So schnell du kannst!«

Kaum war sie an ihm vorbeigestürzt, warf er sich mit seinem ganzen Gewicht gegen die Schuppentür, so daß sie dem Mann mit einem lauten Knirschen den Arm zermalmte. Als er darauf die Waffe fallen ließ, griff Tom blitzschnell nach dem Spaten, der an der Wand des Schuppens lehnte, sprang um die Tür herum und schlug mit aller Kraft zu. Der Mann versuchte sich im Fallen auf die Seite zu rollen und nach der Waffe zu greifen, aber Tom schlug wie wild auf ihn ein, so daß der Mann sich mit den Armen gegen die Schläge schützen mußte. Immer und immer wieder schlug Tom zu. Erst als der Mann still liegenblieb, hörte er, keuchend vor Anstrengung, auf. Und jetzt, wo er sich langsam wieder beruhigte, erkannte er den Mann vom Flughafen Tel Aviv wieder, der ihn auf dem Hubschrauberflug zum Quartier der Bruderschaft begleitet hatte. Was wollte Gomorrah hier?

Zitternd warf Tom den Spaten beiseite und griff nach der Pistole. Was hatte dieser Mann, der für die Bruderschaft von Ezekiel De La Croix arbeitete, hier zu suchen? Und noch dazu mit einer Waffe?

Dann sah er die Narbe auf dem Unterarm des Mannes. Die gleiche kreuzförmige Narbe, die ihm an Maria Benariacs Unterarm aufgefallen war. Endlich begriff er. Bei dem Gedanken an Karen Tanners Worte flammte seine verrauchte Wut nur um so stärker wieder auf: *»Möglicherweise werden wir nie herausbekommen, wer hinter dem Prediger stand.«*

Maria hatte der Bruderschaft angehört. Für den Mord an Olivia und die Sabotageakte gegen Projekt Kana war Ezekiels Bruderschaft verantwortlich. In diesem Moment wurde ihm klar, daß Holly und er so lange nicht sicher wären, wie die Bruderschaft noch existierte.

»Alles okay, Tom?« rief Jasmine, die mit zwei Polizisten angelaufen kam.

Tom war zu wütend, um etwas sagen zu können. Deshalb nickte er nur abrupt mit dem Kopf und ging an ihr vorbei auf das Haus und auf Holly zu. Plötzlich fiel ihm der Minisender wieder ein, den ihn Jack vor seinem ersten Besuch in der Höhle der Bruderschaft hatte schlucken lassen. Und jetzt wußte er auch, wer Marias Leiche aus dem Gefängnis geholt hatte und wohin sie gebracht worden war.

»Tom«, rief ihm Jasmine hinterher. »Wo willst du hin?«

Er drehte sich nicht um, als er sagte:

»Noch was zu Ende bringen.«

# 31 Die Höhle des Heiligen Lichts.

Und am dritten Tag knieten die Mitglieder des Inneren Kreises in zeremoniellen Gewändern vor der Heiligen Flamme, die jetzt stärker und weißer denn je brannte. Vor sich konnte Ezekiel De La Croix die offene Tür zum Gewölbe der Erinnerung sehen.

Auf dem Altar davor lag der Neue Messias. Maria Benariacs Leichnam war in ein weißes Tuch gehüllt, so daß nur ihr blasses Gesicht zu sehen war. Der stechende Geruch der Öle, Kräuter und Gewürze, mit denen ihr Körper gesalbt worden war, wetteiferte mit dem Geruch von Weihrauch und verbranntem Wachs, der sonst die Höhle erfüllte.

Ezekiel war erschöpft, aber auch euphorisch. Da Gomorrah inzwischen Carter und Washington beseitigt haben mußte, konnte er sich ganz auf Maria konzentrieren. Seit dem Tag, an dem sie gestorben war, hatte er höchstens ein paar Minuten geschlafen und konnte kaum mehr die Augen offen halten. Er brauchte dringend Ruhe, wollte aber nicht riskieren, den Moment zu verpassen, wenn Maria von den Toten erwachte. Wenn das geschah und sie mit ihrer Hand durch die Flamme fuhr, hatte er seinen Beitrag zur Erfüllung der Prophezeiung geleistet, und dann konnte er sich ausruhen, solange er wollte.

Der Plan hatte besser geklappt, als er gehofft hatte. Die Bestechung der Wärter war für Bruder Bernhard kein ernsthaftes Problem gewesen. Was war schon dabei, den Mund zu halten und ein Auge zuzudrücken, wenn ein toter Häftling aus dem Gefängnis gebracht wurde? Es war ja nicht so, daß die Verurteilte entflohen wäre. Allem Anschein nach war die Leiche so rasch verschwunden, daß im Gefängnis bereits Gerüchte kursierten, Maria Benariac sei von den Toten auferstanden und einfach davongegangen. Wenn die wüßten, dachte Ezekiel mit einem erschöpften Lächeln.

Bruder Olazabals Brüder in der Neuen Welt hatten sowohl den Krankenwagen zur Verfügung gestellt, der die Leiche vom Gefängnis zum Flughafen brachte, wie auch das Flugzeug, das sie dann von einem Privathangar am Logan Airport ausgeflogen hatte. Im Heiligen Land hatten Bruder Haddad und seine Brüder die nötigen Papiere beschafft, um den »verstorbenen Sohn« eines der Brüder »nach Hause« bringen zu können und ihn in jordanischer Erde zu bestatten.

Nach der Ankunft in Amman war die Leiche im Hubschrauber der Bruderschaft nach Asbaa El-Lah geflogen worden. Sobald sie wohlbehalten in die Höhle des Heiligen Lichts gebracht worden war, hatte Bruder Helix die Öle, Kräuter und Gewürze zubereitet, mit der sie den Körper gesalbt hatten. Zum Schluß, fast einen ganzen Tag nach der Hinrichtung, hatten Bernhard und Luciano das Leichentuch aus dem Gewölbe der Erinnerung geholt und die Leiche so darin eingehüllt, daß nur das Gesicht des Neuen Messias unbedeckt blieb.

Jetzt gab es nichts mehr zu tun. Außer zu warten und zu beten.

Inzwischen brach bereits der dritte Tag an, und sie warteten immer noch.

Ezekiel veränderte seine Haltung auf der Gebetsmatte und unterdrückte ein Stöhnen, als die Schmerzen in seinen fühllosen Muskeln wegen dieser Bewegung wieder begannen. Er sah kurz zu den anderen hinüber, die mit ihm stumm Wache hielten; er suchte dabei in ihren Gesichtern nach Spuren von Müdigkeit und versuchte abzuschätzen, wie rückhaltlos sie sich ihrem Vorhaben verschrieben hatten. Alle knieten reglos da und hatten wie im Gebet den Kopf gesenkt. Alle außer Bruder Bernhard. Seit ihm Ezekiel erzählt hatte, wie von Maria sein Magengeschwür geheilt worden war, hatte anscheinend auch der skeptische Bernhard an sie zu glauben begonnen. Doch an den flüchtigen Blicken, die der beleibte Bruder auf Marias Leiche warf, konnte Ezekiel erkennen, daß seine Zweifel zurückkehrten.

Plötzlich drehte sich Bernhard zur Seite und sah ihn an. »Vater De La Croix, wie lange müssen wir noch warten?« zischte er und brach die Stille in der Höhle.

»Das hat sie nicht gesagt. Sie hat nur gesagt, wir sollten geduldig sein und Vertrauen haben.«

»Es sind jetzt fast drei Tage.«

»So lange hat es beim erstenmal auch gedauert«, bemerkte Helix spitz.

Jetzt sahen alle Brüder auf.

»Aber ...« setzte Bruder Bernhard an und kratzte sich seinen Spitzbart. »Was ist, wenn ...?«

Ezekiel, der ahnte, welche Befürchtung er äußern wollte, schnitt ihm das Wort ab. »Sie *wird*. Haben Sie Vertrauen!« Mit einem Achselzucken schüttelte er die eisigen Finger des Zweifels ab, die seinen Rücken hinabzustreichen begannen. Er wagte nicht einmal an die Möglichkeit zu denken, Maria könnte nicht von den Toten auferstehen. Er hatte danebengestanden und zugesehen, wie der Messias gestorben war; er hatte zugelassen, daß sie hingerichtet wurde, ohne etwas dagegen zu unternehmen. Maria mußte zurückkommen. Sie hatte es ihm versprochen. Alles andere war an diesem Punkt der Entwicklung undenkbar.

»Was ich damit sagen will, mein Führer«, sagte Bernhard mit pfeifendem Atem, »ist ja nur, daß wir vielleicht mit der Möglichkeit –«

Ezekiel sah mit seinen schwarzen Augen in das runde Gesicht des Bruders und bedachte ihn mit seinem vorwurfsvollsten Blick. »Haben Sie Vertrauen, Bruder Bernhard! Sie wird zurückkommen!«

❖ ❖ ❖

»Den Koordinaten zufolge müßten wir hier sein«, schrie Karen Tanner gegen den Lärm der Hubschrauberrotoren an und deutete auf die Karte in ihrem Schoß.

Voll gespannter Erwartung blickte Tom Carter auf die fünf Felssäulen hinab, die unter ihm aus der Wüste ragten. Neben dem höchsten Felsen waren ein Hubschrauber und zwei Fahrzeuge zu sehen. In der Luft konnte er drei Hubschrauber mit Sondereinheiten von Delta Force, FBI und Königlich Jordanischer Armee auf die Felsen zufliegen sehen.

»Werden sie denn nicht merken, daß wir kommen?« fragte Tom.

Mit einem finsteren Grinsen rückte Karen Tanner ihre Sonnenbrille zurecht. »Natürlich werden sie gleich merken, daß wir anrücken. Bloß werden sie nicht mehr genügend Zeit haben, etwas dagegen zu unternehmen.«

Tom glaubte ihr. Es hatte ihm schwer imponiert, wie rasch Karen Tanner zur Tat geschritten war, sobald er ihr von Gomorrah und der Bruderschaft erzählt hatte. Nachdem Jack Nichols' anonymer Freund dem FBI die Koordinaten des Peilsenders von Toms erstem Besuch in der Höhle gegeben hatte, war es für das FBI ein Leichtes gewesen, ihren Standort zu bestimmen. Und dann war nach ein paar eiligen Anrufen des US-Außenministeriums und des FBI-Direktors bei den zuständigen jordanischen Stellen binnen weniger Stunden die Sondereinheit zu ihrem Einsatz aufgebrochen. An sich war Karen Tanner dagegen gewesen, daß Tom mitkam, aber er hatte es sich auf keinen Fall nehmen lassen wollen, bis zum Schluß dabei zu sein. Außerdem, hatte er geltend gemacht, war er der einzige, der schon einmal im Unterschlupf der Bruderschaft gewesen war.

»Wie viele sind es, Dave?« fragte Karen Tanner den Mann rechts neben ihr. Dave, in Wüstenkampfanzug und Sonnenbrille, studierte die Daten auf dem Bildschirm seines Laptop. Wie die anderen Männer des Delta-Force-Teams hatte er sich nicht mit seinem Nachnamen vorgestellt, und Tom war nicht mal sicher, ob Dave sein richtiger Vorname war.

»Laut Sensorablesungen haben wir an der Oberfläche drei Mann. Was allerdings unter der Erde los ist, können wir nur raten. Ich würde aber sagen, das, was uns Tom über seinen letzten Besuch hier erzählt hat, und unsere Daten lassen darauf schließen, daß sie hier mehr auf Geheimhaltung setzen als auf brutale Gewalt.«

»Mit ihrer Geheimhaltung ist es ja inzwischen vorbei.« Karen Tanner griff nach ihrem Walkie-talkie und tippte dem Piloten auf die Schulter. »Chuck, setzen Sie uns so nahe wie möglich neben dem höchsten Felsen ab. Schnell und tief runter, okay?«

Karen Tanner schrie ihre Befehle in das Walkie-talkie und sofort gingen alle vier Hubschrauber tiefer und flogen auf ihr Ziel zu. Tom krampfte sich der Magen zusammen, als er nach unten blickte und zwei ameisenartige Gestalten zwischen den Fahrzeugen hindurch auf die Höhle zurennen sah. Seine Anspannung mußte ihm anzumerken gewesen sein, denn Karen Tanner sagte mit einem finsteren Grinsen: »Sie wollten ja unbedingt mitkommen. Jetzt werden Sie gleich sehen, was hier passiert.«

❖ ❖ ❖

Kaum hatte Bruder Bernhard seine Zweifel geäußert, hörte Ezekiel De La Croix rasche Schritte die Treppe herunterkommen. Zuerst ärgerte ihn das mehr, als daß es ihn beunruhigte. Er hatte den drei Männern oben vor dem Eingang und der Wache vor der Höhle ausdrücklich eingeschärft, sie nicht zu stören. Der Lärm nahm zu, und inzwischen konnte er sogar Rufe hören. Dann ein zweimaliges scharfes Krachen. Schüsse? Was ging hier vor? Die anderen Mitglieder des Inneren Kreises tauschten besorgte Blicke aus.

Bruder Bernhard stand auf. »Ich gehe nachsehen.«

Plötzlich flog die Tür auf, und mehrere Männer in Uniform platzten in die Höhle.

*Das durfte nicht wahr sein. Nicht hier. Nicht jetzt.*

Selbst über seine Behendigkeit überrascht, sprang Ezekiel auf und lief hinter den Altar, so daß er zwischen Maria und der offenen Tür zum Gewölbe der Erinnerung zu stehen kam. Er griff unter das Altartuch, tastete nach dem Zeremonialdolch und steckte ihn sich in den Gürtel seines Gewands. Die anderen hatten sich immer noch nicht bewegt, *konnten* sich nicht bewegen. Nur Bruder Bernhard stand.

»Niemand rührt sich von der Stelle!« befahl die rothaarige Frau in der blauen Jacke, auf deren Rücken FBI stand. Sie war von mindestens acht Männern flankiert. »Ich bin Special Agent Karen Tanner vom United States Federal Bureau of Investigation. In Zusammenarbeit mit den jordanischen Behörden verhaften wir Sie wegen des Verdachts auf Entführung, mehrfachen Mord und Anstiftung zum Mord.« Hinter den Amerikanern konnte Ezekiel einen Trupp Männer auftauchen sehen, die nach Angehörigen der Königlich Jordanischen Armee aussahen.

Rasch ließ er den Blick über die Mitglieder des Inneren Kreises gleiten: Bernhard stand wie angewurzelt da und starrte auf die Waffe in der Hand des nächsten FBI-Mannes; Helix schüttelte ungläubig den Kopf; Luciano hatte wie ein Bandit aus einem John-Wayne-Film die Hände erhoben; Haddad und Olazabal standen reglos da und blickten stumm vor sich nieder, wie Kaninchen, die in die Scheinwerfer eines auf sie zurasenden Lkws starrten.

Ezekiel spürte das Blut in seinen Schläfen pochen. Es war der reinste Alptraum. So konnte es doch nicht enden. *Wie hatten sie die Höhle gefunden?*

Ezekiel kauerte hinter dem Altar nieder und zog am Leichentuch des Neuen Messias, bis dieser mit einem dumpfen Knall auf den Boden schlug. Er hatte jetzt nur noch ein Ziel: den Leichnam zu retten. Alles andere zählte nicht mehr.

»Keine Bewegung, Sir!« rief ein großer blonder Soldat und kam mit erhobener Pistole auf ihn zu.

Und dann trat *er* aus dem Dunkel. In diesem Moment haßte ihn Ezekiel mehr als jedes andere lebende Wesen. Der Atheist mußte sie verraten haben. Der Wissenschaftler mußte Gomorrah entkommen sein und diese Leute hierhergeführt haben. Er würde alles zunichte machen.

Ezekiel sah, wie Carter dem Soldaten bedeutete, Platz zu machen, und auf ihn zukam. *Kümmere dich nicht um den Gotteslästerer,* schärfte er sich ein. *Konzentriere dich nur darauf, den Neuen Messias zu beschützen und ihn in Sicherheit zu bringen.* Er blickte kurz hinter sich, um zu sehen, wie weit er von der offenen Tür zum Gewölbe der Erinnerung entfernt war. Weniger als einen Meter. Und neben der Tür konnte er den Holzstab mit der Seilschlinge aus der Felswand ragen sehen.

Die uralte Vorrichtung war zwar immer sorgfältig gewartet, aber nie benutzt worden. Auf diese drastische Maßnahme sollte nur in äußersten Notsituationen zurückgegriffen werden. Und um eine solche handelte es sich jetzt.

Angestrengt versuchte er sich an die Anweisungen zu erinnern, die er bei seiner Amtseinsetzung als Führer der Bruderschaft erhalten hatte.

Finster starrte er den unbewaffneten Dr. Carter an, der ihm immer näher kam. Jetzt konnte er in dessen blauen Augen auch die Wut über den Betrug sehen.

»Vorsicht, Tom!« hörte er Karen Tanner rufen, als der Gotteslästerer nur noch einen Meter vom Altar entfernt war. Carter stand jetzt genau zwischen Ezekiel und dem Halbkreis bewaffneter Männer und bot ihm vorübergehend Deckung vor ihren Schußwaffen.

Das war die Gelegenheit, auf die er gewartet hatte.

❖ ❖ ❖

Der Anblick von Ezekiel De La Croix, der über Maria Benariacs sorgfältig verhülltem Leichnam stand, brachte Toms Wut zum Überschäumen. Unvorstellbar, daß er mit diesem Mann gegessen, mit ihm verhandelt, sogar Sympathie für ihn empfunden hatte, während er die ganze Zeit nur den geeigneten Zeitpunkt abgewartet hatte, um zu Ende zu bringen, was seine verfluchte Bruderschaft in Stockholm begonnen hatte. Dieser schwarzäugige, verhutzelte Gnom hatte seine Frau ebenso sicher auf dem Gewissen wie Maria. In vieler Hinsicht war er sogar schlimmer als Maria; wenn sie der Fußsoldat war, der nur Befehle ausführte, war er der General, der sie erteilt hatte.

Tom konnte sich zwar denken, warum sie seinen Tod wollten, aber er wollte es aus dem Mund dieses Mannes hören. Er wollte unbedingt wissen, welche verdrehte Logik die Bruderschaft veranlaßte, den Tod eines Menschen anzuordnen, bloß weil er sich der Aufgabe verschrieben hatte, Menschenleben zu retten. Zweifellos hatte es etwas mit dem fanatischen Blödsinn zu tun, den Maria im GENIUS-Labor von sich gegeben hatte: Gott ins Handwerk pfuschen; die göttliche Ordnung untergraben und dergleichen Unsinn mehr. Aber er wollte wissen, warum eine ganze Organisation, die sich der Aufgabe verschrieben hatte, einen Messias zu finden und zu beschützen, von dem sie glaubte, er würde die Menschheit erlösen, gleichzeitig nicht davor zurückschreckte, Menschen zu töten: *ihn* zu töten. Er mußte es wissen, um einen Sinn in Olivias sinnloser Ermordung zu finden.

Als er weiter auf Ezekiel zuging, spürte er mehr, als daß er sah, wie die Männer der Sondereinheit den Führer der Bruderschaft noch schärfer ins Auge faßten. Er war beeindruckt gewesen von der Schnelligkeit, mit der sie die Wachen ausgeschaltet hatten. Vor dem Eingang der Höhle hatten zwei mit ihren Handfeuerwaffen Widerstand zu leisten versucht, um dem dritten Mann Zeit zu verschaffen, die verborgene Tür zur Großen Treppe zu schließen. Aber der Angriff war zu schnell und zu heftig gewesen. Die Hubschrauber waren noch nicht gelandet, als es auf dem Boden bereits von Agenten gewimmelt hatte. Die drei Männer waren in wenigen Minuten überwältigt gewesen; alle verwundet, aber keiner getötet. Für den Posten im Innern der Höhle hatte Karen Tanners Team länger gebraucht, weil sie nicht gewußt hatten, daß der Mann allein war. Doch der Posten hatte gar nichts von dem Angriff gemerkt und war rasch ausgeschaltet worden. Carter hatte alles nur als Außenstehender, als Zuschauer mitbekommen, aber auch er hatte einen heftigen Adrenalinstoß gehabt, als er dem Team in den Unterschlupf der Bruderschaft gefolgt war.

Und nun stand er dem Mann gegenüber, der sein Leben unwiderruflich verändert hatte.

»Sie glauben also, Maria wird wieder zum Leben erwachen?« sagte er, als er, seine Hände in Reichweite des Altartuchs, an der Heiligen Flamme vorbeiging.

Ezekiel antwortete ihm nicht, sondern kauerte nur weiter

wie eine in die Enge getriebene Ratte hinter dem Altar und starrte ihn mit unverhohlenem Haß an.

»Das war doch bestimmt *ihre* Idee?« fragte Tom versuchsweise. »Weil sie einmal ein Mädchen mit einer tödlichen Allergie gegen Bienenstiche geheilt hat, dachte sie, sie könnte auch das Gift in der Todesspritze neutralisieren. Ist es nicht so?« Die Art, wie Ezekiel die Augen zusammenkniff, verriet ihm, daß er recht hatte.

»Kommen Sie ihm nicht zu nahe!« warnte ihn Karen Tanner.

»Keine Sorge. Ich möchte den Herrn hier nur ein paar Dinge fragen.«

»Aber doch nicht jetzt. Später können Sie ihn fragen, soviel Sie wollen.«

Im selben Moment handelte Ezekiel, und Tom wußte, später bekäme er keine Gelegenheit mehr. Mit unerwarteter Schnelligkeit sprang der alte Mann plötzlich auf, packte den hölzernen Stab, über dessen Funktion sich Tom bereits bei seinem letzten Besuch gewundert hatte, und begann ihn im Uhrzeigersinn zu drehen.

*»Man könnte es eine Art Notbremse nennen.«* So hatte er damals doch gesagt. *Was für eine Art Notbremse?* fragte sich Tom nun, während er über den Altar kletterte, ohne zu merken, daß er sich genau in der Schußlinie befand. Im Moment kannte er nur einen Gedanken: Er mußte Ezekiel aufhalten.

In den wenigen Sekunden, die er brauchte, um über den Altar zu steigen, wurde hinter ihm ein dumpfes Getöse laut. Karen Tanner schrie ihn an, aus dem Weg zu gehen. Währenddessen zog Ezekiel den Stab aus der Wand, warf ihn herausfordernd auf den Boden, packte Marias Leiche unter den Armen und zerrte sie durch die Öffnung in das Gewölbe der Erinnerung.

Tom stürzte ihm hinterher, doch plötzlich ertönte das furchterregende Knirschen riesiger Gestänge und Zahnräder, gefolgt vom Ächzen gewaltiger Felsmassen, die über ihm in Bewegung gerieten.

Im Eifer des Gefechts merkte er nicht, daß sich Bruder Bernhard den Überraschungseffekt von Ezekiels unerwarteter Aktion zunutze gemacht hatte, um dem FBI-Mann vor ihm die Waffe zu entreißen und seinem Führer zu Hilfe zu eilen. Toms ganze Aufmerksamkeit war auf Ezekiel gerichtet. Er mußte den Führer der Bruderschaft erreichen, bevor er Maria durch die steinerne Tür ziehen und sie hinter sich schließen konnte. Tom erinnerte sich an die alte Strickleiter, die von der Decke des uralten Gewölbes gehangen hatte. Er mußte mit allen Mitteln verhindern, daß der alte Mann auf diesem Weg entkam.

Das Mahlen der Felsen über ihm war inzwischen zu einem ohrenbetäubenden Getöse angeschwollen, doch als sich Tom auf Ezekiel warf, war alles, was er hörte, Karen Tanners Ruf: »Vorsicht, Tom! Hinter Ihnen!« Und dann sah er, wie Ezekiel von Marias Leiche aufblickte und schrie: »Töten Sie ihn, Bruder Bernhard! *Erschießen* Sie ihn!«

Im selben Moment hörte er zwei Schüsse und spürte einen heftigen Schlag im Rücken, der ihn vornüber warf und gegen Ezekiel schleuderte. Und dann stürzten er, der Führer der Bruderschaft und was oder wer auf seinem Rücken saß mit Marias Leiche in einem wilden Durcheinander sich windender Körper und ineinander verschlungener Glieder durch die Öffnung. In einem Anfall von Panik begann Tom mit Armen und Beinen wie wild um sich zu schlagen und versuchte verzweifelt, sich von dem nur wenige Zentimeter von ihm entfernten Gesicht mit den winzigen Knopfaugen und dem Spitzbart zu lösen. Er brauchte mindestens fünf Sekunden, um zu merken, daß er Blut an den Händen hatte und mit einem Toten rang: Bruder Bernhard hatte eine klaffende Einschußwunde im Rücken.

Er stieß den massigen Körper des Toten von sich, und als er sich auf die kalte, steife Leiche Marias wälzte, stieg ihm der ekelerregende Gestank von Tod, Ölen und Kräutern in die Nase. Er zuckte angewidert zurück und richtete sich halb auf. Als er sich, nach Atem ringend, umsah, stellte er fest, daß er sich in dem kleinen Raum zwischen der Großen Höhle und dem Gewölbe der Erinnerung befand. Vier Meter von ihm entfernt stand Ezekiel an dem zweiten Hebel, der die Tür zum Gewölbe öffnete. In der rechten Hand hielt er einen Dolch. Sein Unterarm, offensichtlich von der zweiten Kugel getroffen, war blutüberströmt. Tom überlegte, ob er sich auf ihn stürzen sollte, aber er bekam kaum genug Luft, um sprechen, geschweige denn, kämpfen zu können. Deshalb versuchte er erst wieder zu Atem zu kommen. Einen Moment starrten sich die beiden Männer an, das Niemandsland zwischen ihnen von Marias Leiche markiert.

Tom fragte sich, wo Karen Tanner und die anderen blieben und warum sie ihm nicht gefolgt waren. Doch dann spürte er eine gewaltige Erschütterung, als draußen in der Großen Höhle ein mächtiger Felsbrocken auf den Boden schlug. Er kroch auf den Durchgang zu und spähte nach draußen. Die FBI-Männer, die jordanischen Truppen und die Angehörigen des Inneren Kreises blickten erschrocken zu den wackelnden Säulen hoch und zogen sich zu der Tür zur Großen Treppe zurück. Nur Karen Tanner blieb auf ihrem Posten, obwohl auch sie wie gebannt zu den in Bewegung geratenen Felsen hinaufstarrte. Die unzähligen Kerzen und Fackeln, die die Höhle erhellten, fielen wie Sternschnuppen von den Wänden, worauf ihr ehedem warmer goldener Schein zu düsterem Zwielicht erstarb und die weiße Flamme des heiligen Feuers in scheinbar noch hellerem Licht erstrahlte. Indem er den Stab aus der Wand gezogen hatte, mußte Ezekiel Tonnen losen Gesteins freigesetzt haben, die zweifellos schon vor langer Zeit von den Baumeistern der Bruderschaft im Granit über der Großen Höhle verkeilt worden waren, in der Absicht, die Geheimnisse der Höhle notfalls mit allen Mitteln vor ihrer Entdeckung zu bewahren: in diesem Fall durch ihre totale Zerstörung.

»Karen!« brüllte Tom durch das glühende Halbdunkel und fuchelte wie wild mit den Armen. »Hauen Sie ab, bevor Ihnen der ganze Laden auf den Kopf fällt. Schnell!«

»Und was ist mit Ihnen?« schrie Karen Tanner zurück.

Tom war hin und her gerissen. Inzwischen hatte Ezekiel die

Tür geöffnet, die in das undurchdringliche Dunkel des Gewölbes führte, und schleppte Maria durch die Öffnung. Tom nahm an, das Gewölbe mit seinen kostbaren Schätzen war von seinen Erbauern so angelegt worden, daß es von ihrem künstlich ausgelösten Weltuntergang verschont bliebe. Aber wetten wollte er darauf nicht. Bei der Vorstellung, Ezekiel könnte entkommen, packte ihn eine unbändige Wut.

»Kommen Sie, Tom!« rief Karen Tanner, die sich zur Großen Treppe zurückzog.

Tom bedeutete ihr, sich in Sicherheit zu bringen, und brüllte mit der ganzen Kraft, die seine leeren Lungen und seine gequetschten Rippen noch hergaben: »Keine Sorge! Ich komme auch.«

Doch dann stürzte vor ihm die erste Säule ein und schlug krachend auf den Altar. Karen und die anderen verschwanden hinter einer Wolke aus Staub und Steinsplittern. Einen Augenblick stand Tom, der von dem Trümmerregen wie durch ein Wunder verschont worden war, wie angewurzelt da. Nun war ihm der Weg zu Karen Tanner und zur Großen Treppe versperrt. Und dann rutschte ein Teil der Säule von dem zerschmetterten Altar, rollte ein Stück über den Steinboden und blieb genau über dem Loch der Heiligen Flamme liegen, so daß das unterirdische Gas nicht mehr entweichen konnte und die Flamme erstickt wurde.

Darauf zog sich Tom in den relativ sicheren Vorraum zurück. Er stieg über Bruder Bernhards reglosen Körper und folgte Ezekiel, der mit Maria im Dunkel des Gewölbes verschwand. Im selben Moment begann sich auch schon die Tür hinter ihm zu schließen.

Toms Rippen schmerzten, und jeder Schritt tat ihm weh, trotzdem schleppte er sich mit letzter Kraft in das modrige Dunkel und versuchte verzweifelt sich zu erinnern, wo der Lichtschalter war. Im Moment war seine einzige Orientierungshilfe das Geräusch von Marias Leiche, die über den Steinboden geschleift wurde.

So angespannt er auch lauschte, das einzige Geräusch, das er außer seinem keuchenden Atem noch hören konnte, war das höllische Getöse, das durch die dicken Mauern der Großen Höhle drang. Während er sich vorsichtig vorantastete, versuchte er irgendwelche Umrisse zu erkennen, die er von seinem letzten Besuch in Erinnerung behalten hatte. Wenn er sich recht erinnerte, mußte die Nische mit den Reliquien des Herrn Jesus Christus am anderen Ende des Raums sein, ihm direkt gegenüber, und das riesige Schwert, das ihn so erstaunt hatte, links von ihm. Wenn er es finden konnte, hatte er, trotz seines enormen Gewichts, zumindest eine Waffe. So leise er konnte, tastete er sich an den Regalen auf der linken Seite des Raums entlang. Seine Hände streiften über Pergament, Schachteln und Metallgegenstände. Als er zu der Lücke zwischen den Regalen kam, streckte er die Hand nach der Stelle aus, wo das Schwert an der Wand lehnen mußte. Doch seine Finger ertasteten nur rauhen, trockenen Stein. Verdammt! Wo war es?

In diesem Moment spürte er das erste Beben unter seinen Füßen. Es war anders als die vibrierende Druckwelle, die von den herunterstürzenden Felsbrocken ausgelöst wurde. Eher so, als bäumte sich unter dem Felsboden etwas auf, das sich mit aller Gewalt zu befreien versuchte. Ringsum regneten Staub und Schutt herab, und die Gegenstände in den Regalen klapperten wie lose Zähne. Er fiel vornüber gegen die Wand und stieß mit dem Knie gegen Stahl. Das Schwert.

Er streckte die Hand aus und bekam es gerade in dem Moment zu fassen, als der Boden unter ihm zum zweiten Mal von einem Beben geschüttelt wurde. Natürlich, schoß es ihm durch den Kopf, *das Gas*; es mußte das Gas sein, das die Heilige Flamme speiste. Weil es nicht mehr entweichen konnte, suchte es sich eine neue Öffnung, eine schwache Stelle im Fels, durch die sein wachsender Druck entweichen konnte. Bei den Gesteinsmassen, die draußen in der Großen Höhle herabschlugen, konnte es nicht mehr lange dauern, bis es so eine Schwachstelle fand. Nur hätte er auch gern gewußt, ob die Baumeister der

Bruderschaft bei den Vorkehrungen zum Schutz ihres kostbaren Gewölbes der Erinnerung auch den Gasdruck einkalkuliert hatten.

Ganz leise atmend, hob er das Schwert hoch und drehte sich mit dem Rücken zur Wand. Jetzt hatte er eine Waffe. Einmal angenommen, die Erbauer der Höhle hatten gewußt, was sie taten, mußte er in diesem dunklen Mutterschoß relativ sicher sein.

Plötzlich spürte er eine Hand an seiner Schulter, und fauliger Atem strich über sein Gesicht. In einem Anfall von Panik dachte er einen entsetzlichen Augenblick lang, es könnte Maria sein, die von den Toten auferstanden war.

Er wirbelte herum und hob die gewaltige Klinge des Schwerts etwa in Hüfthöhe. Gleichzeitig spürte er, wie sie auf Widerstand stieß, und er hörte ein lautes Stöhnen. Um das Schwert besser heben zu können, lehnte er sich mit dem Rükken gegen die Wand und richtete die Klinge gegen die Person, die immer noch ihre Hand auf seiner Schulter hatte.

Plötzlich spürte er den schlechten Atem wieder über sein Gesicht streichen, nur wurde er diesmal begleitet von der Berührung einer kalten Klinge an seinem Hals. Er winkelte das Schwert höher an, und gerade als er mit seiner Spitze nach dem unsichtbaren Angreifer stoßen wollte, brachte ein drittes Beben, gefolgt von einem vierten und fünften, die Grundfesten des Gewölbes zum Erzittern.

»Ich glaube, wir befinden uns in einer Pattsituation, Dr. Carter«, ertönte Ezekiels Stimme aus dem Dunkel. Sein unsichtbares Gesicht konnte nur wenige Zentimeter von Tom entfernt sein. »Ob Ihre Freunde wohl entkommen sind? Ich fürchte, nicht.«

»Wenn doch, kommen sie zurück, und dann ist es mit Ihnen und Ihrer Bruderschaft aus. Was ist eigentlich mit Ihrem erlauchten Inneren Kreis? Was ist, wenn Sie auch Ihre eigenen Leute getötet haben?«

Ein trockenes Lachen. »Sie sind entbehrlich. *Wir* sind alle entbehrlich. Was die Bruderschaft angeht, so hat sie ihren Zweck erfüllt, sobald Maria zum Leben erwacht. Dann ist der Tag des Jüngsten Gerichts gekommen, und alles wird ein Ende haben. Die Brüder werden erlöst werden, denn wir haben den Neuen Messias rechtzeitig gefunden.«

»Aber sie ist tot«, sagte Tom. »Sie sind wieder zu spät gekommen.«

Der Dolch drang in seine Haut; warmes Blut rann seinen Hals hinunter. »Sie wird von den Toten auferstehen.« Ezekiels Stimme bebte vor Haß. »Sie hat die Macht dazu.«

»Hat sie nicht. So funktionieren die Gene nicht.«

Ein verächtliches Lachen. »Erzählen Sie mir doch nichts. Als Kind konnte sie Wunder vollbringen. Sie hat mein Magengeschwür geheilt. Sie ist dazu in der Lage.«

»Nicht bei sich selbst. Ich habe ihr das am Tag ihrer Hinrichtung erklärt. Und ihrer Reaktion nach zu schließen, hat sie mir geglaubt.«

Der Dolch grub sich tiefer in Toms Hals. Er war außerstande, sich zu wehren. Zwar versuchte er, Ezekiel mit dem Schwert wegzustoßen, aber es war zu schwer. Er mußte ihn ablenken. Tom ließ Ezekiels Körper das Gewicht des Schwerts halten und nahm seine rechte Hand von seinem Griff. Dann griff er nach dem verletzten linken Arm des Greises, dorthin, wo ihn die Kugel getroffen hatte.

»Ich weiß, wie die Gene wirken«, sagte Tom leise in das Dunkel hinein, »weil ich sie benutzt habe, um meine Tochter zu retten.« Behutsam legte er seine Hand auf Ezekiels Arm und tastete nach der Wunde. »Ich habe mir die Gene von Jesus injiziert, und jetzt besitze ich sie ebenfalls.«

Ezekiel versuchte zwar bei der ersten Berührung, den Arm zurückzuziehen, aber Tom hielt ihn mit aller Kraft fest. Je mehr die Energie aus ihm strömte, desto mehr drohten ihm seine Beine den Dienst zu versagen, und seine Muskeln schmerzten, als wären sie zum Zerreißen gespannt. Aber er spürte, wie die Hand, in der Ezekiel den Dolch hielt, an seinem Hals zu zittern begann. Er wußte, Ezekiel konnte die heilende Kraft, die ihn durchströmte, spüren.

Schließlich ließ Tom Ezekiels Arm los und sank erschöpft gegen die Wand zurück. Gleichzeitig ließ er das Schwert in seiner Hand nach unten sinken, so daß seine Spitze funkensprühend auf den Steinboden schlug. Wenige Augenblicke später hörte er das leise Klicken eines Schalters, und das Gewölbe wurde in grelles Licht getaucht. Als er sich blinzelnd herumdrehte, sah er, daß Ezekiel an der Tür des Gewölbes mit gespreizten Beinen über Marias Leiche stand. Sein uraltes Gesicht war blaß, und aus seinen dunklen Augen sprach nicht mehr nur Haß, sondern auch Entsetzen.

»Maria hatte recht«, stieß Ezekiel hervor. »Sie sind von Grund auf böse. Ich hätte mich nie auf Verhandlungen mit Ihnen einlassen dürfen. Ich hätte ihr erlauben sollen, Sie zu töten.«

Gott, wie er das alles satt hatte. »Aber sie hat doch versucht, mich umzubringen. Zweimal sogar. Vergessen Sie das bitte nicht! Aber nicht ich bin hier der Böse. Ich habe nie etwas anderes getan, als versucht, anderen Menschen das Leben zu retten.«

»Indem Sie gegen die natürliche Ordnung der Dinge verstoßen haben«, entgegnete Ezekiel verächtlich. »Indem Sie sich gegen Gott aufgelehnt haben!«

»Es gibt keinen Gott. Es gibt keine natürliche Ordnung der Dinge. Sonst wären diese Gene nicht so selten.«

An dieser Stelle begann Ezekiel zu lachen, ein lautes, irres Lachen ohne den leisesten Anflug von Humor. »Sie begreifen immer noch nicht, wie? Sie verstehen immer noch nicht, warum wir Sie sogar noch dringender töten mußten als alle diese Schurken im üblichen Sinn, die wir beseitigt haben: die Waffenhändler, die Drogendealer und Pornoproduzenten. Sie waren schwach und haben die Welt, in der wir leben, nur vergiftet. Dagegen drohen Ihre verwerflichen Genexperimente sie *von Grund auf zu ändern.* Selbst jetzt, nachdem Sie sich mit

Hilfe Ihrer teuflischen Technologie selbst die Gene Gottes eingepflanzt haben, begreifen Sie *immer* noch nicht, wie gefährlich Sie sind.«

Ein neuerliches Beben, noch heftiger als die bisherigen, ließ den Boden erzittern, und unter ihnen ertönte das laute Krachen berstender Felsmassen. Doch ohne sich darum zu kümmern, fuhr Ezekiel fort:

»Sie verfügen über erstaunliches Wissen, Dr. Carter; manche halten Sie sogar für ein Genie. Aber es ist mehr nötig als Wissen, um Gott zu sein. Man braucht *Weisheit*. Sie haben eben gesagt, wenn es Gott gäbe, wären diese Gene nicht so selten. Das stimmt nicht. Stellen Sie sich nur mal eine Welt vor, in der *jeder* sie besäße. Ein Welt, in der jeder jeden heilen könnte und niemand eines natürlichen Todes sterben würde. Stellen Sie sich eine Welt vor, in der keine unserer Handlungen irgendwelche Konsequenzen hätte. Eine Welt mit einer so hohen Bevölkerungsdichte, daß wir statt des Himmels auf Erden die reinste Hölle hätten. Ohne Platz. Ohne Nahrung. Ohne Ehrfurcht vor dem Leben, oder dem Tod, und schon gar nicht vor Gott. Nichts als eine überbevölkerte Wüstenei verlorener Seelen, die nur eine Gewißheit hätten: ein langes Leben voller unsäglichen Leids.«

Immer noch mit dem Dolch in der Hand, sank Ezekiel neben Maria auf den Steinboden nieder und zog ihre Leiche in seinen Schoß. Noch immer schenkte er dem inzwischen unaufhörlich dröhnenden Grollen keine Beachtung. Tom blickte nach links und sah die Strickleiter aus dem Spalt in der Decke hängen. Er begann darauf zuzugehen.

Währenddessen fuhr Ezekiel unbeirrt fort: »Was ich gern wissen würde, Dr. Carter: Gibt Ihnen der Wunsch, Ihre Tochter zu retten, einen unbedeutenden Menschen unter den unendlich vielen anderen, gibt Ihnen dieser Wunsch das Recht, Gott zu spielen? Gibt er Ihnen das Recht, zu diesem Zweck möglicherweise eine Hölle auf Erden zu schaffen? Es war ihr von Gott bestimmt zu sterben, und sie hätte sterben sollen. Sie hatten nicht das Recht, sich Ihrer Intelligenz und Ihrer technischen Möglichkeiten zu bedienen, daran irgend etwas zu ändern. Und das gilt auch für all die anderen Menschen, die Sie schon vor Projekt Kana mit Hilfe Ihrer Genexperimente gerettet haben.« Scheinbar erschöpft hielt Ezekiel inne.

Tom antwortete ihm nicht. Dazu war keine Zeit. Er ließ das schwere Schwert fallen, packte die schwankende Strickleiter und zog sich daran hoch. Seine Wut war verraucht. Er empfand nichts mehr, als er auf die gebückte Gestalt hinabsah, die in einer grotesken Parodie der Pietà Marias Leiche in ihrem Schoß hielt. Nur ein bißchen Mitleid für einen törichten und gebrochenen alten Mann.

Als er die fünfte Sprosse der Leiter erreicht hatte und zur Hälfte in dem Felsspalt verschwunden war, hörte er, wie plötzlich mit einem lauten Zischen Gas aus dem Steinboden unter ihm zu entweichen begann.

Er blickte nach oben, konnte aber nur undurchdringliches Dunkel erkennen. Ihm blieb nicht mehr viel Zeit. Er biß die Zähne zusammen und kletterte weiter. Die Hand, in die ihn Maria geschossen hatte, und das Bein, das bei dem Anschlag in Stockholm getroffen worden war, begannen heftig zu schmerzen. Mit jeder Sprosse, die er höher kletterte, schlugen seine Ellbogen schmerzhaft gegen die rauhen Felswände des Kamins. Aber am meisten taten ihm seine überbeanspruchten Muskeln und Gelenke weh. Jede Faser seines Körpers brannte vor Anstrengung, während er sich mühsam nach oben quälte.

Das Donnern unter ihm wurde keineswegs leiser, sondern nahm immer mehr zu, je höher er kletterte.

Endlich. Über ihm ein Lichtschimmer. Wenn ihn jetzt nur nicht die Kräfte verließen.

Und dann gab es unter ihm plötzlich eine ohrenbetäubende Explosion. Gleichzeitig schoß ein Schwall heißer Luft in dem Kamin hoch und erfaßte ihn mit solcher Wucht, daß er von der Leiter gerissen und nach oben geschleudert wurde. Dabei schlug er immer wieder mit dem Kopf gegen die rauhen Felswände, und sein Körper schmerzte so heftig, als stünde er lichterloh in Flammen.

Dann hörten die Schmerzen zum Glück auf, und er spürte nichts mehr.

❖ ❖ ❖

Nur wenige Momente davor hatte Ezekiel De La Croix noch dagesessen und beobachtet, wie Dr. Carter an der Leiter hinaufgeklettert und in dem Spalt in der Decke der Höhle verschwunden war. Trotz des lauten Grollens der bebenden Felsen hatte eine tiefe Ruhe von ihm Besitz ergriffen. Mochte der Wissenschaftler ruhig entkommen. Wenn der Neue Messias zum Leben erwachte, konnte ihm dieses Inferno nichts mehr anhaben. Sobald Maria ihre Hände in die Heilige Flamme hielt, bräche der Tag des Jüngsten Gerichts an und alle Gottlosen, nicht nur Dr. Carter, würden ihrer gerechten Strafe zugeführt. Doch er würde als Führer der Gerechten erlöst werden.

Er verlagerte Marias Gewicht in seinem Schoß und machte es seinem erschöpften, schmerzenden Körper so bequem wie möglich. Er blickte in Marias blasses, friedliches Gesicht und versuchte diese ungewöhnlichen Augen dazu zu bringen, sich zu öffnen. Als er ihre kalte Stirn streichelte, erinnerte er sich an die erste Begegnung mit ihr. Wie verletzlich sie damals gewesen war, schon so vom Leben gezeichnet und so ahnungslos, was ihre Bestimmung anging.

Er untersuchte seinen verwundeten Arm und dachte über die rasch heilende Verletzung nach. Mochte es Dr. Carter auch gelungen sein, sich auf unnatürliche Weise der Gene des Messias zu bemächtigen, so hatte er, was Maria anging, nicht recht. Maria war mit den Genen *geboren*; sie waren ihr Geburtsrecht. Entgegen allen Behauptungen des Wissenschaftlers würde Maria wieder zum Leben erwachen. Davon war er überzeugt.

Ein plötzliches Knirschen der Felsen zu seiner Linken, gefolgt von einem explosionsartigen Zischen, ließ ihn erschrokken den Kopf herumreißen. Und dann sah er, wie sich vor seinen Augen ein Spalt im Boden auftat. Der Riß begann an der Nische, in der der Nagel und der Zahn von Jesus aufbewahrt wurden, und bewegte sich über den Steinboden auf ihn zu, als folgte er einer vorgezeichneten Route.

»Noch nicht!« schrie er entsetzt, während der Spalt wie ein riesiger anklagender Finger immer länger wurde.

Er schüttelte Marias Leiche und brüllte: »Wach auf! Wach auf!« Dann stieß er sie von sich und richtete sich mühsam auf.

»Ich kann noch nicht sterben«, schrie er, sein ganzer Körper von Todesangst geschüttelt. »Ich bin noch nicht bereit, wir sind noch nicht bereit.«

Gerade als die Spitze des Fingers seine Füße erreichte, ertönte unter ihm eine gewaltige Explosion, ein Wutausbruch, der aus dem Innersten der Erde kam. Und dann schoß aus dem Spalt eine gewaltige Stichflamme hoch, die wie eine Wand aus purem Weiß bis zum Himmel zu reichen schien. Doch trotz all seiner Verzweiflung und Panik fand Ezekiel, daß die weiße Flamme, die ihn jetzt verzehrte, das Schönste war, was er je in seinem Leben gesehen hatte.

# 32 **GENIUS. Boston.**

Vier Wochen später fuhr der rote Mercedes in die leere Tiefgarage unter dem GENIUS-Hauptquartier und steuerte auf den ersten Parkplatz zu. Er bremste abrupt, als der überraschte Fahrer feststellte, daß der Platz bereits von einem metallic-grünen BMW-Cabrio besetzt war.

Tom Carter begutachtete im Rückspiegel sein Gesicht. Inzwischen war die nur an der Oberflächte verbrannte Haut abgeschuppt und die Rötung der zarten Haut darunter fast verschwunden. »Auf einer Schönheitsfarm müßtest du für so ein

Peeling ein Vermögen hinlegen«, hatte Jasmine vor drei Wochen am Tag seiner Entlassung aus dem Krankenhaus gewitzelt. Er wußte, er hatte unverschämtes Glück gehabt. Laut Aussagen von Karen Tanners Leuten hätte ihn die Gasexplosion wie ein »auf der Landstraße überfahrenes Tier« gegen die Wände des Kamins geschleudert, wenn dieser nur geringfügig stärker gekrümmt gewesen wäre. Statt dessen war er neben dem kleinsten der fünf Felsen ausgespien worden und bewußtlos, aber ohne ernstere Verletzungen auf einer weichen Sandverwehung gelandet. Da sein Auftauchen vom kurzen Aufflackern einer weißen Stichflamme begleitet worden war, waren Karen Tanners Leute, die sich ebenfalls gerade erst in Sicherheit gebracht hatten, auf ihn aufmerksam geworden. Wie durch ein Wunder waren bei der Flucht aus der Höhle nur ein FBI-Agent und zwei Angehörige der jordanischen Sondereinheit verletzt worden. Außer Ezekiel und Bernhard war Bruder Helix der einzige Tote. Er war in dem allgemeinen Durcheinander verlorengegangen und lag nun unter den eingestürzten Felsmassen begraben.

Niemand hatte sich überrascht gezeigt, daß die anderen Mitglieder der Bruderschaft dem FBI nichts erzählten. Aber wenigstens Gomorrah hatten sie, und Tom hatte Karen Tanner von Ezekiels Geständnis erzählt. Es war noch unklar, was den überlebenden Mitgliedern des Inneren Kreises angelastet werden konnte, aber laut Karen Tanner drohte Tom keine Gefahr mehr von ihnen. Was den Rest der Bruderschaft anging, war es nicht möglich, etwas über ihre Vermögenswerte und ihre Mitglieder in Erfahrung zu bringen, geschweige denn, sie ausfindig zu machen. Allerdings deutete nichts darauf hin, daß sie irgend etwas von den Morden gewußt hatten. Tom selbst war es egal, was aus dem Rest der Bruderschaft wurde, solange sie ihn nur in Ruhe ließen.

Er stieg aus und schloß den Wagen ab. Nachdem er im Krankenhaus ausreichend Gelegenheit gehabt hatte, in Ruhe über alles nachzudenken, mußte er in den letzten drei Wochen seit seiner Entlassung mindestens viermal rund um die Welt geflogen sein. Aber es war die Mühe wert gewesen. Fast jeder, mit dem er gesprochen hatte, war schließlich grundsätzlich mit seinem Plan einverstanden gewesen. Und was noch wichtiger war, die Reaktionen auf seine Vorschläge hatten ihn in der Überzeugung bestärkt, richtig entschieden zu haben. Doch nach der Besprechung heute abend würde er auf jeden Fall Urlaub machen. Nur Holly, er und ein bißchen Sonne.

Er durchquerte das stille Foyer und grüßte die zwei neuen Wachmänner. Die Sonne war noch kaum aufgegangen, aber im weitläufigen Innern der Pyramide herrschte bereits strahlende Helligkeit. Hier hatte er ein Gefühl von Freiheit, ohne einengende Grenzen und Mauern. Er ging durch das Hologramm der DNS in der Mitte des Foyers und steuerte auf die Klinik zu. Er hoffte, dort die Bestätigung zu finden, daß seine Entscheidung richtig gewesen war.

Er schlich in die stille Station und winkte der Nachtschwester zu, die lächelnd hinter ihrem Schreibtisch saß. Die kleine Glühbirne über ihr war die einzige Lichtquelle. In dem schwachen Licht konnte Tom lediglich die Umrisse der Patienten ausmachen, die in den sieben belegten Betten schliefen. Lautlos wie ein Geist ging er von Bett zu Bett, blickte in ihre schlafenden Gesichter und spürte die Menschlichkeit hinter jedem dieser geschlossenen Augenpaare. Tom wußte, mit Hilfe der neuesten GENIUS-Therapien wäre es bestenfalls möglich, drei von ihnen zu retten und möglicherweise einem zu einer nennenswert längeren Lebensspanne zu verhelfen. Aber drei von ihnen würden selbst unter den günstigsten Voraussetzungen mit ziemlicher Sicherheit sterben müssen.

Außer *er* heilte sie.

Als er nun im Halbdunkel auf seine Hände hinabblickte, kamen ihm plötzlich wieder Ezekiels Worte in den Sinn.

*»... Stellen Sie sich nur mal eine Welt vor, in der jeder jeden heilen könnte und niemand eines natürlichen Todes sterben würde. Stellen Sie sich eine Welt vor, in der keine unserer Handlungen irgendwelche Konsequenzen hat. Eine Welt mit einer so*

*hohen Bevölkerungsdichte, daß wir statt eines Himmels auf Erden die reinste Hölle hätten. Ohne Platz. Ohne Nahrung. Ohne Ehrfurcht vor dem Leben, oder dem Tod, und schon gar nicht vor Gott. Nichts als eine überbevölkerte Wüstenei verlorener Seelen, die nur eine Gewißheit hätten: ein langes Leben voller unsäglichen Leids.«*

Vielleicht hatte der alte Mann recht gehabt, dachte er. Vielleicht *sollten* drei dieser Unglücklichen sterben. Wer war er schon, sich da einzumischen? Man kann nicht Gott spielen und entscheiden, wer leben und wer sterben soll, rief er sich rasch in Erinnerung. Wenn man Patienten retten kann, muß man sie retten. So einfach war das.

Einen Augenblick lang stellte er sich vor, jede dieser schlafenden Gestalten wäre Holly und er wäre ihr Vater, Mann oder Sohn. An diesem Punkt wurde ihm klar, daß er, was diese sieben Patienten anging, keine Wahl hatte. Trotzdem fühlte er sich von einer seltsamen Unruhe erfüllt, als er noch einmal an ihren Betten entlangging, hier eine Hand, da eine Stirn berührte und spürte, wie sie die Energie aus seinem Körper sogen. Das war einfach; kein großes Problem. Doch bei dem Gedanken an die Besprechung heute abend hoffte er, die *entscheidendere* Frage richtig beantwortet zu haben, die richtige *Grundsatz*entscheidung getroffen zu haben.

Er entfernte sich vom letzten Patienten, winkte der Nachtschwester zu und fragte sich, wie sie reagieren würde, wenn ihre schlafenden Schützlinge in wenigen Stunden gesund und munter erwachten.

Von der Klinik begab er sich geradewegs zum Lift und fuhr in die erste Etage hinauf. Er ging durch die Mendel-Suite und öffnete die Tür zum Crick-Labor. Jasmine saß mit einer Diet Coke in der Hand an ihrem Schreibtisch und brütete über einem Stapel Unterlagen.

Sie sah mit freudestrahlendem Gesicht zu ihm auf.

»Hallo, Fremder. Wie geht's? Wie war dein geheimnisvoller Ausflug?«

»Gut. Was machst du heute so früh schon hier?«

Mit einem aufgeregten Grinsen klopfte Jasmine auf die Papiere auf ihrem Schreibtisch. »Na, seit deinem durchschlagenden Heilungserfolg bei Holly sind Jack und ich schon die ganze Zeit dabei, einen Patentantrag für das Serum aufzusetzen. Und natürlich auch das da.« Sie nahm ein ausgefülltes Formular vom Schreibtisch und hob es wie eine Trophäe hoch. »Der Zulassungsantrag für die FDA, damit wir mit den Versuchen beginnen können. Jack hat ihn bereits unterschrieben. Jetzt brauchen wir nur noch dein Einverständnis und deine Unterschrift.«

Tom fand ihren Enthusiasmus beunruhigend. Er zog sein Sakko aus und hängte es an die Garderobe neben der Tür. Dann ging er zu dem Kühlschrank im hinteren Teil des Labors, blickte durch seine abgeschlossene Glastür und zählte die Ampullen, die noch in dem Fach mit der Aufschrift *Dreifaltigkeitsserum – Nazareth-Gene* waren. Gut, dachte er, anscheinend hatte sie während seiner einmonatigen Abwesenheit niemand angerührt. Nach den Mäuseversuchen waren es ursprünglich dreizehn Ampullen gewesen, aber eine hatte er sich selbst gespritzt. Damit blieben noch zwölf Ampullen; die einzigen zwölf, die es auf der Welt gab.

»Was ist plötzlich aus deiner gesunden Skepsis geworden, Jazz?« fragte er, als er die Schublade herauszog, in der die Etiketten aufbewahrt wurden. Er sah nach, ob es genügend waren. »Und aus deinen religiösen Bedenken? Jetzt, wo Holly gesund ist, dachte ich eigentlich, du tätest nichts lieber, als Projekt Kana zu den Akten zu legen und dich wieder mit konventionellerem Kram zu beschäftigen.«

Jasmine zögerte. »Ich habe viel über diese ganze Geschichte nachgedacht und bin zu der Überzeugung gelangt, daß es nicht diese Gene waren, die Jesus zum Sohn Gottes gemacht haben. Was ihn göttlich gemacht hat, war, wie er von ihnen Gebrauch gemacht hat, was er uns gelehrt hat und wie er für uns gestorben ist. Diese Nazareth-Gene sind die größte Entdeckung in der

Geschichte der Medizin, eine wahres Geschenk Gottes, und als solche sollte man sie auch betrachten. Stell dir nur mal vor, wieviel Gutes wir tun könnten, wenn wir einmal die FDA-Zulassung haben und die Gene vermarkten können. Wenn wir sie in Massenproduktion –«

»Immer mit der Ruhe, Jazz. Wir haben noch nicht mal entschieden, ob wir die Nazareth-Gene überhaupt für den Vertrieb im größeren Maßstab entwickeln sollen. Du gehst ganz automatisch davon aus, daß es eine gute Sache wäre.«

»Natürlich ist es eine gute Sache. Wieso denn nicht?«

Tom ging zu dem Schrank, in dem die Ersatzspritzen aufbewahrt wurden. Er zählte sie und nickte kurz, als er feststellte, daß auch von ihnen genügend da waren. Er konnte also alles Nötige ganz diskret beschaffen, ohne jedes Aufsehen. »Ich sage doch nur, Jazz: Ich finde, wir sollten uns das sehr gut überlegen.«

❖ ❖ ❖

Jasmine glaubte, nicht recht gehört zu haben. Hier war der Mann, der immer gesagt hatte, die einzige Beschränkung dessen, was man tun kann, sollte das sein, was man tun *kann*. Nicht mehr und nicht weniger. Das war der Mann, der sie dazu inspiriert hatte, einen phantastischen Supercomputer mit ihm zu entwickeln, der die menschliche DNS so gut ablesen konnte wie ein Supermarktkassenscanner den Strichcode auf einer Dose Bohnen. Derselbe Mann, der sie dazu gebracht hatte, ihm zu vertrauen und ihre religiösen Bedenken abzulegen, um die Gene ihres Messias zu erforschen und sie für die Rettung ihres Patenkinds nutzbar zu machen. Und jetzt, nachdem er sogar seine wildesten Träume verwirklicht hatte, kam er ihr plötzlich mit »Immer mit der Ruhe, Jazz!« und hatte Angst, sich zu *übernehmen*.

»Was ist plötzlich los mit dir, Tom?« fragte sie und verschränkte die Arme. »Du hältst buchstäblich den Schlüssel zu unglaublicher Macht in Händen, aber alles, was wir haben, sind läppische zwölf Ampullen. Wir müssen mehr davon produzieren, die Gene klonen und sie anderen geben. Wir *müssen* ihre heilenden Kräfte verbreiten. Das ist unsere Pflicht.«

»Aber wem geben wir sie?« fragte Tom ruhig. »Oder wie Jack sagen würde: Wem *verkaufen* wir sie? Nur denen, die sie sich leisten können?«

»Das ist doch keine Frage des Geldes«, sagte Jasmine entsetzt.

»Ganz meine Meinung, zumindest *sollte* es keine sein. Aber selbst wenn wir mal den Faktor menschliche Habsucht außer acht lassen, mußt du doch die wirtschaftlichen Auswirkungen berücksichtigen. Zuerst einmal, wenn wir das Serum weltweit vertreiben, bedeutet das den Bankrott sämtlicher größeren Pharmakonzerne auf der Welt, was wiederum Auswirkungen hätte, die ganze Industriezweige, ja sogar Wirtschaftssysteme ruinieren könnte. Aber selbst angenommen, wir *bekämen* die ökonomischen Auswirkungen in den Griff, wem würdest du die Gene geben?«

»Na, irgendwann jedem, hoffe ich.«

»Jedem? Damit wir eine Welt schaffen, in der jeder jeden heilen kann und niemand mehr an einer Krankheit sterben muß?«

Jasmine wußte nicht, worauf er hinauswollte, und fragte stirnrunzelnd: »Klar, warum nicht?«

»Damit wir eine Welt mit einer so hohen Bevölkerungsdichte schaffen können, daß das Leben dort nicht der Himmel auf Erden wäre, sondern die reinste Hölle? Ohne Platz. Ohne Nahrung. Ohne Ehrfurcht vor dem Leben, oder dem Tod.«

Jasmines Stirn legte sich noch tiefer in Falten. Über Toms Augen lag ein abwesender Ausdruck, als zitierte er Sätze, die er irgendwo anders gelesen oder gehört hatte. »Na ja, vielleicht sollten wir sie nicht jedem geben«, lenkte sie ein, nachdem ihr die damit verbundenen Gefahren bewußt geworden waren. »Nur ein paar Leuten.«

»Wem?«

»Das weiß ich nicht.«

Sie wußte es tatsächlich nicht. Sie hatte sich noch keinerlei Gedanken über die negativen Auswirkungen gemacht. »Leuten, die am meisten Gutes tun könnten, würde ich sagen. Zum Beispiel denen in der dritten Welt.«

»Warum? Weil sie dort die meisten Menschenleben retten könnten? Tausende, vielleicht Millionen von Menschen?«

»Ja, wahrscheinlich schon.«

»Denselben Leuten, die im Moment nicht einmal genügend Geld haben, um die Menschen, die sie bereits haben, zu ernähren? Wußtest du, daß nur fünf Prozent aller Todesfälle auf Unfälle, Mord und Selbstmord zurückzuführen sind? Dieses Serum könnte alle anderen Todesursachen aus der Welt schaffen, möglicherweise sogar das Altern. Ist dir klar, was wir dann für eine durchschnittliche Lebenserwartung hätten?«

»Nein, keine Ahnung.«

»Dann will ich es dir sagen. Bei unserer gegenwärtigen Bevölkerungsrate läge das *Durchschnittsalter*, in dem wir an einem Unfall, Mord oder Selbstmord sterben würden, bei etwa sechshundert Jahren. Einige von uns würden vielleicht schon am Tag ihrer Geburt von einem Bus überfahren, aber andere könnten ewig leben. Denk mal darüber nach. Eine durchschnittliche Lebenserwartung von sechshundert Jahren.«

Sie schüttelte frustriert den Kopf, als sie sich über die ungeheuerlichen Konsequenzen klarzuwerden versuchte. Er hatte natürlich recht. Es war nicht so einfach, wie sie gedacht hatte. Sie sah auf ihre Anträge für die FDA und das Patentamt hinab, die Anträge, die diese geheimen Heilkräfte auf eine ahnungslose Menschheit loslassen würden. Zweimal glaubte sie, eine Lösung gefunden zu haben, und wollte sie bereits aussprechen, aber jedesmal fiel ihr etwas ein, was dagegen sprach, so daß sie die Worte wieder hinunterschluckte.

Schließlich drehte sie sich niedergeschlagen um und sah Tom an, der still vor dem Kühlschrank stand und die Ampullen mit dem Serum ansah. Offensichtlich hatte er diese Fragen bereits alle selbst im Kopf durchgespielt und war für sich zu einer Lösung gekommen. Eine Lösung, die möglicherweise erklärte, warum er vor drei Wochen, obwohl noch nicht annähernd genesen, aus seinem Krankenbett geflohen, sich in das nächste Flugzeug Gott weiß wohin gesetzt hatte und erst vor ein paar Tagen wieder zurückgekommen war. Bei bestimmten Gelegenheiten konnte einem Toms Genie wirklich auf die Nerven gehen. Und das war eine von ihnen.

»Und?« sagte sie schließlich. »Irgend etwas müssen wir doch wegen dieser Gene unternehmen, oder nicht?«

Er nickte ruhig. »Sicher.«

»Aber du findest nicht, wir sollten die Welt mit ihnen überschwemmen?«

Er schüttelte den Kopf. »Nicht, solange wir uns nicht über die genauen Auswirkungen im klaren sind. Auf lange Frist könnten sie mehr Schaden anrichten als Gutes tun.«

»Sonst ist es aber gar nicht deine Art, dir Sorgen zu machen, du könntest die natürliche Ordnung der Dinge durcheinanderbringen.«

Ein bescheidenes Achselzucken. »Vielleicht habe ich mich getäuscht. Vielleicht steckt in dem Wahnsinn da draußen Methode.«

Sie konnte nicht glauben, eben Tom Carter sprechen gehört zu haben. »Du meinst Gott?«

Ein trockenes Lachen. »Wohl kaum, aber vielleicht ist unsere gute alte Mutter Natur doch nicht ganz so willkürlich, wie ich immer dachte.«

Jasmine trommelte mit den Fingern auf ihren Schreibtisch. »Also, Maestro, was sollen wir dann Ihrer Meinung nach mit den Genen tun? Sie vernichten? So tun, als hätten wir sie nie entdeckt?«

Tom zuckte wieder die Achseln. »Das wäre eine Möglichkeit.«

»Das war doch nur Spaß, Tom. Du kannst doch nicht im Ernst glauben, wir sollten *überhaupt nicht* von den Genen Gebrauch machen?«

Als Tom sie darauf anlächelte, sah sie seine blauen Augen

kurz aufleuchten. »Willst du wirklich wissen, was ich finde, daß wir mit ihnen tun sollten?«

»Klar.«

»Na, dann komm heute um Mitternacht hierher, dann zeige ich es dir.«

❖ ❖ ❖

Als Jasmine um dreiundzwanzig Uhr sechsundfünfzig vor dem geschlossenen Tor des GENIUS-Geländes hielt, brannte nirgendwo Licht. Sie spähte in das im Dunkeln liegende Pförtnerhaus, aber es war völlig verlassen. Sie wollte schon aussteigen und das Tor über den DNS-Sensor öffnen, als es plötzlich von allein aufging.

Mit aufheulendem Motor brauste sie in ihrem BMW im Vollmondlicht auf die Pyramide zu. Als sie vor dem Haupteingang anhielt, ertappte sie sich dabei, daß sie in der milden Nachtluft fröstelte. In der dunklen Glaspyramide waren keine Lichter zu sehen, außer einem schwachen Lichtschein im Foyer und einem Licht im ersten Stock, wo das Crick-Labor und der Konferenzsaal lagen.

»Wird das nicht langsam eine Spur zu verrückt?« fragte sie sich flüsternd, als könnte jemand sie hören. Sobald ihr klargeworden war, daß sie nicht mehr aus Tom herausbekäme, war sie früh von der Arbeit nach Hause gefahren. Um die Zeit totzuschlagen, hatte sie sich in alle möglichen Verrichtungen gestürzt. Trotzdem mußte sie ständig an die Gene denken und an Toms Antwort auf ihren ironisch gemeinten Vorschlag, die Gene zu vernichten: »Das wäre eine Möglichkeit.«

Was wollte er ihr heute nacht bloß zeigen? Das einzige, was ihr einfiel, war, daß er die zwölf restlichen Ampullen im Sterilisationsautoklav vernichten wollte. Schon allein die Vorstellung versetzte sie in helle Wut. Sie hatte sich den ganzen Tag den Kopf zerbrochen, wie die Gene am besten einzusetzen seien, ohne Mißbrauch mit ihnen zu treiben. Allerdings erwies sich dieses Problem als wesentlich schwieriger als jede Cyber-

Herausforderung, der sie sich bisher gestellt hatte, und deshalb konnte sie bisher nicht mit einer Lösung aufwarten.

Sie öffnete die Wagentür und hörte ihre Sohlen auf dem Kies knirschen. Der Haupteingang war offen, als sie ihn erreichte, weshalb sie unverzüglich in das schwach beleuchtete, verlassene Foyer ging. Die DNS-Stränge des Hologramms wanden sich im Dunkeln wie gespenstische Schlangen. Dahinter sah sie die Tür zum Kliniktrakt offenstehen. Es war nur das Klicken ihrer Absätze zu hören, als sie darauf zuging. Da hinter der Tür kein Licht brannte, drückte sie auf den Schalter an der Wand, und der Warteraum wurde sofort in helles Licht getaucht. Sie ging zur Station weiter. Wieder Dunkel. Nicht einmal das schwache Glimmen des Leselichts einer Nachtschwester. Nichts.

Sobald sich ihre Augen an das Dunkel gewöhnt hatten, hielt sie nach den Silhouetten der in den Betten liegenden Patienten Ausschau. Es waren aber keine da. Alle Betten waren abgezogen. Auf jeder Matratze lagen ein ordentlicher Stapel Decken und zwei Kissen. Jasmines Herz schlug ein wenig schneller, als sie kehrtmachte und ins Foyer zurückging. Als sie am Nachmittag nach Hause gefahren war, war ihr zwar aufgefallen, daß in der Klinik ziemliche Aufregung geherrscht hatte, aber sie hatte sich nichts dabei gedacht. Trotzdem wußte sie, daß mindestens sieben dieser Betten mit todkranken Patienten belegt gewesen waren.

Auf dem Weg zurück ins Foyer war sie so angespannt, daß sie das leise Zischen der sich öffnenden Lifttür heftig zusammenzucken ließ. Als sie Tom aus dem Aufzug treten sah, war sie so erleichtert, daß sie ihn am liebsten umarmt hätte.

»Danke, daß du gekommen bist«, sagte er freundlich, als begrüßte er sie lediglich zu einem Grillfest.

»Was geht hier vor, Tom? Wo sind die Wachleute?«

Ein Achselzucken. »Ich wollte, daß die Sache ganz unter uns bleibt.«

»Was ist mit den Patienten?«

Tom lächelte und betrat mit ihr den Lift. Er drückte auf den

Knopf für die Mendel-Suite und sagte: »Die offizielle Erklärung lautet, daß sie alle außergewöhnlich gut auf die Therapie angesprochen haben. Und ich wäre der Letzte, der das leugnen würde. Zwei sind bereits nach Hause geschickt worden, und die anderen sind im Massachusetts General, wo sie noch beobachtet und verschiedenen Untersuchungen unterzogen werden. Aber ich bin ziemlich sicher, daß auch sie bald nach Hause dürfen.«

»Hast *du* sie gesund gemacht?«

Er lächelte und nickte. »Aber ich werde es nie zugeben. Es ist ganz wichtig, daß niemand weiß, daß ich die Gabe besitze. Heute morgen habe ich ein bißchen über die Stränge geschlagen, aber in Zukunft werde ich mich beherrschen.«

»Ist es das, was du mir zeigen wolltest?«

Der Lift hielt an, und die Tür ging auf.

Tom schüttelte den Kopf. »Nein. Das ist nur, wie ich persönlich mit den Genen umgehen könnte: die Heilungen als konventionelle Behandlungserfolge tarnen.«

»Was ist mit den Genen generell? Was hast du mit den anderen Ampullen vor?«

Tom führte sie aus dem Lift und wandte sich dem Eingang der Mendel-Suite zu. »Komm.«

Als er die Hand in den DNS-Sensor steckte und die Tür der Mendel-Suite aufging, begann er über die Gene zu sprechen:

»Überleg mal ganz kurz, wie das Serum wirkt. Der Virusvektor ist dafür gedacht, die Nazareth-Gene in die Stammzellen einzusetzen. Das heißt, die betreffenden Personen sind für die Dauer ihres Lebens in der Lage, andere zu heilen. Diese Fähigkeit selbst können sie allerdings nicht an jemand anderen weitergeben. Nur die heilende Wirkung. Und da die Gene nicht in ihre Keimzellen eingesetzt werden, können sie sie auch nicht an ihre Kinder weitergeben. Die Gabe stirbt also mit ihnen.«

Jasmine folgte Tom durch die Tür und blinzelte, als die Sensoren die Tungsten-Glühbirnen einschalteten. Links von ihnen lag die große Tiefkühl-Genbank und direkt vor ihnen tat sich das Hauptlabor mit seiner blitzenden Weite aus Weiß und Glas auf.

Stirnrunzelnd sagte Jasmine: »Die Gabe stirbt aber nicht mit ihnen, wenn sie die technischen Möglichkeiten haben, ihre Nazareth-Gene zu klonen, oder wenn jemand, der über das erforderliche Know-how verfügt, ihre Gene klont, ob nun mit oder ohne ihre Erlaubnis.«

Tom nickte. Offensichtlich hatte er bereits an diese Möglichkeit gedacht. »Ja, das stimmt. Um die Verbreitung der Wundergene kontrollieren zu können, müßten wir dafür sorgen, daß nur integre Personen die Gene des Messias bekommen und daß diese Personen geheimhalten, daß sie sich in ihrem Besitz befinden.«

Während Jasmine ihm durch das gespenstisch leere Labor folgte, dachte sie angestrengt nach, wohin er sie eigentlich führte, und zwar sowohl im buchstäblichen wie im übertragenen Sinn. »Außerdem müßten die Träger der Gene äußerst verantwortungsbewußt sein«, sagte sie, »damit sie ihre Macht nicht mißbrauchen. Sie dürften nur in äußersten Notfällen von ihrer Gabe Gebrauch machen, und sie dürften keinem Menschen etwas davon erzählen.«

»Oder Geld dafür verlangen«, fügte Tom hinzu. »Das wäre der schlimmste Mißbrauch überhaupt.«

»Sag das mal Jack.«

Tom lachte leise in sich hinein. »Mach dir mal wegen Jack keine Sorgen. Er hätte bestimmt Verständnis.«

Sie bog hinter ihm um die Ecke zur ersten Sicherheitstür und betrat das Crick-Labor. Die Lichter waren an, und als sie einen Blick auf den Kühlschrank warf, konnte sie sehen, daß die zwölf Ampullen mit dem Serum fehlten. Du meine Güte, dachte sie, er hat sie bereits vernichtet.

Als sie sich der Glaswand des Crick-Konferenzsaals näherten, bildete sie sich ein, Stimmen zu hören. Sie wandte sich Tom zu und wollte ihn schon fragen, was das alles zu bedeuten habe, doch er lächelte nur und legte den Zeigefinger an seine Lippen.

»Nur keine Aufregung«, sagte er. »Du wirst gleich alles verstehen.«

Mittlerweile waren die Stimmen deutlicher zu hören, leise zwar, aber hörbar erregt. Die meisten sprachen englisch, aber mit unterschiedlichem Akzent: mit indischem, australischem, russischem, afrikanischem, japanischem und französischem. Was hatte Tom nur vor?

Dann sah sie durch das getönte Glas der Konferenzsaalwände. Um den großen Tisch standen mindestens zehn Männer und Frauen herum. Sie bedienten sich von einem Wagen neben dem brütenden Genescope im hinteren Teil des Raums mit Kaffee und Snacks.

»Wer sind diese Leute?«

»Einige kennst du bestimmt.« Er machte sie auf einen kleinen, dunkelhaarigen Mann mit großen Hundeaugen aufmerksam, der sich angeregt mit einer großen Inderin in einem Sari unterhielt. »Das ist Jean Luc Petit, der französische Arzt, der mich auf die Idee für Projekt Kana gebracht hat. Er ist ein guter Mensch, ein extrem verantwortungsbewußter Mensch, um deine Ausdrucksweise zu gebrauchen. Die Frau, mit der er spricht, ist Doktor Mitra Mukerjee aus Kalkutta. Du hast sie letztes Jahr bei dem Krebskongreß kennengelernt, den wir hier veranstaltet haben. Bestimmt kannst du dich noch an sie erinnern. Du fandst sie sehr sympathisch. Du hast gesagt, sie hätte etwas sehr Integres.«

Jasmine nickte bedächtig. Ganz verstand sie immer noch nicht, was sie sah, aber trotzdem, die meisten der Anwesenden erkannte sie wieder. Viele von ihnen waren sogar richtig berühmt. Dr. Joshua Matwatwe, der Aids-Pionier aus Nairobi, Dr. Frank Hollins, der Herzspezialist aus Sydney, und Professor Sergej Pasternak, der russische Virologe. Außerdem waren ein paar unter ihnen, die einfach nur gute Ärzte und Krankenschwestern waren und von denen Jasmine wußte, daß Tom große Stücke auf sie hielt, sowohl wegen ihrer Integrität und ihres Engagements als auch wegen ihres fachlichen Könnens.

Jasmine wollte Tom gerade fragen, warum sie hier waren, als sie merkte, daß am Konferenztisch Plätze für dreizehn Personen vorbereitet waren. Auf dem Platz am Kopfende lagen nur ein Block und ein Stift. Auf den anderen zwölf befanden sich neben dem Block und dem Stift noch zwei andere Gegenstände, und nun begriff Jasmine endlich, was Tom plante. Unwillkürlich hielt sie die Luft an, als sie an jedem Platz eine Spritze und eine Ampulle mit Serum liegen sah. Bei genauerem Hinsehen konnte sie sogar erkennen, daß die von Hand beschrifteten Etiketten die Namen der einzelnen Empfänger trugen.

»So«, sagte sie schließlich, so ruhig es ihr möglich war. »Das war es also, was du die letzten drei Wochen getrieben hast? Um die Welt fliegen und deine zwölf Apostel zusammentrommeln?«

Darüber mußte Tom lächeln. »Ich sehe sie eigentlich mehr als ein Schiedsgericht, und nicht als Apostel. Ein Schiedsgericht, das versuchen soll, zu einer Entscheidung zu kommen, was wir mit diesem sogenannten Wundergen machen sollen. Seine zwölf Mitglieder sind über die ganze Erde verteilt. Die meisten sind Ärzte oder Krankenschwestern. Aber nicht alle. Das einzige, was sie alle gemeinsam haben, ist, daß ich jeden einzelnen von ihnen hochschätze und vollstes Vertrauen in ihn und seine Motive habe.«

Tom hielt inne, um Jasmine am Arm zu nehmen. »Meiner Meinung nach sollten wir dreizehn uns in regelmäßigen Abständen treffen, um uns ständig auf dem laufenden zu halten, wieviel Gutes wir unserer Meinung nach bewirken, beziehungsweise wieviel Schaden wir anrichten. Und dementsprechend produzieren wir dann entweder mehr Serum und gewinnen weitere Gleichgesinnte für unsere Sache, oder wir beschränken unseren Kreis wie bisher auf zwölf Personen und ersetzen nur diejenigen Mitglieder, die sterben. Und wenn sich das Ganze als Fehlschlag entpuppen sollte, können wir unseren Plan natürlich auch ganz fallenlassen. Auf diese Weise können wir zumindest die Auswirkungen steuern, die die Gene haben werden. Gutes tun, ohne das Böse herauszufordern, wenn du so willst.«

Inzwischen hatten sie die Tür erreicht. Jasmine, der immer noch nicht recht klar war, warum sie eigentlich hier war, wurde von einer seltsamen Nervosität befallen. Als sie und Tom den Raum betraten, lächelten sie den anderen zu und begaben sich rasch auf ihre Plätze.

Jasmine zupfte Tom am Ärmel. »Mir ist jetzt klar, was du vorhast. Dann kann ich ja wieder gehen.«

Einen Moment bekam Tom große Augen, dann sah er sie mit einem ungläubigen Lächeln an. »Ich dachte, wir wären uns klar darüber, daß dir die Nazareth-Gene genauso zustehen wie allen anderen hier im Raum.« Damit deutete er auf den einzigen noch freien Platz rechts neben seinem.

Auf dem Etikett der kleinen Glasampulle, die dort lag, konnte Jasmine einen Namen in Toms Handschrift lesen. Es war ihr Name: Dr. Jasmine Washington.

Doch bevor sie sich noch in vollem Umfang bewußt geworden war, daß sie nun selbst die Gene erhalten sollte, wandte sich Tom bereits den anderen zu, die immer noch an ihren Plätzen standen, und begrüßte sie mit den Worten:

»Ich möchte Sie herzlich willkommen heißen und Ihnen allen für Ihr Kommen danken. Bevor ich fortfahre, nehmen Sie doch erst einmal Platz. Es gibt da eine wichtige Sache, die ich Sie fragen möchte …«

# Nachspiel

**Drei Monate später.**

Steif stieg der große Mann von seinem Pferd. Reiten gehörte zwar nicht zu seinen Stärken, in diesem Fall aber war es die beste Möglichkeit, um an diesen unzugänglichen Ort zu gelangen. Er hätte auch einen Hubschrauber nehmen können, denn seine finanziellen Mittel waren fast unbegrenzt. Daran hatten die Nummernkonten bei den Genfer Banken keinen Zweifel gelassen. Aber er mußte bei seiner Suche möglichst unauffällig vorgehen, und ein Pferd gewährleistete hierfür die erforderliche Beweglichkeit und Anonymität.

Er studierte die alte Karte; auch sie gehörte zu den Dingen, die er, genau wie ihm sein Vorgänger gesagt hatte, in einem der Banktresore gefunden hatte. Dann betrachtete er die fünf Felsen, die senkrecht aus dem Wüstensand ragten. Bis auf die vier Männer, die in der sengenden Sonne mit ihren Pickeln rhythmisch auf den mittleren Felsen einhackten, lag der Ort völlig verlassen da. Die Männer hatten schon die ganzen letzten zwei Stunden nach seinen Anweisungen gegraben, ohne jedoch etwas zu finden.

Er hatte die Karte sorgfältig studiert, war um die Felsen herumgeritten, hatte ihre Position mit der ihrer Gegenstücke auf dem Pergament verglichen. Aber es gab keinen Zweifel: Die Stelle, an der die Männer jetzt gruben, entsprach genau der, die in der Karte eingezeichnet war. Es mußte die richtige Stelle sein. Auch wenn das, was er suchte, über tausend Jahre nicht mehr benutzt worden war, mußte es immer noch da sein und sich in funktionstüchtigem Zustand befinden: falls die Berechnungen der alten Baumeister richtig waren.

Er lüpfte den breitkrempigen Panamahut und wischte sich den Schweiß von seinem kahlen Schädel. Und gerade als er blinzelnd auf die Männer zuging, richtete sich einer von ihnen auf und schrie etwas, das er jedoch nicht richtig hörte. Darauf hob der nur mit einer Hose bekleidete Mann seine Hacke in die Höhe und winkte ihm.

Nun begann er über den glühendheißen Sand auf ihn zuzulaufen. »Was haben Sie gefunden?« fragte er, als er die Männer erreichte.

Der untersetzte Mann, der ihm gewinkt hatte, deutete in das Loch, das sie gegraben hatten. »Vater Helix, sehen Sie!«

Helix blickte in das Loch, und sein Herz begann schneller zu schlagen. Die Umrisse des steinernen Rechtecks waren ganz deutlich zu erkennen: eine kleine Tür. Er nahm einem der Männer die Hacke aus der Hand, stieg in das Loch und begann auf den Fels in der Mitte des steinernen Rechtecks einzupickeln. In Wirklichkeit war es jedoch gar kein Fels, sondern nur Lehm, der zur Tarnung der Öffnung diente. Nach einigen wenigen fieberhaften Schlägen tat sich hinter der über einen Meter hohen Öffnung ein schmaler Gang auf.

»Eine Lampe! Eine Lampe!« rief Helix aufgeregt. Ein Bruder mit einem staubbedeckten krausen, schwarzen Bart, der neben einem mit Körben voller Ausrüstungsgegenstände beladenen Kamel stand, zog drei große Mag-Lites heraus. Helix nahm sich eine der Taschenlampen und quetschte sich, ohne zu warten, ob ihm jemand folgte, durch die Öffnung.

Im Schein der starken Taschenlampe konnte er eine in einem Winkel von etwa fünfundvierzig Grad abfallende Rampe sehen, aus deren Oberfläche, wie schroffe, sägezahnartige Stufen, mächtige Felszacken herausgehauen waren. Einen Handlauf, um sich festzuhalten, gab es nicht, aber etwa alle zehn Meter machte die Rampe eine Wendung um hundertachtzig Grad, so daß, wäre er gefallen, sein Sturz an dieser Stelle gebremst worden wäre. Doch er hatte nicht vor, auf die zackigen Felsen unter seinen Füßen zu stürzen.

»Vorsichtig!« rief er den zwei Männern zu, die ihm folgten. »Daß keiner auf mich fällt.«

Die Luft war abgestanden, und wegen des steilen Abstiegs schmerzten seine Waden, aber er war so sehr auf jeden seiner Schritte konzentriert, daß er nicht darauf achtete.

*Zehn Stufen. Kehre. Zehn Stufen. Kehre.*

Um seine wachsende Erregung im Zaum zu halten, versuchte er die Kehren zu zählen, gab aber nach vierzig auf. Und als er bereits zu verzweifeln begann, jemals unten anzukommen, sah er etwas unter sich. Trotz der Hitze lief ihm ein Schauder über den Rücken, und er schaltete die Lampe aus. Doch er konnte es immer noch sehen, selbst so tief unter der Erde. Das Licht, das durch die stygische Dunkelheit drang, war durch einen Spalt in der Wand ganz deutlich zu erkennen, und seine strahlend weiße Helligkeit verriet ihm, daß er noch nicht zu spät kam.

Seine Muskeln durchströmte frische Energie, als er die Lampe wieder anknipste und die letzten zehn Meter der Rampe hinuntereilte. An ihrem Ende tat sich ein etwa vier mal vier Meter großer Raum auf. Nun stand er direkt vor einer steinernen Tür mit einem hölzernen Hebel daneben. Der Hebel war jedoch überflüssig, weil die Tür von oben bis unten gespalten war und der Riß gerade breit genug, um sich hindurchzwängen zu können. Durch den Riß konnte er auch sehen, daß die reinweiße Flamme noch heller brannte, als er in Erinnerung hatte.

An diesem Punkt legte Helix eine Pause ein und wartete auf die zwei Männer, die gerade, vor Staunen und Anstrengung nach Luft schnappend, das letzte Stück der Rampe herunterkamen. »Warten Sie hier!« befahl er ihnen. »Wenn ich mich drinnen umgesehen habe, rufe ich Sie.« Er wartete nicht einmal lange genug, um die Enttäuschung in ihren Gesichtern sehen zu können, und schob sich durch den Spalt in das Gewölbe der Erinnerung, wo er fast in einen häßlichen, fünfzehn Zentimeter breiten Riß trat, der sich quer über den ganzen Fußboden zog. Die Heilige Flamme kam aus dem anderen Ende des Spalts und warf ihr Licht auf einen Haufen verkohlter Überreste, die im Durchgang zu einem kleinen Raum lagen, der in die Große Höhle führte, wo die Heilige Flamme ursprünglich gebrannt hatte. Bei dem Gedanken an das Durcheinander nach dem Einsturz der Großen Höhle, das es ihm ermöglicht hatte, zu entkommen, dankte er Gott wieder einmal für seine Rettung.

Rechts von ihm war die Nische mit dem goldenen Tabernakel und den Reliquien Christi. Als er das letzte Mal im Gewölbe der Erinnerung gestanden hatte, war die Geheimtür nicht von der Wand, in der sie sich befand, zu unterscheiden gewesen. War es wirklich erst vier Monate her, daß er hier gewesen war, um die Öle und Kräuter zu sammeln, mit denen Marias Leiche gesalbt worden war?

Er sah sich in der Höhle um. Die Strickleiter war weg, und nur eine Spur aus verkohltem Schwarz zeigte an, wo sie gehangen hatte. Abgesehen von der rußgeschwärzten Decke und den Überresten im Durchgang zur Großen Höhle, hielt sich der Schaden in Grenzen. Keines der Artefakte auf beiden Seiten des Spalts war beschädigt. Nur das riesige Schwert schien von dem, was hier passiert war, in Mitleidenschaft gezogen. Aus irgendeinem Grund lag es in der Mitte des Raums auf dem Boden, und seine Klinge war genau da, wo sie über den Spalt ragte, durchtrennt.

Zögernd ging Helix auf die verkohlten Überreste im Durchgang zur Großen Höhle zu. Er merkte rasch, daß sie von einem Mann stammten, und als er den Rubinring an einem der gekrümmten schwarzen Finger sah, wußte er auch, wer dieser Mann war.

Mit gequältem Gesicht bückte er sich, streifte den Ring der Führerschaft von dem verkohlten Finger und rieb ihn an seinem Hemd blank. Nachdem er den Ruß größtenteils entfernt hatte, sah er den blutroten Edelstein staunend an. Das Feuer in seinem Innern leuchtete wie glühende Kohlen. Die kreuzförmige

Weißgoldfassung war nur an der Oberfläche geschwärzt, ansonsten aber unbeschädigt. Mit zitternden Händen steckte er sich den Ring an den Finger und stellte zufrieden fest, daß er perfekt saß. Mit einem Mal überkam ihn eine heftige Gefühlswallung.

Bereits bei seiner Ernennung zum Meister des Ersten Ziels hatte er seine Anweisungen für den Fall erhalten, daß er eines Tages die Nachfolge von Ezekiel De La Croix antreten würde. Bei dieser Gelegenheit war er auch über alle verwaltungstechnischen Aspekte der Führerschaft in Kenntnis gesetzt worden: über die Nummernkonten der Bruderschaft, die Schließfächer mit den alten Karten, die Namensliste der Mitglieder und die Originalaufzeichnung der Regeln und Ziele der Bruderschaft. Aufgrund der chaotischen Umstände, unter denen er vor vier Monaten das Amt übernommen hatte, hatte er jedoch bis zu dem Moment, in dem er sich gerade selbst den Ring an den Finger gesteckt hatte, nie wirklich das Gefühl gehabt, seine neue Rolle sei legitimiert. Erst die eben erfolgte Fingerkrönung symbolisierte die wahre Übernahme der Führerschaft und brachte ihm das volle Ausmaß der Ehre und Verantwortung zu Bewußtsein, die nun auf seinen Schultern lastete. Er nahm seine dicke Brille ab und fuhr sich mit dem staubigen Ärmel seines Baumwollkittels über die Augen. Erst jetzt merkte er, daß er Tränen in den Augen hatte.

Als er sich wieder im Griff hatte, stand er auf, um die zwei Brüder hereinzurufen, die hinter der geborstenen Tür geduldig warteten. Doch da stachen ihm plötzlich der kleinere Aschehaufen neben Ezekiels verkohlter Leiche und ein winziges Stück weißer Stoff in die Augen.

Sein Mund wurde trocken.

Er war so mit dem Ring und seiner Rolle als Führer der Bruderschaft von der Wiederkunft Christi beschäftigt gewesen, daß er darüber vorübergehend das Ziel seines hohen Amtes vergessen hatte. Er kniete sich auf den Steinboden und studierte das Häufchen Asche. Die ineinander verschobenen schwarzen Flächen sahen aus wie die verkohlten Überreste eines auseinandergefalteten Tuchs. Als er vorsichtig dagegen stieß, fiel das ganze Gebilde zu einem strukturlosen Häufchen Asche zusammen. Dann hob er das Stück weißen Stoff auf, das an einer Seite vom Feuer braun verfärbt war. Mit übertriebener Ruhe hob er es langsam hoch und hielt es sich unter die Nase. Es roch vor allem nach Rauch, aber er nahm auch sofort einen anderen Geruch wahr: das beißende Aroma von Ölen und Kräutern.

Dieses Stück Stoff war alles, was von dem Leichentuch, das er vor vier Monaten präparieren geholfen hatte, übriggeblieben war.

Aber von der Leiche, die darin eingehüllt gewesen war, fehlte jede Spur.

# Anmerkung des Autors

Obwohl dieser Roman in der nahen Zukunft spielt, liegt ein Großteil der darin beschriebenen Technologien bereits im Bereich des Möglichen.

Die Gentherapie gibt es schon seit Jahren, desgleichen das Human Genome Project, das innerhalb des nächsten halben Jahrzehnts zum Abschluß gebracht werden soll und sich zum Ziel gesetzt hat, eine »Karte« aller Gene zu erstellen, die für die Ausbildung der besonderen Merkmale eines Individuums zuständig sind.

Tom Carters Genescope ist zwar ein Produkt meiner Phantasie, aber am 25. August 1996 erschien in der Londoner »Sunday Times« ein Artikel, in dem über die Entwicklung eines »Gen-Apparats« berichtet wurde, »der in der Lage ist, die Lebenserwartung eines Menschen und seine Anfälligkeit für ernste Erkrankungen vorauszusagen«. Dieses Gerät, das in den Vereinigten Staaten für die pharmazeutische Forschung entwickelt wurde, nennt sich »Genechip«. Auch wenn es noch nicht das gesamte menschliche Genom lesen kann, ist es von seinem Aufbau und seiner Zielsetzung her eine Vorform des Genescope.

In ähnlicher Weise ist auch Jasmine Washingtons Gene-Genie-Software eine Fortführung von etwas, an dem bereits von verschiedenen amerikanischen Strafermittlungsbehörden gearbeitet wird: der Versuch, anhand der DNS eines Tatverdächtigen dessen äußeres Erscheinungsbild zu rekonstruieren.

Die wissenschaftliche Entwicklung schreitet mit solcher Geschwindigkeit voran, daß ich im Zuge meiner Recherchen immer wieder die Erfahrung machen mußte, daß gerade jene

Aspekte, die meiner Gutgläubigkeit besonders viel abverlangten, keineswegs Zukunftsmusik waren, sondern längst konkrete Wirklichkeit geworden waren.

Vor allem zwei Fragen beschäftigen mich noch immer:

Könnte heute noch eine authentische biologische Reliquie von Jesus gefunden werden? Und wenn ja, was könnte sie uns offenbaren?

*Michael Cordy. London, Dezember 1996.*

# Danksagung

Eine gute Stellung aufzugeben, um seinen ersten Roman zu schreiben, bloß weil einem eine Idee nicht mehr aus dem Kopf gehen will, ist nicht ganz einfach. Vor allem, wenn man keine Ahnung hat, was im Verlauf dieses Vorhabens auf einen zukommt. Ich hatte insofern Glück, als ich eine ungewöhnlich couragierte und zuversichtliche Frau habe, die mir während dieses Abenteuers eine echte Partnerin war. Abgesehen davon, daß sie mir ihre finanzielle und emotionale Unterstützung anbot, bestärkte mich Jenny in meinem Entschluß zu kündigen und gab dann einen ganz entscheidenden Anstoß für meine anfänglichen Recherchen, als sie wichtige Zeitschriftenartikel und Schlüsselwerke wie *Perilous Knowledge* von Tom Wilkie und *The Transformed Cell* von Steven A. Rosenberg MD entdeckte.

Darüber hinaus war Jenny meine erste Leserin, Lektorin und Beraterin in Sachen Handlungsaufbau. Gemeinsam fanden wir heraus, was funktionierte und was nicht. Als meine schärfste Kritikerin und fanatischste Anhängerin brachte sie mich ständig auf neue Ideen, wie sich Figuren, etwa der Prediger, verbessern oder die Handlung straffen ließen. Ich kann wohl ohne Übertreibung behaupten, daß dieses Buch ohne sie nicht geschrieben worden wäre.

Des weiteren gilt mein Dank vor allem meinen Eltern, Betty und John Cordy, die mich von Anfang an zu diesem Schritt ermutigt haben. Insbesondere meiner Mutter, von der ich beim Schreiben wertvolle Anregungen erhielt.

Für die Überprüfung und Korrektur meiner Kenntnisse auf dem Gebiet der Genetik danke ich Susan Robinson, die mir großzügig ihre Zeit zur Verfügung stellte, während sie sich am University College London auf ihren PhD in Biochemie vorbereitete. Es versteht sich von selbst, daß alle dennoch nicht ausgemerzten Fehler einzig und allein auf mein Konto gehen.

Mein Dank gilt meinen anderen »ersten Lesern«, Kathryn Leach, Andrew Sutcliffe, Anna Bharier und meinem Bruder Robert Cordy, für ihre konstruktive Kritik. Meinen guten Freunden Charlie Trier und Andrew Walker für ihre Unterstützung. Meinem phantastischen Agenten Patrick Walsh, daß er die Verlage auf das Manuskript aufmerksam gemacht hat, und Bill Scott-Kerr für sein prägnantes und einfühlsames Lektorat.

# Inhalt

## Vorspiel



## 1. Teil: Die Propheten im Innern



## 2. Teil: Projekt Kana

## 3. Teil: Die Gene Gottes



## 4. Teil: Das Wundergen



## Nachspiel